Hair/Hult/Ringle/Sarstedt/Richter/Hauff

Partial Least Squares Strukturgleichungsmodellierung

Partial Least Squares Strukturgleichungs-modellierung

Eine anwendungsorientierte Einführung

von

Prof. Dr. Joseph F. Hair, Jr.

Prof. Dr. G. Tomas M. Hult

Prof. Dr. Christian M. Ringle

Prof. Dr. Dr. h. c. Marko Sarstedt

Prof. Dr. Nicole F. Richter

Prof. Dr. Sven Hauff

2., vollständig überarbeitete Auflage

Verlag Franz Vahlen München

Joseph F. Hair, Jr. ist Professor für Marketing an der University of South Alabama und mit mehr als 75 veröffentlichten Büchern einer der weltweit führenden Experten auf dem Gebiet der anwendungsorientierten Statistik. Das von ihm mitverfasste Buch „Multivariate Data Analysis" hat mit über 150.000 Zitationen den Status eines Standardwerks für die Anwendung multivariater Analyseverfahren in den Wirtschafts- und Sozialwissenschaften und vielen weiteren wissenschaftlichen Disziplinen erlangt.

G. Tomas M. Hult ist Professor für Marketing und International Business am Eli Broad College of Business an der Michigan State University und mit mehr als 100.000 Zitationen bei Google Scholar einer der meist zitierten Forscher in den Wirtschaftswissenschaften, der sich in seiner Forschung intensiv mit verschiedenen Verfahren der Strukturgleichungsmodellierung (SEM) auseinandersetzt.

Christian M. Ringle ist Professor für Management und Entscheidungswissenschaften (Decision Sciences) an der Technischen Universität Hamburg (und assoziierter Professor an der James Cook University in Australien). Seine Forschung umfasst ebenfalls die Bereiche Business Analytics und Machine Learning, wobei sein Schwerpunkt auf der Entwicklung und Verbesserung von multivariaten Analyseverfahren sowie der Anwendung dieser Methoden in der betriebswirtschaftlichen Forschung liegt. Er ist Mitgründer und Mitentwickler von der statistischen Software SmartPLS (https://www.smartpls.com).

Marko Sarstedt ist Professor für Marketing an der Ludwig-Maximilians-Universität in München (und assoziierter Professor an der Babeş-Bolyai University in Rumänien), laut dem F.A.Z.-Ranking 2020 einer der einflussreichsten Forscher in Deutschland, Österreich und der Schweiz und einer der prominentesten Vertreter der PLS-SEM in der weltweiten Forschungslandschaft.

Nicole F. Richter ist Professorin für International Business an der University of Southern Denmark und beschäftigt sich in ihren Publikationen kritisch mit dem Einsatz empirischer Forschungsmethoden in der internationalen Managementforschung. Dies umfasst insbesondere auch die Triangulation von PLS-SEM mit anderen Methoden (z. B. Necessary Condition Analysis, Machine Learning).

Sven Hauff ist Professor für Human Resource Management an der Helmut-Schmidt-Universität/Universität der Bundeswehr Hamburg. In seinen Forschungsarbeiten setzt er sich insbesondere mit der Gestaltung des Human Resource Managements und den Wirkungen auf die Beschäftigten und den Unternehmenserfolg auseinander. Darüber hinaus interessiert er sich für Forschungsmethoden mit einem besonderen Schwerpunkt auf Necessary Condition Analysis.

Titel der Originalausgabe:
A Primer on Partial Least Squares Structural Equation Modeling (PLS-SEM)
Third Edition

ISBN Print 978 3 8006 7145 8
ISBN E-Book (ePDF) 978 3 8006 7146 5

Druck und Bindung: Beltz Grafische Betriebe GmbH,
Am Fliegerhorst 8, 99947 Bad Langensalza

Satz: Fotosatz Buck,
Zweikirchener Str. 7, 84036 Kumhausen
Produktion: Sieveking Agentur, München
Umschlag: Ralph Zimmermann – Bureau Parapluie
Bildnachweis: © appler – depositphotos.com (modifiziert)

vahlen.de/nachhaltig

Gedruckt auf säurefreiem, alterungsbeständigem Papier (hergestellt aus chlorfrei gebleichtem Zellstoff)

Vorwort

Welche Rolle spielen das Grundeinkommen, Boni und andere Faktoren, um die Zufriedenheit von Mitarbeitern positiv zu beeinflussen? Wie wirkt sich die Zufriedenheit am Arbeitsplatz auf die Loyalität und die Leistung der Mitarbeiter aus? Was sind die wichtigsten Stellschrauben, um aus einem zufriedenen Kunden auch einen loyalen Kunden zu machen? Wie sollte eine internationale Einkaufsorganisation strukturiert sein, um den Erfolg internationaler Einkaufsaktivitäten und schließlich den Unternehmenserfolg positiv zu beeinflussen?

Die Untersuchung solcher und anderer Ursache-Wirkungs-Beziehungen steht häufig im Zentrum der sozialwissenschaftlichen Forschung und ist für die Entscheidungsträger in Unternehmen von hoher Relevanz. Dabei können Forscher und Entscheidungsträger heutzutage oft auf eine Fülle bereits vorhandener Sekundärdaten zurückgreifen. Zudem gibt es inzwischen zahlreiche Standardsoftwareanwendungen, die für die Auswertung von Daten genutzt werden können. Dies ist für den Forscher und Entscheidungsträger aber nicht nur ein Segen, sondern teilweise auch eine Bürde, da die richtige Interpretation der Daten eine solide Basis an analytischen Fähigkeiten voraussetzt. Diese umfassen neben dem notwendigen theoretischen Wissen auch solide Kenntnisse in den für die Datenauswertung notwendigen statistischen Verfahren.

Ein für die Untersuchung von Ursache-Wirkungs-Beziehungen sehr geeignetes Analyseverfahren ist die Strukturgleichungsmodellierung. Mit Hilfe der Strukturgleichungsmodellierung können abstrakte Konstrukte (z. B. die Loyalität von Kunden) über mehrere beobachtbare Variablen (z. B. die Weiterempfehlungsbereitschaft oder den Wiederkauf) gemessen werden. Gleichzeitig lassen sich Beziehungen zwischen Konstrukten auf verschiedenen Ebenen überprüfen (z. B. zwischen Kundenzufriedenheit, Image und Kundenloyalität).

Es sind im Wesentlichen zwei Verfahren der Strukturgleichungsmodellierung zu unterscheiden: die kovarianzbasierte Strukturgleichungsmodellierung und die Partial Least Squares Strukturgleichungsmodellierung. Die kovarianzbasierte Strukturgleichungsmodellierung war über viele Jahre das etablierte und damit dominante Verfahren. In den letzten Jahren ist aber der Einsatz der Partial Least Squares Strukturgleichungsmodellierung immer beliebter geworden, was zahlreiche Studien zu dem Einsatz des Verfahrens in verschiedenen Disziplinen zeigen. Dies liegt vor allem daran, dass die Partial Least Squares Strukturgleichungsmodellierung in vielen Forschungs- und Entscheidungssituationen vorteilhaft ist, z. B. wenn es um die Abbildung komplexer Entscheidungsprobleme in statistischen Modellen geht. Insofern sind Forscher und Entscheidungsträger gut beraten, sich mit der Strukturgleichungsmodellierung und insbesondere mit den Grundlagen der Partial Least Squares Strukturgleichungsmodellierung auseinanderzusetzen.

Hierzu bietet dieses Buch die ideale Grundlage: Es liefert eine anwendungsorientierte Einführung in die Partial Least Squares Strukturgleichungsmodellierung, indem statistische Ansätze so einfach wie möglich erläutert werden. Wo immer möglich verzichten wir auf Gleichungen, Formeln oder griechische Symbole und konzentrieren uns auf die anschauliche Darstellung des Verfahrens. Wir liefern Entscheidungsbäume und Faustregeln für den richtigen Einsatz des Verfahrens. Zudem kommt eine Fallstudie zum Einsatz, die in jedem Kapitel die Anwendung des Verfahrens auch aus praktischer Sicht verdeutlicht. Die Erläuterungen basieren auf den neuesten Erkenntnissen der Forschung. So greift das Buch aktuelle Diskussionen rund um die Partial Least Squares Strukturgleichungsmodellierung auf und stellt neueste Weiterentwicklungen, beispielsweise im Bereich Modellevaluation vor. Der Leser hat damit den gesamten Werkzeugkoffer an State-of-the-Art-Instrumenten zur Lösung des eigenen Forschungs- oder Entscheidungsproblems an der Hand.

Diesem Buch ist eine inzwischen in dritter Auflage erschienene englischsprachige Fassung vorausgegangen, welche die Grundlage für diese überarbeitete zweite deutsche Fassung des Buches bildet. Somit umfasst diese neue deutschsprachige Auflage auch die in der dritten englischsprachigen Fassung enthaltenen Neuerungen und Erweiterungen zu folgenden Themen:

- Neueste Forschungserkenntnisse zu den konzeptionellen Grundlagen der Partial Least Squares Strukturgleichungsmodellierung und zu den Unterschieden zur kovarianzbasierten Strukturgleichungsmodellierung, inklusive einer Diskussion, unter welchen Bedingungen der Einsatz welches Verfahrens vorteilhaft ist,
- die Verwendung von Sekundärdaten in der Partial Least Squares Strukturgleichungsmodellierung,
- die Behandlung von Kontrollvariablen,
- eine erweiterte Diskussion des Modellfits in Partial Least Squares Strukturgleichungsmodellen,
- die neuesten Evaluationskriterien und Ansätze zur Prüfung der Güte der Messmodelle und des Strukturmodells (z. B. in Bezug auf die interne Konsistenzreliabilität und Diskriminanzvalidität, die Validierung von Single-Item-Messungen, die Bestimmung der benötigten Stichprobengröße, die Anwendung des Bootstrapping-Verfahrens, die Analyse der Prognosekraft sowie die Diskussion von Metriken zur Modellauswahl und Kreuzvalidierung),
- die Anwendung des gewichteten Partial Least Squares-Algorithmus,
- eine Erweiterung der Erläuterungen zur Mediationsanalyse (z. B. multiple Mediation, Vergleich mit der PROCESS-basierten Mediationsanalyse),
- Erläuterungen und Handlungsempfehlungen zur moderierten Mediation,
- neueste Forschungserkenntnisse zur Spezifikation und Schätzung von Komponenten höherer Ordnung,
- neue Handlungsempfehlungen für die Durchführung der Multigruppenanalyse und
- Ergänzungen zu weiterführenden Verfahren, beispielsweise zur Diagnose und Behandlung von Endogenität.

Ergänzend zur englischen Ausgabe beinhaltet die deutsche Fassung zudem eine Beschreibung des Cross-Validated Predictive Ability Tests zur Überprüfung der Prognosekraft von Pfadmodellen sowie eine erweiterte Beschreibung der Necessary Condition Analysis und ihrer Nutzung im Rahmen von Partial Least Squares Strukturgleichungsanalysen.

Der Erfolg der ersten deutschsprachigen Auflage und die vielen positiven Rückmeldungen haben uns in der Ausrichtung des Buches bekräftigt. Obwohl Englisch sich als Wissenschaftssprache inzwischen durchgesetzt haben mag, fällt die Erfassung insbesondere komplexerer Thematiken in der eigenen Muttersprache leichter. Wir sind daher davon überzeugt, dass diese deutsche Fassung den Lernerfolg deutschsprachiger Anwender verbessert und das Verständnis des Verfahrens und die Umsetzung deutlich vereinfacht. Das Glossar referenziert schließlich auf die englischsprachigen Begriffe, so dass der Leser bei Bedarf einen guten Einstieg auch in die englischsprachige Forschung zu diesem Thema findet.

Dieses Buch arbeitet mit einem Datensatz zur Unternehmensreputation (der auch die Grundlage der Anwendungsfälle in der englischsprachigen Fassung ist), der zusammen mit weiteren nutzbaren Modellen auf der Website des Verlages Vahlen zum freien Download zur Verfügung steht. Wir arbeiten mit der deutschen Sprachversion des inzwischen als Standard etablierten Softwareprogramms SmartPLS 4, das nicht nur durch sein umfassendes Funktionsangebot, sondern auch durch seine Anwenderfreundlichkeit überzeugt. Im Zuge der Erstellung dieser Auflage unseres Buches werden wir auch die zur ersten Fassung zur Verfügung gestellten Videos überarbeiten. Diese bieten eine mediale Unterstützung der Umsetzung der statistischen Grundladen sowie die Interpretation der Ergebnisse anhand des Anwendungsbeispiels. Am Ende dieses Buches finden Sie einen technischen Anhang, der die Optionen zum Herunterladen der Daten und der Software sowie zum Aufruf der Videos genauer beschreibt.

Wir danken Hermann Schenk und dem Team des Verlages Vahlen für die wunderbare Zusammenarbeit bei der Erstellung dieses Buches. Zudem gilt unser Dank Frau Alexandra Sarstedt und Herrn Günther Ringle (Universität Hamburg) für die exzellenten sprachlichen Korrekturen. Des Weiteren danken wir unseren (deutschsprachigen) Kollegen für ihre konstruktiven Hinweise der letzten Jahre zu unseren Arbeiten zur Partial Least Squares Strukturgleichungsmodellierung, die in dieses Buch eingeflossen sind:

Sönke Albers (Kühne Logistics University), Dorothea Alewell (Universität Hamburg), Dennis Ahrholdt (HSBA), Ingo Balderjahn (Universität Potsdam), Jan-Michael Becker (BI Norwegian Business School), Silke Boenigk (Universität Hamburg), Michel Clement (Universität Hamburg), Adamantios Diamantopoulos (Universität Wien), Jan Dul (Rotterdam School of Management), Andreas Eggert (Freie Universität Berlin), Margit Enke (TU Bergakademie Freiberg), Bernd Erichson (Otto-von-Guericke-Universität Magdeburg), Georg Fassott (TU Kaiserslautern), Martin Fritze (Universität Rostock), Oliver Götz (ESB Business School), Siggi Gudergan (James Cook University), Michael Haenlein (ESCP Europe), Karl-Werner Hansmann (Universität Hamburg), Jörg Henseler (Universität Twente), Cornelius Herstatt (TU Hamburg), Claudia Höck (Universität Hamburg), Michael Höck (TU Bergakademie Freiberg), Roland Holten (Universität Frankfurt), Diana Ingenhoff (Université de Fribourg), Wolfgang Kersten (TU Hamburg), Martin Klarmann (Karlsruher Institut für Technologie), Marcel Lichters (Otto-von-Guericke-Universität Magdeburg), Matthias Meyer (TU Hamburg), Christian Nitzl (Universität der Bundeswehr München), Sascha Raithel (Freie Universität Berlin), Ellen Roemer (Hochschule Ruhr West), Alexander Rossmann (Hochschule Reutlingen), Henrik Sattler (Universität Hamburg), Holger Schiele (Universität Twente), Christopher Schlägel (Otto-von-Guericke-Universität Magdeburg), Rainer Schlittgen (Universität Hamburg), Jan Hendrik Schreier (Otto-Friedrich-Universität Bamberg), Florian Schuberth (Universität Twente), Tobias Schütz (ESB Business School), Manfred Schwaiger (Ludwig-Maximilians-Universität München), Noemi Sinkovics (University of Glasgow), Rudolf Sinkovics (University of Glasgow), Bernhard Swoboda (Universität Trier), Franziska Völckner (Universität zu Köln), Bodo Vogt (Otto-von-Guericke-Universität Magdeburg), Ralf Wagner (Universität Kassel), Sven Wende (SmartPLS GmbH) und Martin Wetzels (EDHEC Business School).

Wir sind davon überzeugt, dass dieses Buch sich hervorragend für Studierende, Forscher und Praktiker eignet, die die Partial Least Squares Strukturgleichungsmodellierung zur Gewinnung von Ergebnissen mit den eigenen Daten und Modellen nutzen möchten. Wir wünschen Ihnen viel Freude bei der Umsetzung der eigenen Projekte!

Natürlich freuen wir uns stets über Hinweise, Kritik und Verbesserungsvorschläge zum Buch. Diese können gerne über den Verlag oder direkt an uns gerichtet werden.

Für die deutsche Version im Oktober 2023

Sven Hauff
Nicole Richter
Christian M. Ringle
Marko Sarstedt

Inhaltsverzeichnis

Kapitel 1
Einführung in die Strukturgleichungsmodellierung

Lernziele

1. Die Leser können die Bedeutung der Strukturgleichungsmodellierung (Structural Equation Modeling, SEM) und ihre Beziehung zur multivariaten Datenanalyse diskutieren.
2. Die Leser können prinzipielle Zusammenhänge zur Anwendung multivariater Analyseverfahren beschreiben.
3. Die Leser können grundlegende Konzepte der Partial Least Squares Strukturgleichungsmodellierung (PLS-SEM) erläutern.
4. Die Leser können die Unterschiede zwischen kovarianzbasierter Strukturgleichungsmodellierung (Covariance-Based-SEM, CB-SEM) und PLS-SEM diskutieren und einschätzen, wann welches Verfahren eingesetzt werden sollte.

Kapitelüberblick

Sozialwissenschaftler setzen seit vielen Jahren statistische Analyseverfahren ein, um Datenstrukturen zu erforschen, Ergebnisse zu generieren und Theorien zu testen. Dabei dominierten die Analyseverfahren der ersten Generation (z. B. die Faktor- und die Regressionsanalyse) die Forschungslandschaft bis in die 1980er Jahre. Seit den frühen 1990er Jahren finden zunehmend Verfahren der zweiten Generation (z. B. die varianz- und die kovarianzbasierte Strukturgleichungsmodellierung) Anwendung, die in einigen Disziplinen mittlerweile fast 50 % der empirischen Analyseverfahren ausmachen. In diesem Kapitel erläutern wir die Grundlagen dieser zweiten Generation statistischer Analyseverfahren. Damit legen wir zugleich die Basis, um eines der zentralen Verfahren der zweiten Generation, die Partial Least Squares Strukturgleichungsmodellierung (PLS-SEM) besser zu verstehen und anwenden zu können.

Was ist Strukturgleichungsmodellierung?

Seit mehr als einem Jahrhundert stellen statistische Analysen ein zentrales Werkzeug von Sozialwissenschaftlern dar. Durch das Aufkommen geeigneter Hard- und Software hat sich die Anwendung statistischer Analyseverfahren rasant verbreitet. Insbesondere die Entwicklung benutzerfreundlicher Anwendungsoberflächen, die kein umfassendes technisches Vorwissen erfordern, hat in den letzten Jahren den Zugang zu vielfältigen Verfahren ermöglicht. Wissenschaftler haben dabei lange Zeit auf uni- und bivariate Analyseverfahren gebaut, um ihre Daten und die darin enthaltenen Beziehungen zu analysieren. Die aktuelle Forschung in den Sozialwissenschaften beinhaltet aber immer komplexere Beziehungen und Modelle, für die anspruchsvollere multivariate Analyseverfahren nötig sind.

Multivariate Analysen erfordern die Anwendung statistischer Verfahren, mit deren Hilfe mehrere Variablen gleichzeitig analysiert werden können. Diese Variablen beinhalten typischerweise Informationen in Bezug auf Individuen, Unternehmen, Ereignisse, Aktivitäten, Situationen usw. Die Informationen werden dabei direkt durch Umfragen oder Beobachtungen gewonnen oder beruhen auf Sekundärdaten. Abbildung 1.1 verdeutlicht die zentralen Verfahren der multivariaten Datenanalyse.

	Vorwiegend explorativ	Vorwiegend konfirmatorisch
Verfahren der ersten Generation	Clusteranalyse Explorative Faktorenanalyse Multidimensionale Skalierung	Varianzanalyse Logistische Regression Multiple Regression Konfirmatorische Faktorenanalyse
Verfahren der zweiten Generation	Partial Least Squares Strukturgleichungsmodellierung (PLS-SEM)	Kovarianzbasierte Strukturgleichungsmodellierung (CB-SEM)

Abbildung 1.1 Kategorisierung multivariater Analyseverfahren

Die in der oberen Hälfte von Abbildung 1.1 genannten **Verfahren der ersten Generation** (Fornell, 1982, 1987) beinhalten regressionsbasierte Ansätze wie die multiple Regression, die logistische Regression und die Varianzanalyse, aber auch explorative und konfirmatorische Faktorenanalysen, Clusteranalysen sowie die multidimensionale Skalierung. Werden diese Verfahren auf bestimmte Forschungsfragen angewendet, können sie entweder zur Bestätigung von zuvor aufgestellten Theorien oder zur Identifikation von Mustern oder Beziehungen zwischen Variablen eingesetzt werden. Sie werden **konfirmatorisch** genannt, wenn sie zum Test von Hypothesen benutzt werden, und **explorativ**, falls sie zur Erkennung von Mustern und Zusammenhängen in Daten dienen, über die zuvor kein oder wenig Wissen besteht.

Der Unterschied zwischen einem konfirmatorischen und einem explorativen Ansatz ist nicht immer eindeutig. Beispielsweise werden im Rahmen einer Regressionsanalyse die abhängigen und die unabhängigen Variablen normalerweise auf der Basis theoretischer Überlegungen definiert. Ziel der Regressionsanalyse ist es, diese theoretischen Überlegungen zu testen. Allerdings kann dieses Verfahren auch eingesetzt werden, um zu prüfen, inwieweit andere unabhängige Variablen ebenfalls einen Einfluss auf die abhängige Variable haben. Hierdurch kann eine vorhandene Theorie gegebenenfalls erweitert werden. Typischerweise fokussiert die Interpretation der Ergebnisse zuerst auf die unabhängigen Variablen, die die abhängige Variable statistisch signifikant erklären (eher konfirmatorisch) und dann darauf, welche unabhängigen Variablen, die abhängige Variable relativ besser erklären (eher explorativ). Faktorenanalysen hingegen werden normalerweise eingesetzt, um Beziehungen zwischen Variablen zu entdecken, wodurch sich die Zahl der Variablen auf wenige zusammengesetzte Faktoren (d. h. Kombinationen von Variablen) reduzieren lässt. Die finale Zusammenstellung der Faktoren ergibt sich aus der explorativen Analyse und Bestimmung der (sofern vorhanden) Beziehungen in den Daten. Auch wenn dieses Verfahren vom Ansatz her explorativ ist, haben Forscher meist schon ein gewisses Vorwissen, wodurch zum Beispiel die Entscheidung über die Zahl der zu extrahierenden Faktoren beeinflusst werden kann (Sarstedt & Mooi, 2019). Im Vergleich dazu zielt die konfirmatorische Faktorenanalyse darauf ab, einen vorher definierten Faktor und seine zugehörigen Indikatoren zu testen und zu untermauern.

Die Verfahren der ersten Generation haben in den Sozialwissenschaften eine breite Anwendung gefunden und damit unser Verständnis zahlreicher Zusammenhänge erheblich gefördert und beeinflusst. Um die Beziehungen zwischen Variablen empirisch zu überprüfen, werden insbesondere Methoden wie die multiple Regression, die logistische Regression und die Varianzanalyse angewendet. Diese Methoden beruhen jedoch alle auf drei grundsätzlichen Annahmen, die ihre Anwendung limitieren: (1) Die Annahme einer einfachen Modellstruktur; (2) die Annahme, dass alle Variablen beobachtbar sind, und (3) die Annahme, dass alle Variablen ohne Messfehler messbar sind (Haenlein & Kaplan, 2004).

Die multiple Regression und ihre Erweiterungen basieren auf einer einfachen Modellstruktur, die eine abhängige Variable und eine oder mehrere unabhängige Variablen beinhaltet. Die als kausal unterstellten Wirkungsbeziehungen in der Form „A führt zu B und B führt zu C" oder noch komplexere Beziehungsgeflechte, die mehrere zwischengeschaltete Variablen beinhalten, können nur Schritt für Schritt bzw. nacheinander und nicht simultan geschätzt werden. Dies kann schwerwiegende Folgen für die Qualität der Ergebnisse haben (Sarstedt et al., 2020a).

Regressionsbasierte Methoden sind zudem auf die Verarbeitung beobachtbarer Variablen, wie Alter oder Umsatz (in Stück oder Euro) beschränkt. Theoretische Konzepte, d. h. abstrakte und nicht beobachtbare Eigenschaften eines Subjekts oder Objekts, können nur über eine vorhergehende und losgelöste Validierung (z. B. durch eine konfirmatorische Faktorenanalyse) in das Verfahren eingebunden werden. Diese nachträgliche Integration von theoretischen Konzepten hat wiederum zahlreiche Limitationen.

Hier gilt es schließlich zu beachten, dass jede Messung oder Beobachtung in der realen Welt mit einem gewissen Messfehler einhergeht, der systematisch oder zufällig sein kann. Die Verfahren der ersten Generation sind streng genommen nur anwendbar, wenn es weder einen systematischen noch einen zufälligen Messfehler gibt. Diese Annahme trifft in der Realität aber kaum zu; insbesondere, wenn das Ziel der Analyse darin besteht, Beziehungen zwischen (gemessenen) theoretischen Konzepten zu schätzen. Dies ist eine fundamentale Limitation der Verfahren der ersten Generation, wenn man bedenkt, dass die Sozialwissenschaften, aber auch andere Disziplinen, sehr oft theoretische Konzepte nutzen, die auf die Messung von Wahrnehmungen, Einstellungen und Intentionen abstellen.

Um diese Nachteile der ersten Verfahrensgeneration zu überwinden, haben sich Forscher zunehmend den **Verfahren der zweiten Generation** zugewandt. Diese sind unter dem Begriff der **Strukturgleichungsmodellierung (SEM)** bekannt. Sie ermöglichen es den Forschern komplexe Beziehungsgeflechte zwischen multiplen abhängigen und unabhängigen Variablen simultan zu modellieren und zu schätzen. Zudem können sie nicht direkt beobachtbare Variablen in ihre Analysen integrieren, welche indirekt über (mehrere) Indikatorvariablen gemessen werden. Bei der Schätzung der Beziehungen können zudem die Messfehler in den beobachteten Variablen berücksichtigt werden. Im Ergebnis können über diese Verfahren präzisere Messungen theoretischer

Konzepte erzielt werden (Cole & Preacher, 2014). Wir werden diese Aspekte in den folgenden Abschnitten und Kapiteln näher erläutern.

Es lassen sich im Wesentlichen zwei Verfahren der SEM unterscheiden: die **kovarianzbasierte SEM** (Covariance-Based-SEM, **CB-SEM**) und die **Partial Least Squares SEM** (**PLS-SEM**, auch **PLS-Pfadmodellierung** genannt). Die CB-SEM wird hauptsächlich zur Bestätigung (oder Widerlegung) von Theorien (d.h. einem anhand wissenschaftlicher Methoden aufgestellten Set an systematisch verbundenen Hypothesen, die empirisch überprüft werden können) einge-

Disziplin	Quellen
Baumanagement	Zeng et al., 2021
Entrepreneurship	Manley et al., 2020
Familienunternehmen	Sarstedt et al., 2014b
(Hochschul)bildung	Ghasemy et al., 2020 Lin et al., 2020
Internationales Management	Richter et al., 2022 Richter et al., 2016b
Management	Hair et al., 2012a Purwanto, 2021
Marketing	Guenther et al., 2023 Hair et al., 2012b Sarstedt et al., 2022
Operations Management	Bayonne et al., 2020 Peng & Lai, 2012
Qualitätsmanagement	Magno et al., 2022
Personalmanagement	Ringle et al., 2020
Psychologie	Willaby et al., 2015
Rechnungswesen	Nitzl, 2016 Lee et al., 2011
Software-Entwicklung	Russo & Stol, 2021
Supply Chain Management	Kaufmann & Gaeckler, 2015
Tourismusmanagement	Ali et al., 2018 Usakli & Kucukergin, 2018 do Valle & Assaker, 2015
Wirtschaftsinformatik	Hair et al., 2017a Ringle et al., 2012
Wissensmanagement	Cepeda-Carrión et al., 2019

Abbildung 1.2 Überblicksartikel zur Verwendung von PLS-SEM in verschiedenen Disziplinen

setzt. Hierzu wird geprüft, wie gut ein theoretisches Modell durch empirische Daten abgebildet werden kann (Weiber & Sarstedt, 2021). Im Gegensatz dazu wurde die PLS-SEM als kausal-vorhersagender-Ansatz eingeführt (Jöreskog & Wold, 1982). Hierbei fokussiert die Analyse auf die Erklärung der Varianz der abhängigen Variable(n) (Chin et al., 2020). Wir werden diesen Unterschied im weiteren Verlauf des Kapitels genauer erläutern.

Die PLS-SEM findet zunehmend Verbreitung. Neben zahlreichen Artikeln zur Einführung in das Verfahren (z. B. Chin, 1998; Haenlein & Kaplan, 2004; Hair et al., 2011a; Henseler et al., 2012; Henseler et al., 2009; Mateos-Aparicio, 2011; Rigdon, 2013; Roldán & Sánchez-Franco, 2012; Tenenhaus et al., 2005; Wold, 1985) gibt es diverse Beiträge zu dessen Verbreitung in unterschiedlichen Disziplinen (siehe Abbildung 1.2). Das Feld ist inzwischen so gereift, dass es zudem erste bibliometrische Studien gibt, die einen Überblick über die Wissensstrukturen, die relevanten Autoren und Beiträge sowie die Verbindung zwischen diesen anhand von Zitationsanalysen aufzeigen (Ciavolino et al., 2022; Hwang et al., 2020; Khan et al., 2019).

In den vergangenen Jahren wurde zudem eine Reihe von Textbüchern, insbesondere in der englischsprachigen Literatur, veröffentlicht, die die grundlegenden Aspekte der PLS-SEM auf verständliche Weise erklären. Neben der englischsprachigen Fassung dieses Buches (Hair et al., 2022a) sind einige Textbücher (z. B. Garson, 2016; Henseler, 2020; Ramayah et al., 2016; Wong, 2019) sowie Herausgeberbände (z. B. Avkiran & Ringle, 2018; Esposito Vinzi et al., 2010; Latan et al., 2023) erschienen, welche die weitere Verbreitung der PLS-SEM gefördert haben bzw. fördern. Das hier vorliegende deutschsprachige Buch soll Forschern im deutschsprachigen Raum den Einstieg in die PLS-SEM erleichtern und ihnen damit neue Forschungsmöglichkeiten eröffnen.

Grundlegendes zur Verwendung von Strukturgleichungsmodellen

Forscher müssen sich auf Basis der zugrundeliegenden Forschungsfrage sowie der zur Verfügung stehenden Daten für ein geeignetes Analyseverfahren entscheiden. Unabhängig davon, ob Verfahren der ersten oder der zweiten Generation angewendet werden, sollten stets einige grundsätzliche Überlegungen bei der Wahl des Verfahrens angestellt werden. Zu den wichtigsten Überlegungen zählen folgende Aspekte: (1) Aggregation oder Zusammenführung von Variablen zu sogenannten Composite-Variablen, (2) Messung, (3) Skalenniveau, (4) Kodierung und (5) Verteilung der Daten.

Composite-Variablen

Eine **Composite-Variable** (im Englischen auch als Variate bezeichnet; in der deutschsprachigen Literatur auch als Komponenten-Variable bezeichnet) ist eine Linearkombination verschiedener Variablen, die anhand der Forschungsfrage ausgewählt werden (Hair et al., 2019a). Die Kombination von Variablen beinhaltet die Bestimmung von Gewichten (z. B. w_1 und w_2), deren anschließende Multiplikation mit den jeweiligen Beobachtungen (z. B. x_1 und x_2) und die Zusammenfassung aller Werte. Die mathematische Formel für eine Linearkombination mit fünf Variablen sieht wie folgt aus (wobei Composite-Variablen aus einer beliebigen Anzahl Variablen gebildet werden können):

$$\textit{Composite-Variable} = w_1 \cdot x_1 + w_2 \cdot x_2 + \ldots + w_5 \cdot x_5,$$

wobei *x* die individuellen Variablen und *w* deren Gewichte bezeichnen. Alle *x* Variablen (z. B. Fragen in einem Fragebogen) beinhalten die Antworten von mehreren Befragten und können in einer Datenmatrix angeordnet werden. Abbildung 1.3 zeigt eine solche Datenmatrix, wobei *i* einen Index darstellt, welcher die Nummer der Befragten (d. h. die jeweiligen Fälle) bezeichnet. Für jeden der *i* Befragten kann ein aggregierter Wert für die Composite-Variable errechnet werden.

Fall	x_1	x_2	...	x_5	Composite-Variable
1	x_{11}	x_{21}	...	x_{51}	v_1
...	...	...	...	...	...
i	x_1i	x_2i	...	x_5i	vi

Abbildung 1.3 Datenmatrix

Messung

Die **Messung** ist ein grundlegendes Konzept bei der Durchführung sozialwissenschaftlicher Analysen. Wenn wir an Messung denken, erscheint uns sofort das Bild eines Maßbands oder Lineals, mit dem wir beispielsweise die Größe eines Menschen oder die Maße eines Möbelstücks messen können. In unserem Leben gibt es aber noch viele andere Arten der Messung. Im Auto etwa finden wir Anzeigen zu Geschwindigkeit, Motortemperatur und Tankfüllung oder Batterieladung. Wenn wir krank sind, nutzen wir ein Thermometer, um die Höhe des Fiebers zu bestimmen und wenn wir eine Diät machen, stellen wir uns auf die Waage.

Die Messung beschreibt den Prozess der Zuordnung von Zahlen zu einer Variablen basierend auf eindeutigen und konstanten Regeln (Hair et al., 2020b). Diese Regeln werden angewendet, damit die Zahlen der Variable so zugeordnet werden, dass die Variable eine treffende Messung ermöglicht. Bei einigen Variablen sind diese Regeln sehr einfach zu befolgen, bei anderen Variablen kann dies aber auch schwierig sein. Ist die Variable zum Beispiel Geschlecht, dann ist es leicht, eine 1 für Frauen und eine 0 für Männer zuzuordnen. Auch bei Alter oder Größe ist die Bestimmung einer Zahl einfach. Was aber, wenn die Variablen Zufriedenheit oder Vertrauen sind? Die Messung ist hier viel schwieriger, da derartige Phänomene abstrakt und komplex sind und sich nicht direkt beobachten lassen. Wir sprechen daher von der Messung **latenter** (d. h. nicht beobachtbarer) **Variablen** oder **Konstrukte**.

Abstrakte Konstrukte wie Zufriedenheit oder Vertrauen können nicht direkt gemessen werden. Allerdings lassen sich charakteristische Elemente und Indikatoren von Zufriedenheit mit oder Vertrauen in beispielsweise Marken, Produkte oder Unternehmen messen. Nicht direkt beobachtbare Konstrukte sind somit indirekt mit Hilfe von verschiedenen **Indikatoren** (auch **Items** oder **manifeste Variablen** genannt) zu messen. Jeder Indikator repräsentiert dabei einen eigenen Aspekt des betrachteten abstrakten Konstrukts. Ist das Konstrukt zum Beispiel die Zufriedenheit mit einem Restaurant, können die folgenden Indikatorvariablen (Fragen im Fragebogen) verwendet werden:

1. Der Geschmack des Essens war ausgezeichnet.
2. Die Schnelligkeit der Bedienung entsprach meinen Erwartungen.
3. Die Bedienung kannte sich gut mit der Speisekarte aus.
4. Die Hintergrundmusik war angenehm.
5. Das Preis-Leistungs-Verhältnis war gut.

Durch die Kombination verschiedener Indikatorvariablen bzw. Items lässt sich das übergeordnete Konstrukt Zufriedenheit mit einem Restaurant indirekt messen. Forscher verwenden häufig mehrere Items und bilden damit eine Multi-Item-Skala zur indirekten Messung abstrakter Konstrukte wie in dem Restaurantbeispiel. Die unterschiedlichen Items werden dabei zu einer Composite-Variablen zusammengefasst. In einigen Fällen geschieht dies durch einfache Addition der verschiedenen Items. In anderen Fällen erfolgt die Zusammenfassung unter Verwendung einer linearen Gewichtung der jeweiligen Items (siehe die Ausführungen zu Composite-Variablen). Die Logik hinter diesem Vorgehen besteht darin, dass abstrakte Konstrukte wie die Zufriedenheit mit einem Restaurant präziser zu messen sind, wenn mehrere Variablen verwendet werden. Die erwartete Verbesserung der Messgenauigkeit beruht auf der Annahme, dass verschiedene Items auch verschiedene Aspekte eines Konstrukts widerspiegeln, wodurch das Konstrukt selbst präziser gemessen wird. Dies beinhaltet auch eine Reduktion des **Messfehlers**, welcher die Differenz zwischen dem (unbekannten) wahren Wert einer Variablen und dem empirisch gemessenen Wert beschreibt. Messfehler können unterschiedliche Ursachen haben, wie etwa ungenau formulierte Fragen in einem Fragebogen, Missverständnisse bei der Interpretation der Skala oder die nicht korrekte Anwendung eines statistischen Verfahrens. In multivariaten Analysen sind Messfehler somit sehr wahrscheinlich. Ziel ist es daher, diese Messfehler so weit wie möglich zu reduzieren.

Teilweise entscheiden Forscher sich für die Verwendung von **Single-Items**, anstelle multipler Items, um Konstrukte wie Zufriedenheit oder Kaufbereitschaft zu messen. Zum Beispiel könnten wir nur die Frage „Alles in allem bin ich mit dem Restaurant sehr zufrieden" anstelle der oben beschriebenen fünf Items verwenden. Hierdurch wird natürlich der Fragebogen deutlich kürzer, gleichzeitig sinkt aber auch die Präzision unserer Messung. Wir werden die Grundlagen zur Messung und Beurteilung von Messmodellen in den folgenden Kapiteln genauer diskutieren.

Skalenniveau

Das **Skalenniveau** beschreibt eine vorbestimmte Anzahl geschlossener Antworten, die zur Beantwortung einer Frage verwendet werden können. Es lassen sich vier Typen von **Messskalen** unterscheiden, die jeweils ein unterschiedliches Skalenniveau repräsentieren: die Nominalskala, die Ordinalskala, die Intervallskala und die Ratioskala. **Nominalskalen** haben das geringste Skalenniveau, da sie nur in einem sehr beschränkten Maße den Einsatz statistischer Analyseverfahren erlauben. Eine Nominalskala beinhaltet Zahlen, anhand derer Objekte (z. B. Menschen, Unternehmen, Produkte etc.) identifiziert und klassifiziert werden können. Daher wird diese Messskala manchmal auch als Kategorialskala bezeichnet. Wenn beispielsweise in einem Interview nach dem Beruf gefragt wird und als Antwortkategorien Arzt/Ärztin, Anwalt/Anwältin, Lehrer/Lehrerin, Ingenieur/Ingenieurin usw. zur Verfügung stehen, dann liegt eine Nominalskala vor. Nominalskalen haben zwei oder mehrere Kategorien, wobei sich die Kategorien wechselseitig ausschließen. Jeder Kategorie kann eine Zahl zugewiesen werden, welche dann dazu verwendet werden kann, die Anzahl der Befragten in den einzelnen Kategorien oder deren prozentuale Verteilung zu bestimmten.

Die Messskala mit dem nächsthöheren Skalenniveau wird **Ordinalskala** genannt. Liegt eine Messskala mit einem ordinalen Skalenniveau vor, dann hat die Zu- bzw. Abnahme des Zahlenwertes eine inhaltliche Bedeutung. Werden beispielsweise Kunden bezüglich der Nutzung eines Produktes als Nichtnutzer = 0, Gelegenheitsnutzer = 1 und häufige Nutzer = 2 kodiert, dann wissen wir, dass höhere Werte mit einer gesteigerten Nutzungshäufigkeit einhergehen. Wird ein Sachverhalt mit Hilfe einer Ordinalskala gemessen, dann liegt eine Information über die Rangfolge zwischen den Beobachtungen vor. Eine Ordinalskala erlaubt allerdings keine Aussagen über die Abstände zwischen den Kategorien. Wir wissen beispielsweise nicht, ob die Differenz zwischen „Nichtnutzer" und „Gelegenheitsnutzer" genauso groß wie die Differenz zwischen „Gelegenheitsnutzer" und „häufige Nutzer" ist, obwohl die Differenz in den Werten (also 0 – 1 und 1 – 2) gleich ist. Daher können arithmetische Mittel oder Varianzen für Ordinalskalen nicht berechnet werden.

Lässt sich eine **Intervallskala** für die Messung verwenden, so existieren präzise Informationen über die Rangfolge der Merkmalsausprägungen und deren Abstand. Ist die Temperatur zum Beispiel 25 °C, wissen wir, dass bei einem Rückgang auf 20 °C die Differenz genau 5 °C beträgt. Die Differenz liegt ebenso bei 5 °C, wenn die Temperatur von 25 °C auf 30 °C steigt. Der einheitliche Abstand zwischen Skalenpunkten wird **Äquidistanz** genannt. Solche äquidistanten Messskalen sind für bestimmte Analyseverfahren, wie etwa die SEM, notwendig. Intervallskalen beinhalten allerdings keinen absoluten Nullpunkt. Liegt die Temperatur bei 0 °C, dann ist es zwar kalt, die Temperatur kann aber noch weiter zurückgehen. Der Wert von 0 bedeutet somit nicht, dass es keine Temperatur mehr gibt (Sarstedt & Mooi, 2019). Der Vorteil von Intervallskalen ist, dass fast jede mathematische Operation, inklusive der Berechnung von Mittelwerten und Standardabweichungen, durchgeführt werden kann. Zudem können Intervallskalen in alternative Intervallskalen umgewandelt werden. So wird etwa in einigen Ländern Grad Fahrenheit (°F) statt Grad Celsius (°C) zur Messung der Temperatur verwendet. Die Temperatur lässt sich anhand der folgenden Formel von Celsius in Fahrenheit umwandeln: Grad Fahrenheit = Grad Celsius · 9 / 5 + 32. Auf die gleiche Art und Weise (mittels **Reskalierung**) lassen sich Daten, die auf einer Skala von 1 bis 7 gemessen wurden, in eine Skalierung von 0 bis 100 umwandeln: ([Datenpunkt auf der Skala von 1 bis 7] – 1) / 6 · 100.

Die **Ratioskala** hat den größten Informationsgehalt. Wird etwas auf einer Ratioskala gemessen, wissen wir, dass bei einem Wert von 0 eine bestimmte Ausprägung einer Variablen nicht vorhanden ist. Wenn beispielsweise ein Kunde laut Skala keine Produkte kauft (Wert = 0), wissen wir, dass er tatsächlich nichts gekauft hat. Ein anderes Beispiel sind Unternehmen, die kein Geld für die Werbung neuer Produkte ausgeben (Wert = 0). Der Nullpunkt oder Ursprung der Variablen entspricht somit 0. Ratioskalen werden auch zur Messung von Längen, Mengen, Volumina oder zur Zeitmessung (z. B. verstrichene Minuten) eingesetzt. Ratioskalen ermöglichen sämtliche mathematischen Operationen.

Kodierung

Kodierung bezeichnet die Zuordnung von Nummern zu Skalen, um die Messung von Attributen zu ermöglichen. Im Rahmen von Umfrageforschungen werden Daten oft vorkodiert, d. h. schon vor der eigentlichen Befragung werden bestimmten Antworten (z. B. Skalenpunkte) Zahlen zugeordnet. Beispielsweise wird bei einer 7-Punkte-Skala zur Zustimmung die Zahl 7 der höchsten Zustimmung „stimme voll und ganz zu" und die 1 der niedrigsten Zustimmung „stimmte überhaupt nicht zu" zugeordnet. Alle dazwischen abgestuften Zustimmungsurteile werden mit 2 bis 6 kodiert. Alternativ kann die Kodierung auch im Anschluss an eine Befragung erfolgen. Dies ist insbesondere sinnvoll, wenn im Rahmen von quantitativen Umfragen offene Fragen gestellt werden oder vollständig qualitative Befragungen durchgeführt werden.

Bei der Anwendung multivariater Analysen ist die Frage der Kodierung sehr wichtig, da diese festlegt, wann und wie verschiedene Skalentypen verwendet werden können. So lassen sich Variablen, die mit einer Intervall- oder Ratioskala gemessen wurden, jederzeit in multivariaten Analysen verwenden. Werden dagegen Ordinalskalen genutzt (was im Rahmen der SEM häufig der Fall ist), sollten Forscher darauf achten, dass die Bedingung äquidistanter Ausprägungen eingehalten wird. Wird beispielsweise eine 7-Punkte Likert-Skala mit den Kategorien (1) *stimme überhaupt nicht zu,* (2) *stimme nicht zu,* (3) *stimme eher nicht zu* (4) *weder noch,* (5) *stimme eher zu,* (6) *stimme zu* und (7) *stimme voll und ganz zu* verwendet, dann können wir annehmen, dass die „Distanz" zwischen 1 und 2 die Gleiche wie zwischen 3 und 4 ist. Im Gegensatz dazu weist der gleiche Typ von Likert-Skala, bei dem jedoch (1) *stimme überhaupt nicht zu,* (2) *stimme nicht zu,* (3) *weder noch,* (4) *stimme eher zu* und (4) *stimme zu,* (6) *stimme stark zu,* (7) *stimme voll und ganz zu* als Kategorien verwendet werden, keine Äquidistanz auf, da nur zwei Bewertungen unterhalb der neutralen Kategorie „weder noch" möglich sind. Zudem wird eine derartige

Skala die Ergebnisse sehr wahrscheinlich in Richtung eines deutlich besseren Ergebnisses verzerren. Eine gute Likert-Skala weist eine Symmetrie der Items um eine mittlere Kategorie sowie eine klare sprachliche Unterscheidung aller Kategorien auf. In einer derartig symmetrischen Skala kann die Eigenschaft der Äquidistanz normalerweise angenommen werden. Wird eine Likert-Skala als symmetrisch und äquidistant wahrgenommen, funktioniert sie ähnlich einer Intervallskala. Somit kann eine gut entwickelte Likert-Skala, obwohl sie ordinal ist, einer Intervallmessung sehr nah kommen und die betreffende Variable kann im Rahmen der SEM verwendet werden.

Verteilung der Daten

Wenn quantitative Daten erhoben werden, können die Antworten zu den gestellten Fragen als eine Verteilung über die vorhandenen (vordefinierten) Antwortkategorien ausgegeben werden. Wird beispielsweise eine 7-Punkte Zustimmungsskala verwendet, dann kann eine Verteilung der Antworten in den jeweiligen Antwortkategorien (1, 2, 3, …, 7) berechnet und in einer Tabelle oder einem Diagramm dargestellt werden. Abbildung 1.4 zeigt ein Beispiel für die Häufigkeitsverteilung einer Variablen x. Es wird deutlich, dass die meisten Befragten eine 4 auf der 7-Punkte Skala, gefolgt von 3 und 5 und schließlich 2 und 6 angegeben haben. Die Häufigkeitsverteilung entspricht annähernd einer glockenförmigen, symmetrischen Kurve um den Mittelwert von 4. Eine solche Glockenkurve ist die Normalverteilung. Ihr Vorliegen ist für die Anwendung zahlreicher multivariater Analyseverfahren Voraussetzung, um einwandfrei Ergebnisse zu generieren.

Auch wenn viele verschiedene Formen von Verteilungen existieren (z. B. die Normal-, Binomial- oder die Poissonverteilung), brauchen Forscher, die mit der SEM arbeiten, nur zwischen normalen und nicht-normalen Verteilungen zu unterscheiden. Normalverteilungen sind für gewöhnlich wünschenswert, insbesondere im Rahmen der CB-SEM. Im Vergleich dazu macht die PLS-SEM keine Annahmen über die Datenverteilung. Wir werden später aber noch zeigen, dass es dennoch sinnvoll ist, die Verteilung zu berücksichtigen, wenn mit

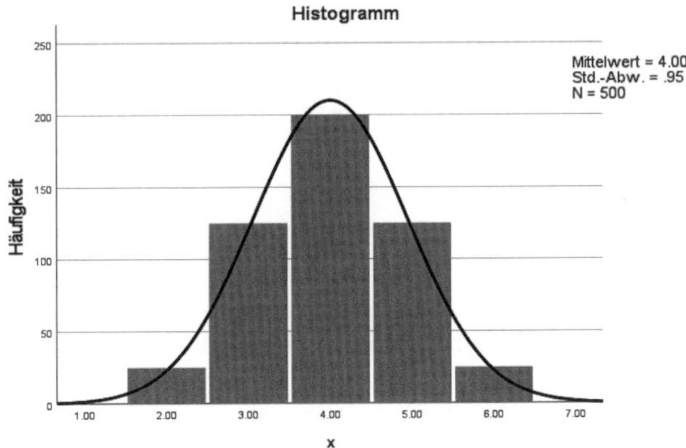

Abbildung 1.4 Häufigkeitsverteilung

der PLS-SEM gearbeitet wird. Um herauszufinden, ob Daten normalverteilt sind, können statistische Tests wie der **Cramér-von-Mises-Test** benutzt werden. Zusätzlich können Forscher zwei Verteilungsmaße (Schiefe und Kurtosis; Kapitel 2) verwenden, mit deren Hilfe das Ausmaß der Abweichung von der Normalverteilung näher bestimmt werden kann (Hair et al., 2019a).

Strukturgleichungsmodellierung mit Partial Least Squares Pfadmodellen

Pfadmodelle mit latenten Variablen

Pfadmodelle sind grafische Darstellungen, die im Rahmen der SEM zur Veranschaulichung von Hypothesen und den Beziehungen zwischen Variablen erstellt werden (Hair et al., 2020b; Hair et al., 2011b). Abbildung 1.5 zeigt ein Beispiel eines Pfadmodells.

Konstrukte (d. h. nicht direkt gemessene Variablen) werden in Pfadmodellen als Kreise oder Ellipsen (Y_1 bis Y_4) dargestellt. Die Indikatoren, auch Items oder manifeste Variablen genannt, sind die direkt gemessenen Variablen, in denen die Rohdaten enthalten sind. Sie werden in Pfadmodellen in der Form von Rechtecken dargestellt (x_1 bis x_{10}). Die Beziehungen zwischen den Konstrukten sowie zwischen den Konstrukten und den ihnen zugewiesenen Indikatoren werden durch Pfeile dargestellt. Die Pfeile haben bei der PLS-SEM immer nur eine Spitze, d. h. es werden immer direkte Beziehungen abgebildet. Hierdurch wird stets eine gerichtete Beziehung beschrieben, die auch als kausale Beziehung interpretiert werden kann, sofern dies durch eine Theorie gestützt wird.

Ein PLS-Pfadmodell besteht aus zwei Elementen. Dies ist zum einen das **Strukturmodell** (bei PLS-Pfadmodellen auch **inneres Modell** genannt), welches die Konstrukte (Kreise oder Ellipsen) und deren Beziehungen untereinander repräsentiert. Zum anderen gibt es das **Messmodell** der Konstrukte (bei PLS-Pfadmodellen auch als **äußeres Modell** bezeichnet), welches die Beziehungen zwischen den Konstrukten und den Indikatoren (Rechtecke) darstellt. In Abbildung 1.5 gibt es zwei verschiedene Messmodelle: ein Messmodell für die **exogenen latenten Variablen** (d. h. diejenigen Konstrukte, welche die anderen Konstrukte im Modell erklären) und ein weiteres für die **endogenen latenten Variablen** (d. h. die Konstrukte, die im Modell erklärt werden). Statt zwischen den verschiedenen Messmodellen für exogene und endogene Variablen zu unterscheiden, beziehen Forscher sich meist auf das Messmodell einer konkreten latenten Variable. Beispielsweise sind x_1 bis x_3 die Indikatoren im Messmodell für Y_1, während Y_4 nur durch x_{10} gemessen wird.

Die **Fehlerterme** (z. B. e_7 oder e_8; Abbildung 1.5) sind mit den (endogenen) Konstrukten und (reflektiv) gemessenen Variablen durch einfache Pfeile verbunden. Fehlerterme repräsentieren die nicht erklärte Varianz des geschätzten Pfadmodells (d. h. die Differenz zwischen dem über das Modell in der Stichprobe geschätzten oder prognostizierten Wert und dem beobachteten Wert einer manifesten oder einer latenten Variablen). In Abbildung 1.5 finden sich die Fehlerterme e_7 bis e_9 nur bei Indikatoren, bei denen die Beziehung

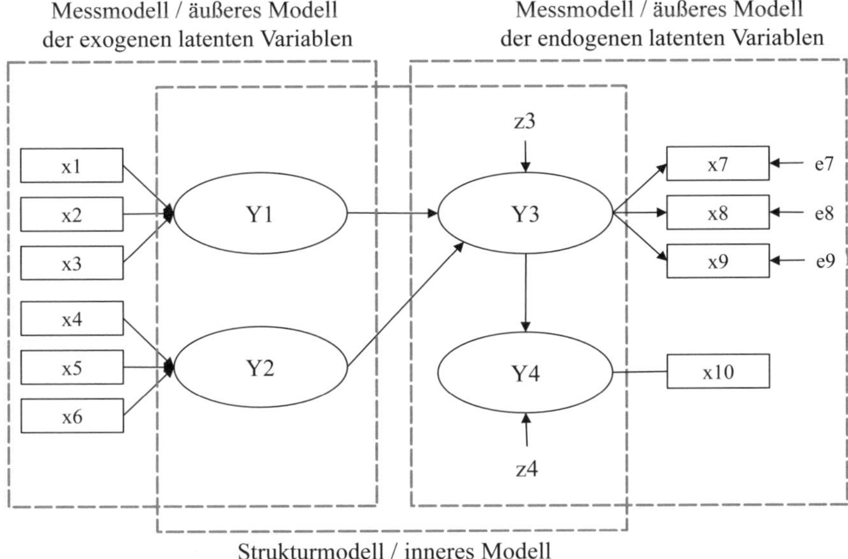

Abbildung 1.5 Ein einfaches Pfadmodell

vom Konstrukt zu den Indikatoren geht (d. h. es handelt sich hier um reflektive Indikatoren). Im Vergleich dazu haben die (formativen) Indikatoren x_1 bis x_6, bei denen die Beziehung vom Indikator zum Konstrukt geht, keine Fehlerterme (Sarstedt et al., 2016b). Bei dem Single-Item-Konstrukt Y_4 ist die Richtung der Beziehung irrelevant, da hier das Konstrukt und der Indikator äquivalent sind. Aus dem gleichen Grund gibt es auch für x_{10} keinen Fehlerterm. Das Strukturmodell beinhaltet ebenfalls Fehlerterme. In Abbildung 1.5 sind z_3 und z_4 mit den endogenen latenten Variablen Y_3 und Y_4 verbunden, wobei zu beachten ist, dass die Fehlerterme von Konstrukten und gemessenen Variablen unterschiedlich bezeichnet werden. Die exogenen latenten Variablen, die lediglich andere latente Variablen erklären, haben dagegen keinen Fehlerterm, unabhängig davon, ob sie formative oder reflektive Indikatoren beinhalten.

Prüfung theoretischer Beziehungen

Pfadmodelle werden anhand einer Theorie entwickelt. Eine **Theorie** ist ein anhand wissenschaftlicher Methoden aufgestelltes Set an systematisch verbundenen Hypothesen, die zur Erklärung und Prognose bestimmter Zielgrößen dienen. Hypothesen sind somit einzelne Annahmen, während Theorien mehrere logisch verknüpfte Hypothesen enthalten, die empirisch prüfbar sind. Zur Entwicklung von Pfadmodellen werden zwei Arten von Theorien benötigt: die Messtheorie und die Strukturtheorie. Letztere beschreibt, wie die Konstrukte innerhalb des Strukturmodells miteinander verbunden sind. Die Messtheorie macht dagegen Aussagen dazu, wie jedes einzelne Konstrukt gemessen wird. Die empirische Prüfung von Theorien mit Hilfe der PLS-SEM folgt einem zweistufigen Prozess (Hair et al., 2019a): In der ersten Stufe wird, anhand der Evaluation der Reliabilität und Validität der Messmodelle, die Messtheorie geprüft. Nach der Bestätigung der Reliabilität und Validität der Messmodelle, wird in der nächsten Stufe die Strukturtheorie geprüft. Die Logik hinter dieser sequenziellen Prüfung (Prüfung der Messtheorie vor der Prüfung der Strukturtheorie) ist, dass eine Strukturtheorie auf Basis von nicht reliablen und nicht validen Messmodellen nicht bestätigt werden kann.

Messtheorie

Die **Messtheorie** spezifiziert, wie die latenten Variablen (Konstrukte) gemessen werden. Grundsätzlich lassen sich zwei verschiedene Formen der Messung latenter Variablen unterscheiden: die formative und die reflektive Messung. Die Konstrukte Y_1 und Y_2 in Abbildung 1.5 basieren auf einem **formativen Messmodell**. Hierbei ist zu beachten, dass die Pfeile von den Indikatorvariablen (x_1 bis x_3 für Y_1 und x_4 bis x_6 für Y_2) zu den Konstrukten zeigen, was auf eine „kausale" Beziehung in diese Richtung hinweist.

Im Gegensatz dazu basieren Y_3 und Y_4 auf einem **reflektiven Messmodell**. Bei reflektiven Indikatoren zeigen die Pfeile vom Konstrukt zu den Indikatoren, was darauf hinweist, dass das Konstrukt die Messung der Indikatorvariablen (genauer gesagt deren Kovarianz) verursacht. Abbildung 1.5 verdeutlicht zudem, dass bei reflektiven Messungen jedem Indikator ein Fehlerterm zugeordnet ist, was bei formativen Messungen nicht der Fall ist. Bei Letzteren wird angenommen, dass diese fehlerfrei sind (Diamantopoulos, 2011). Schließlich sei noch darauf hingewiesen, dass Y_4 mit einem einzigen Item anstelle multipler Items gemessen wird. Daher hat die Messung des Konstrukts über den Indikator keine Pfeilrichtung.

Die Frage der Messung von Konstrukten (d. h. formativ vs. reflektiv und Multi-Item vs. Single-Item) ist von grundlegender Bedeutung bei der Entwicklung von Pfadmodellen. In Kapitel 2 werden wir noch ausführlicher auf die jeweiligen Messmodelle und deren Unterschiede eingehen.

Strukturtheorie

Die **Strukturtheorie** beschreibt die Beziehungen zwischen den latenten Variablen (d. h. sie begründet die Konstrukte und die Pfadbeziehungen innerhalb des Strukturmodells). Die Anordnung und Abfolge der Konstrukte basieren auf einer Theorie oder der Erfahrung und dem Vorwissen eines Forschers. Werden Pfadmodelle entwickelt, werden sie von links nach rechts aufgestellt. Die Variablen auf der linken Seite stellen somit die unabhängigen Variablen dar, die Variablen auf der rechten Seite sind dagegen die abhängigen Variablen. Entsprechend sind die Variablen auf der linken Seite sequenziell vorgelagert und beeinflussen die Variablen auf der rechten Seite. Variablen können allerdings auch gleichzeitig als abhängige und unabhängige Variablen dienen.

Wenn latente Variablen nur als unabhängige Variablen dienen, werden sie als exogene latente Variablen bezeichnet (Y_1 und Y_2). Dienen latente Variablen dagegen nur als abhängige Variablen (Y_4) oder als unabhängige und abhängige Variablen (Y_3), werden sie endogene latente Variablen genannt. Jede

Variable, die innerhalb des Strukturmodells nur von ihr ausgehende Pfeile hat, stellt eine exogene latente Variable dar. Endogene latente Variablen können dagegen Pfeile haben, die entweder ein- und ausgehen (Y_3) oder nur eingehen (Y_4). Zudem können wir festhalten, dass exogene latente Variablen keine Fehlerterme haben, da diese Konstrukte die unabhängigen Variablen darstellen, welche die abhängigen Variablen im Pfadmodell erklären.

PLS-SEM, CB-SEM und Regressionen auf Basis von Summenwerten

Es gibt zwei wesentliche Verfahren, um die Beziehungen innerhalb eines Strukturgleichungsmodells zu schätzen (Hair et al., 2019a; Hair et al., 2011b). Das eine ist die CB-SEM; das andere ist die PLS-SEM, die im Fokus des vorliegenden Buches liegt. Für eine umfassende Behandlung der CB-SEM sei an dieser Stelle auf Weiber und Sarstedt (2021) erwiesen. Beide Verfahren sind für unterschiedliche Forschungskontexte geeignet, daher sollten Forscher die Unterschiede kennen, um das jeweils korrekte Verfahren anzuwenden (Marcoulides & Chin, 2013; Rigdon et al., 2017). Zudem haben sich einige Forscher für die Verwendung von Regressionen auf Basis von Summenwerten ausgesprochen anstelle einer Gewichtung von Indikatoren, wie sie in der PLS-SEM vorgenommen wird. Da dieser Ansatz allerdings keine erkennbaren Vorteile gegenüber der PLS-SEM enthält, werden wir hier nur kurz darauf eingehen und uns stattdessen auf die PLS-SEM und die CB-SEM fokussieren.

Ein wesentlicher konzeptioneller Unterschied zwischen der PLS-SEM und der CB-SEM besteht darin, wie die Verfahren latente Variablen innerhalb des Modells behandeln. Die CB-SEM betrachtet Konstrukte als **Faktoren**, (und repräsentiert damit einen faktor-basierten Ansatz der SEM; common factor-based SEM in der englischsprachigen Literatur), welche die Kovariation zwischen den dazugehörigen Indikatoren erklären. Dieser Ansatz entspricht der Philosophie reflektiver Messmodelle, in denen die Indikatoren und ihre Kovarianz als Manifestationen des darunter liegenden Konstrukts betrachtet werden. Prinzipiell kann die CB-SEM aber auch formative Messmodelle beinhalten (Diamantopoulos et al., 2008). In diesem Fall müssen Forscher jedoch bestimmte Regeln der Modellierung befolgen, die die Einhaltung spezifischer Nebenbedingungen sicherstellen (Bollen & Davies, 2009; Diamantopoulos & Riefler, 2011) und damit eine Identifikation des Modells, d. h. eine Schätzung aller Modellparameter, ermöglichen. Diese Nebenbedingungen widersprechen aber oft den theoretischen Überlegungen, was die Frage aufwirft, ob die Modellierung die Theorie vorgeben sollte oder umgekehrt (Hair et al., 2012b).

Die PLS-SEM verwendet dagegen Proxies, welche das Konstrukt über die Gewichtung und Zusammenfassung von Indikatorvariablen, also über sogenannte Composite-Variablen, darstellen (Kapitel 3). Die PLS-SEM stellt daher einen **composite-basierten** oder **komponentenbasierten Ansatz der SEM** dar (Hwang et al., 2020). Im Rahmen dieses Ansatzes wird angenommen, dass die Composite-Variablen die Konstrukte adäquat repräsentieren können und damit die konzeptionellen Variablen, die untersucht werden sollen, valide abbilden (siehe z. B. Hair & Sarstedt, 2019). Der composite-basierte Ansatz entspricht der Philosophie formativer Messmodelle, was aber nicht bedeutet, dass die PLS-SEM ausschließlich formativ spezifizierte Konstrukte schätzen kann. Die Art und Weise, wie in der PLS-SEM Modellparameter geschätzt werden, muss hier klar von den messtheoretischen Überlegungen, wie ein Konstrukt zu operationalisieren ist, unterschieden werden (Sarstedt et al., 2016b). Forscher können sowohl reflektiv als auch formativ spezifizierte Messmodelle ohne Einschränkung in die Schätzung ihrer PLS-SEM einbinden.

Mit der Anwendung eines composite-basierten Ansatzes lockert PLS die strenge Annahme der CB-SEM, wonach jegliche Kovariation innerhalb eines Sets an Indikatoren durch einen gemeinsamen Faktor erklärt wird (Henseler et al., 2014; Rigdon, 2012; Rigdon et al., 2014). Die Nutzung gewichteter Composite-Variablen ermöglicht gleichzeitig die Berücksichtigung von Messfehlern, wodurch die PLS-SEM klassischen multiplen Regressionsanalysen, in denen **Summenwerte** einzelner Variablen verwendet werden, überlegen ist. In letzterem Fall gehen Forscher von einem gleichen Gewicht der Indikatoren aus, so dass jeder Indikator in gleichem Maße zur Composite-Variablen beiträgt (Hair & Sarstedt, 2019; Henseler et al., 2014). Bezugnehmend auf unsere Beschreibung von Composite-Variablen zu Beginn des Kapitels würde dies bedeuten, dass alle Gewichte *w* auf 1 gesetzt werden. Die entsprechende mathematische Formel für eine Linearkombination mit fünf Variablen wäre dann wie folgt:

$$\textit{Composite-Variable} = 1 \cdot x_1 + 1 \cdot x_2 + \ldots + 1 \cdot x_5.$$

Liegen beispielsweise bei einem Befragten die Werte 4, 5, 4, 6 und 7 für die fünf Variablen vor, ist der entsprechende Summenwert 26. Derartige Aggregationen oder Summenwerte sind einfach anzuwenden, allerdings werden hierdurch jegliche Unterschiede in den Gewichtungen der einzelnen Items nivelliert. Dies ist zwar ein gängiges Vorgehen in der Forschungspraxis, führt aber zu systematischen Fehlern bei der Parameterschätzung (z. B. Hair et al., 2017b). Darüber hinaus liefert die Kenntnis der Gewichte einzelner Indikatoren wichtige Hinweise auf deren Bedeutung für das Konstrukt in einem bestimmten Kontext (d. h. in Relation zu anderen Composite-Variablen innerhalb des Strukturmodells). Wird zum Beispiel die Kundenzufriedenheit gemessen, erfahren Forscher, welche der durch die jeweiligen Items erfassten Aspekte den größten Einfluss auf die Ausprägung der Zufriedenheit haben.

Im Rahmen der PLS-SEM wird nicht davon ausgegangen, dass die erstellten Proxies mit den Konstrukten, die sie ersetzen, identisch sind. Vielmehr werden sie explizit als Approximationen verstanden (Rigdon, 2012). Daher sehen einige Forscher die CB-SEM als die direktere und präzisere Methode zur empirischen Messung theoretischer Konstrukte an (z. B. Rönkkö et al., 2015). Eine derartige Sichtweise ist allerdings insofern kurzsichtig, da die in der CB-SEM abgeleiteten gemeinsamen Faktoren ebenfalls nicht notwendigerweise mit den konzeptionellen Variablen eines theoretischen Modells gleichgesetzt werden können (z. B. Rigdon, 2012; Rigdon et al., 2017; Rossiter, 2011; Sarstedt et al., 2016b). Rigdon et al. (2019) zeigen, dass faktor-basierte Modelle tatsächlich erheblichen messtechnischen Unsicherheiten unterliegen können. **Messunsicherheit** ist ein Kennwert, der den Bereich der Werte charakterisiert, die der Messgröße durch die durchgeführte Messung vernünftigerweise zugeschrieben werden können (JCGM/WG1, 2008). Messunsicherheiten können verschiedene Ursachen haben, die über die einfache Betrachtung von Standardfehlern in CB-SEM-Analysen hinausgehen (Hair & Sarstedt, 2019). Dazu zählen beispielsweise definitorische Unsicherheiten oder Limitationen, die sich auf die Gestaltung der Skalen, die zur Messung herangezogen werden, beziehen. Insofern ist diese Unsicherheit eine Gefahr für die Validität der Messung und damit für die Replizierbarkeit von Studienergebnissen von Nachteil (Rigdon et al., 2020). Während diese Unsicherheiten auch die composite-basierte SEM betreffen, werden sie in CB-SEM-Analysen durch die Art und Weise, in der Forscher Modelle anwenden, typischerweise verstärkt. Um den Modellfit zu verbessern, begrenzen Forscher oft die Anzahl an Indikatoren zur Messung eines Konstrukts, was zu einer Erhöhung der Messunsicherheit führt (Hair et al., 2017c; Rigdon et al., 2019). Dies bedeutet nicht notwendigerweise, dass composite-basierte Verfahren besser sind, aber es zieht die Vermutung einiger Forscher, dass die CB-SEM den Goldstandard bei der Messung unbeobachtbarer theoretischer Konstrukte darstellt, stark in Zweifel. Vor diesem Hintergrund teilen Forscher in verschiedenen Wissenschaftsfeldern die Einschätzung, dass der faktor-basierte Ansatz nicht notwendigerweise der richtige Ansatz zur Messung theoretischer Konstrukte ist (z.B. Rhemtulla et al., 2020; Rigdon, 2016).

Neben den Unterschieden in der Philosophie des Messens hat die unterschiedliche Behandlung von latenten Variablen einen Einfluss auf die Anwendungsmöglichkeiten der Verfahren. Die CB-SEM erlaubt es **Konstruktwerte** zu schätzen, allerdings sind die geschätzten Werte nicht einheitlich. Somit kann über eine unendliche Anzahl verschiedener möglicher Sets an Konstruktwerten jeweils ein identischer Modellfit erzielt werden. Eine zentrale Konsequenz dieser **Unbestimmtheit der Konstruktwerte** ist, dass die Korrelationen zwischen den latenten Variablen (hier den gemeinsamen Faktoren) und jeder Variablen außerhalb des Messmodells der latenten Variablen (hier des Faktormodells) ebenfalls unbestimmt sind (Guttman, 1955). Die Korrelationen können hoch oder niedrig sein, je nachdem welches Set an Konstruktwerten (hier Faktorwerten) gewählt wird. Diese Einschränkung macht die CB-SEM für Prognosen unbrauchbar (z.B. Hair & Sarstedt, 2021b; Dijkstra, 2014). Im Vergleich dazu hat die PLS-SEM den wesentlichen Vorteil, dass immer ein einziger, spezifischer (d.h. determinierter) Wert für jede latente Variable generiert wird, sobald die Indikatorgewichte bestimmt sind. Diese determinierten Werte sind Proxies für das zu messende Konstrukt, genau wie Faktoren die Proxies der konzeptionellen Variablen in der CB-SEM sind (Rigdon et al., 2017; Sarstedt et al., 2016b). Die PLS-SEM verwendet die sogenannte Ordinary Least Squares (OLS) Regression mit diesen Proxies als Input und dem Ziel der Minimierung der Fehlerterme (d.h. der Residualvarianz) der endogenen Konstrukte und der Indikatoren im Modell. Oder anders ausgedrückt schätzt die PLS-SEM Koeffizienten (d.h. die Beziehungen im Pfadmodell) mit dem Ziel, die erklärte Varianz der endogenen (Ziel-)Konstrukte und der Indikatoren im Modell zu maximieren. Diese Funktion verwirklicht das auf die Stichprobe bezogene Prognoseziel der PLS-SEM. Die PLS-SEM ist somit die bevorzugte Methode, wenn die Theorieentwicklung und die Erklärung der Varianz (oder die Prognose) von Konstrukt- und Indikatorwerten die Zielsetzungen sind. Daher wird die PLS-SEM auch als ein **varianzbasierter Ansatz der SEM** angesehen (z. B. McDonald, 1996). Im Gegensatz dazu wird in der CB-SEM die Gesamtvarianz zwar in drei Typen unterteilt (Faktorvarianz, spezifische Fehlervarianz, Restvarianz), aber nur die Varianz der gemeinsamen Faktoren (die Faktorvarianz, d. h. die gemeinsame Varianz aller Indikatoren eines Messmodells, auch Kommunalität genannt) für die Modellschätzung verwendet. Insofern erklärt die CB-SEM nur die Kovarianz zwischen den Indikatoren (Jöreskog, 1973) und ist nicht auf die Vorhersage der abhängigen Variablen fokussiert (Hair et al., 2017c).

Ferner sollte beachtet werden, dass die PLS-SEM zwar Ähnlichkeiten mit der **PLS-Regression,** einem weiteren multivariaten Analyseverfahren, aufweist, damit aber nicht gleichzusetzen ist (Abdi, 2010; Wold et al., 2001). Die PLS-Regression ist ein regressionsbasierter Ansatz, der lineare Beziehungen zwischen mehreren unabhängigen und einer oder mehreren abhängigen Variablen untersucht. Im Unterschied zur OLS-Regression werden im Rahmen der PLS-Regression aggregierte Variablen oder Faktoren mittels Hauptkomponentenanalysen für die unabhängigen und abhängigen Variablen gebildet. Demgegenüber beruht die PLS-SEM auf vordefinierten Beziehungsnetzwerken zwischen den Konstrukten sowie zwischen den Konstrukten und ihren Indikatoren (Mateos-Aparicio, 2011 liefert eine detailliertere Gegenüberstellung der PLS-SEM und der PLS-Regression).

Überlegungen für den Einsatz der PLS-SEM

Grundlegende Eigenschaften der PLS-SEM

Bei der Frage der Nutzung der PLS-SEM sollten mehrere Aspekte berücksichtigt werden, die auch auf den grundlegenden Charakteristika des Verfahrens beruhen. So haben etwa die statistischen Eigenschaften des PLS-SEM-Algorithmus wichtige Funktionen in Bezug auf die verwendeten Daten und das verwendete Modell. Darüber hinaus beeinflussen die Eigenschaften des PLS-SEM-Verfahrens auch die Bewertung der Ergebnisse. Letztendlich hängt die Anwendung der PLS-SEM von vier wesentlichen Entscheidungskriterien ab: (1) den Daten, (2) den Modelleigenschaften, (3) dem PLS-SEM-Algorithmus und (4) von Fragen der Modellbewertung. Abbildung 1.6 fasst die Hauptmerkmale der PLS-SEM zusammen. Im weiteren Verlauf dieses Kapitels wird ein erster Einblick in diese Eigenschaften gegeben. Tiefergehende Erklärungen, insbesondere in Bezug auf den PLS-SEM-Algorithmus sowie die Bewertung der Ergebnisse, finden sich in den späteren Kapiteln dieses Buches.

Die PLS-SEM arbeitet effizient mit kleinen Stichproben und komplexen Modellen (Cassel et al., 1999; Chin, 2010). Zudem macht die PLS-SEM, anders als die auf dem Maximum-Likelihood Ansatz basierende CB-SEM, welche eine Normalverteilung der Daten voraussetzt, keine Annahmen bezüglich der Verteilung der verwendeten Daten. Ferner kann die PLS-SEM mit reflektiven und formativen Messmodellen sowie mit Single-Item-Konstrukten umgehen, ohne dass es zu Identifikationsproblemen kommt. Somit kann die PLS-SEM in einem breiten Spektrum von Forschungssituationen eingesetzt werden. Dabei profitieren Forscher auch von der hohen Effizienz bei der Parameterschätzung, die sich im Vergleich zu der CB-SEM in einer höheren **Teststärke** manifestiert. Eine höhere Teststärke bedeutet, dass die in der Population tatsächlich signifikanten Beziehungen in der PLS-SEM mit einer höheren Wahrscheinlichkeit auch als signifikant ausgewiesen werden. Das Gleiche gilt im Vergleich zu Regressionen mit Summenwerten, die ebenfalls eine geringere Teststärke als die PLS-SEM haben (Hair et al., 2017b).

Die PLS-SEM hat allerdings auch Grenzen. In ihrer Grundform kann die PLS-SEM nicht angewendet werden, wenn das Strukturmodell kausale Schleifen oder zirkuläre Beziehungen enthält. Frühe Erweiterungen des PLS-Algorithmus, die bislang noch nicht in die gängigen PLS-SEM-Softwareprogramme implementiert wurden, sind allerdings auch in der Lage, mit zirkulären Beziehungen umzugehen (Lohmöller, 1989). Darüber hinaus sind die Möglichkeiten zum Testen und Bestätigen von Theorien in bestimmten Forschungssituationen eingeschränkt, da die PLS-SEM über kein globales Optimierungskriterium verfügt. In den letzten Jahren haben Forscher gezeigt, dass globale Gütekriterien in der Lage sind, bestimmte Typen von Modellfehlspezifikationen aufzudecken (Schuberth et al., 2018; 2023), allerdings ist in diesem Bereich weitere Forschung notwendig.

Dateneigenschaften	
Stichprobengröße	• Keine Identifikationsprobleme bei kleinen Stichproben • Auch bei kleinen Stichprobengrößen wird im Allgemeinen eine hohe Teststärke (Power) erzielt • Große Stichproben erhöhen die Präzision (d. h. die Konsistenz) der PLS-SEM Schätzungen
Fehlende Werte	• Hoch robust, solange fehlende Werte unterhalb eines vertretbaren Niveaus bleiben (unter 5 %)
Verteilung	• Keine Verteilungsannahmen; die PLS-SEM ist ein nicht-parametrisches Verfahren • Starke Ausreißer und Kollinearität können die Ergebnisse beeinflussen
Skalenniveau	• Arbeitet mit metrischen Daten und quasi-metrischen (ordinalen) Daten • Der Standard PLS-SEM-Algorithmus arbeitet auch mit binär-kodierten Variablen; hier sind aber weitere Betrachtungen notwendig, wenn diese als Kontrollvariablen, Moderatoren und bei der Analyse von Daten aus Discrete-Choice-Experimenten angewendet werden; zudem gelten gewisse Einschränkungen, wenn kategoriale Daten zur Messung endogener latenter Variablen verwendet werden

Sekundärdaten	• Gute Eignung für die Analyse von Sekundärdaten; die PLS-SEM bietet die benötigte Flexibilität für das Wechselspiel zwischen Theorie und Datenexploration
	Modelleigenschaften
Zahl der Items in den Messmodellen der Konstrukte	• Verarbeitet Konstrukte mit Single- und Multi-Item-Messungen
Beziehung zwischen den Konstrukten und ihren Indikatoren	• Einfache Integration von reflektiven und formativen Messmodellen möglich
Modellkomplexität	• Verarbeitet komplexe Modelle mit vielen Beziehungen im Strukturmodell
Modellaufbau	• Keine kausalen Schleifen (keine zirkulären Beziehungen) innerhalb des Strukturmodells erlaubt
	Eigenschaften des PLS-SEM Algorithmus
Ziel	• Maximierung der erklärten Varianz endogener Konstrukte und der Indikatoren im Modell
Effizienz	• Konvergiert nach wenigen Iterationen zur optimalen Lösung (selbst bei komplexen Modellen und/oder umfangreichen Stichproben); effizienter Algorithmus
Natur der Konstrukte	• Werden als Proxies der untersuchten theoretischen Konzepte gesehen; repräsentiert durch Composite-Variablen
Konstruktwerte	• Berechnet als Linearkombination ihrer Indikatoren (d. h. die Konstruktwerte sind bestimmt) • Für Prognosezwecke genutzt • Können als Input für anschließende Analysen verwendet werden
Parameterschätzungen	• Im Vergleich zu den Lösungen aus faktor-basierten Modellen werden die Beziehungen im Strukturmodell generell unterschätzt und die Beziehungen im Messmodell generell überschätzt (PLS-SEM Bias) • Unverzerrte und konsistente Parameterschätzung bei der Verwendung von composite-basierten Modellen • Hohe Teststärke im Vergleich zu alternativen Verfahren, wie der CB-SEM
	Modellbewertung
Bewertung des Gesamtmodells	• Das Konzept eines globalen Fits im Sinne eines Goodness-of-Fit-Maßes, wie in der CB-SEM, ist nicht ohne Einschränkungen auf die PLS-SEM übertragbar. Aktuelle Forschungsarbeiten zeigen aber, dass entsprechende Gütemaße geeignet sind, bestimmte Typen von Modellfehlspezifikationen aufzudecken.

Bewertung der Messmodelle	• Reflektive Messmodelle: Bewertung anhand multipler Kriterien zur Indikatorreliabilität, Internen-Konsistenz-Reliabilität, Konvergenzvalidität und Diskriminanzvalitidät • Formative Messmodelle: Bewertung der Konvergenzvalidität, Kollinearität der Indikatoren sowie der Signifikanz und Relevanz der Indikatorgewichte
Bewertung des Strukturmodells	• Kollinearität zwischen Konstrukten • Signifikanz und Relevanz der Pfadkoeffizienten • Kriterien zur Bewertung der Erklärungskraft des Modells in Bezug auf die Stichprobendaten als auch der Prognosekraft des Modells für neue Daten (d. h. Out-of-Sample)
Zusätzliche Analysen	Die ursprüngliche PLS-SEM hat zahlreiche methodische Erweiterungen erfahren, die sich auf weiterführende Modellierungsoptionen, Gütebeurteilungen und Analyseverfahren beziehen. Einige Beispiele sind: • Importance-Performance-Analysen • Mediierende Effekte • Hierarchische Komponentenmodelle • Multigruppenanalysen • Identifikation und Behandlung unbeobachteter Heterogenität • Messmodellinvarianz • Moderierende Effekte • Analyse notwendiger Bedingungen (Necessary Condition Analysis) • Nichtlineare Effekte • Modellauswahl • Latente Klassenanalyse • Endogenitätsprüfung • Konfirmatorische Tetradanalyse • Discrete Choice-Modellierung

Abbildung 1.6 Hauptmerkmale der PLS-SEM

Quelle: In Anlehnung an Hair et al., 2011. Copyright © 2011, M. E. Sharpe, Inc. Nachdruck mit freundlicher Genehmigung durch Taylor & Francis Ltd., http:///www.tandfonline.com.

Die Modellschätzung und Gütebeurteilung in der PLS-SEM folgt einem kausal-vorhersagenden (causal–predictive) Ansatz, dessen Ziel darin besteht, die Vorhersagegüte eines auf Basis von Theorie und Logik entwickelten Modells zu prüfen. Die diesem Ansatz zugrunde liegende Logik basiert auf erklärenden und vorhersagenden (EV) Theorien (nach Gregor, 2006). EV-Theorien beinhalten ein Verständnis von Ursächlichkeiten und Vorhersagen sowie eine Beschreibung der theoretischen Konstrukte und ihrer Beziehungen. Nach Gregor (2006) entsprechen EV-Theorien dem gängigen Verständnis von Theorie sowohl in den Natur- als auch Sozialwissenschaften. Zahlreiche wegweisende Theorien und Modelle, wie z. B. Oliver's (1980) Expectation–(Dis)confirmation-Theorie sowie verschiedene Technologieakzeptanzmodelle (z. B. Davis,

1989; Venkatesh et al., 2003) folgen dem EV-Theorie-Ansatz, da sie sowohl auf eine Erklärung von Zusammenhängen als auch auf eine Vorhersage abzielen. Die PLS-SEM ist für die Schätzung von Modellen, die auf EV-Theorien aufsetzen ideal, da das Verfahren eine Balance zwischen den Prognose-fokussierten Maschine-Learning-Ansätzen und der auf die Bestätigung von Theorien und Modellfit ausgelegten CB-SEM herstellt (Richter et al., 2016a; Richter & Tudoran, 2024; Rigdon et al., 2017). Die kausal-vorhersagende Natur der PLS-SEM macht das Verfahren für Forschungsfelder, die auf die Ableitung praktischer Handlungsempfehlungen abzielen, besonders attraktiv. In Beiträgen der betriebswirtschaftlichen Forschung sind die Handlungsempfehlungen für das Management zumeist so formuliert, dass sie einen Vorhersagefokus in der Modellschätzung und -beurteilung erfordern (z. B. „auf Basis unserer Ergebnisse sollten Manager…") (Sarstedt & Danks, 2022). Diesem Erfordernis wird die PLS-SEM gerecht, da das Verfahren sowohl Prognosen generiert als auch die Mechanismen (d. h. die Beziehungen im Strukturmodell) beleuchtet, die diesen Prognosen zugrunde liegen (Hair, 2020; Hair & Sarstedt, 2019; Hair & Sarstedt, 2021a).

In frühen Schriften haben Forscher darauf hingewiesen, dass die PLS-Schätzung eine Approximation der faktor-basierten SEM darstellt (Hui & Wold, 1982); eine Eigenschaft, die als PLS-SEM Bias bekannt wurde (siehe z. B. Chin et al., 2003). In einigen Studien haben Forscher Simulationen durchgeführt (z. B. Goodhue et al., 2012; McDonald, 1996; Rönkkö & Evermann, 2013), die diesen unterstellten PLS-SEM Bias demonstrieren, der sich in einer Unterschätzung der Beziehungen im Strukturmodell und einer Überschätzung der Beziehungen im Messmodell, im Vergleich zu den vorab spezifizierten Beziehungen, zeigt. Die Studien kommen zu dem Ergebnis, dass sich die Parameterschätzungen den „wahren" Parameterwerten angleichen, wenn sowohl die Anzahl der Indikatoren pro Konstrukt als auch die Stichprobengröße zunehmen. Allerdings verwenden alle diese Simulationsstudien die mit Hilfe der CB-SEM ermittelten Parameterschätzungen als Vergleich und unterstellen, dass diese Schätzungen gleich sein sollten. Da die PLS-SEM ein composite-basierter Ansatz ist, welcher die Gesamtvarianz zur Schätzung der Parameter verwendet, erwarten wir jedoch Unterschiede (Lohmöller, 1989; Schlittgen et al., 2020; Schneeweiß, 1991). So ist es auch nicht überraschend, dass die gleichen Aspekte auftreten, wenn Composite-Modelle zur Schätzung von CB-SEM Ergebnissen herangezogen werden. Sarstedt et al. (2016b) zeigen, dass der Bias, der bei der Anwendung der CB-SEM auf den falschen Modelltyp entsteht, deutlich schwerwiegender ist, d. h. wenn die CB-SEM zur Schätzung von composite-basierten Modellen herangezogen wird (im Vergleich zu der Schätzung von faktor-basierten Modellen mit der PLS-SEM). Berücksichtigt man die unterschiedlichen Philosophien der Konstruktmessungen sind die meisten Kritikpunkte, die von Gegnern der PLS-SEM hervorgebracht werden (Rönkkö et al., 2016), nicht länger relevant (Cook & Forzani, 2023). Abgesehen von diesen konzeptionellen Überlegungen zeigen Simulationsstudien, dass die Unterschiede zwischen den PLS-SEM-Schätzungen und den CB-SEM-Schätzungen sehr gering sind, sofern die Messmodelle die Minimalanforderungen bezüglich ihrer Güte (d. h. Reliabilität und Validität) erfüllen. Genauer gesagt, sofern die Messmodelle mindestens vier Indikatoren enthalten und deren Ladungen den gängigen Normen (≥ 0.70) entsprechen, gibt es praktisch keinen Unterschied bei der Parametergenauigkeit der beiden Verfahren (z. B. Reinartz et al., 2009; Sarstedt et al., 2016b). Für die meisten Studien hat dies somit keine praktische Relevanz (z. B. Binz Astrachan et al., 2014).

Schließlich haben Methodenforscher die ursprüngliche PLS-SEM substanziell erweitert und weiterführende Modellierungsoptionen, Gütebeurteilungen und Analyseverfahren vorgeschlagen. Diese beinhalten beispielsweise verschiedene Arten von Robustheitsprüfungen (Sarstedt et al., 2020b), Discrete Choice-Modellierung (Hair et al., 2019b), die Analyse notwendiger Bedingungen (Necessary Condition Analysis; Richter et al., 2020), Out-of-Sample-Prognosemetriken (Hair, 2020), Endogenitätsprüfung (Hult et al., 2018) und hierarchische Komponentenmodelle (Sarstedt et al., 2019). In Kapitel 8 bieten wir eine Einführung in einige dieser weiterführenden Verfahren an (eine Ausführlichere Darstellung findet sich in Hair et al., 2024). Im Folgenden diskutieren wir grundlegende Dateneigenschaften (z. B. Anforderungen an die Stichprobengröße) und Modelleigenschaften (z. B. Modellkomplexität).

Dateneigenschaften

Stichprobengröße

Am häufigsten werden Dateneigenschaften wie die Stichprobengröße, nicht-normale Daten und die Verwendung unterschiedlicher Skalen (d. h. unterschiedliche Skalentypen) für die Anwendung der PLS-SEM in verschiedenen Disziplinen genannt (Ghasemy et al., 2020; Hair et al., 2012b; Ringle et al., 2020). Dabei stehen einige Argumente mit den Möglichkeiten des Verfahrens in Einklang, während dies bei anderen nicht der Fall ist. So wird zum Beispiel das Argument einer geringen Größe der **Stichprobe** sehr häufig missbraucht, um Modelle mit zu kleinen, nicht akzeptablen Stichproben mit der PLS-SEM zu schätzen (Goodhue et al., 2012; Marcoulides & Saunders, 2006). Manche Forscher scheinen der Ansicht zu sein, dass dem PLS-SEM-Ansatz eine Art „Magie" immanent ist, die es ihnen erlaubt, mit sehr kleinen Stichproben Ergebnisse zu erzielen, die repräsentativ für eine Population mit Millionen Elementen oder Individuen seien. Richtig ist: Kein multivariates Analyseverfahren, auch nicht die PLS-SEM, kann derartige „magische" Fähigkeiten haben, aus schlechten Stichproben gute Ergebnisse zu erzielen (Petter, 2018). Die PLS-SEM kann Ergebnisse für kleinere Stichproben liefern, ob aber eine kleine Stichprobengröße akzeptabel ist, hängt von den Eigenschaften der Population ab (Rigdon, 2016). Eine Stichprobe ist eine Auswahl von Elementen oder Individuen aus einer größeren Population. Die Individuen werden durch das Stichprobenverfahren ausgewählt, um die Population als Ganzes zu repräsentieren. Eine gute Stichprobe sollte die Gemeinsamkeiten und Unterschiede in der Population widerspiegeln, so dass es möglich ist, von der (kleinen) Stichprobe auf die (große) Population zu schlussfolgern. Die Größe der Population und insbesondere die Varianz der zu erforschenden Variablen beeinflussen somit die Größe der benötigten Stichprobe. In Forschungsprojekten, die sich auf Business-to-Business Stichproben beziehen, sind die Populationsgrößen beispielsweise oft eher begrenzt. Die Stichprobe sollte, unter der Annahme gleicher situativer Charakteristika des Forschungsvorhabens, umso größer sein, je heterogener die Population ist, um einen akzeptablen Stichprobenfehler zu erreichen (Cochran, 1977). Wenn solche grundlegenden Richtlinien zum Stichprobendesign (Sarstedt et al., 2018) keine Berücksichtigung finden, werden fragliche Ergebnisse produziert.

Im Rahmen der Anwendung von multivariaten Analyseverfahren sind zudem die verfahrensseitigen Anforderungen an die Stichprobengröße relevant. Eine **minimale Stichprobengröße** soll gewährleisten, dass die Ergebnisse von statistischen Verfahren wie der PLS-SEM eine angemessene statistische Aussagekraft (oder Teststärke) aufweisen. Eine zu kleine Stichprobe kann etwa dazu führen, dass in der Population tatsächlich vorhandene signifikante Effekte im Rahmen der Analyse nicht signifikant werden (was zu einem **Fehler 2. Art** bzw. **Typ II-Fehler** führt). Die Mindeststichprobengröße sollte zudem sicherstellen, dass die Ergebnisse des statistischen Verfahrens robust sind und das Modell generalisierbar ist. Im Folgenden konzentrieren wir uns auf die Frage, wie die geeignete Stichprobengröße im Rahmen der PLS-SEM bestimmt werden kann.

Die Komplexität des Strukturmodells hat kaum einen Einfluss auf die für die PLS-SEM benötigte Stichprobengröße. Dies liegt darin begründet, dass der Algorithmus nicht alle Beziehungen innerhalb des Strukturmodells gleichzeitig schätzt. Stattdessen werden OLS-Regressionen zur Bestimmung der partiellen Regressionsbeziehungen verwendet. Bereits in zwei frühen Studien wurde die Leistungsfähigkeit der PLS-SEM bei kleinen Stichproben analysiert und bestätigt (Chin & Newsted, 1999; Hui & Wold, 1982). Auch Simulationsstudien, z. B. von Hair et al. (2017b) und Reinartz et al. (2009) zeigen, dass die PLS-SEM eine gute Wahl bei kleinen Stichproben ist. Zudem erzielt die PLS-SEM im Vergleich zu der CB-SEM bei komplexen Modellen und kleinen Stichproben eine höhere Teststärke. Henseler et al. (2014) zeigen schließlich, dass die PLS-SEM auch dann zu Lösungen führt, wenn andere Verfahren nicht konvergieren oder unzulässige Lösungen ergeben. So tauchen bei der CB-SEM häufig Probleme bei komplexen Modellen auf, insbesondere bei kleinen Stichproben. Ferner leidet die CB-SEM unter Identifikations- und Konvergenzproblemen, wenn formative Messungen enthalten sind (z. B. Diamantopoulos & Riefler, 2011).

Leider gehen einige Forscher davon aus, dass die Beachtung der Stichprobengröße bei der Anwendung der PLS-SEM keine Rolle spielt. Diese Ansicht wird durch die oft zitierte **10-fach-Regel** (Barclay et al., 1995) gestützt, nach der die Stichprobengröße jeweils so groß sein sollte wie

1. das 10-fache der höchsten Anzahl an formativen Indikatoren, die zur essung eines einzelnen Konstrukts verwendet werden, oder
2. das 10-fache der höchsten Anzahl an Strukturpfaden, die auf ein bestimmtes Konstrukt im Strukturmodell gerichtet sind.

Diese Faustregel besagt, dass die Mindeststichprobengröße das 10-fache der maximalen Anzahl an Pfeilspitzen, die irgendwo innerhalb des PLS-Pfadmodells auf ein latentes Konstrukt gerichtet sind, betragen sollte. Auch wenn die 10-fach-Regel eine grobe Einschätzung bezüglich der Mindeststichprobengröße liefert, sollten Forscher die erforderliche Stichprobengröße durch eine Analyse der Teststärke untermauern. Forscher können dabei auf die von Cohen (1992), im Rahmen seiner Analysen zur Teststärke multipler Regression vorgeschlagenen Faustregeln zurückgreifen, oder Programme wie G*Power (Faul et al., 2009), welches unter http://www.gpower.hhu.de/ frei verfügbar ist, zur Analyse der Teststärke nutzen. Diese Ansätze betrachten nicht explizit das gesamte PLS-SEM, sondern nutzen den Ausschnitt des Modells als Bezugspunkt, der die komplexeste Regressionsbeziehung (im formativen Messmodell und Strukturmodell) abbildet. Dabei zielen Forscher typischerweise darauf ab, eine Teststärke von 80 % zu erreichen.

Die aus diesen Ansätzen resultierenden Mindeststichprobengrößen können aber dennoch zu klein sein (Kock & Hadaya, 2018). Vor diesem Hintergrund haben Kock und Hadaya (2018) das **Inverse Quadratwurzelverfahren** (inverse square root method) vorgeschlagen, welches die Wahrscheinlichkeit berücksichtigt, dass die Relation eines Pfadkoeffizienten zu seinem Standardfehler größer ist als der kritische Wert einer Teststatistik bei einem bestimmten Signifikanzniveau. Damit hängen die Ergebnisse für die technisch benötigte Mindeststichprobengröße von den einzelnen Pfadkoeffizienten ab und nicht von dem Modellausschnitt mit der komplexesten Regression. Bei einer Teststärke von 80 % und Signifikanzniveaus von 1 %, 5 % und 10 % bestimmt sich die Mindeststichprobengröße (n_{min}) über die folgenden Gleichungen, wobei P_{min} für den kleinsten noch signifikanten Pfadkoeffizienten, Minimum-Pfadkoeffizient, steht:

$$\text{Signifikanzniveau} = 1\ \%\text{: } n_{min} > \left(\frac{3{,}168}{|P_{min}|}\right)^2$$

$$\text{Signifikanzniveau} = 5\ \%\text{: } n_{min} > \left(\frac{2{,}486}{|P_{min}|}\right)^2$$

$$\text{Signifikanzniveau} = 10\ \%\text{: } n_{min} > \left(\frac{2{,}123}{|P_{min}|}\right)^2$$

Die Mindeststichprobengröße ergibt sich beispielsweise für ein angenommenes Signifikanzniveaus von 5 % und einen Minimum-Pfadkoeffizienten von 0,2 als (aufgerundet) 155 über

$$n_{min} > \left(\frac{2{,}486}{0{,}2}\right)^2 = 154{,}505$$

Das inverse Quadratwurzelverfahren ist eher konservativ und resultiert in einer leichten Überschätzung der benötigten Stichprobengröße, um signifikante Effekte bei einer gegebenen Teststärke zu identifizieren. Das Verfahren ist insbesondere aufgrund seiner einfachen Anwendung vorteilhaft. Dennoch gilt es zwei Aspekte bei der Anwendung des inversen Quadratwurzelverfahrens zu berücksichtigen: Zum einen kann die Bezugnahme auf den kleinsten Pfadkoeffizienten irreführend sein, da Forscher keine statistische Signifikanz für marginale Effekte erwarten. Bei einem Signifikanzniveau von 5% und einem Minimum-Pfadkoeffizienten von 0,01 ergibt sich beispielsweise eine benötigte Stichprobengröße von 61.802! Daher sollten Forscher nicht notwendigerweise den kleinsten Pfadkoeffizienten für das Verfahren wählen, sondern in Abhängigkeit des Modells und seiner Ergebnisse (z. B. insgesamt kleine oder große Koeffizienten) auf den kleinsten (zu identifizierenden) relevanten Pfadkoeffizienten abstellen.

Zum anderen ist das inverse Quadratwurzelverfahren ein retrospektiver Ansatz, da es auf den Modellschätzungen aufsetzt. Eine solche Prüfung kann als Basis für zusätzliche Datenerhebungen oder Anpassungen am Modell genutzt werden. Sofern möglich sollten Forscher jedoch einen prospektiven Ansatz zur Bestimmung der Mindeststichprobengröße vor der Datenanalyse und -sammlung nutzen, der auf der mindestens erwarteten Effektstärke aufsetzt. Zu diesem Zweck können Forscher bisherige Forschungsergebnisse zu Rate ziehen, die einen vergleichbaren konzeptionellen Hintergrund haben oder Modelle mit ähnlicher Komplexität beinhalten. Vorzugsweise sollten sie die Ergebnisse einer Pilotstudie nutzen, die die angenommenen Modellbeziehungen in einer kleineren Stichprobe an Befragten aus derselben Population testet. Wenn die Pilotstudie zum Beispiel einen minimalen Pfadkoeffizienten von 0,15 enthält, kann dieser Wert für die Berechnung der Mindeststichprobengröße für die Hauptstudie genutzt werden.

In den meisten Fällen haben Forscher jedoch nur begrenzte Informationen bezüglich der zu erwartenden Effektstärke, selbst wenn eine Pilotstudie durchgeführt wurde. Daher ist es sinnvoll, Wertebereiche anstelle von spezifi-

p_{min}	**Signifikanzniveaus (Irrtumswahrscheinlichkeiten)**		
	1%	**5%**	**10%**
0,05–0,1	1.004	619	451
0,11–0,2	251	155	113
0,21–0,3	112	69	51
0,31–0,4	63	39	29
0,41–0,5	41	25	19

Abbildung 1.7 Empfehlungen zur Stichprobengröße bei verschiedenen Minimum-Pfadkoeffizienten (p_{min}) und Signifikanzniveaus bei einer Teststärke von 80%

schen Werten für die Effektstärken zur Bestimmung der Stichprobengröße zu nutzen. Abbildung 1.7 zeigt die Mindeststichprobengrößen für verschiedene Signifikanzniveaus und verschiedene Wertebereiche des minimalen Pfadkoeffizienten. Es ist akzeptabel die Mindeststichprobengröße auf Basis des oberen Grenzwertes zu bestimmen, da das inverse Quadratwurzelverfahren eher konservativ ist. Wenn beispielsweise der Minimum-Pfadkoeffizient in einem Wertebereich zwischen 0,11 und 0,20 erwartet wird, bräuchte man etwa 155 Beobachtungen, um die Signifikanz des Koeffizienten auf einem 5% Niveau nachweisen zu können.

Fehlende Werte

Wie bei anderen statistischen Analysen sollten fehlende Werte bei der Anwendung der PLS-SEM beachtet werden. Die Forschung hat eine Vielzahl von Optionen zur Behandlung von fehlenden Werten hervorgebracht. Prominente Beispiele umfassen die Mittelwertersetzung, den Expectation-Maximization-Algorithmus und den Nächster-Nachbar-Ansatz (z.B. Hair et al., 2019a). Bei einer geringen Anzahl fehlender Werte von weniger als 5% pro Indikator führen diese Optionen in der Regel nur zu geringfügigen Änderungen in den PLS-SEM-Berechnungen. Alternativ können Forscher sich auch dafür entscheiden, alle Beobachtungen mit fehlenden Werten zu löschen, was allerdings die Varianz in den Daten reduziert und zu Verzerrungen führen kann, falls bestimmte Gruppen von Beobachtungen systematisch entfernt werden.

Verteilung

Die Anwendung der PLS-SEM beinhaltet zwei weitere entscheidende Vorteile in Bezug auf die Verteilung und Skalierung der Daten. Immer dann, wenn es schwierig oder unmöglich ist, die strikteren Voraussetzungen traditionellerer Verfahren zu erfüllen (z.B. Normalverteilung der Daten), ist die PLS-SEM das zu bevorzugende Verfahren. Die größere Flexibilität der PLS-SEM lässt sich durch das von Wold (1982), dem Entwickler des Verfahrens, geprägte Label des „soft modeling" beschreiben, wobei sich „soft" aber nur auf die Verteilungsannahmen und nicht auf die Konzepte, Modelle oder Schätzverfahren bezieht (Lohmöller, 1989). Die statistischen Eigenschaften der PLS-SEM führen unabhängig davon, ob Daten normal verteilt sind oder nicht (d.h. mit erheblicher Schiefe und/oder Kurtosis), zu sehr robusten Modellschätzungen (Hair et al., 2017b; Reinartz et al., 2009). Es ist allerdings zu beachten, dass Ausreißer und Multikollinearität die OLS-Regressionen in der PLS-SEM beeinflussen; daher sollten Forscher die Daten und Ergebnisse stets in Bezug auf diese Aspekte kontrollieren (Hair et al., 2019a).

Skalenniveau

Der PLS-SEM-Algorithmus benötigt ratio- oder intervallskalierte **metrische Daten** für die Indikatoren in den Messmodellen. Das Verfahren arbeitet aber auch mit Ordinalskalen mit äquidistanten Datenpunkten (d.h. quasimetrischen Daten; Sarstedt & Mooi, 2019) und mit binär-kodierten Daten gut. Binär-kodierte Daten (auch dummy-kodiert genannt) werden oft dazu genutzt, kategoriale Kontrollvariablen oder Moderatoren in das PLS-Pfadmodell zu integrieren. Binär-kodierte Indikatoren lassen sich generell problemlos in

PLS-Pfadmodelle integrieren, bedürfen aber bestimmter Aufmerksamkeit. Bei der Anwendung der PLS-SEM für Discrete Choice-Experimente, bei denen es darum geht, eine binär kodierte, endogene latente Variable vorherzusagen, bedarf es eines bestimmten Forschungsdesigns und bestimmter Schätzroutinen (Hair et al., 2019b).

Sekundärdaten

Sekundärdaten sind Daten, die oft im Rahmen eines anderen Forschungsvorhabens oder in der Vergangenheit gesammelt worden sind (Sarstedt & Mooi, 2019). Die Verfügbarkeit von Sekundärdaten zur Untersuchung realer Phänomene hat stark zugenommen. Forschungsprojekte auf Basis von Sekundärdaten haben typischerweise ein anderes Analyseziel als strikt konfirmatorische CB-SEM-Analysen. Oft werden Sekundärdaten in explorativen Forschungsstudien genutzt, um kausale Beziehungen zu identifizieren, für die es bisher noch wenig eindeutige Theorien gibt (Hair et al., 2019c; Hair et al., 2017a). In solchen Studien sind Forscher angehalten, alle möglichen Beziehungen zu prüfen und nicht primär die Fitbestimmung für ein bestimmtes Modell in den Vordergrund zu stellen (Nitzl, 2016). Es liegt damit in der Natur dieser Studien, große, komplexe Modelle zu erzeugen, die nicht mit der CB-SEM analysiert werden können. Aufgrund der weniger restriktiven Datenvorgaben bietet die PLS-SEM hier die benötigte Flexibilität für das Wechselspiel zwischen Theorie und Datenexploration (Nitzl, 2016; Richter et al., 2016b). Schon Wold (1982, S. 29) merkte in diesem Zusammenhang die Vorteilhaftigkeit des Verfahrens für Forschungsprojekte an, die datenreich aber theoriearm sind. Die gesteigerte Popularität der Sekundärdatenanalyse (z. B. durch die Verwendung von Daten aus Firmendatenbanken, aus sozialen Medien, nationalen Statistikdatenbanken oder sonstigen öffentlich zugänglichen Datenbanken mit Befragungsdaten) verschiebt den Forschungsfokus von strikt konfirmatorischen hin zu vorhersagenden bzw. kausal-vorhersagenden Modellierungen. Diese Forschungssituationen sind ein perfekter Fit für den vorhersageorientierten PLS-SEM Ansatz (siehe auch Gefen et al., 2011). Die PLS-SEM ist zudem aus messtheoretischer Perspektive für die Analyse von Sekundärdaten wertvoll. Zum einen, da anders als bei Befragungsdaten, die zumeist entwickelt wurden, um eine etablierte Theorie zu prüfen, die Messungen in Sekundärdaten nicht gezielt für den Anwendungsfall entwickelt und kontinuierlich für konfirmatorische Analysen verbessert worden sind. Damit ist das Erreichen eines guten Modellfits mit Sekundärdaten in den meisten Forschungssituationen mit der CB-SEM eher unwahrscheinlich. Zum anderen haben Forscher, die Sekundärdaten verwenden, nur sehr beschränkte Möglichkeiten, ihre Messmodelle zu verfeinern oder zu revidieren, um einen besseren Modellfit zu erreichen. Schließlich liegt ein weiterer wesentlicher Vorteil der PLS-SEM bei der Verwendung von Sekundärdaten darin, dass sie Single-Items und formative Messmodelle problemlos verarbeiten kann. Das ist für Forschungsprojekte mit Sekundärdaten enorm wichtig, da viele Messgrößen beispielsweise in Firmendatenbanken finanzielle Kennzahlen sind (Henseler, 2017b) oder typischerweise in Form von formativen Indizes vorkommen, deren Schätzung die Verwendung der PLS-SEM nahelegt. Abbildung 1.8 fasst die zentralen Hinweise in Bezug auf die Dateneigenschaften zusammen.

- Die 10-fach-Regel liefert keine zuverlässige Richtgröße für die Stichprobengröße in der PLS-SEM. Zuverlässigere Hinweise für die Stichprobengröße liefern statistische Analysen zur Teststärke. Forscher können auch auf das eher konservative, inverse Quadratwurzelverfahren zur Ermittlung der Mindeststichprobengröße zurückgreifen.
- Wenn die Messung der Konstrukte die generell empfohlenen Grenzwerte hinsichtlich Reliabilität und Validität erreichen, führen die CB-SEM und PLS-SEM zu sehr ähnlichen Ergebnissen.
- Die meisten Verfahren zur Behandlung fehlender Werte (z. B. die Mittelwertersetzung, der fallweise Ausschluss, der Expectation-Maximization-Algorithmus und der Nächster-Nachbar-Ansatz) können bei einem vertretbaren Anteil fehlender Werte (weniger als 5 % fehlende Werte pro Indikator) ohne große Auswirkungen auf die Analyseergebnisse angewendet werden
- Die PLS-SEM kann extrem nicht-normale Daten (z. B. erhebliche Schiefe und/oder Kurtosis) verarbeiten.
- Die PLS-SEM funktioniert mit metrischen, quasi-metrischen und kategorialen (d. h. binär- oder dummy-kodierten) Daten, wenn auch mit bestimmten Einschränkungen. Die Verarbeitung von Daten aus Discrete Choice-Experimenten bedarf bestimmter Forschungsdesigns und Schätzroutinen.
- Aufgrund der Flexibilität des Verfahrens verschiedene Daten und Skalentypen zu verarbeiten, ist die PLS-SEM das Verfahren der Wahl für die Analyse von Sekundärdaten.

Abbildung 1.8 Datenbezogene Überlegungen bei der Anwendung der PLS-SEM

Modelleigenschaften

Die PLS-SEM ist in Bezug auf ihre Modellierungseigenschaften sehr flexibel. In seiner grundlegenden Form erfordert der PLS-SEM-Algorithmus, dass im Strukturmodell keine zirkulären Beziehungen oder Schleifen innerhalb der Beziehungen zwischen latenten Variablen enthalten sind. Auch wenn in den Wirtschaftswissenschaften selten Modelle mit kausalen Schleifen eine Rolle spielen, beschränkt diese Eigenschaft die Anwendbarkeit der PLS-SEM, sofern derartige Modelle geschätzt werden sollen. Allerdings sei darauf hingewiesen, dass Lohmöllers (1989) Erweiterungen des grundlegenden PLS-SEM-Algorithmus die Behandlung derartiger Modelle ermöglicht.

Messmodellschwierigkeiten stellen mit das größte Hindernis bei der Generierung von Lösungen im Rahmen der CB-SEM dar. So ist die Schätzung komplexer Modelle mit vielen latenten Variablen und/oder Indikatoren mit der CB-SEM oft nicht möglich. Die PLS-SEM kann dagegen in derartigen Situationen angewendet werden, da sie nicht durch Identifikationsprobleme oder andere verfahrenstechnische Voraussetzungen beschränkt ist.

Ein weiteres zentrales Thema bei der Anwendung der SEM sind die Überlegungen zu reflektiven und formativ spezifizierten Messmodellen. Die PLS-SEM kann sehr einfach mit formativen und reflektiven Messmodellen umgehen und wird als der bevorzugte Ansatz angesehen, falls die hypothetischen Modelle formativ spezifizierte Konstrukte enthalten. Die CB-SEM kann zwar formativ spezifizierte Konstrukte schätzen, allerdings müssen zur Sicherstellung der

Modellidentifikation genaue Spezifikationsregeln befolgt werden (Diamantopoulos & Riefler, 2011). Diese Anforderungen führen oft dazu, dass die Analysen nicht wie ursprünglich geplant durchgeführt werden können. Im Gegensatz dazu erfordert die PLS-SEM keinerlei solcher Spezifikationsregeln und erlaubt die Integration formativer Messmodelle ohne Einschränkungen. Dies trifft ebenfalls für Modelle zu, in denen endogene Konstrukte formativ gemessen werden. Die Verwendung der CB-SEM bei derartigen Modellen wurde bereits oft diskutiert (Cadogan & Lee, 2013; Rigdon, 2014). Bei der PLS-SEM wird dies durch das mehrstufige Schätzverfahren (Kapitel 3), welches die Schätzung der Messung von der Schätzung des Strukturmodells trennt, ermöglicht (Rigdon et al., 2014). Probleme entstehen hier lediglich, wenn eine hohe Multikollinearität zwischen den Indikatorvariablen des formativen Konstrukts besteht.

Anders als die CB-SEM ermöglicht die PLS-SEM eine sehr einfache Einbindung von Interaktionstermen, um Moderationseffekte in Pfadmodellen zu schätzen. Damit ist die PLS-SEM das Verfahren der Wahl zur Einbindung von Moderatoreffekten und zur Abbildung komplexerer Beziehungen, die eine Kombination von Moderations- und Mediationseffekten erfordern (Sarstedt et al., 2020a). Genauso können hierarchische Komponentenmodelle, bei denen Konstrukte innerhalb eines Modells auf verschiedenen Abstraktionsniveaus spezifiziert werden (Sarstedt et al., 2019), einfach mit der PLS-SEM geschätzt werden. Schließlich ist die PLS-SEM in der Lage, sehr komplexe Modelle zu schätzen. Verweisen beispielsweise die Theorie und die konzeptionellen Überlegungen auf sehr große Modelle und sind genügend Daten vorhanden (d. h. sind die Minimalanforderungen an die Stichprobengröße erfüllt), kann die PLS-SEM prinzipiell jedes Modell schätzen, auch diejenigen mit einigen Dutzend Konstrukten und Hunderten Indikatorvariablen. Wie von Wold (1985) angemerkt, ist die PLS-SEM praktisch konkurrenzlos, wenn komplexe Pfadmodelle mit latenten Variablen geschätzt werden sollen. Abbildung 1.9 fasst die Überlegungen in Bezug auf die Modelleigenschaften bei der PLS-SEM noch einmal zusammen.

- Flexible Anforderungen an die Messmodelle. Die PLS-SEM kommt mit reflektiven und formativen Messmodellen sowie mit Single-Item-Messungen zurecht, ohne dass zusätzliche Anforderungen oder Beschränkungen eine Rolle spielen.
- Die PLS-SEM ermöglicht die Einbindung komplexer Modellelemente, wie Interaktionsterme oder hierarchische Komponentenmodelle.
- Komplexe Modelle sind kein Problem für die PLS-SEM. Solange die Anforderungen an die Mindeststichprobengröße erfüllt sind, ist die Komplexität des Strukturmodells quasi unbeschränkt.

Abbildung 1.9 Modellbezogene Überlegungen bei der Anwendung der PLS-SEM

Leitlinien für die Wahl zwischen der PLS-SEM und der CB-SEM

Forscher sollten sich auf die unterschiedlichen Eigenschaften und Zielsetzungen der PLS-SEM und CB-SEM konzentrieren, wenn es darum geht, sich für ein Verfahren zu entscheiden (Hair et al., 2012b). Allgemein gilt, dass die CB-SEM mit ihrem Fokus auf Modellfit und ihren umfangreichen Anforderungen an die Daten, besonders zum Testen von Theorien in einem eng und klar abgesteckten theoretischen Modell geeignet ist (Weiber & Sarstedt, 2021). Wenn das primäre Ziel aber in der Vorhersage und Erklärung von Zielkonstrukten liegt (Rigdon, 2012), sollte der PLS-SEM der Vorzug gegeben werden (Hair et al., 2017a; Hair et al., 2019d).

Abbildung 1.10 fasst einige Faustregeln bezüglich der Frage, ob die CB-SEM oder die PLS-SEM angewendet werden sollte auf Basis der vorhergehenden Diskussionen und in Anlehnung an Hair et al. (2019c) zusammen. Dabei wird deutlich, dass die PLS-SEM nicht als eine universelle Alternative zur CB-SEM empfohlen werden kann. Beide Verfahren unterscheiden sich aus statistischer Perspektive, sind für unterschiedliche Zwecke ausgelegt und basieren auf unterschiedlichen Messphilosophien. Keines der beiden Verfahren ist grundsätzlich überlegen und keines der beiden Verfahren ist in allen Situationen angemessen (Petter, 2018). Die Stärken der PLS-SEM sind die Schwächen der CB-SEM und umgekehrt, auch wenn die PLS-SEM verstärkt auch für die

Die PLS-SEM sollte angewendet werden, wenn

- das Ziel darin besteht, eine Theorie mit Blick auf ihre Prognosegüte zu testen.
- das Forschungsanliegen darin besteht, theoretische Erweiterungen etablierter Theorien zu testen.
- das Strukturmodell komplex ist (d.h. viele Konstrukte, Indikatoren und Beziehungen enthält).
- formativ gemessene Konstrukte Teil des Strukturmodells sind.
- das Forschungsdesign auf Sekundärdaten aufsetzt, denen eventuell eine umfangreichere Einbettung in Messtheorien fehlt.
- die Population die Stichprobengröße begrenzt (z.B. bei der Erforschung von Business-to-Business Beziehungen); wobei anzumerken ist, dass die PLS-SEM auch sehr gut mit großen Stichproben funktioniert.
- Verteilungsannahmen, wie die Normalverteilung von Daten, eine Herausforderung sind.
- Konstruktwerte in anschließenden Analysen verwendet werden sollen.

Die CB-SEM sollte angewendet werden, wenn

- das Ziel im Testen von Theorien bzw. in der Theoriebestätigung besteht.
- die Fehlerterme eine zusätzliche Spezifikation benötigen (z.B. die Kovarianz).
- das Strukturmodell zirkuläre Beziehungen enthält.
- der Forschungsansatz ein globales Gütekriterium erfordert.

Abbildung 1.10 Faustregeln zur Auswahlentscheidung zwischen der PLS-SEM und der CB-SEM

Quelle: In Anlehnung an Hair, J. F., Risher, J. J., Sarstedt, M., & Ringle, C. M. (2019). When to use and how to report the results of PLS-SEM. European Business Review, 31(1), 2–24.

Entwicklung und Validierung von Skalen eingesetzt wird (Hair et al., 2020a). Daher ist es wichtig, dass Forscher die Unterschiede zwischen beiden Verfahren verstehen und entsprechend dasjenige Verfahren anwenden, welches am besten zu ihren Forschungszielen, Daten und Modelleigenschaften passt (für eine ausführlichere Diskussion vgl. Roldán & Sánchez-Franco, 2012).

Organisation der folgenden Kapitel

Die folgenden Kapitel liefern detaillierte Informationen über die PLS-SEM inklusive konkreter Hinweise zur Nutzung der Software SmartPLS zur Schätzung einfacher und komplexer PLS-Pfadmodelle. Die Kapitel orientieren sich hierbei an einer mehrstufigen Vorgehensweise, welche idealtypisch bei der Durchführung von PLS-SEM-Analysen befolgt werden sollte (Abbildung 1.11).

Schritt 1	Spezifikation des Strukturmodells	Kapitel 2
Schritt 2	Spezifikation der Messmodelle	Kapitel 2
Schritt 3	Erhebung und Prüfung der Daten	Kapitel 2
Schritt 4	Schätzung des PLS-Pfadmodells	Kapitel 3
Schritt 5a	Evaluation der PLS-SEM-Ergebnisse für die reflektiv spezifizierten Messmodelle	Kapitel 4
Schritt 5b	Evaluation der PLS-SEM-Ergebnisse für die formativ spezifizierten Messmodelle	Kapitel 5
Schritt 6	Evaluation der PLS-SEM-Ergebnisse für das Strukturmodell	Kapitel 6
Schritt 7	Fortgeschrittene PLS-SEM-Analysen	Kapitel 7 und 8
Schritt 8	Interpretation der Ergebnisse und Schlussfolgerungen	Kapitel 6, 7 und 8

Abbildung 1.11 Eine systematische Vorgehensweise bei der Anwendung der PLS-SEM

Am Anfang stehen die Spezifikation der Mess- und Strukturmodelle, gefolgt von der Erhebung und Prüfung der Daten (Kapitel 2). Danach diskutieren wir den PLS-SEM-Algorithmus und liefern einen Überblick über wichtige Überlegungen zur Durchführung der Schätzungen (Kapitel 3). Liegen die Ergebnisse vor, sind diese zu beurteilen. Hierzu sollten Forscher wissen, wie reflektiv und formativ spezifizierte Messmodelle zu evaluieren sind (Kapitel 4 und 5). Falls die Messungen (anhand etablierter Gütekriterien) als reliabel und valide angesehen werden, erfolgt im nächsten Schritt die Evaluation des Strukturmodells (Kapitel 6). Darüber hinaus beinhaltet Kapitel 7 die mittlerweile zum Standard gehörende Analyse von mediierenden und moderierenden Effekten. Auf Basis der Ergebnisse von Kapitel 6 und 7 können Forscher ihre Ergebnisse interpretieren und finale Schlussfolgerungen ziehen. Kapitel 8 bietet schließlich einen kurzen Überblick über einige nützliche, aber weniger oft angewendete weiterführende Analysen.

Zusammenfassung

- **Die Leser können die Bedeutung der Strukturgleichungsmodellierung (Structural Equation Modeling, SEM) und ihre Beziehung zur multivariaten Datenanalyse diskutieren.** Die SEM ist ein multivariates Analyseverfahren der zweiten Generation. Multivariate Analysen sind statistische Verfahren, die die simultane Analyse von Beziehungen zwischen mehreren Konstrukten, die jeweils durch einen oder mehrere Indikatoren gemessen werden, ermöglichen. Der Kernvorteil der SEM ist die Fähigkeit, komplexe Modellbeziehungen unter Berücksichtigung des durch die Messung mit Indikatoren immanenten Messfehlers zu schätzen. Es gibt zwei Arten der SEM – eine ist kovarianzbasiert, die andere ist varianzbasiert. Die beiden Verfahren unterscheiden sich bezüglich der Art und Weise, mit der sie Modellparameter schätzen und in ihren Messannahmen. Während die CB-SEM Konstrukte als Faktoren betrachtet, betrachtet die PLS-SEM die Konstrukte als aggregierte oder Composite-Variablen, d.h. die Konstrukte werden über Linearkombinationen von Indikatoren gemessen.
- **Die Leser können prinzipielle Zusammenhänge zur Anwendung multivariater Analyseverfahren beschreiben.** Bei der Anwendung multivariater Analysen sind verschiedene grundsätzliche Überlegungen notwendig, insbesondere hinsichtlich der folgenden fünf Kriterien: (1) Aggregation von Variablen zu Composite-Variablen, (2) Messung, (3) Skalenniveau, (4) Kodierung und (5) Verteilung der Daten. Eine Composite-Variable ist eine Linearkombination aus verschiedenen Variablen, die anhand der Forschungsfrage ausgewählt werden. Die Messung beschreibt den Prozess der Zuordnung von Zahlen zu einer Variablen basierend auf einem Set von Regeln. Die multivariate Messung beinhaltet die Verwendung mehrerer Variablen zur indirekten und genaueren Messung eines Konstrukts. Die erwartete Verbesserung der Genauigkeit beruht auf der Annahme, dass bei der Verwendung mehrerer Variablen (Indikatoren) die verschiedenen Aspekte eines Konstrukts besser abgebildet werden, wodurch die Messung genauer wird. Auch können bei der multivariaten Analyse Messfehler besser identifiziert werden, wodurch

Forscher präzisere Messungen erhalten. Der Messfehler beschreibt die Differenz zwischen dem wahren Wert einer Variablenausprägung und dem gemessenen Wert. Eine Messskala ist eine vordefinierte Anzahl geschlossener Antworten, die zur Beantwortung einer Frage verwendet werden können. Es lassen sich vier Typen von Messskalen unterschieden, die jeweils ein unterschiedliches Skalenniveau repräsentieren: die Nominalskala, die Ordinalskala, die Intervallskala und die Ratioskala. Wenn Forscher quantitative Daten mittels Skalen erheben, dann können Antworten als Verteilung über die vorhandenen (vordefinierten) Antwortkategorien dargestellt werden. Das Skalenniveau muss bei der Anwendung der SEM immer berücksichtigt werden.

- **Die Leser können grundlegende Konzepte der Partial Least Squares Strukturgleichungsmodellierung (PLS-SEM) erläutern.** Pfadmodelle sind grafische Darstellungen, die zur Veranschaulichung von Hypothesen und den innerhalb eines Strukturmodells enthaltenen Beziehungen zwischen Variablen dienen. Vier grundlegende Elemente müssen bei der Entwicklung von Pfadmodellen verstanden werden: (1) Konstrukte, (2) gemessene Variablen, (3) Beziehungen und (4) Fehlerterme. Konstrukte sind latente Variablen, die nicht direkt gemessen werden und daher auch als unbeobachtete Variablen bezeichnet werden. Sie werden in Pfadmodellen als Kreise oder Ellipsen dargestellt. Gemessene Variablen sind direkt gemessene Beobachtungen (Rohdaten), die entweder als Indikatoren oder manifeste Variablen bezeichnet und innerhalb des Pfadmodells als Rechtecke dargestellt werden. Beziehungen verdeutlichen Hypothesen und sind mit einfachen Pfeilen dargestellt, welche auf eine vorhersagende/kausale Beziehung hinweisen. Diese Beziehungen setzen auf Logik und strukturtheoretischen Überlegungen auf, die beschreiben, wie die latenten Variablen zueinander in Beziehung stehen. In Abhängigkeit von ihrer Rolle im Strukturmodell, werden latente Variablen entweder als endogen oder als exogen klassifiziert. Fehlerterme repräsentieren die unerklärte Varianz bei der Schätzung von Pfadmodellen und beziehen sich auf endogene Variablen und reflektive Indikatoren. Exogene Variablen und formative Indikatoren haben keine Fehlerterme. Die Messtheorie spezifiziert, wie die latenten Variablen (Konstrukte) gemessen werden. Latente Variablen können entweder reflektiv oder formativ gemessen werden.
- **Die Leser können die Unterschiede zwischen kovarianzbasierter Strukturgleichungsmodellierung (Covariance-Based-SEM, CB-SEM) und PLS-SEM diskutieren und einschätzen, wann welches Verfahren eingesetzt werden sollte.** Als eine Alternative zur CB-SEM betont die PLS-SEM die Prognose und hat gleichzeitig weniger restriktive Voraussetzungen hinsichtlich der verwendeten Daten sowie der Spezifikation der Beziehungen im Modell. Die PLS-SEM maximiert die erklärte Varianz der endogenen Variablen und der Indikatoren im Modell, indem partielle Modellbeziehungen in einer iterativen Sequenz von OLS-Regressionen geschätzt werden. Im Vergleich dazu werden bei der CB-SEM die Modellparameter so geschätzt, dass die Differenzen zwischen der geschätzten und der tatsächlichen Kovarianzmatrix der Stichprobe minimiert sind. Statt wie die CB-SEM gemeinsame

Faktoren zu schätzen, verwendet die PLS-SEM Proxies, welche das Konstrukt über die Gewichtung und Zusammenfassung von Indikatorvariablen, also über sogenannte Composite-Variablen, darstellen. Das Verfahren wird selbst bei komplexen Modellen nicht durch Identifikationsprobleme beschränkt – was im Rahmen der CB-SEM häufig Probleme verursacht – und erfordert keine Berücksichtigung von Verteilungsannahmen. Zudem kann die PLS-SEM einfacher formative Messmodelle integrieren und hat Vorteile bei der Analyse von kleinen Stichproben und Sekundärdaten. Forscher sollten beide Ansätze der SEM als komplementär betrachten und dasjenige Verfahren anwenden, das ihren Forschungszielen, Daten und Modellspezifikationen am besten entspricht.

Wiederholungsfragen

1. Was versteht man unter multivariater Datenanalyse?
2. Beschreiben Sie die Unterschiede zwischen den multivariaten Verfahren der ersten und zweiten Generation.
3. Was versteht man unter Strukturgleichungsmodellierung?
4. Was ist der hauptsächliche Unterschied zwischen faktor-basierten und composite-basierten Modellen?
5. Welchen Wert hat die Strukturgleichungsmodellierung, wenn es darum geht, die Beziehung zwischen Variablen zu verstehen?

Weiterführende Fragen

1. Unter welchen Umständen sind die SEM-Verfahren vorteilhafter als Verfahren der ersten Generation, um Beziehungen zwischen Variablen zu verstehen?
2. Welches sind die wichtigsten Überlegungen, um zwischen der Anwendung der CB-SEM und der PLS-SEM zu unterscheiden?
3. Unter welchen Umständen sollte die PLS-SEM gegenüber der CB-SEM bevorzugt werden?
4. Wieso ist das Verständnis einer Theorie wichtig, wenn zwischen der PLS-SEM und der CB-SEM entschieden wird?
5. Wieso sollten Sozialwissenschaftler die SEM statt der multiplen Regression verwenden?
5. Warum ist der Vorhersagefokus der PLS-SEM ein wesentlicher Vorteil des Verfahrens?

Empfohlene Literatur

Chin, W. W. 1998: The partial least squares approach to structural equation modeling. In G. A. Marcoulides (Ed.), Modern methods for business research (pp. 295–358). Mahwah, NJ: Erlbaum.

Chin, W. W., Cheah, J.-H., Liu, Y., Ting, H., Lim, X.-J., Cham, T. H. 2020: Demystifying the role of causal-predictive modeling using partial least squares structural equation modeling in information systems research. Industrial Management & Data Systems, 120, 2161–2209.

Cook, R. D., Forzani, L. 2023: On the role of partial least squares in path analysis for the social sciences. Journal of Business Research, 167, 114132.

Hair, J. F., Sarstedt, M. 2019: Composites vs. factors: Implications for choosing the right SEM method. Project Management Journal, 50, 1–6.

Hair, J. F., Sarstedt, M. 2021: Explanation plus prediction—The logical focus of project management research. Project Management Journal, *52*, 319–322.

Hair, J. F., Sarstedt, M., Ringle, C. M. 2019: Rethinking some of the rethinking of partial least squares. European Journal of Marketing, 53, 566–584.

Jöreskog, K. G., Wold, H. O. A., 1982: The ML and PLS techniques for modeling with latent variables: Historical and comparative aspects, in K. G. Jöreskog, H. O. A. Wold (Hrsg.), Systems under indirect observation, Amsterdam: North-Holland, 263–270.

Khan, G., Sarstedt, M., Shiau, W.-L., Hair, J. F., Ringle, C. M., Fritze, M. 2019: Methodological research on partial least squares structural equation modeling (PLS-SEM): A social network analysis. Internet Research, 29, 407–429.

Lohmöller, J.-B., 1989: Latent variable path modeling with partial least squares, Heidelberg: Physica.

Mateos-Aparicio, G., 2011: Partial least squares (PLS) methods: Origins, evolution, and application to social sciences, Communications in Statistics – Theory and Methods, 40, 2305–2317.

Petter, S. 2018: „Haters gonna hate“: PLS and Information Systems Research. ACM SIGMIS Database: The DATABASE for Advances in Information Systems, 49, 10–13.

Rigdon, E. E., Sarstedt, M., Ringle, C. M. 2017: On comparing results from CB-SEM and PLS-SEM: Five perspectives and five recommendations. Marketing ZFP, 39, 4–16.

Sarstedt, M., Hair, J. F., Ringle, C. M. 2023: „PLS-SEM: Indeed a silver bullet" – A retrospective and recent advances. Journal of Marketing Theory & Practice, 31, 261–275.

Sarstedt, M., Hair, J. F., Ringle, C. M., Thiele, K. O., Gudergan, S. P. 2016: Estimation issues with PLS and CBSEM: Where the bias lies! Journal of Business Research, 69, 3998–4010.

Wold, H. 1985: Partial least squares. In S. Kotz & N. L. Johnson (Eds.), Encyclopedia of statistical sciences (pp. 581–591). New York, NY: Wiley.

Kapitel 2

Spezifikation des Pfadmodells und Prüfung der Daten

Lernziele

1. Die Leser können die Grundlagen der Spezifikation von Strukturmodellen inklusive Mediation, Moderation und Kontrollvariablen diskutieren.
2. Die Leser können die Unterschiede zwischen reflektiven und formativen Messungen erklären.
3. Die Leser verstehen, dass die Wahl des Messmodells und der Indikatoren auf theoretischen Überlegungen beruhen muss, die vor der Datenerhebung erfolgen.
4. Die Leser können die Unterschiede zwischen Multi-Item- und Single-Item-Messungen erklären und begründen, wann welcher Messmodell-Typ verwendet werden sollte.
5. Die Leser wissen, was Konstrukte höherer Ordnung sind.
6. Die Leser können beschreiben, was bei der Erhebung und Prüfung von Daten für die PLS-SEM zu beachten ist.
7. Die Leser sind in der Lage, ein PLS-Pfadmodell mit SmartPLS zu erstellen.

Kapitelüberblick

Kapitel 2 liefert eine Einführung in die grundlegenden Konzepte zur Spezifikation des Strukturmodells und der Messmodelle im Rahmen der PLS-SEM. Diese Konzepte beziehen sich auf die ersten drei Schritte des Ablaufschemas aus Kapitel 1. Schritt 1 umfasst die Spezifikation des Strukturmodells. Schritt 2 beinhaltet die Selektion und Spezifikation der Messmodelle. Schließlich fasst Schritt 3 die wesentlichen Grundsätze zur Datenerhebung und -prüfung zusammen, damit sichergestellt ist, dass die PLS-SEM-Analyse auf einer passenden Datenbasis beruht. Das Verständnis dieser drei Schritte liefert die Grundlage für Schritt 4, die Schätzung des Modells, welche im Fokus von Kapitel 3 steht.

Schritt 1: Spezifikation des Strukturmodells

Ein erster wichtiger Schritt zur Anwendung der SEM in einem Forschungsprojekt ist die grafische Aufbereitung der zu untersuchenden Forschungshypothesen. Die anzufertigende Darstellung wird als **Pfadmodell** bezeichnet. Basierend auf Theorie und Logik enthält es die latenten Variablen/Konstrukte und deren Beziehungen (Kapitel 1). Die grafische Erstellung eines Pfadmodells zu Beginn des Forschungsprozesses ermöglicht es, die eigenen Gedanken zu strukturieren und die Beziehungen zwischen den interessierenden Variablen zu veranschaulichen. Zudem sind Pfadmodelle auch gut geeignet, um Modellentwürfe zwischen Forschern auszutauschen oder ein Forschungsprojekt zu begutachten.

Pfadmodelle bestehen aus zwei Elementen: (1) dem **Strukturmodell** (bei der PLS-SEM auch inneres Modell genannt), das die Beziehungen zwischen den latenten Variablen enthält, und (2) den **Messmodellen** (bei der PLS-SEM auch als äußere Modelle bezeichnet), welche die Beziehungen zwischen den latenten Variablen und ihren Messungen (d. h. ihren Indikatoren) enthalten. Wir werden uns im Folgenden zunächst mit den Strukturmodellen befassen, die in Schritt 1 entwickelt werden. Im Anschluss daran diskutieren wir in Schritt 2 die Messmodelle.

Wird ein Strukturmodell entwickelt, müssen zwei Aspekte bedacht werden: die Abfolge der Konstrukte und die Beziehungen zwischen ihnen. Beide Aspekte sind bei der Aufstellung des Modells von Relevanz, da sie die der Analyse zugrunde liegenden Hypothesen und damit die zu testende Theorie repräsentieren.

Die Abfolge der Konstrukte in einem Strukturmodell basiert auf einer Theorie bzw. einem Konzept, auf Logik oder den praktischen Erfahrungen eines Forschers. Die Abfolge wird von links nach rechts dargestellt, mit den unabhängigen (erklärenden) Konstrukten auf der linken Seite und den abhängigen Konstrukten (Outcomes) auf der rechten Seite. Somit wird angenommen, dass die Konstrukte auf der linken Seite den Konstrukten auf der rechten Seite vorausgehen und diese vorhersagen. Konstrukte, die nur als unabhängige Variablen dienen, werden immer als **exogene latente Variablen** bezeichnet und befinden sich auf der linken Seite des Strukturmodells. Exogene Variablen haben nur Pfeile, die von ihnen wegzeigen und niemals Pfeile, die auf sie gerichtet sind. Konstrukte, die als abhängige Variablen angesehen werden (d. h. die nur Pfeile haben, die auf sie gerichtet sind), werden **endogene latente Variablen** genannt und befinden sich auf der rechten Seite des Strukturmodells. Konstrukte, die sowohl unabhängige als auch abhängige Variablen im Modell sind, werden zu den endogenen Variablen gezählt und befinden sich in der Mitte des Pfadmodells.

Das Strukturmodell in Abbildung 2.1 veranschaulicht die drei Konstrukttypen und ihre Beziehungen. Das Reputationskonstrukt auf der linken Seite ist eine exogene (d. h. unabhängige) latente Variable, das die Zufriedenheit erklärt. Das Zufriedenheitskonstrukt ist eine endogene latente Variable mit einer zweifachen Beziehung: unabhängig und abhängig. Es handelt sich um ein abhängiges Konstrukt, da es durch die Reputation erklärt wird. Zugleich ist es ein unabhängiges Konstrukt, da es die Loyalität erklärt. Das Loyalitätskonstrukt auf der rechten Seite ist eine endogene (d. h. abhängige) latente Variable, welche durch die Zufriedenheit erklärt wird.

Abbildung 2.1 Beispiel eines Pfadmodells

Die Bestimmung der Konstruktabfolge ist eine anspruchsvolle Aufgabe, da sich widersprechende theoretische Perspektiven unterschiedliche Abfolgen der latenten Variablen implizieren können. Beispielsweise nehmen einige Forscher an, dass die Kundenzufriedenheit die Unternehmensreputation bestimmt (z. B. Walsh et al., 2009), während andere argumentieren, dass die Unternehmensreputation die Zufriedenheit beeinflusst (Eberl, 2010; Sarstedt et al., 2013). Theorie und Logik sollten immer die Grundlage für die Konstruktabfolge in einem konzeptionellen Modell bilden.

In der Regel gibt es nicht ein einziges Modell zur Erklärung eines Phänomens, daher können Forscher auch theoretisch begründete Alternativmodelle aufstellen und empirisch vergleichen (Burnham & Anderson, 2002). Die für den Vergleich ausgewählten Modelle sollten durch Theorien aus den relevanten Forschungsbereichen motiviert sein, was dem „kausal-prädiktiven" Charakter der PLS-SEM entspricht (Jöreskog & Wold, 1982, S. 270). Die Entwicklung alternativer Modelle muss auf vorhandene Literatur zurückgreifen, um valide theoretische Begründungen für die in Betracht gezogenen Beziehungen zu liefern. Insbesondere sollten Forscher in der Lage sein, (1) die theoretischen Gemeinsamkeiten zwischen den vorgeschlagenen alternativen Modellen zu beschreiben (d. h. ob bestimmte vorgeschlagene Effekte in allen Modellen gleich sind), (2) die Modelle gegenüberzustellen, damit die Unterschiede in den theoretischen Mechanismen deutlich werden (solche Unterschiede können sich als zusätzliche/verschiedene Pfade oder Determinanten manifestieren), ferner (3) sollten sie erklären können, warum die Gemeinsamkeiten und Unterschiede wichtig sind, um Einflüsse auf die Zielvariable(n) zu verstehen. Wir erörtern **Modellvergleiche** im Zusammenhang mit der Bewertung von Strukturmodellen in Kapitel 6. Sharma et al. (2019) stellen ein fünfstufiges Verfahren für den Modellvergleich in PLS-SEM vor. Die Autoren diskutieren auch mögliche Missverständnisse im Zusammenhang mit Modellvergleichen.

Ist die Abfolge der Konstrukte festgelegt, werden die Beziehungen zwischen ihnen durch das Zeichnen von Pfeilen hinzugefügt. Die Pfeile werden dabei generell so eingefügt, dass deren Spitze nach rechts zeigt. Dieser Ansatz verdeutlicht die Abfolge und ist ein Hinweis darauf, dass die Konstrukte auf der linken Seite die Konstrukte auf der rechten Seite vorhersagen. Die gerichteten Beziehungen werden mitunter als **kausale Beziehungen** interpretier, sofern diese durch die Strukturtheorie gestützt, empirisch validiert und alternative Erklärungen für den Zusammenhang plausibel verneint werden können. Beim Zeichnen der Pfeile befinden sich Forscher in einem Konflikt zwischen theoretischer Vollständigkeit (d. h. es werden alle durch die Theorie gestützten Beziehungen integriert) und sparsamer Modellierung (d. h. Verwendung weniger Beziehungen). Letzteres sollte eine wichtige Überlegung sein, da die generischste Aussage „alles erklärt alles" auch die am wenigsten sinnvolle ist. Darauf haben schon Falk und Miller (1992) hingewiesen: „A parsimonious approach to theoretical specification is far more powerful than the broad application of a shotgun" (S. 24). Übermäßig komplexe Modelle sind zwar gut geeignet, die vorliegende Datenstruktur abzubilden, allerdings sind die gewonnenen Ergebnisse in der Regel nur beschränkt auf eine andere Stichprobe übertragbar bzw. generalisierbar. Man spricht in diesem Kontext auch von **Overfitting.**

In den meisten Fällen untersuchen Forscher lineare Beziehungen zwischen zwei oder mehreren Konstrukten innerhalb des Pfadmodells. Die Theorie verweist eventuell aber auch auf komplexere Modellbeziehungen sowie auf Mediationen und Moderationen. Im Folgenden gehen wir kurz auf diese unterschiedlichen Beziehungstypen ein. In Kapitel 7 erklären wir genauer, wie Mediationen und Moderationen mit der PLS-SEM geschätzt und interpretiert werden können.

Mediation

Ein **mediierender Effekt** entsteht, wenn ein drittes Konstrukt zwischen zwei andere zusammenhängende Konstrukte tritt (Memon et al., 2018; Nitzl et al., 2016). Um zu verstehen, wie mediierende Effekte wirken, stellen wir uns ein Pfadmodell mit direkten und indirekten Effekten vor. Bei **direkten Effekten** sind zwei Konstrukte mit einem einzigen Pfeil verbunden, bei **indirekten**

Effekten besteht dagegen die Beziehung aus einer Sequenz von Beziehungen, bei der mindestens ein zwischengelagertes Konstrukt vorhanden ist. Ein indirekter Effekt ist somit eine Sequenz aus zwei oder mehreren direkten Effekten. Dieser indirekte Effekt wird als mediierender Effekt bezeichnet. In Abbildung 2.2 ist Zufriedenheit als ein möglicher **Mediator** zwischen Reputation und Loyalität modelliert.

Die häufigste Anwendung von Mediationen liegt aus theoretischer Sicht in der „Erklärung", wieso eine Beziehung zwischen einem exogenen und einem endogenen Konstrukt existiert. So können wir beispielsweise eine Beziehung zwischen zwei Konstrukten beobachten, uns aber unsicher sein, warum diese Beziehung existiert bzw. ob diese Beziehung die einzig mögliche Beziehung zwischen den Konstrukten ist. In einer solchen Situation können wir Vermutungen darüber anstellen, inwieweit eine vermittelnde Variable (der Mediator) existiert, die „Inputs" von der exogenen Variable erhält und diese in einen „Output" umwandelt, welcher das endogene Konstrukt darstellt. Der Mediator dient somit der Aufdeckung der „wahren" Beziehung zwischen einem unabhängigen und einem abhängigen Konstrukt.

Betrachten wir das Beispiel in Abbildung 2.2, in dem wir den Einfluss der Unternehmensreputation auf die Kundenloyalität analysieren möchten. Auf Basis von Theorie und Logik wissen wir, dass zwischen Reputation und Loyalität eine Beziehung besteht, sind uns über die Art der Beziehung aber unsicher (Eberl & Schwaiger, 2005; Schwaiger, 2004). Unser Ziel als Forscher könnte beispielsweise sein, erklären zu wollen, wie Unternehmen ihre Reputation zur Steigerung der Kundenloyalität nutzen. So könnten wir beobachten, dass ein Kunde die Reputation eines Unternehmens manchmal als sehr hoch einschätzt, diese Einschätzung allerdings nicht zu einer höheren Loyalität führt. In anderen Situationen beobachten wir dagegen, dass sich Kunden, die die Reputation als gering einschätzen, sehr loyal verhalten. Derartige Beobachtungen sind verwirrend und führen zu der Frage, ob es nicht noch einen anderen Prozess gibt, welcher dazu führt, dass eine hohe Reputation auch zu einer hohen Loyalität führt.

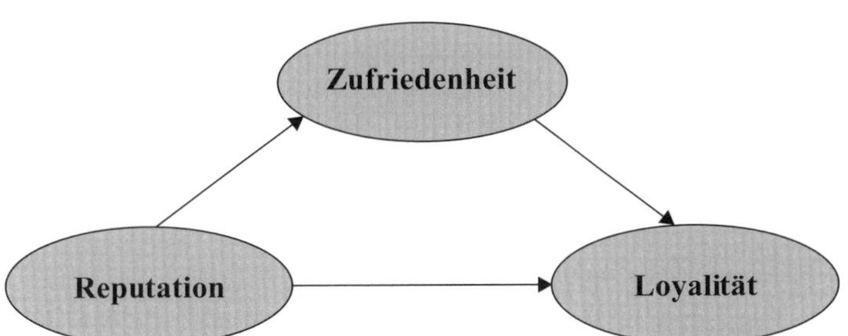

Abbildung 2.2 Beispiel eines mediierenden Effekts

In der Abbildung wird dieser vermittelnde Prozess (d.h. der mediierende Effekt) in der Zufriedenheit gesehen. Wenn ein Befragter ein Unternehmen als sehr namhaft wahrnimmt, mag diese Einschätzung zu einer höheren Zufriedenheit und letztendlich zu einer höheren Loyalität führen. In diesem Fall wird die Beziehung zwischen Reputation und Loyalität entweder über die Sequenz Reputation → Loyalität, die Sequenz Reputation → Zufriedenheit → Loyalität, oder gar über beide Sequenzen erklärt (Abbildung 2.2). Die Sequenz Reputation → Loyalität ist ein Beispiel für einen direkten Effekt. Im Gegensatz dazu ist die Sequenz Reputation → Zufriedenheit → Loyalität ein Beispiel für einen indirekten Effekt. Nach der empirischen Prüfung dieser Beziehungen können wir Aussagen darüber treffen, inwieweit die Reputation die Loyalität erklärt und welche Rolle die Zufriedenheit innerhalb dieser Beziehung einnimmt. In Kapitel 7 finden sich weitere Details zur Mediation sowie Erläuterungen zum Test von mediierenden Effekten in der PLS-SEM.

Moderation

Moderation ist ein weiteres wichtiges statistisches Konzept. Bei einer Moderation beeinflusst eine dritte Variable ebenfalls die Beziehung zwischen zwei Konstrukten, allerdings auf eine andere Art und Weise. Als **moderierender Effekt** wird dabei eine Situation bezeichnet, in der ein Moderator (eine unabhängige Variable oder Konstrukt) die Stärke oder sogar die Richtung der Beziehung zweier Konstrukte innerhalb eines Modells beeinflusst (Becker et al., 2018; Memon et al., 2019). Der zentrale Unterschied zwischen Moderation und Mediation ist, dass die moderierende Variable nicht von der exogenen Variable abhängt.

Beispielweise wurde gezeigt, dass Einkommen die Stärke der Beziehung zwischen Kundenzufriedenheit und Kundenloyalität signifikant beeinflusst (Homburg & Giering, 2001). Wie in Abbildung 2.3 dargestellt, wirkt Einkommen somit als moderierende Variable in der Beziehung Zufriedenheit → Loyalität. Genauer gesagt wurde gezeigt, dass die Beziehung zwischen Zufriedenheit und Loyalität für Menschen mit einem hohen Einkommen schwächer als für Menschen mit einem geringen Einkommen ist. Somit mag für Individuen mit einem hohen Einkommen nur eine geringe oder gar keine Beziehung zwischen Zufriedenheit und Loyalität bestehen. Im Gegensatz dazu besteht bei Individuen mit geringem Einkommen oft eine starke Beziehung zwischen den beiden Variablen.

Es wird somit deutlich, dass sowohl das Mediator- als auch das Moderatorkonzept die Stärke der Beziehung zwischen zwei Variablen beeinflusst. Der entscheidende Unterschied zwischen beiden Konzepten liegt darin, dass die

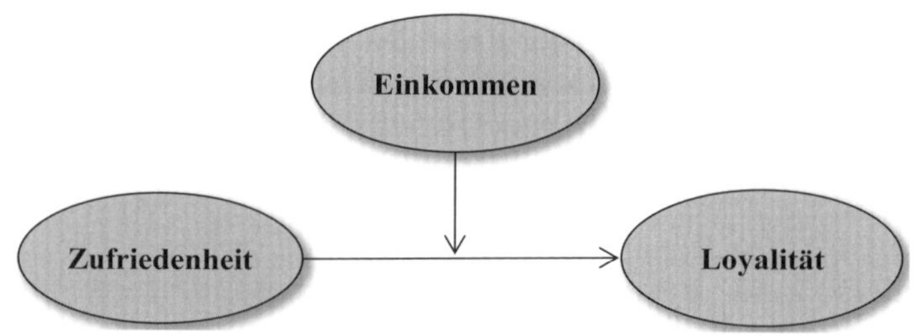

Abbildung 2.3 Beispiel eines kontinuierlichen Moderatoreffekts

Moderatorvariable (in unserem Moderatorbeispiel das Einkommen) nicht von der exogenen latenten Variable (in unserem Moderatorbeispiel die Zufriedenheit) abhängt. In diesem Sinne kann die Moderation als eine Möglichkeit verstanden werden, **Heterogenität** in einem theoretischen Modell zu berücksichtigen. Heterogenität bedeutet, dass für verschiedene Gruppen von Befragten unterschiedliche Effekte erwartet werden können. Statt anzunehmen, dass die Beziehung zwischen Kundenzufriedenheit und Loyalität für alle Befragten gleich ist, erkennen wir also an, dass dieser Effekt für Personen mit niedrigem und hohem Einkommen unterschiedlich ist.

In dem in Abbildung 2.3 dargestellten Beispiel kann das Einkommen auf einer kontinuierlichen Skala gemessen werden (z.B. als Jahreseinkommen in Euro oder in US-Dollar). Eine Moderatorvariable kann aber auch kategorial gemessen werden beispielsweise durch ein hohes Einkommen > 50.000 Euro pro Jahr und ein niedriges Einkommen ≤ 50.000 Euro pro Jahr. In diesem Fall dient die Variable als Gruppierungsvariable, die die Daten in Teilstichproben unterteilt. Das gleiche theoretische Modell wird dann für die jeweiligen Gruppen geschätzt. Da Forscher normalerweise am Vergleich der Modelle und den signifikanten Unterschieden zwischen den Gruppen interessiert sind, werden die Modellschätzungen meist mittels einer **Multigruppenanalyse** untersucht (Matthews, 2017). Multigruppenanalysen erlauben uns, Unterschiede in den

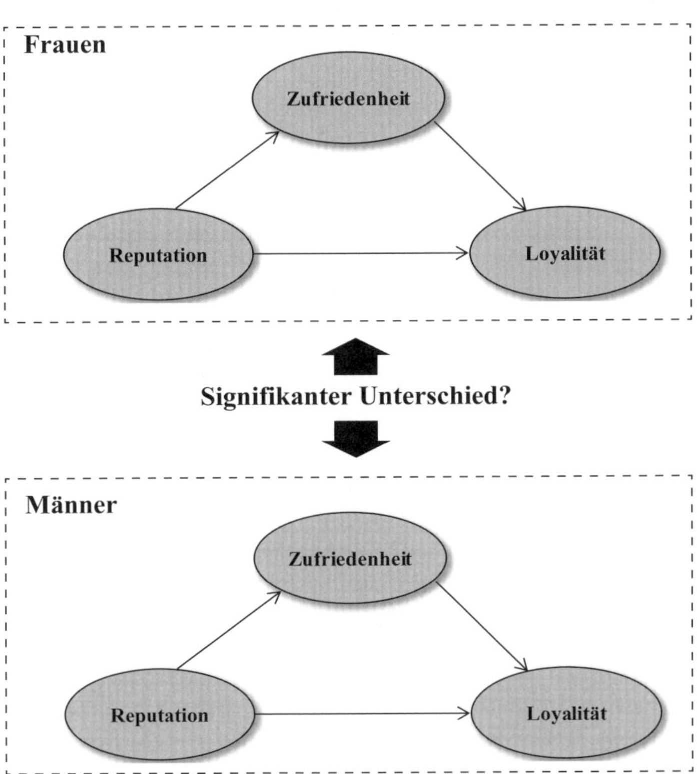

Abbildung 2.4 Beispiel einer Multigruppenanalyse

Schätzungen identischer Modelle in unterschiedlichen Gruppen von Befragten zu identifizieren. Hierdurch soll bestimmt werden, inwieweit es signifikante Unterschiede zwischen den jeweiligen Gruppen gibt. Zum Beispiel könnten wir uns fragen, ob sich die in Abbildung 2.2 dargestellten Beziehungen zwischen Reputation, Zufriedenheit und Loyalität bei Männern und Frauen signifikant unterscheiden. Die Abbildung 2.4 zeigt diese Fragestellung beispielhaft für die Beziehung zwischen Zufriedenheit und Loyalität.

In Kapitel 7 diskutieren wir ausführlicher, wie kategoriale und kontinuierliche Variablen für Moderatoranalysen verwendet werden können. In Kapitel 8 liefern wir einen kurzen Überblick zu Multigruppenanalysen.

Kontrollvariablen

Bei der Spezifikation der zu testenden Modelle beziehen Forscher manchmal Kontrollvariablen mit ein. **Kontrollvariablen** werden verwendet, um für den Einfluss von unabhängigen Variablen zu kontrollieren, die nicht Teil des primären theoretischen Modells sind. Sie stehen also nicht im Mittelpunkt des Forschungsinteresses. Die Aufnahme von Kontrollvariablen in ein statistisches Modell ist besonders wichtig, wenn sie sowohl mit der abhängigen Variable als auch mit einer oder mehreren unabhängigen Variablen im Modell signifikant korrelieren. In multiplen Regressionsmodellen werden Kontrollvariablen schon seit vielen Jahren verwendet. Im Rahmen der zunehmenden Popularität von PLS-SEM haben Forscher auch begonnen, den Nutzen von Kontrollvariablen in PLS-SEM zu untersuchen.

Durch das Hinzufügen von Kontrollvariablen zum hypothetischen Strukturmodell hoffen Forscher, andere erklärende Faktoren (unabhängige Variablen) zu berücksichtigen, die die abhängigen Variablen (oder Konstrukte) beeinflussen können. Wenn beispielsweise der Einfluss der Kundenzufriedenheit auf die Aktienrendite geschätzt werden soll, muss auch der Einfluss verschiedener Unternehmensmerkmale wie F&E-Intensität, Marketinginvestitionen und Unternehmensgröße berücksichtigt werden (Raithel et al., 2012). Werden diese Merkmale nicht berücksichtigt, kann dies zu einer Überschätzung des Einflusses der Kundenzufriedenheit auf die Aktienrendite führen und möglicherweise einen **Fehler 1. Art** (auch als **Typ I-Fehler** bezeichnet) nach sich zieht (also das Verwerfen der Nullhypothese, dass kein Zusammenhang vorliegt, obwohl diese stimmt; d.h. es wird fälschlicherweise ein Zusammenhang angenommen, der nicht vorliegt).

Aus statistischer Sicht impliziert das Hinzufügen von Kontrollvariablen zu einem Modell, dass die vermuteten Effekte bei konstantem Niveau der Kontrollvariablen geschätzt werden. Wenn die vermuteten Beziehungen weitgehend konstant bleiben, können Forscher alternative Erklärungen im Zusammenhang mit den Kontrollvariablen ausschließen. Durch Kontrollvariablen werden somit kausale Rückschlüsse gestärkt. Darüber hinaus verbessert das Hinzufügen von Kontrollvariablen die Genauigkeit der Modellschätzungen, da sie das statistische Rauschen im endogenen Konstrukt erklären. Dies gilt insbesondere dann, wenn die Kontrollvariablen nur schwach mit den Prädiktoren des endogenen Konstrukts korrelieren (Klarmann & Feurer, 2018).

Um Kontrollvariablen in ein PLS-Pfadmodell aufzunehmen, müssen wir für jede zu berücksichtigende Kontrollvariable ein neues exogenes Konstrukt erstellen und dieses mit den relevanten endogenen latenten Konstrukten verknüpfen. Wenn wir beispielsweise das in Abbildung 2.2 dargestellte Mediationsmodell berechnen möchten und dabei den Einfluss des Alters der Befragten auf die Loyalität kontrollieren wollen, müssen wir ein neues Konstrukt in das Modell aufnehmen, welches mit dem Single-Item Alter gemessen wird. Das neue Konstrukt verknüpfen wir dann mit dem Loyalitäts-Konstrukt. Durch das Hinzufügen des Alters als Kontrolle werden die Effekte der Reputation auf die Loyalität und der Kundenzufriedenheit auf die Loyalität reduziert, vorausgesetzt, das Alter hat einen Einfluss auf das endogene Konstrukt.

In manchen Situationen möchten Forscher den Einfluss kategorialer Variablen kontrollieren (z. B. unterschiedliche Branchen). Wenn die kategoriale Variable nur zwei Kategorien hat, wie beispielsweise das Geschlecht, wird eine binäre (Dummy) Variable verwendet und in das PLS-Pfadmodell als Single-Item-Konstrukt aufgenommen. In diesem Fall wird „0" zur Referenzkategorie (z. B. Frauen bzw. Kundinnen) und die Beziehung zwischen der Kontrollvariable und dem endogenen Konstrukt zeigt den Effekt des Wechsels von der Referenzkategorie zur alternativen Kategorie (z. B. Männer bzw. Kunden).

Falls die Kontrollvariable mehr als zwei Kategorien hat, muss die kategoriale Variable in eine Reihe von binären (Dummy) Variablen umkodiert werden. Wenn die Kontrollvariable *k* Kategorien hat, müssen wir *k*–1 binäre Variablen erstellen. Die nicht berücksichtigte Kategorie wird als Referenzkategorie bezeichnet. Bei der Referenzkategorie nehmen alle binären Variablen entsprechend den Wert „0" an. Die von Null verschiedenen Werte der Dummy-Variablen (in der Regel der Wert „1") geben dagegen die Abweichung von dieser Referenzkategorie an. Fällt eine Beobachtung in die Referenzkategorie, die in der Regel die erste Ausprägung der kategorialen Variable ist, nehmen alle binären (Dummy) Variablen den Wert „0" an. Wenn eine Beobachtung in die zweite Ausprägung der kategorialen Variable fällt, ist die erste binäre (Dummy) Variable „1", alle anderen sind „0" usw. Die *k*–1 binären Variablen müssen als Indikatoren eines einzelnen Konstrukts (Henseler et al., 2016a) unter Verwendung eines formativen Messmodells aufgenommen werden (für weitere Details zu formativen Messmodellen siehe nächster Abschnitt).

Abbildung 2.5 zeigt ein Beispiel für ein Modell, in dem wir für den Einfluss der Branche auf den Zusammenhang zwischen Reputation, Zufriedenheit und Loyalität kontrollieren. Die Branche umfasst die folgenden fünf Kategorien: 1 = *Computer-Software*, 2 = *Internet-Einzelhandel*, 3 = *Internet-Dienstleistungsanbieter*, 4 = *Personal-Computer* und 5 = *Video-Streaming-Dienste*. Wir verwenden die erste Branche (d. h. *Computer-Software*) als Referenzkategorie. Sie wird daher nicht als binäre (Dummy) Indikatorvariable für das Kontrollkonstrukt *Industrie* aufgenommen. Die Kontrollvariable ergibt sich somit als ein Konstrukt, das sich aus allen binär kodierten (Dummy) Variablen mit Ausnahme der Referenzkategorie zusammensetzt.

Forscher sind in der Regel nur daran interessiert, die Auswirkungen der Kontrollvariablen zu kontrollieren, statt Hypothesen zu deren Einfluss aufzustellen und diese zu testen. Folglich werden die Pfadkoeffizienten, die den Effekt der Kontrollvariablen auf das endogene Konstrukt quantifizieren, und ihre Signifikanz nicht interpretiert. Bei der Verwendung von Kontrollvariablen dürfen allerdings nicht alle möglichen Variablen verwendet werden, vielmehr müssen überzeugende theoretische Argumente vorgebracht werden, warum diese Variablen als Kontrollvariablen wichtig sind (Spector & Brannick, 2011). Bernerth und Aguinis (2016) liefern Empfehlungen, anhand derer entschieden werden kann, ob eine bestimmte Kontrollvariable innerhalb eines bestimmten theoretischen Rahmens, Forschungsbereichs und einer empirischen Studie aufgenommen werden sollte.

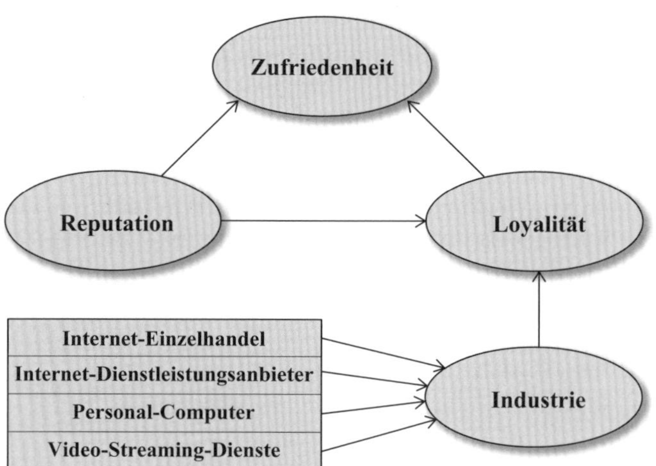

Abbildung 2.5 Kategoriale Kontrollvariablen mit multiplen Kategorien in PLS-SEM

Anmerkungen: In dieser Abbildung sind die Messmodelle und Indikatoren für die Konstrukte Reputation, Zufriedenheit und Loyalität nicht dargestellt. Die Kontrollvariable Branche umfasst binär-kodierte Indikatorvariablen der Branchen 2 bis 5, wobei die erste Branche (d. h. Computer-Software) die Referenzkategorie darstellt.

Schritt 2: Spezifikation der Messmodelle

Das Strukturmodell beschreibt die Beziehungen zwischen den latenten Variablen (Konstrukten). Im Gegensatz dazu repräsentiert das **Messmodell** die Beziehungen zwischen den Konstrukten und ihren jeweiligen Indikatorvariablen (Sarstedt et al., 2017b). Die Basis zur Bestimmung dieser Beziehungen bildet die **Messtheorie**, die eine notwendige Bedingung darstellt, damit die PLS-SEM-Analyse valide Ergebnisse liefert. Die Ergebnisse von Hypothesentests, welche die Beziehungen im Strukturmodell thematisieren, können nur so valide und reliabel sein wie die Messmodelle, die die zu messenden Konstrukte repräsentieren.

Forscher können häufig zwischen verschiedenen etablierten Messansätzen wählen, die sich jeweils im Detail etwas unterscheiden. Die meisten Sozialwissenschaftler wählen heutzutage etablierte Messansätze, die in früheren Forschungsarbeiten oder Skalenhandbüchern (z. B. Bearden et al., 2011; Bruner et al., 2001) veröffentlicht wurden und gut funktionierten (Ramirez et al., 2013). Manchmal sind Forscher aber auch damit konfrontiert, dass es keine etablierten Messansätze gibt, so dass ein neues Instrument entwickelt oder ein bestehendes grundlegend verändert werden muss. Die Beschreibung des generellen Vorgehens zur Entwicklung von Indikatoren für die Messung eines Konstrukts bedarf umfangreicher Detailinformationen, die nicht im Fokus dieses Buches stehen. Wir empfehlen die Lektüre von Hair et al. (2019a), die die wesentlichen Grundlagen dieses Vorgehens diskutieren. Auch Diamantopoulos und Winklhofer (2001), DeVellis (2011), DeVellis (2017) sowie MacKenzie et al. (2011) bieten umfassende Erläuterungen zu verschiedenen Ansätzen zur Entwicklung von Messinstrumenten.

Abbildung 2.6 zeigt einen Ausschnitt des Pfadmodells, das wir als Beispiel im gesamten Buch verwenden. Das Pfadmodell hat zwei exogene Konstrukte – *Corporate Social Responsibility (CSOR)* und *Attraktivität (ATTR)* sowie ein endogenes Konstrukt *Kompetenz (COMP)*. Jedes dieser Konstrukte wird durch mehrere Indikatoren gemessen. Beispielsweise hat das endogene Konstrukt *COMP* drei Indikatorvariablen, *comp_1* bis *comp_3*. Unter Verwendung einer Skala von 1 (*stimme überhaupt nicht zu*) bis 7 (*stimme voll und ganz zu*) konnten Befragte ihre Zustimmung zu folgenden Aussagen ausdrücken: „[Das Unternehmen] ist ein Top-Wettbewerber in seinem Markt", „Soweit ich weiß, ist [das Unternehmen] weltweit bekannt" und „Ich glaube, dass [das Unternehmen] Spitzenleistungen bietet". Die Antworten auf diese drei Aussagen repräsentieren die Indikatorvariablen bzw. Messungen des Konstrukts. Das Konstrukt selbst wird indirekt durch diese drei Indikatorvariablen gemessen, daher wird es auch als latente Variable bezeichnet.

Die anderen beiden Konstrukte im Modell, *CSOR* und *ATTR*, lassen sich in einer ähnlichen Weise beschreiben. Beide exogenen Konstrukte werden

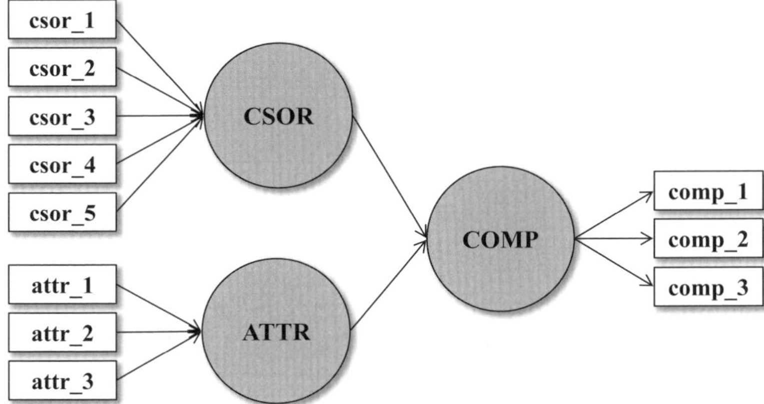

Abbildung 2.6 Beispiel eines Pfadmodells mit drei Konstrukten

indirekt durch Indikatoren gemessen, die jeweils Antworten zu bestimmten Fragen darstellen (und damit direkt gemessen werden). Allerdings sind die Beziehungen zwischen den Indikatoren und den korrespondierenden Konstrukten bei *COMP* im Vergleich zu *CSOR* und *ATTR* anders. Wenn wir uns das Konstrukt *COMP* anschauen, stellen wir fest, dass die Pfeile vom Konstrukt auf die Indikatoren zeigen. Dieser Typ eines Messmodells wird als *reflektiv* bezeichnet. Wenn wir uns dagegen die Konstrukte *CSOR* und *ATTR* anschauen, sehen wir, dass die Pfeile von den gemessenen Indikatorvariablen auf das Konstrukt zeigen. Dieser Typ eines Messmodells wird als *formativ* bezeichnet. In Kapitel 1 haben wir bereits ausgeführt, dass die einfache Integration von reflektiv und formativ spezifizierten Konstrukten eine wichtige Eigenschaft der PLS-SEM ist. Zudem kann die PLS-SEM auch leicht eingesetzt werden, wenn Konstrukte mit nur einem Item (Single-Item anstatt mehrerer Items) spezifiziert werden. Mit beiden Aspekten befassen wir uns in den folgenden Abschnitten.

Reflektiv und formativ spezifizierte Messmodelle

Bei der Entwicklung von Konstrukten gilt es zwei Typen von Messmodellspezifikationen zu berücksichtigen: reflektiv und formativ spezifizierte Messmodelle. Das **reflektiv spezifizierte Messmodell** hat eine lange Tradition in den Sozialwissenschaften und basiert direkt auf der klassischen Testtheorie. Nach dieser Theorie repräsentieren Messungen die Effekte (oder Manifestationen) eines zugrundeliegenden Konstrukts. Daher ist die Beziehung auch vom Konstrukt auf seine Indikatoren gerichtet (*COMP* in Abbildung 2.6). Reflektive Indikatoren (in der psychometrischen Literatur manchmal als **Effekt-Indikatoren** bezeichnet) können als repräsentative Beispiele aller möglichen Items innerhalb der konzeptionellen Definition eines Konstrukts gesehen werden (Nunally & Bernstein, 1994). Da alle reflektiven Indikatoren eines Konstrukts durch das Konstrukt „verursacht" werden, sollten sie hoch miteinander korrelieren. Zudem sollten die einzelnen Indikatoren austauschbar sein und einzelne Indikatoren können – solange das Konstrukt genügend Reliabilität besitzt – ohne große Auswirkungen auf die Inhaltsvalidität der Konstruktmessung aus dem Messmodell herausgelassen werden. Die Tatsache, dass die Beziehung vom Konstrukt zu seinen Indikatoren geht, impliziert schließlich, dass Veränderungen des latenten Konstrukts zu einer simultanen Veränderung aller Indikatoren führen. Ein Set an reflektiven Indikatoren wird üblicherweise als **Skala** bezeichnet.

Im Vergleich dazu basieren **formativ spezifizierte Messmodelle** auf der Annahme, dass die Indikatoren das Konstrukt mittels einer Linearkombination bilden. Daher bezeichnen Forscher diesen Typ Messmodell auch als formativen **Index**. Eine wesentliche Eigenschaft formativer Indikatoren ist, dass diese im Gegensatz zu reflektiven Indikatoren nicht austauschbar sind. Vielmehr erfasst jeder Indikator eines formativ spezifizierten Konstrukts einen bestimmten Aspekt der Konstruktdefinition. Zusammengenommen bestimmen die Items die Bedeutung des Konstrukts, weshalb eine Elimination oder Vernachlässigung eines Indikators zu einer potenziellen Änderung der inhaltlichen Natur des Konstrukts führt. Somit muss unbedingt sichergestellt werden, dass der

Inhalt des Konstrukts in all seinen Facetten über die Indikatoren auch adäquat erfasst wird (Diamantopoulos & Winklhofer, 2001).

Einige Forscher unterscheiden im Kontext der **formativen Messung** zwei Typen von Indikatoren: Composite-Indikatoren und kausale Indikatoren. **Composite-Indikatoren** entsprechen weitestgehend der oben angeführten Definition formativ spezifizierter Messmodelle, wonach Indikatoren über eine Linearkombination die **Composite-Variable** bilden (Kapitel 1; Bollen, 2011; Bollen & Bauldry, 2011). Genau genommen wird die Composite-Variable vollständig durch die Indikatoren geformt (d. h. das R^2 der Composite-Variable ist 1,0). Composite-Indikatoren wurden oft zur Messung von **Artefakten** verwendet, welche als von Menschen konstruierte Konzepte verstanden werden (Henseler, 2017b). Beispiele für solche Artefakte im Marketing sind der Einzelhandelspreisindex oder der Marketing-Mix (Hair et al., 2019d). Composite-Indikatoren können jedoch auch zur Messung von Einstellungen, Wahrnehmungen und Verhaltensabsichten verwendet werden (Sarstedt et al., 2016b; Rossiter, 2011; Rossiter, 2016), vorausgesetzt, die Indikatoren weisen eine konzeptionelle Konsistenz gemäß einer klaren theoretischen Definition auf. Aufgrund der Art und Weise, wie der PLS-SEM-Algorithmus formative Messmodelle schätzt, basiert dieser ausschließlich auf dem Konzept der Composite-Indikatoren (z. B. Diamantopoulos & Riefler, 2011).

Kausale Indikatoren formen ebenfalls das latente Konstrukt. Diese Art der Messung erkennt aber an, dass es sehr unwahrscheinlich ist, dass irgendein Set kausaler Indikatoren jeden Aspekt eines latenten Phänomens voll erfassen kann (Diamantopoulos & Winklhofer, 2001). Daher haben die mit kausalen Indikatoren gemessenen latenten Variablen auch einen **Fehlerterm**, welcher alle anderen, nicht im Messmodell enthaltenen Ursachen erfasst (Diamantopoulos, 2006). In der CB-SEM ist die Verwendung von kausalen Indikatoren verbreitet, da das Verfahren (zumindest im Prinzip) die Modellierung und Schätzung der Fehlerterme eines formativ gemessenen latenten Konstrukts ermöglicht. Die Eigenschaften und Größe dieses Fehlerterms sind allerdings nicht zweifelsfrei bestimmbar, da seine Größe teilweise von anderen Konstrukten im Modell und deren Messqualität abhängt (Aguirre-Urreta et al., 2016).

Kurz gefasst liegt der Unterschied zwischen Composite-Indikatoren und kausalen Indikatoren in den unterschiedlichen Messphilosophien. Kausale Indikatoren nehmen an, dass ein bestimmtes Konstrukt prinzipiell vollständig durch ein bestimmtes Set an Indikatoren und einen Fehlerterm gemessen werden kann. Composite-Indikatoren machen keine derartige Annahme und sehen die Messung eher als eine Approximation eines theoretischen Konstrukts. Die Einbeziehung eines Fehlerterms in Modelle mit kausalen Indikatoren erscheint auf den ersten Blick naheliegend. Da jedoch die Größe des Fehlerterms von der Messqualität der nachgelagerten Konstrukte abhängt, ist dieser Wert für die Beurteilung der Qualität des formativen Messmodells nicht eindeutig (Rigdon et al., 2014). Durch die Aufnahme eines Fehlerterms in ein formatives Messmodell wird die formative Messung in der CB-SEM zudem so behandelt, als wäre diese ein **Faktormodell**. In der PLS-SEM werden formative Messmodelle dagegen mit Composite-Indikatoren geschätzt, was dem composite-basierten Ansatz, der dem PLS-SEM-Algorithmus zugrunde liegt, völlig entspricht. Das heißt, unabhängig davon, ob reflektive oder formative Messmodelle geschätzt werden, verwendet die PLS-SEM Linearkombinationen zur Bildung von Composites, um die Konstrukte in einem Pfadmodell zu messen (Kapitel 3).

In Anbetracht dieser Ausführungen erscheint die Unterscheidung zwischen kausalen Indikatoren und Composite-Indikatoren eher künstlich und hat kaum Konsequenzen für die Methodenwahl. Zur Vereinfachung und Anlehnung an die einschlägige Forschung (z. B. Fornell & Bookstein, 1982) verwenden wir in den weiteren Darlegungen den Begriff formative Indikatoren und beziehen uns dabei auf Composite-Indikatoren (da diese in der PLS-SEM verwendet werden). Entsprechend benutzen wir den Begriff „formativ spezifizierte Messmodelle", um Messmodelle zu beschreiben, bei denen aus messtheoretischen Überlegungen eine Wirkungsrichtung von den Indikatoren zum Konstrukt angenommen werden kann. Weitere Informationen zu Composite- und Faktormodellen sowie zu deren Unterscheidung finden sich bei Henseler et al. (2014), Rigdon et al. (2017) und Sarstedt et al. (2016b).

Abbildung 2.7 veranschaulicht die grundsätzlichen Unterschiede zwischen der reflektiven und formativen Messperspektive. Der schwarze Kreis veranschaulicht den inhaltlichen Kern, den das Konstrukt messen soll. Die grauen Kreise repräsentieren den durch die einzelnen Indikatoren erfassten Inhalt. Während der reflektive Messansatz darauf zielt, die inhaltliche Überschneidung zwischen den (austauschbaren) Indikatoren zu maximieren, versucht der formative Messansatz den Inhalt des untersuchten latenten Konstrukts (schwarzer Kreis) möglichst vollständig durch die verschiedenen formativen Indikatoren (graue Kreise) zu erfassen, wobei letztere eine möglichst geringe Überschneidung haben sollten.

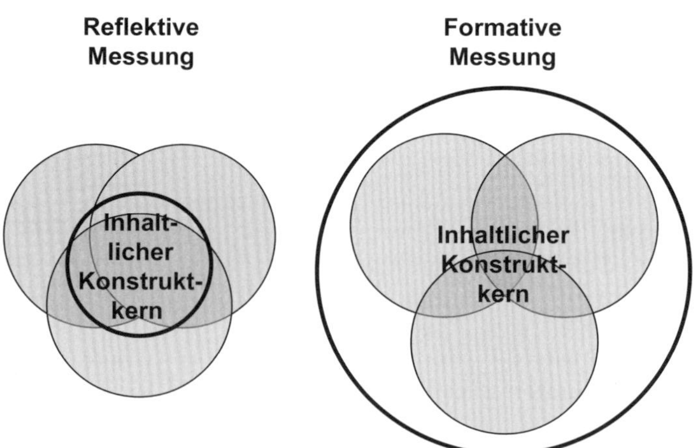

Abbildung 2.7 Unterschied zwischen reflektiven und formativen Messungen

Im Unterschied zum reflektiven Messansatz, dessen Ziel in der Maximierung der Überschneidung zwischen austauschbaren Indikatoren liegt, gibt es bei formativen Indikatoren keine spezifischen Erwartungen an die Richtung und die Höhe der Korrelationen zwischen den einzelnen Indikatoren (Diamantopoulos et al., 2008). Da es keine „gemeinsame Ursache" für die Items eines Konstrukts gibt, müssen diese nicht notwendigerweise korrelieren und können sogar vollkommen unabhängig sein. Tatsächlich kann Kollinearität zwischen den formativen Indikatoren ein beträchtliches Problem darstellen, da die Gewichte, welche die Stärke des Zusammenhangs zwischen Indikatoren mit dem Konstrukt ausdrücken, instabil und nicht signifikant sein können. Darüber hinaus haben formativ spezifizierte Messmodelle mit Composite-Indikatoren keine individuellen Fehlerterme (d. h. es wird davon ausgegangen, dass sie fehlerfrei sind). Diese Eigenschaften haben wichtige Implikationen für die Evaluation von formativ gemessenen Konstrukten, weshalb im Vergleich zur Evaluation von reflektiven Messungen völlig andere Kriterien verwendet werden (Kapitel 5). So könnte beispielsweise eine Reliabilitätsanalyse auf Basis der Item-Korrelationen (interne Konsistenz) zur Elimination von inhaltlich wichtigen Items führen, wodurch die Validität des Index eingeschränkt würde (Diamantopoulos & Siguaw, 2006). Allgemein gesagt müssen Forscher genauer auf die Inhaltsvalidität ihrer Messungen achten, indem sie ermitteln, wie gut ein Set Indikatoren den Inhalt eines zu untersuchenden Konstrukts (oder zumindest seine wesentlichen Facetten) erfasst (z. B. Bollen & Lennox, 1991).

Wann messen wir ein Konstrukt reflektiv und wann formativ? Es gibt keine eindeutige Antwort auf diese Frage, da Konstrukte nicht originär reflektiv oder formativ sind. Im Gegenteil hängt die Spezifikation von der Konzeptionalisierung des Konstrukts und den Zielen der Untersuchung ab. Schauen wir uns dazu Abbildung 2.8 an, in der verdeutlicht wird, wie das Konstrukt „Zufriedenheit mit Hotels" (Y_1) auf beide Arten operationalisiert werden kann (Albers, 2010).

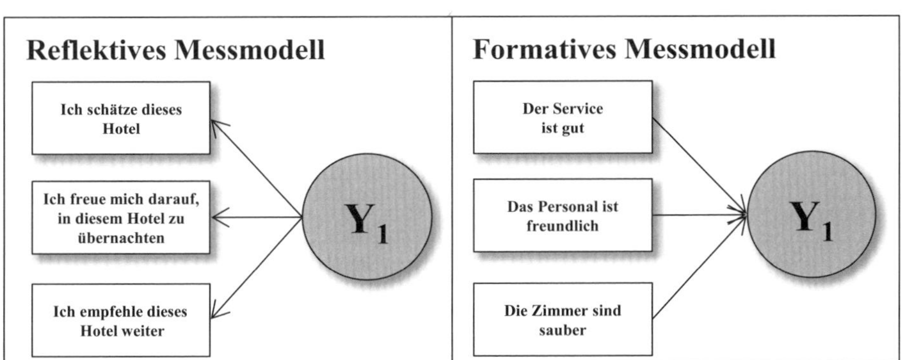

Abbildung 2.8 Zufriedenheit als reflektiv und formativ gemessenes Konstrukt

Quelle: In Anlehnung an Albers (2010). Nachdruck mit freundlicher Genehmigung durch Springer Science+Business Media.

Die linke Seite der Abbildung 2.8 zeigt eine reflektive Messmodellspezifikation. Diese Art der Spezifikation ist wahrscheinlich angemessener, wenn Forscher Theorien in Bezug auf die Zufriedenheit testen möchten. In vielen managementorientieren Untersuchungen liegt das Ziel aber darin, die wichtigsten Treiber der Zufriedenheit zu identifizieren, die dann letztendlich zu Kundenloyalität führen. In diesem Fall sollten Forscher die unterschiedlichen Facetten von Zufriedenheit berücksichtigen, wie etwa die Zufriedenheit mit dem Service oder dem Personal (Abbildung 2.8, rechte Seite). Eine solche formative Messmodellspezifikation ist hier vielversprechender, da sie die genaue Identifikation von Treibern der Zufriedenheit und damit die Ableitung spezifischer Handlungsempfehlungen ermöglicht. Dies trifft insbesondere zu, wenn die korrespondierenden Konstrukte exogen sind. Allerdings können formativ spezifizierte Messmodelle auch bei endogenen Konstrukten verwendet werden, sofern dies durch die Messtheorie gestützt wird.

Neben der Rolle, die ein Konstrukt innerhalb eines Modells spielt, und den Empfehlungen, die Forscher auf den Ergebnissen basierend geben möchten, hängt die Messperspektive insbesondere von der Spezifikation des Konstruktinhalts ab. Die Frage der geeigneten Spezifikation der Messmodelle wird in verschiedenen Disziplinen nach wie vor stark diskutiert und ist nicht vollständig geklärt. In Abbildung 2.9 präsentieren wir verschiedene Kriterien, die Forscher als Orientierung für ihre Entscheidung zwischen reflektiven oder formativen Messungen verwenden können. Darüber hinaus ist zu beachten, dass es auch

Kriterium	Entscheidung	Quelle
Richtung der Kausalität zwischen Indikatoren und Konstrukt	• Vom Konstrukt zu den Indikatoren: reflektiv • Von den Indikatoren zum Konstrukt: formativ	Diamantopoulos und Winklhofer (2001)
Ist das Konstrukt eher ein Faktor, welcher die Indikatoren erklärt, oder eher eine Kombination der Indikatoren?	• Falls Faktor: reflektiv • Falls Kombination: formativ	Fornell und Bookstein (1982)
Repräsentieren die Indikatoren Auswirkungen oder Ursachen des Konstrukts?	• Falls Auswirkungen: reflektiv • Falls Ursachen: formativ	Rossiter (2002)
Ist es immer der Fall, dass sich bei einer anderen Bewertung des Konstrukts alle Indikatoren auf die gleiche Art und Weise verändern (angenommen sie sind gleich kodiert)?	• Falls ja: reflektiv • Falls nein: formativ	Chin (1998)
Sind die Items wechselseitig austauschbar?	• Falls ja: reflektiv • Falls nein: formativ	Jarvis et al. (2003)

Abbildung 2.9 Entscheidungskriterien für die Wahl zwischen einem reflektiven oder formativen Messmodell

empirische Möglichkeiten zur Bestimmung der Messperspektive gibt. Gudergan et al. (2008) schlagen die sogenannte **konfirmatorische Tetrad-Analyse für die PLS-SEM (CTA-PLS)** vor, mit deren Hilfe die Nullhypothese getestet werden kann, dass die Messmodelle reflektiver Natur sind. Wir stellen die CTA-PLS ausführlicher in Kapitel 8 vor. Natürlich sollte eine rein datengetriebene Perspektive durch theoretische Überlegungen, wie sie in den in Abbildung 2.9 gegebenen Richtlinien zusammengefasst werden, ergänzt werden.

Single-Item-Messungen und Summenwerte

Forscher entscheiden sich manchmal für die Verwendung von **Single-Items** anstelle von multiplen Items zur Messung eines Konstrukts. Single-Items haben verschiedene praktische Vorteile, wie die einfache Anwendung, ihre Kürze und die mit ihrer Verwendung verbundenen geringeren Kosten. Im Vergleich zu langen und komplizierten Skalen, die oft zu Unverständnis und mentalen Herausforderungen bei den Befragten führen, fördern Single-Items höhere Antwortquoten, da die Fragen einfach und schnell beantwortet werden können (Fuchs & Diamantopoulos, 2009; Sarstedt & Wilczynski, 2009). Allerdings bieten Single-Items nicht nur Vorteile. Sollen die Daten beispielsweise in Gruppen eingeteilt werden, stehen bei der Verwendung von Single-Items weniger Freiheitsgrade zur Bestimmung der Gruppenzugehörigkeit zur Verfügung, da hierfür nur die Werte einer einzigen Variablen verwendet werden können. Auch bei der Behandlung von fehlenden Werten stehen nur die Informationen einer einzigen statt mehrerer Variablen zu Verfügung.

Gegen Single-Item-Messungen spricht besonders, dass sie aus psychometrischer Sicht nicht in der Lage sind, Messfehler zu korrigieren, wodurch sich ihre Reliabilität gegenüber Mulit-Item-Messungen generell verringert. Die Reliabilität von Single-Items kann zwar entgegen weit verbreiteter Annahmen geschätzt werden (z.B. Cheah et al., 2018; Loo, 2002; Wanous et al., 1997) – siehe Abbildung 5.3 in Kapitel 5 für Details. Allerdings ist die Entscheidung für Single-Item-Messungen in den meisten empirischen Untersuchungen sehr riskant, da hierdurch die prädiktive Validität negativ beeinflusst wird. Genau genommen sind Situationen, in denen eine Single-Item-Messung einer Messung mit multiplen Items vorgezogen werden sollte, in der Praxis sehr unwahrscheinlich. Den Empfehlungen von Diamantopoulos et al. (2012) folgend, sollten Single-Item-Messungen nur in Situationen in Betracht gezogen werden, in denen (1) geringe Fallzahlen vorliegen (d.h. $N < 50$), (2) Pfadkoeffizienten (also diejenigen Koeffizienten, welche die Konstrukte im Strukturmodell verbinden) von 0,30 und kleiner erwartet werden, (3) die Items der originalen Multi-Item-Skala sehr homogen sind (d.h. Cronbachs Alpha > 0.90) und (4) die Items semantisch redundant sind (Abbildung 2.10; vgl. hierzu auch Kamakura, 2015).

Nichtsdestotrotz sollte diese rein empirische Perspektive bei der Spezifikation von Messmodellen durch praktische Überlegungen ergänzt werden. Einige Forschungssituationen erfordern die Verwendung von Single-Items. Befragte befürchten bei der Verwendung von Multi-Item-Skalen evtl. zu viel von sich preiszugeben, was zu geringen Antwortquoten führt. Zudem fehlt es häufig

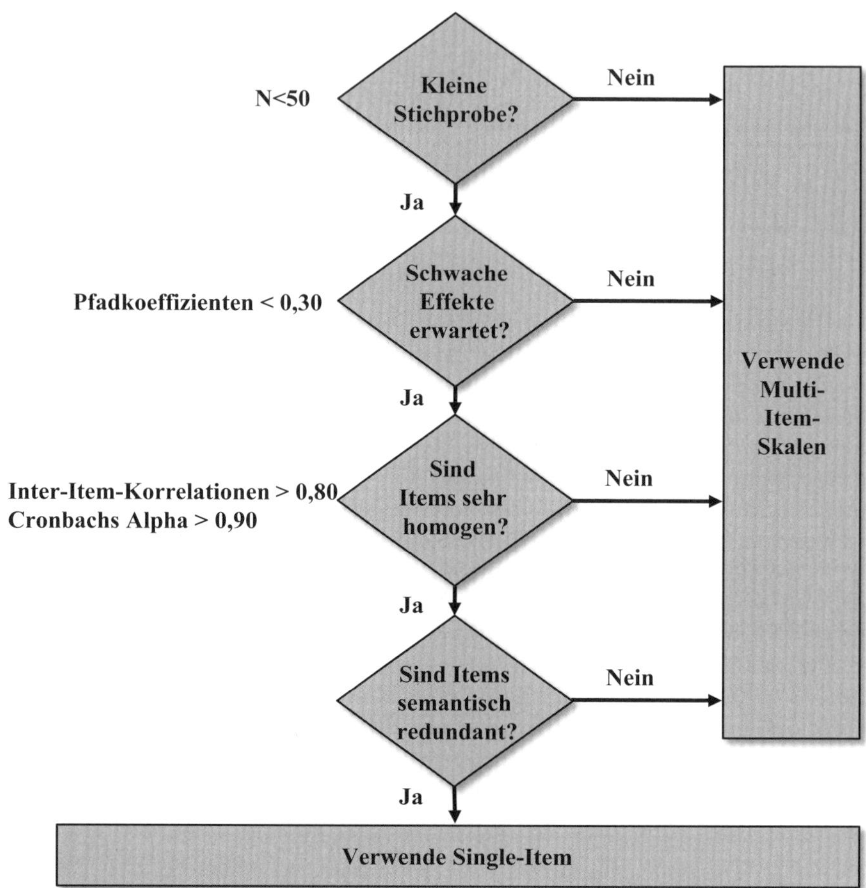

Abbildung 2.10 Richtlinien zur Verwendung von Single-Items
Quelle: Diamantopoulos et al. (2012).

auch an der Bereitschaft, sich die Zeit zum Ausfüllen eines Fragebogens zu nehmen, wodurch große Stichproben bei Umfragen schwierig werden. In der Konsequenz ist es oft notwendig, die Länge eines Fragebogens wo immer möglich zu reduzieren. Ist also die Population klein oder steht nur eine kleine Stichprobe zur Verfügung (z. B. durch Budgetrestriktionen oder Schwierigkeiten bei der Rekrutierung von Umfrageteilnehmern), kann die Nutzung von Single-Item-Messungen eine pragmatische Lösung sein. Sollten Forscher die Konsequenzen einer geringen prädiktiven Validität akzeptieren und Single-Item-Messungen trotzdem verwenden, bleibt dennoch eine grundlegende Frage: Wie oder was sollte dieses Item sein? Forschungsarbeiten verweisen leider auf große Schwierigkeiten bei der Wahl eines Items aus einem Set möglicher Items, unabhängig davon, ob die Wahl auf statistischen Maßen oder Experteneinschätzungen beruht (Sarstedt et al., 2016a). Vor diesem Hintergrund sprechen wir uns klar gegen die Verwendung von Single-Items zur Messung von Konstrukten aus, es sei denn die Richtlinien von Diamantopoulos et al. (2012) sprechen dafür. Schließlich ist es noch wichtig darauf hinzuweisen, dass die hier angesprochenen Aspekte für die Messung von nichtbeobachtbaren Phänomenen wie Wahrnehmungen oder Einstellungen gelten. Für direkt beobachtbare Konstrukte wie Geschlecht, Umsatz, Gewinn etc. sind Single-Item-Messungen natürlich angemessen.

Analog und wie schon in Kapitel 1 beschrieben, empfehlen wir, die von einigen Forschern jüngst propagierte Verwendung von auf **Summenwerten** basierenden Regressionen zu vermeiden. Bei Summenwerten wird ähnlich wie bei reflektiv und formativ spezifizierten Messmodellen angenommen, dass verschiedene Indikatoren ein latentes Konstrukt repräsentieren. Allerdings werden bei diesem Ansatz nur die Mittelwerte der Indikatoren zur Bestimmung der Konstruktwerte verwendet, anstatt die äußeren Beziehungen im Kontext eines spezifischen Modells zu schätzen. Daher können Summenwerte als ein Spezialfall gesehen werden, bei dem alle Indikatorgewichte im Messmodell gleich sind. Summenwerte repräsentierten daher eine Vereinfachung der PLS-SEM. Allerdings ist diese Vereinfachung (im Sinne der gleichen Relevanz aller Indikatoren) in empirischen Anwendungen nicht realistisch, was die Überlegenheit der PLS-SEM in dieser Hinsicht unterstreicht. Tatsächlich haben Forschungsergebnisse gezeigt, dass Summenwerte einen substanziellen Parameterbias erzeugen können und bezüglich der Teststärke oft der PLS-SEM hinterherhinken (z. B. Hair et al., 2017b). Unabhängig von den Bedenken bezüglich der Konstruktvalidität können Forscher so auch nicht ermitteln, welche Indikatoren eine hohe oder geringe relative Wichtigkeit haben. Da die PLS-SEM diese zusätzliche Information zur Verfügung stellt, ist sie der Verwendung von Summenwerten deutlich überlegen.

Konstrukte höherer Ordnung

Bislang haben wir uns mit Konstrukten erster Ordnung beschäftigt, die nur eine konzeptionelle Ebene abbilden. PLS-SEM ermöglicht es aber auch, ein Konstrukt auf mehreren Abstraktionsebenen gleichzeitig zu modellieren. **Konstrukte höherer Ordnung**, im Kontext von PLS-SEM auch als **Modelle höherer Ordnung** oder **hierarchische Komponentenmodelle** (Hierarchical Component Models, HCMs) bezeichnet (Lohmöller, 1989; Sarstedt et al., 2019), ermöglichen, ein einzelnes Konstrukt auf einer abstrakteren Dimension und gleichzeitig auf konkreteren Unterdimensionen zu spezifizieren (Becker et al., 2023; Cheah et al., 2019; Hair et al., 2024, Kapitel 2; Wetzels et al., 2009). Zum Beispiel kann das Konstrukt Zufriedenheit durch eine Reihe konkreterer Aspekte dargestellt werden, die durch **Komponenten niedrigerer Ordnung** gemessen werden, welche einzelne Aspekte der Zufriedenheit erfassen. Im Bereich von Dienstleistungen könnte dies etwa die Zufriedenheit mit dem Preis, der Servicequalität, dem Personal sowie der jeweiligen Umgebung und Ausstattung (Servicescape) sein. In diesem Beispiel eines Konstrukts höherer Ordnung bilden die Komponenten niedrigerer Ordnung die abstraktere **Komponente höherer Ordnung** mit der Bezeichnung Zufriedenheit (Abbildung 2.11).

Bei Modellen höherer Ordnung werden die Attribute der Zufriedenheit nicht als Treiber eines einschichtigen Zufriedenheitskonstrukts operationalisiert.

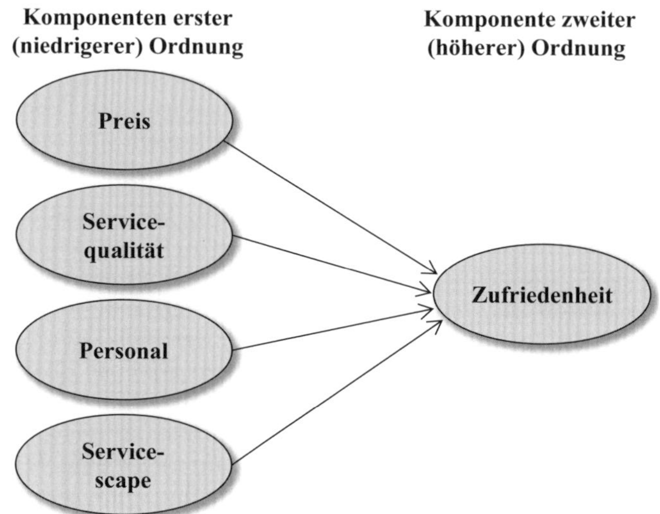

Abbildung 2.11 Beispiel eines Konstrukts höher Ordnung

Vielmehr fasst das Konstrukt höherer Ordnung die Komponenten niedrigerer Ordnung zu einem einzigen mehrdimensionalen Konstrukt zusammen. Dieser Ansatz führt zu größerer Sparsamkeit und verringert die Modellkomplexität. Theoretisch lässt sich dieser Ansatz auf eine beliebige Anzahl Abstraktionsniveaus erweitern, allerdings beschränken sich Forscher meist auf zwei Ebenen (d. h. eine Komponente höherer Ordnung und mehrere Komponenten niedrigerer Ordnung). Konstrukte mit zwei Abstraktionsebenen werden auch als **Konstrukte zweiter Ordnung** bezeichnet. Mehr Details zu Konstrukten höherer Ordnung finden sich in Kapitel 8.

Auf Basis der bisherigen Ausführungen ist der Leser nun mit allen wesentlichen Grundlagen zur Erstellung eines Pfadmodells vertraut. Abbildung 2.12 fasst die wesentlichen Richtlinien zur Erstellung eines Pfadmodells zusammen. Der nächste Abschnitt befasst sich mit der Erhebung der Daten, die für den empirischen Test von PLS-Pfadmodellen nötig sind.

Schritt 3: Erhebung und Prüfung der Daten

Die Anwendung der PLS-SEM setzt das Vorhandensein von quantitativen Daten voraus. In den Sozialwissenschaften werden meist Primärdaten verwendet, die in der Regel mit Hilfe von Fragebögen für ein bestimmtes Forschungsprojekt erhoben wurden (Sarstedt & Mooi, 2019; Kapitel 3.2). Zunehmend greifen Forscher aber auch auf Sekundärdaten zurück, die in Datenbanken oder in Form von Website Tracking-Informationen, Social-Media-, Geo- und Sensordaten sowie anderen Informationen, die durch Scraping und ähnliche Datenerhebungsmethoden gewonnen werden (Hulland et al., 2018).

Wenn empirische Daten über Fragebögen erhoben werden, müssen im Anschluss daran typische Probleme der Datenerhebung adressiert werden.

Strukturmodell
- Die für die Untersuchung relevanten Konstrukte sollten klar identifiziert und definiert sein.
- Die Strukturtheorie legt fest, wie die Konstrukte zueinander in Beziehung stehen, d. h. welche Konstrukte abhängig (endogen) oder unabhängig (exogen) sind. Gegebenenfalls umfasst dies auch komplexere Beziehungen wie Mediationen und Moderationen.
- Die Natur der Beziehungen (positiv oder negativ) sowie deren Richtung basiert auf Theorie, Logik, vorheriger Forschung und dem Urteil des Forschers
- Es muss erläutert werden, warum die spezifizierten Beziehungen erwartet werden. Dafür werden beispielsweise etablierte Theorien, qualitative Forschungsergebnisse, gängige Geschäftspraxis oder bereits publizierte Spezifikationen herangezogen, jeweils unter Verwendung von Zitationen einschlägiger Quellen.
- Ein konzeptionelles Modell wird erstellt, um die angenommenen Beziehungen zu illustrieren.

Messmodell
- Die theoretische/konzeptionelle Diskussion der Messung legt fest, ob die Konstrukte standardmäßig oder als Konstrukte höherer Ordnung konzeptualisiert werden.
- Die Messperspektive (d. h. reflektiv vs. formativ) muss klar benannt und begründet werden. Die Konzeptionalisierung eines Konstrukts und das Ziel der Untersuchung lenken diese Entscheidung.
- Single-Item-Messungen sollten nur verwendet werden, sofern dies durch die Richtlinien von Diamantopoulos et al. (2012) gestützt wird.
- Auf Summenwerten basierende Regressionen sollten nicht verwendet werden.

Abbildung 2.12 Richtlinien zur Erstellung eines PLS-Pfadmodells

Die wichtigsten Aspekte, die hierbei zu prüfen sind, sind fehlende Werte, Antwortmuster, inkonsistente Antworten, Ausreißer und die Verteilung der Daten. Wir werden jeden dieser Aspekte auf den nächsten Seiten kurz thematisieren. Für eine umfassendere Diskussion verweisen wir den Leser auf Hair et al. (2019a).

Fehlende Werte

Forscher haben oft mit fehlenden Werten zu tun. Es gibt zwei Ebenen, auf denen fehlende Werte auftreten: Survey-Non-Response und Item-Non-Response. Survey-Non-Response (auch Unit-Non-Response genannt) liegt vor, wenn Teile der Stichprobe die Umfragen nicht beantworten. Die Nichtbeantwortung von Umfragen ist sehr häufig, da in der Regel nur 5–25 % der Befragten die Fragebögen ausfüllen. Item-Non-Response liegt vor, wenn die Befragten auf bestimmte Fragen keine Antworten geben (z. B. wenn die Fragen übersehen oder absichtlich nicht beantwortet wurde). In der Regel bleiben zwei bis zehn Prozent der Fragen unbeantwortet. Diese Zahl hängt jedoch stark von verschiedenen Faktoren ab, wie z. B. Thema, Länge des Fragebogens und Art der Durchführung. Die Antwortausfälle bei Fragen, die von den Befragten als sensibel empfunden werden, können deutlich höher sein und variieren von Land zu Land. In einigen Ländern ist beispielsweise die Angabe des Einkommens ein sensibles Thema (Sarstedt & Mooi, 2019; Kapitel 3.9). Als Faustregel gilt:

Falls der Anteil fehlender Werte für einen Befragten über alle Fragen hinweg größer als 15 % ist, wird der Fall normalerweise aus dem Datensatz entfernt. Ein Indikator sollte aus der Analyse ausgeschlossen werden, falls er mehr als 15 % fehlende Werte aufweist.

Nachdem Beobachtungen mit zu vielen fehlenden Antworten entfernt wurden, muss im nächsten Schritt entschieden werden, wie mit den verbleibenden fehlenden Werten im Datensatz verfahren werden soll. Die in diesem Buch verwendete Software SmartPLS 4 (Ringle et al., 2022), bietet drei Möglichkeiten, um mit fehlenden Werten umzugehen. Bei der **Mittelwertersetzung** werden fehlende Werte durch den Mittelwert aller gültigen Werte des Items ersetzt. Auch wenn dies einfach durchzuführen ist, verringert die Mittelwertersetzung die Variabilität in den Daten und damit tendenziell auch die Möglichkeit, bedeutsame Beziehungen zu finden. Dieses Verfahren sollte daher nur angewendet werden, wenn die Daten sehr geringe Niveaus fehlender Werte aufweisen. Als Faustregel empfehlen wir die Anwendung der Mittelwertersetzung bei weniger als 5 % fehlender Werte pro Indikator.

Alternativ bietet SmartPLS die Option, alle Fälle zu entfernen, in denen fehlende Werte in irgendeinem der im Modell verwendeten Indikatoren vorhanden sind (**fallweiser Ausschluss** bzw. **listenweiser Ausschluss** genannt). Grimm und Wagner (2020) haben gezeigt, dass PLS-SEM-Schätzungen sehr stabil sind, wenn Fälle mit bis zu 9 % fehlenden Werten ausgeschlossen werden. Bei der Verwendung des fallweisen Ausschlusses muss allerdings sichergestellt sein, dass eine bestimmte Gruppe von Befragten nicht systematisch gelöscht wird. So beobachten Marktforscher beispielsweise häufig, dass wohlhabendere Personen Antworten zu ihrem Einkommen eher verweigern. Die Anwendung des fallweisen Ausschlusses würde diese Gruppe von Befragten systematisch ausblenden und damit wahrscheinlich zu verzerrten Ergebnissen führen. Weiterhin kann der fallweise Ausschluss die Anzahl der Beobachtungen im Datensatz insgesamt drastisch reduzieren. Daher muss die Anzahl der für die finale Modellschätzung verwendeten Beobachtungen sorgfältig geprüft werden, insbesondere wenn diese Option des Umgangs mit fehlenden Werten angewendet wird.

Anstatt alle Fälle mit fehlenden Werten auszuschließen, nutzt die Option des **paarweisen Ausschlusses** alle gültigen Werte für die Kalkulation der Modellparameter. Nehmen wir zum Beispiel ein Messmodell mit drei Indikatoren x_1, x_2 und x_3 an. Zur Schätzung der Modellparameter werden alle gültigen Werte für x_1, x_2 und x_3 verwendet. Falls ein Befragter einen fehlenden Wert für x_3 hat, werden die gültigen Werte für x_1 und x_2 trotzdem zur Schätzung des Modells verwendet. In der Konsequenz können die Schätzungen in unterschiedlichen Analyseschritten auf unterschiedlichen Stichprobengrößen beruhen, was zu einer Verzerrung der Ergebnisse führen kann. Einige Forscher bezeichnen diesen Ansatz daher als „unklugen Ausschluss" und wir raten generell von seiner Verwendung ab. Ausnahmen sind zum einen Situationen, in denen sehr viele fehlende Werte vorliegen (was die Verwendung der Mittelwertersetzung und insbesondere den fallweisen Ausschluss verhindert) und zum anderen Studien mit dem Ziel, erste Erkenntnisse zur Modellstruktur zu erlangen. Darüber hinaus können vor der Datenanalyse mit SmartPLS auch komplexe Prozeduren zum Umgang mit fehlenden Werten durchgeführt werden.

Einer der besten Ansätze zur Beseitigung fehlender Daten besteht darin, zuerst das demografische Profil der Befragten mit fehlenden Werten zur ermitteln und dann den Wert für die Gruppe mit identischem demografischen Profil zu berechnen. Ist der Befragte mit fehlenden Werten beispielsweise männlich, zwischen 25 und 34 Jahre alt und verfügt über 14 Jahre Bildung, dann wird der für die betreffende Frage einzusetzende Wert anhand dieser Gruppe berechnet. In einem nächsten Schritt wird geprüft, ob die Frage mit den fehlenden Werten zu einem Konstrukt mit mehreren Items gehört. Ist dies der Fall, wird ein Mittelwert der Antworten zu allen mit dem Konstrukt verbundenen Items berechnet. Im letzten Schritt wird der Mittelwert dieser beiden Größen berechnet und eingepflegt. Dieses Vorgehen verringert den Verlust an Variabilität in den Antworten und gibt genaue Einblicke in die Maßnahmen zum Umgang mit fehlenden Werten. Darüber hinaus hat die Forschung eine Vielzahl von Methoden zur Imputation fehlender Werte mit Hilfe von Informationen aus den verfügbaren Daten entwickelt (Little & Rubin, 2002; Schafer & Graham, 2002). Die Wahl der besten Imputationsmethode hängt von mehreren Faktoren ab, einschließlich der Anzahl an fehlenden Werten und des Musters der fehlenden Werte (siehe Sarstedt & Mooi, 2019; Kapitel 5.4 für einen Überblick). Da allerdings keine umfassenden Erkenntnisse zur Eignung dieser Verfahren im PLS-SEM-Kontext vorliegen, empfehlen wir die oben beschriebenen Verfahren zur Behandlung fehlender Werte in PLS-SEM-Analysen anzuwenden.

Antwortmuster

Bevor die Daten analysiert werden, sollten Forscher prüfen, ob die Antworten der Befragten systematisch Muster aufweisen. Beispielsweise ist **Straight-Lining** ein typisches Muster das vorliegt, wenn ein Befragter die gleiche Antwort für einen hohen Anteil Fragen ankreuzt. Wird z. B. eine 7-Punkte-Skala für die Beantwortung der Fragen verwendet und alle Antworten sind bei 4 (also immer die mittlere Antwort), sollte der Befragte in den meisten Fällen aus dem Datensatz gelöscht werden. Gleiches gilt, wenn der Befragte beispielsweise immer nur die 1 oder nur die 7 wählt. Andere Antwortmuster sind das **Diagonal-Lining** und **alternierende Extremantworten**. Eine visuelle Prüfung der Antworten oder die Analyse deskriptiver Statistiken (z. B. Mittelwerte, Varianz und Verteilung der Antworten je Befragten) erlaubt die Identifikation solcher Antwortmuster.

Inkonsistente Antworten

Auch inkonsistente Antworten müssen vor der Datenanalyse adressiert werden. Viele Umfragen beginnen mit einer oder mehreren Screening-Fragen. Mit Hilfe von Screening-Fragen soll sichergestellt werden, dass nur die Individuen, die vorgegebenen Kriterien genügen, an der Befragung teilnehmen. Zum Beispiel kann in einer Umfrage zu Smartphones nach Individuen gescreent werden, die ein Apple iPhone besitzen. Gibt ein Befragter im weiteren Verlauf der Befragung allerdings an, ein Android-Gerät zu benutzen, sollte er entsprechend aus dem Datensatz gelöscht werden. In Umfragen werden häufig die gleichen Fragen mit leichten Abwandlungen gestellt, insbesondere dann, wenn reflektive Messungen verwendet werden. Falls ein Befragter sehr unterschiedliche Antworten zu diesen Fragen gibt, legt auch das den Schluss nahe, dass der Befragte die Fragen nicht genau gelesen oder einfach irgendetwas angekreuzt hat, um die Befragung so schnell wie möglich zu beenden. Forscher verwenden manchmal spezifische Fragen, um die Aufmerksamkeit der Befragten einzuschätzen. So kann ein Forscher beispielsweise mitten in einer Reihe von Fragen den Befragten dazu auffordern, bei der nächsten Frage nur eine 1 auf einer 7-Punkte Skala anzukreuzen. Weicht die Antwort zu dieser Frage von 1 ab, so ist dies ein Hinweis darauf, dass der Befragte die Fragen nicht genau gelesen hat.

Ausreißer

Ausreißer sind Beobachtungen, deren Variablenausprägungen deutlich außerhalb der Norm liegen. Sie müssen im Kontext der Studie interpretiert werden und diese Interpretation sollte sich auf die Art der Information beziehen, die diese Ausreißer beinhalten. Ausreißer können bei der Datenerfassung durch Eingabefehler entstehen (z. B. manuelle Codierung von „77" anstelle von „7"). Ungewöhnlich hohe oder niedrige Werte können allerdings auch Teil der Realität sein (z. B. ein ungewöhnlich hohes Einkommen). Schließlich können Ausreißer auftreten, wenn Kombinationen von Variablenwerten extrem selten sind (z. B. wenn 80 % des Jahreseinkommens für Urlaubsreisen ausgegeben werden).

Der erste Schritt im Umgang mit Ausreißern ist, diese zu identifizieren. Gängige Statistiksoftwarepakete bieten eine Vielzahl an univariaten, bivariaten oder multivariaten Grafiken und Statistiken an, mit deren Hilfe Ausreißer identifiziert werden können. Zum Beispiel können bei der Anwendung von Boxplots diejenigen Antworten als extreme Ausreißer charakterisiert werden, die das Dreifache des Interquartilabstands (Q0,75 – Q0,25) unter dem ersten Quartil (Q0,25) oder über dem dritten Quartil (Q0,75) liegen. Ferner verfügt IBM SPSS Statistics über eine als „Explorative Datenanalyse" bezeichnete Funktion, die über Boxplots und Stamm-Blatt-Diagramme die Identifikation von Ausreißern für jeden Fall bzw. Befragten erleichtert (Sarstedt & Mooi, 2019; Kapitel 5.4).

Sind die Ausreißer einmal identifiziert, gilt es zu entscheiden, wie mit ihnen umzugehen ist. Sofern es eine Erklärung für ungewöhnlich hohe oder niedrige Werte gibt, werden die Ausreißer normalerweise beibehalten, da sie ein Element der Population repräsentieren. Allerdings wäre ihr Einfluss auf die Ergebnisse der Analysen sehr sorgfältig zu bewerten. Um auszuschließen, dass die Ergebnisse nicht durch sehr wenige (extreme) Beobachtungen grundlegend beeinflusst sind, sollten die Analysen mit und ohne Ausreißer durchgeführt werden. Ist ein Ausreißer dagegen das Resultat eines Fehlers bei der Dateneingabe, wird er entweder gelöscht oder korrigiert (z. B. der Wert 77 auf einer Likert-Skala von 1 bis 9). Falls es keine klare Erklärung für ungewöhnliche Werte gibt, sollten die Ausreißer beibehalten werden. Für mehr Details zu Ausreißern verweisen wir auf Sarstedt und Mooi (2019; Kapitel 5.4).

Ausreißer können auch eine einzigartige Gruppe repräsentieren. Es gibt zwei Möglichkeiten, um zu entscheiden, ob solche einzigartigen Gruppen existieren. Einerseits lassen sich Gruppen anhand von Vorwissen, zum Beispiel entlang beobachtbarer Charakteristika wie Geschlecht, Alter oder Einkommen, identifizieren. Unter Verwendung dieser Informationen werden die Daten in zwei oder mehr Gruppen unterteilt und es wird eine Multigruppenanalyse durchgeführt, um signifikante Unterschiede in den Modellparametern aufzudecken. Andererseits können auch latente Klassenanalysen zur Identifikation von Gruppen eingesetzt werden. **Latente Klassenanalysen** ermöglichen, **unbeobachtete Heterogenität**, die nicht auf eine spezifische, beobachtbare Charakteristik oder Kombinationen von Charakteristika zurückgeführt werden kann, zu identifizieren und zu behandeln. Es wurden verschiedene Ansätze für latente Klassenanalysen vorgeschlagen, die statistische Konzepte wie Finite-Mixture-Modeling, Iteratively Reweighted Least Squares, Hill-Climbing-Ansätze oder genetische Algorithmen für die PLS-SEM generalisieren (Sarstedt et al., 2017a). In Kapitel 8 behandeln wir einige dieser Techniken ausführlicher.

Verteilung der Daten

Die PLS-SEM ist ein nicht-parametrisches statistisches Verfahren. Im Unterschied zur Maximum-Likelihood (ML)-basierten CB-SEM müssen die Daten nicht normalverteilt sein. Dennoch sollte sichergestellt werden, dass die Daten nicht zu weit von der Normalverteilung abweichen, da extrem nicht-normalverteilte Daten in der Prüfung der Parametersignifikanzen problematisch sind. Genauer gesagt überhöhen extrem nicht-normalverteilte Daten die im Bootstrapping erzielten Standardfehler (vgl. hierzu ausführlicher Kapitel 5) und verringern somit die Wahrscheinlichkeit, dass einige Beziehungen als signifikant bewertet werden (Fehler 2. Art).

Ein geeigneter Test um zu prüfen, ob die Daten normalverteilt sind, ist der **Cramér-von-Mises-Test**. Zeigt dieser Test an, dass die Daten nicht normalverteilt sind, so bedeutet dies nicht zwangsläufig, dass den Ergebnissen des Bootstrapping-Verfahrens nicht getraut werden kann, da es auch bei nicht-normalverteilten Daten sehr robust ist. Aus diesem Grund sollte der Fokus der Analyse eher auf zwei Verteilungsmaßen liegen: der Schiefe und der Kurtosis.

Die **Schiefe** bewertet das Ausmaß, in dem die Verteilung einer Variablen symmetrisch ist. Häufen sich die Antworten für eine Variable zu stark am rechten oder linken Ende der Verteilung, wird die Verteilung als schief bezeichnet. Eine negative Schiefe weist auf eine größere Anzahl größerer Werte hin, während eine positive Schiefe auf eine größere Anzahl kleinerer Werte hinweist. Als allgemeine Richtlinie gilt ein Schiefewert zwischen –1 und +1 als ausgezeichnet, ein Wert zwischen –2 und +2 wird im Allgemeinen als akzeptabel angesehen. Werte, die über –2 und +2 liegen, gelten als Anzeichen für eine erhebliche Nichtnormalität. Die **Kurtosis** (auch **Wölbung** genannt) ist ein Maß dafür, ob die Verteilung normalgipflig, steilgipflig oder flachgipflig ausfällt. Ein Kurtosis-Wert nahe Null deutet auf eine normalgipflige Verteilung hin; ein positiver Kurtosis-Wert bedeutet, dass die Verteilung steilgipfliger als normal ist, wohingegen ein negativer Kurtosis-Wert auf eine flachgipfligere Verteilung als normal hindeutet. Wie bei der Schiefe gilt auch hier die Faustregel, dass die Verteilung bei einer Kurtosis größer als +2 zu spitz ist. Umgekehrt deutet eine Kurtosis kleiner als –2 auf eine zu flache Verteilung hin. Sind sowohl die Schiefe als auch die Kurtosis nahe 0, dann entspricht das Muster der Antworten einer Normalverteilung (George & Mallery, 2019).

Vor der Verwendung von Primär- oder Sekundärdaten für multivariate Analyseverfahren muss die Datenqualität sorgfältig überprüft werden. Dabei ist stets zu beachten, dass alle multivariaten Analysemethoden mit Blick auf die Datenqualität dem „Garbage in, garbage out"-Grundsatz unterliegen. Demnach sind alle Analysen wertlos, wenn die Daten ungeeignet sind. Abbildung 2.13 fasst einige wichtige Richtlinien zusammen, die bei der Prüfung der Daten und deren Aufbereitung für die PLS-SEM beachtet werden sollten. Für eine umfassendere Auseinandersetzung zur Prüfung von Daten vergleiche Kapitel 2 in Hair et al. (2019a).

- Zunächst gilt es fehlende Werte zu identifizieren. Übersteigen die fehlenden Werte für einen Fall bzw. einem Indikator 15 %, sollte dieser aus dem Datensatz entfernt werden. Weiterhin fehlende Werte wären vor der PLS-SEM-Analyse wie folgt zu behandeln: Fehlen weniger als 5 % der Werte *pro Indikator*, sollte die Mittelwertersetzung angewendet werden. Ansonsten sollte der fallweise Ausschluss genutzt werden, wobei sicherzustellen ist, dass kein systematischer Ausschluss von Fällen erfolgt. Der paarweise Ausschluss sollte generell vermieden werden. Zudem muss sichergestellt sein, dass genügend Fälle für die Analyse verbleiben. Komplexere Verfahren zur Behandlung fehlender Werte sollten vor dem Import von Daten in die PLS-SEM-Software angewandt werden.
- Antwortmuster und inkonsistente Antworten rechtfertigen normalerweise eine Beobachtung vom Datensatz auszuschließen.
- Die Identifizierung von Ausreißern muss vor der PLS-SEM-Analyse erfolgen.
- Einzigartige Gruppen sollten anhand von Vorwissen oder durch statistische Verfahren (z. B. durch latente Klassenanalysen) identifiziert werden.
- Das Fehlen von normalverteilten Daten kann die Ergebnisse einer multivariaten Analyse verzerren. Dieses Problem ist bei der PLS-SEM deutlich geringer, trotzdem sollten wir die PLS-SEM-Ergebnisse genau prüfen, wenn die Verteilungen deutlich von der Normalverteilung abweichen. Werte größer als +2 oder kleiner als –2 für Schiefe- und/oder Kurtosis deuten auf stark nicht-normale Daten hin.

Abbildung 2.13 Richtlinien zur Prüfung von Daten in der PLS-SEM

Anwendungsbeispiel: Spezifikation des PLS-Pfadmodells

Statistische Verfahren lassen sich am besten durch die Anwendung auf einen Datensatz erlernen. Im Verlauf dieses Buches verwenden wir ein einziges Beispiel, was genau dies ermöglicht. Wir beginnen das Beispiel mit einem einfachen Modell und erweitern dies später in Kapitel 5 zu einem umfassenderen, komplexeren Modell. Als Ausgangsmodell nehmen wir ein Pfadmodell an, das die Beziehungen zwischen Unternehmensreputation, Kundenzufriedenheit und Kundenloyalität schätzt. Mit Hilfe des Beispiels wird verdeutlicht,

(1) wie ein Strukturmodell entwickelt wird, das die zugrundeliegende Theorie/ die zugrundeliegenden Konzepte repräsentiert, (2) wie die Spezifikation der Messmodelle für latente Variablen erfolgt und (3) wie die Struktur der verwendeten empirischen Daten aussieht. Anschließend konzentrieren wir uns auf die Einrichtung der SmartPLS 4 Software (Ringle et al., 2022) für die PLS-SEM.

Schritt 1: Spezifikation des Strukturmodells

Bevor wir das Strukturmodell spezifizieren, möchten wir einige grundlegende Erläuterungen zu den theoretischen/konzeptionellen Modellen liefern. Das Unternehmensreputationsmodell von Eberl (2010) bildet die Basis unserer Theorie. Mit Hilfe des Modells sollen die Effekte der Unternehmensreputation auf die Kundenzufriedenheit (*CUSA*) und schließlich auf die Kundenloyalität (*CUSL*) erklärt werden. Die Unternehmensreputation repräsentiert die allgemeine Bewertung eines Unternehmens durch seine Stakeholder (Helm et al., 2010). Sie wird anhand von zwei Dimensionen gemessen. Die erste Dimension ist die kognitive Bewertung des Unternehmens, die mit dem Konstrukt der Kompetenz (*COMP*) erfasst wird. Die zweite Dimension erfasst affektive Beurteilungen, welche die Sympathie (*LIKE*) gegenüber einem Unternehmen bestimmen. Dieser zweidimensionale Ansatz zur Messung der Unternehmensreputation wurde durch Schwaiger (2004) entwickelt. Er wurde in verschiedenen Ländern bestätigt (z. B. Eberl, 2010; Zhang & Schwaiger, 2012) und in zahlreichen Forschungsstudien angewendet (z. B. Eberl & Schwaiger, 2005; Radomir & Moisescu, 2019; Radomir & Wilson, 2018; Raithel & Schwaiger, 2015; Raithel et al., 2010; Sarstedt & Schloderer, 2010; Schloderer et al., 2014; Schwaiger et al., 2009; Yun et al., 2020). Zusätzliche Forschungsergebnisse zeigen, dass dieser Ansatz gegenüber anderen Reputationsmaßen (im Sinne der Konvergenzvalidität und prädiktiven Validität) vorteilhaft ist (Sarstedt et al., 2013).

Ausgehend von der Unternehmensreputation als ein einstellungsbezogenes Konstrukt, hat Schwaiger (2004) weiterhin vier beeinflussende Dimensionen der Reputation identifiziert – Qualität, Performance, Attraktivität und Corporate Social Responsibility – die durch insgesamt 21 formative Indikatoren gemessen werden. Diese Treiberkonstrukte der Unternehmensreputation sind Bestandteil des komplexeren Beispiels, das wir in diesem Buch verwenden, und werden in Kapitel 5 hinzugefügt. Zudem berücksichtigen wir hier noch keine komplexeren Modellspezifikationen wie Moderator- und Mediatorffekte. Diese Aspekte werden in Kapitel 7 behandelt.

Zusammenfassend beinhaltet das einfache Unternehmensreputationsmodell zwei theoretische/konzeptionelle Komponenten: (1) die interessierenden Zielkonstrukte – *CUSA* und *CUSL* (endogene Konstrukte) – und (2) die zwei Dimensionen der Unternehmensreputation *COMP* und *LIKE* (exogene Konstrukte), die wesentlichen Determinanten der Zielkonstrukte darstellen. Abbildung 2.14 veranschaulicht die Konstrukte und ihre Beziehungen und liefert somit das Strukturmodell für unsere PLS-SEM-Fallstudie.

Schlagen Forscher eine neue Theorie oder ein neues Konzept vor, so berufen sie sich in der Regel auf bestehendes Wissen. Bei der Anwendung der PLS-SEM verdeutlicht das Strukturmodell die Theorie/das Konzept mit ihren/seinen

Elementen (d. h. Konstrukten) und deren Ursache-Wirkungs-Beziehungen (d. h. Pfaden). Forscher entwickeln normalerweise Hypothesen für die Konstrukte und ihre Beziehungen im Strukturmodell. Eine erste Hypothese (H_1) könnte beispielsweise wie folgt lauten: Kundenzufriedenheit wirkt sich positiv auf Kundenloyalität aus. Mit Hilfe der PLS-SEM lässt sich die Signifikanz einer derartigen Beziehung testen (Kapitel 6). Bei der Spezifikation der theoretischen Konstrukte und angenommenen Beziehungen im Strukturmodell einer PLS-SEM-Analyse muss darauf geachtet werden, dass keine zirkulären Beziehungen (d. h. kausale Schleifen) entstehen. Eine zirkuläre Beziehung würde zum Beispiel entstehen, wenn wir die Beziehung zwischen *COMP* und *CUSL* umdrehen würden, wodurch die kausale Schleife *COMP* → *CUSA* → *CUSL* → *COMP* entstünde.

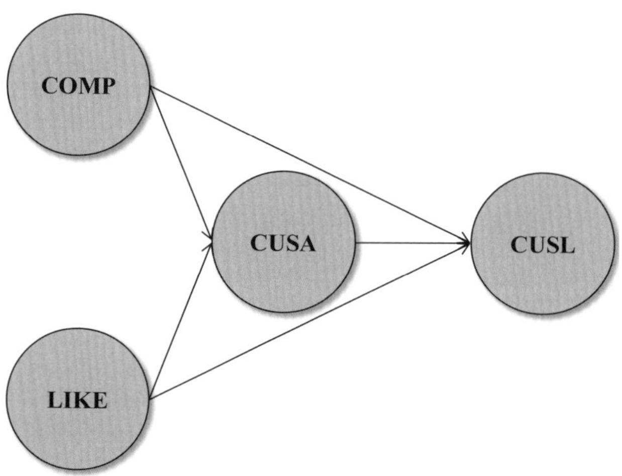

Abbildung 2.14 Beispiel eines theoretischen/konzeptionellen Modells (einfaches Modell)

Schritt 2: Spezifikation der Messmodelle

Da Konstrukte nicht direkt beobachtet werden können, spezifizieren wir für jedes Konstrukt ein Messmodell. Die Spezifikation der Messmodelle (d. h. Multi-Item- vs. Single-Item-Messungen und reflektive vs. formative Messungen) beruht in unserem Beispiel auf den Studien von Schwaiger (2004) und Eberl (2010).

In unserem einfachen Beispiel einer PLS-SEM-Anwendung haben wir drei Konstrukte (*COMP, CUSL* und *LIKE*), die mit multiplen Items gemessen werden (Abbildung 2.15). Alle drei Konstrukte haben reflektiv spezifizierte Messmodelle, was dadurch erkenntlich wird, dass die Pfeile vom Konstrukt auf die Indikatoren zeigen. Beispielsweise wird *COMP* mit Hilfe der drei reflektiven Indikatoren *comp_1, comp_2* und *comp_3* gemessen, die sich auf die folgenden Fragen beziehen (Abbildung 2.16): „[Das Unternehmen] ist ein Top-Wettbewerber in seinem Markt", „Soweit ich weiß, ist [das Unternehmen] weltweit

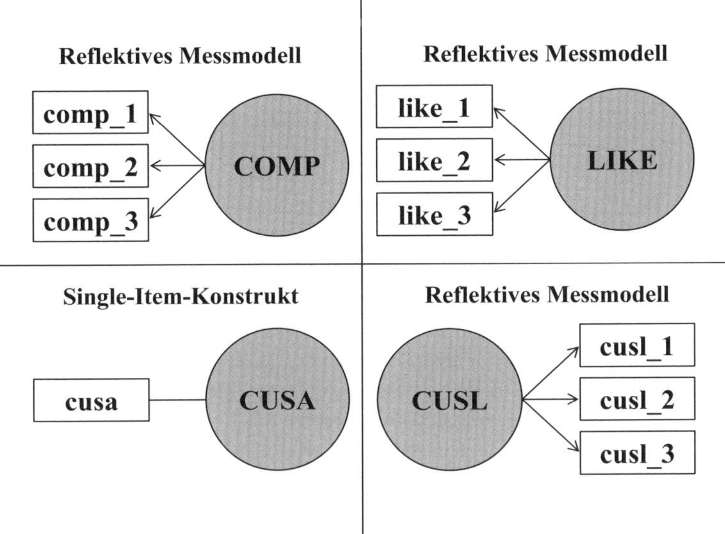

Abbildung 2.15 Typen von Messmodellen innerhalb des einfachen Beispiels

Kompetenz (*COMP*)	
comp_1	[Das Unternehmen] ist ein Top-Wettbewerber in seinem Markt.
comp_2	Soweit ich weiß, ist [das Unternehmen] weltweit bekannt.
comp_3	Ich glaube, dass [das Unternehmen] Spitzenleistungen bietet.
Sympathie (*LIKE*)	
like_1	[Das Unternehmen] ist ein Unternehmen, mit dem ich mich besser identifizieren kann als mit anderen Unternehmen.
like_2	[Das Unternehmen] ist ein Unternehmen, das ich mehr vermissen würde als andere Unternehmen, falls es nicht mehr existieren würde.
like_3	Ich betrachte [das Unternehmen] als ein sympathisches Unternehmen.
Kundenloyalität (*CUSL*)	
cusl_1	Ich würde [das Unternehmen] Freunden und Verwandten weiterempfehlen.
cusl_2	Müsste ich mich noch einmal entscheiden, würde ich [das Unternehmen] als meinen Mobilfunkanbieter wählen.
cusl_3	Ich werde auch in Zukunft Kunde dieses Unternehmens bleiben.

Abbildung 2.16 Indikatoren der reflektiv spezifizierten Messmodelle

Anmerkung: Im Rahmen der Befragung wurde der tatsächliche Name des Unternehmens in die eckigen Klammern eingefügt.

bekannt" und „Ich glaube, dass [das Unternehmen] Spitzenleistungen bietet". Die Befragten sollten das Ausmaß ihrer Zustimmung bzw. Ablehnung zu diesen Aussagen auf einer 7-Punkte-Skala von 1 = *stimme überhaupt nicht zu* bis 7 = *stimme voll und ganz zu* angeben.

Im Unterschied zu *COMP, CUSL* und *LIKE* ist das Konstrukt für die Kundenzufriedenheit (*CUSA*) über ein Single-Item (*cusa*) operationalisiert, welches sich auf die folgende Frage im Erhebungsbogen bezieht: „Wenn Sie Ihre Erfahrung mit [dem Unternehmen] betrachten, wie zufrieden sind Sie mit [dem Unternehmen]?" Die Beantwortung erfolgte auf einer 7-Punkte Skala, die das Ausmaß der Zufriedenheit von 1 = *sehr unzufrieden* bis 7 = *sehr zufrieden* misst. Hintergrund für die Nutzung eines Single-Items sind praktische Überlegungen zur Reduktion der Anzahl an Items im Fragebogen. Items zur Kundenzufriedenheit sind in der Regel sehr homogen, daher sollte der Verlust an prädiktiver Validität im Vergleich zu einer Multi-Item-Messung nicht gravierend sein. Da *cusa* das einzige Item zur Messung der Kundenzufriedenheit ist, sind Konstrukt und Item identisch (dies wird dadurch deutlich, dass die Beziehung zwischen dem Konstrukt und der Single-Item-Messung bei der PLS-SEM immer gleich eins ist). Die Wahl der Messperspektive (d. h. reflektiv vs. formativ) spielt somit keine Rolle und die Beziehung zwischen Konstrukt und Indikator ist ungerichtet.

Schritt 3: Erhebung und Prüfung der Daten

Für die Anwendung der PLS-SEM wurden mittels computerunterstützten Telefoninterviews (Sarstedt & Mooi, 2019; Kapitel 4) Daten zur Wahrnehmung von und Zufriedenheit mit den vier größten Mobilfunkanbietern in Deutschland erhoben. Die Befragten beantworteten die Fragen auf 7-Punkte-Likert-Skalen, wobei höhere Werte für eine höhere Zustimmung zu einer bestimmten Aussage stehen. Im Falle von *cusa* weisen höhere Werte auf eine höhere Zufriedenheit hin. Zufriedenheit und Loyalität wurden jeweils in Bezug auf den eigenen Anbieter der Befragten erhoben. Die für dieses Buch verwendeten Daten sind ein Teil des Originaldatensatzes und umfassen eine Stichprobe von 344 Fällen. Die Daten wurden mittels eines Quotenstichprobenverfahrens (Sarstedt et al., 2018) durch ein professionelles Marktforschungsunternehmen auf dem deutschen Markt erhoben. Die daraus resultierende Stichprobe ist repräsentativ für die deutsche Bevölkerung.

Abbildung 2.17 zeigt die Datenmatrix des Modells. Die 10 Spalten repräsentieren einen Teil aller Variablen, d. h. die in den vorigen Abschnitten beschriebenen spezifischen Fragen im Rahmen der Interviews. Die 344 Zeilen (d. h. Fälle) beinhalten die Angaben aller Befragten zu den jeweiligen Fragen. So enthält die erste Zeile beispielsweise die Antworten des Befragten 1 und die letzte Zeile die Antworten des Befragten 344. Die Spalten zeigen die Antworten auf die Fragen. Die Daten in den ersten neun Spalten beziehen sich auf die drei Konstrukte und die zehnte Spalte enthält die Daten für den Single-Indikator *cusa*. Der Datensatz enthält weitere Variablen, die sich zum Beispiel auf die Treiberkonstrukte *LIKE* und *COMP* beziehen. Wir werden diese Aspekte in Kapitel 5 behandeln.

Fall-nummer	Variablenname										
	comp_1	comp_2	comp_3	like_1	like_2	like_3	cusl_1	cusl_2	cusl_3	cusa	…	
1	6	7	6	6	6	6	7	7	7	7	…	
2	4	5	6	5	5	5	7	7	5	6	…	
…	…	…	…	…	…	…	…	…	…	…	…	
344	6	5	6	6	7	5	7	7	7	7	…	

Abbildung 2.17 Datenmatrix für die Indikatorvariablen

Falls ein Befragter nicht auf eine spezifische Frage geantwortet hat, wird hierfür eine (ansonsten nicht in den Antworten auftretende) Zahl eingefügt, die auf den fehlenden Wert hinweist. Forscher verwenden normalerweise –99, um fehlende Werte anzugeben; es lassen sich aber auch alle anderen Zahlen verwenden, die sonst nicht im Datensatz enthalten sind. Wir wählen im Folgenden auch –99, um fehlende Werte anzugeben. Wäre beispielsweise der in Abbildung 2.17 gegebene erste Datenpunk von *comp_1* ein fehlender Wert, dann würde der Wert –99 anstelle der 6 eingetragen werden. Die Verfahren zur Behandlung von fehlenden Werten (z. B. Mittelwertersetzung) könnten dann eingesetzt werden (Hair et al., 2019a). Noch einmal zur Erinnerung: Falls die Anzahl fehlender Werte in einem Datensatz pro Indikator relativ klein ist (d. h. weniger als 5 % fehlende Werte pro Indikator), empfehlen wir die Mittelwertersetzung anstelle des fallweisen Ausschlusses, um fehlende Werte bei der Anwendung der PLS-SEM zu ersetzen. Zudem gilt es sicherzustellen, dass die Anzahl fehlender Werte je Beobachtung 15 % nicht übersteigt. Ist dies doch der Fall, dann sollte die entsprechende Beobachtung aus dem Datensatz gelöscht werden.

Die im Rahmen dieses Buches verwendeten Daten haben nur sehr wenige fehlende Werte. *cusa* hat einen fehlenden Wert (0,29 %), *cusl_1* und *cusl_3* haben drei fehlende Werte (0,87 %) und *cusl_2* hat vier fehlende Werte (1,16 %). Daher kann die Mittelwertersetzung angewendet werden. Zudem hat keiner der Fälle mehr als 15 % fehlende Werte, daher können alle 344 Fälle für die Analyse verwendet werden.

Zur Prüfung auf Ausreißer haben wir mit IBM Statistics eine Reihe von Boxplots erstellt (vgl. Kapitel 5 in Sarstedt und Mooi (2019) für Details zur Durchführung dieser Analysen in IBM SPSS Statistics). Die Ergebnisse weisen auf einige einflussreiche Beobachtungen hin, aber nicht auf Ausreißer. Zudem liegen in den Daten für die Indikatoren keine problematischen nicht-normalen Verteilungen vor, da die Werte für die Schiefe und die Kurtosis innerhalb des Akzeptanzbereichs zwischen –2 und +2 liegen.

Erstellung eines Pfadmodells mit der Software SmartPLS

Für alle Fallbeispiele und PLS-SEM-Analysen in diesem Buch verwenden wir die Statistiksoftware SmartPLS 4 (Ringle et al., 2022). Die Software lässt sich unter https://www.smartpls.com herunterladen. Eine kostenlose Studentenversion steht allen Anwendern jederzeit zur Verfügung. Die Studentenversion umfasst praktisch alle Funktionen der Vollversion, ist allerdings auf Datensätze mit maximal 100 Fällen beschränkt. Da der für dieses Buch verwendete Datensatz 344 Fälle umfasst, benötigen wir die Vollversion von SmartPLS, die als 30-Tage-Testversion kostenlos abrufbar ist (siehe auch https://www.smartpls.com/free-trial/). Nach der Testphase fallen Lizenzgebühren an. Lizenzen können für unterschiedliche Zeiträume (z. B. einen Monat oder ein Jahr) über die SmartPLS-Website erworben werden. Die SmartPLS-Website verfügt über kurze Erklärungen zu PLS-SEM- und softwarebezogenen Themen,

Erläuterungen zu den implementierten Algorithmen, aber auch textbasierte Kurzanleitungen für die Durchführung der ersten Schritte mit SmartPLS, Videoanleitungen zum Erlernen der Software, Literaturhinweise, Antworten auf häufig gestellte Fragen und das SmartPLS-Forum, in dem PLS-SEM-Themen mit anderen Nutzern diskutiert werden können. Sarstedt und Cheah (2019), Memon et al. (2021) und Cheah et al. (2023) stellen in ihren Beiträgen die SmartPLS-Software vor.

SmartPLS verfügt über eine grafische Benutzeroberfläche, die den Benutzern die Modellierung und Schätzung von PLS-Pfadmodellen ermöglicht. Abbildung 2.21 zeigt die Benutzeroberfläche von SmartPLS, in der das einfache Unternehmensreputationsmodell bereits erstellt ist. In den folgenden Abschnitten beschreiben wir, wie sich dieses Modell innerhalb eines Projekts in der Software erstellen lässt. Jedes Projekt besteht aus mindestens einem oder mehreren Modellen und mindestens einem oder mehreren Datensätzen. Daher benötigen wir zunächst Daten, die als Basis für die Schätzung des Modells dienen. Der von uns verwendete Datensatz zur Berechnung des Unternehmensreputationsmodells steht als Datei mit kommagetrennten Werten (.csv) im Downloadbereich dieses Buches unter www.vahlen.de zur Verfügung (alternativer Link: https://www.smartpls.com/sample-projects/corporate_reputation_data.csv). In SmartPLS können Daten in den Datenformaten .csv oder .txt eingelesen werden. Es lassen sich aber auch Daten aus Microsoft Excel-Dateien (.xls oder .xlsx) oder IBM SPSS Statistics-Dateien (.sav) direkt in SmartPLS importieren. Wir speichern die Datei **corporate reputation data.csv** in einem von uns gewählten Verzeichnis (z. B. Downloads). Nun starten wir die SmartPLS-Software, indem wir auf das entsprechende Symbol klicken, das nach der Installation auf dem Desktop oder unter den installierten Programmen zur Verfügung steht. Alternativ öffnen wir den Programmordner, in dem die Software zuvor installiert wurde, und starten das Programm über das Ausführen der smartpls.exe Datei.

Um nach dem Start von SmartPLS ein neues Projekt zu erstellen, klicken wir auf das Icon **Neues Projekt** in der Werkzeugleiste. Wir tragen dann zunächst einen Namen für das Projekt (z. B. Unternehmensreputation oder **Corporate Reputation**) in das Feld **Name** ein. Nach Bestätigung über **Erstellen** ist das neue Projekt erstellt und erscheint im **Arbeitsverzeichnis**, das links unter der Werkzeugleiste befindet. Alle bereits zuvor erstellten Projekte erscheinen ebenfalls im Arbeitsverzeichnis. Der Verzeichnispfad, in dem die angezeigten Projekte gespeichert sind, erscheint zu Beginn des Arbeitsverzeichnisses. Als nächstes müssen wir unserem neuen Projekt mit dem Namen **Corporate Reputation** einen Datensatz zuweisen. In diesem Beispiel wählen wir dafür die Datei **corporate reputation data.csv** (bzw. der Name, den Sie der Datei beim Herunterladen gegeben haben), indem wir die angezeigte Option **Datendatei importieren** innerhalb des neu erstellten Projekts auswählen. Wir navigieren zum Verzeichnis, in dem wir die Datei **corporate reputation data.csv** zuvor abgespeichert hatten, wählen diese Datei aus und klicken auf **Öffnen**. Falls Sie eigene Daten verwenden, müssen Sie darauf achten, dass der Datensatz, außer in der ersten Zeile mit den Variablennamen, keine Zeichenelemente (z. B. Kommentare von Befragten zu offenen Fragen), sondern nur Zahlen enthält.

Datendateifehler in SmartPLS sind in der Regel darauf zurück zu führen, dass Zeichenelemente importiert wurden. Unser Beispieldatensatz enthält bis auf die Variablennamen in der ersten Zeile ausschließlich Zahlen und lässt sich daher problemlos importieren.

Im Anschluss öffnet sich die in Abbildung 2.18 dargestellte Dialogbox, in der wir den Zielpfad sowie die CSV-Einstellungen sehen und ggf. anpassen können. Unter Zielpfad lassen sich das Zielprojekt sowie der Namen des Datensatzes ändern. Zu den CSV-Einstellungen gehören die **Trennzeichen** für die Trennung der Datenwerte in dem Datensatz (Komma, Semikolon, Tabulator, Leerzeichen), die **Escape-Zeichen** (Keine, einfache Anführungszeichen, doppelte Anführungszeichen) – falls diese verwendet werden (z. B. „7"), das **Gebietsschema** (in den USA wird ein Punkt als Dezimaltrennzeichen verwendet, in Europa dagegen ein Komma) und die Anzeige der **Zeichenkodierung**. Hier nehmen wir keine Änderungen vor. Allerdings hat **corporate reputation data.csv** Datei fehlende Datenpunkte, die durch die Zahl –99 im Datensatz enthalten sind. Dies muss unter **Behandlung fehlender Werte** spezifiziert werden, indem wir **–99** in das Feld eingeben und auf **Anwenden** klicken. Danach wechselt die Farbe des Felds von gelb auf grün und der Text gibt an, dass SmartPLS insgesamt 11 fehlende Werte identifiziert hat. Es ist zu beachten, dass in SmartPLS im Unterschied zu anderen Statistikprogrammen wie IBM SPSS Statistics nur ein Wert für alle fehlenden Werte festgelegt werden kann. Daher müssen wir sicherstellen, dass alle fehlenden Werte, unabhängig von ihrem Typ (nutzer- oder systembedingt fehlende Werte) oder ihrer Ursache (z. B. Befragter verweigerte die Antwort, Befragter wusste die Antwort nicht,

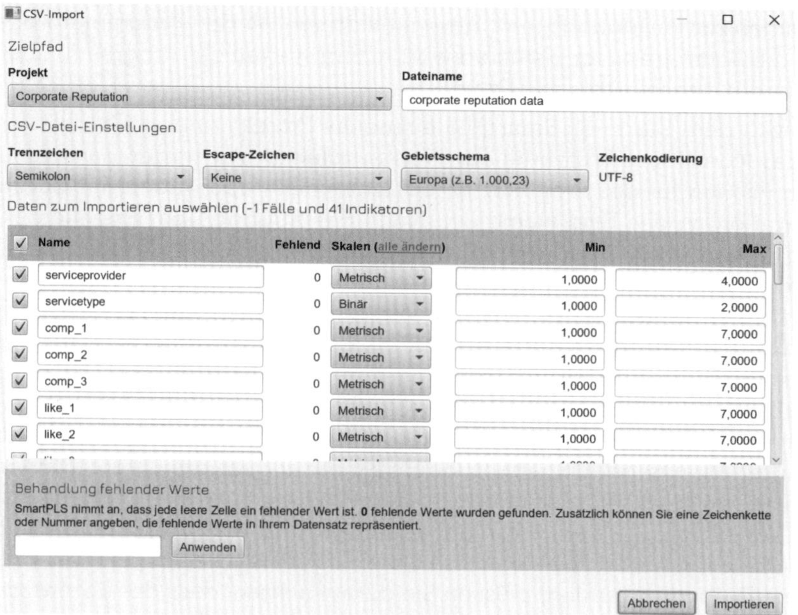

Abbildung 2.18 Datenimport-Dialog

nicht anwendbar) mit einem einheitlichen Wert kodiert sind. Alternativ können verschiedene Werte zur Kennzeichnung unterschiedlicher Arten fehlender Antworten (z. B. –99, –88 und –77) nacheinander angewendet werden, um sie in SmartPLS als fehlende Werte zu übernehmen. Anschließend klicken wir auf **Importieren**. SmartPLS öffnet daraufhin ein neues Fenster (Abbildung 2.19), das Informationen zum Datensatz und seinem Format liefert.

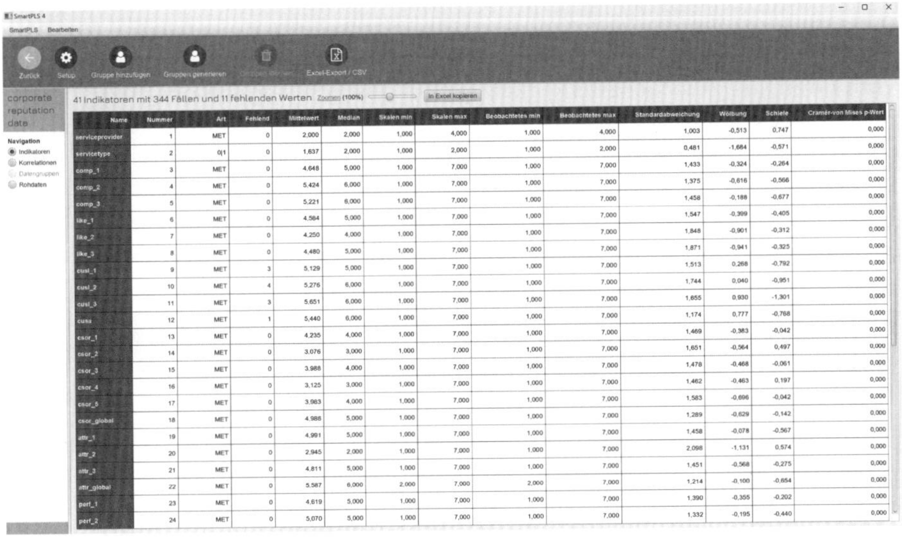
SmartPLS 4
SmartPLS Bearbeiten
Zurück
Setup
Gruppe hinzufügen
Gruppen generieren
Excel-Export / CSV
corporate reputation data
41 Indikatoren mit 344 Fällen und 11 fehlenden Werten
Zoomen (100%)
In Excel kopieren
Navigation
Indikatoren
Korrelationen
Datengruppen
Rohdaten
Name Nummer Art Fehlend Mittelwert Median Skalen min Skalen max Beobachtetes min Beobachtetes max Standardabweichung Wölbung Schiefe Cramér-von Mises p-Wert
serviceprovider 1 MET 0 2,000 2,000 1,000 4,000 1,000 4,000 1,003 -0,513 0,747 0,000
servicetype 2 0\|1 0 1,637 2,000 1,000 2,000 1,000 2,000 0,481 -1,684 -0,571 0,000
comp_1 3 MET 0 4,648 5,000 1,000 7,000 1,000 7,000 1,433 -0,324 -0,264 0,000
comp_2 4 MET 0 5,424 6,000 1,000 7,000 1,000 7,000 1,375 -0,616 -0,566 0,000
comp_3 5 MET 0 5,221 6,000 1,000 7,000 1,000 7,000 1,458 -0,188 -0,677 0,000
like_1 6 MET 0 4,584 5,000 1,000 7,000 1,000 7,000 1,547 -0,399 -0,405 0,000
like_2 7 MET 0 4,250 4,000 1,000 7,000 1,000 7,000 1,848 -0,901 -0,312 0,000
like_3 8 MET 0 4,480 5,000 1,000 7,000 1,000 7,000 1,871 -0,941 -0,325 0,000
cusl_1 9 MET 3 5,129 5,000 1,000 7,000 1,000 7,000 1,513 0,268 -0,792 0,000
cusl_2 10 MET 4 5,276 6,000 1,000 7,000 1,000 7,000 1,744 0,040 -0,951 0,000
cusl_3 11 MET 3 5,651 6,000 1,000 7,000 1,000 7,000 1,655 0,930 -1,301 0,000
cusa 12 MET 1 5,440 6,000 1,000 7,000 1,000 7,000 1,174 0,777 -0,768 0,000
csor_1 13 MET 0 4,235 4,000 1,000 7,000 1,000 7,000 1,469 -0,383 -0,042 0,000
csor_2 14 MET 0 3,076 3,000 1,000 7,000 1,000 7,000 1,651 -0,564 0,497 0,000
csor_3 15 MET 0 3,988 4,000 1,000 7,000 1,000 7,000 1,478 -0,468 -0,061 0,000
csor_4 16 MET 0 3,125 3,000 1,000 7,000 1,000 7,000 1,462 -0,463 0,197 0,000
csor_5 17 MET 0 3,983 4,000 1,000 7,000 1,000 7,000 1,583 -0,696 -0,042 0,000
csor_global 18 MET 0 4,988 5,000 1,000 7,000 1,000 7,000 1,289 -0,629 -0,142 0,000
attr_1 19 MET 0 4,991 5,000 1,000 7,000 1,000 7,000 1,458 -0,078 -0,567 0,000
attr_2 20 MET 0 2,945 2,000 1,000 7,000 1,000 7,000 2,098 -1,131 0,574 0,000
attr_3 21 MET 0 4,811 5,000 1,000 7,000 1,000 7,000 1,451 -0,568 -0,275 0,000
attr_global 22 MET 0 5,587 6,000 2,000 7,000 2,000 7,000 1,214 -0,100 -0,654 0,000
perf_1 23 MET 0 4,619 5,000 1,000 7,000 1,000 7,000 1,390 -0,355 -0,202 0,000
perf_2 24 MET 0 5,070 5,000 1,000 7,000 1,000 7,000 1,332 -0,195 -0,440 0,000

Abbildung 2.19 Datenansicht in SmartPLS

Wir sehen eine Liste aller Variablen inklusive grundlegender deskriptiver Statistiken (d. h. Anzahl fehlender Werte, Mittelwert, Median, Minimum- und Maximum-Werte, Standardabweichung, Kurtosis (Wölbung), Schiefe und Cramér-von Mises p-Wert). Oberhalb der Liste finden wir Informationen zum **Stichprobenumfang** sowie zu der Anzahl an Indikatoren und fehlenden Werten. Über **Navigation** im linken Fenster können wir uns die **Indikatorkorrelationen** und die **Rohdaten** anzeigen lassen. Die Datenansicht lässt sich über das Icon **Zurück** schließen. Wir können sie per Doppelklick auf den Datensatz (d. h. **Corporate reputation data**) im **Arbeitsverzeichnis** jederzeit wieder öffnen.

Um unser erstes Modell zu erstellen klicken wir auf **Modell erstellen** unterhalb des Projektnamens. In der sich öffnenden Dialogbox wählen wir zunächst unter **Modelltyp PLS-SEM** aus. Als nächstes tragen wir **Simple model** in das Textfeld unter **Modelname** ein. Anschließend klicken wir auf **Speichern**. Daraufhin öffnet sich das Modellfenster zur grafischen Modellierung, in dem wir ein Pfadmodell erstellen können. Wir starten mit einem neuen Projekt (im Gegensatz zu gespeicherten Projekten), daher ist das Modellfenster leer und wir können beginnen, das in Abbildung 2.20 dargestellte Pfadmodell zu erstellen. Durch das Anwählen von **Latente Variable** in der Werkzeugleiste können wir ein neues Konstrukt in das Modellfenster einfügen. Wenn wir im Modellierungsfenster klicken, erscheint ein kleines Fenster, in das wir den Namen des neuen Konstrukts eingeben können (nehmen wir hier keine Änderungen vor, werden die Konstrukte automatisch mit Alpha, Beta, Gamma etc. bezeichnet). Hier geben wir *COMP* ein und drücken die Eingabe-Taste unserer Tastatur. Daraufhin erscheint das erste Konstrukt in Form eines roten Kreises. Genauso erstellen wir die anderen Konstrukte *LIKE*, *CUSA* und *CUSL*. Haben wir alle Konstrukte erstellt, wählen wir das Icon **Auswählen** in der Werkzeugleiste. So können wir jedes der erstellten Konstrukte per Klick auswählen, um anschließend die Größe oder Position der Konstrukte im Modellfenster zu verändern. Um die latenten Variablen miteinander zu verbinden (d. h. um Pfeile für die Pfadbeziehungen zu zeichnen), wählen wir in der Werkzeugleiste **Verbinden** aus. Als nächstes klicken wir auf das Vorgänger-Konstrukt und bewegen den Cursor auf ein gewünschtes Ziel-Konstrukt. Wenn wir nun auf das Ziel-Konstrukt klicken, wird eine Pfadbeziehung (gerichteter Pfeil) zwischen den beiden Konstrukten eingefügt. Wir verbinden entsprechend der theoretisch angenommenen Beziehungen alle Konstrukte auf die gleiche Weise. Unser Ziel ist es, das in Abbildung 2.20 wiedergegebene Modell zu erstellen.

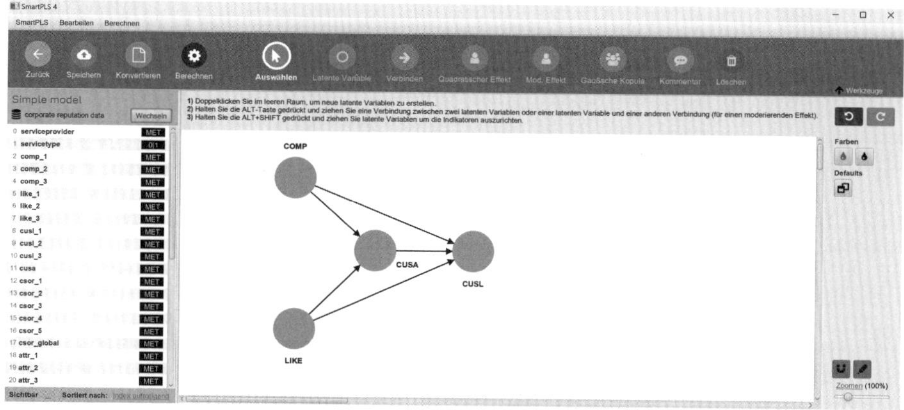

Abbildung 2.20 Ausgangsmodell

Als nächstes weisen wir allen Konstrukten Indikatoren zu. Links im Bildschirm befindet sich ein **Indikatoren**-Fenster, in dem alle im Datensatz vorhandenen Indikatoren angezeigt werden. Durch Klicken auf einen Indikator werden unten im Fenster einige grundlegenden deskriptiven Statistiken angezeigt. Wir beginnen mit dem *COMP*-Konstrukt und ziehen den Indikator *comp_1* vom **Indikatoren**-Fenster per Drag-and-Drop auf das Konstrukt (d. h. wir klicken auf den Indikator, halten die Taste gedrückt, bewegen den Cursor auf das Konstrukt und lassen die Taste los). Nachdem ein Indikator einem Konstrukt zugewiesen wurde, erscheint dieser im Modellfenster als gelbes Rechteck, das mit dem Konstrukt verbunden ist. Durch die Zuweisung eines Indikators ändert sich die Farbe des Konstrukts von Rot auf Blau. Wir fahren entsprechend fort, bis wir alle Indikatoren den Konstrukten wie in Abbildung 2.21 zugewiesen haben.

Wenn wir das Icon **Auswählen** in der Werkzeugleiste anklicken, können wir einen Indikator hin und her bewegen, er bleibt trotzdem mit dem Konstrukt verbunden (es sei denn wir löschen den Indikator). Die Indikatoren lassen sich über die auf der rechten Seite des Modellfensters befindliche **Modellie-**

rungs-Toolbox ausrichten, indem wir erst auf das Konstrukt und dann auf die entsprechenden Pfeile in der Modellierungs-Toolbox drücken. In der Modellierungs-Toolbox finden sich noch weitere Optionen, wie beispielsweise die Möglichkeit zur Anpassung der Form und Farben.

Durch einen Rechtsklick auf ein Konstrukt in unserem Modellfenster öffnet sich ein Menü, das mehrere Optionen enthält. Durch die Wahl einer der Optionen zum **Ausrichten** der Indikatoren (z. B. **Indikatoren nach oben ausrichten**) können wir ebenfalls die Indikatoren ausrichten. Zudem gibt es die Möglichkeit, die Konstrukte umzubenennen. Auch können wir hierüber das Messmodell von reflektiv auf formativ wechseln und vice versa (**Zwischen formativ/reflektiv wechseln**) oder die Indikatoren eines Konstrukts ausblenden.

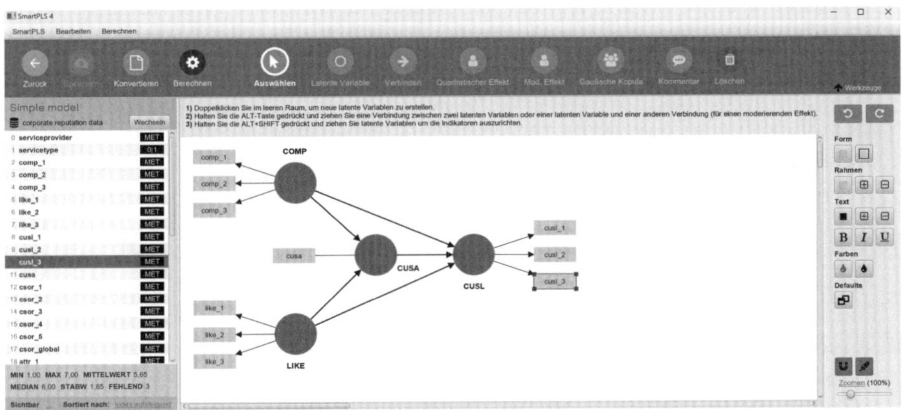

Abbildung 2.21 Ausgangsmodell mit Konstrukten und zugewiesenen Indikatoren

Nachdem wir das Modell erstellt haben, **speichern** wir es durch Klicken des entsprechenden Icons in der Werkzeugleiste. Durch Klicken des **Zurück**-Icons gelangen wir zurück in den Projekt-Explorer. Auch hier lassen sich mit einen Rechtsklick zusätzliche Funktionen öffnen. Wenn wir den Cursor beispielsweise auf den Namen des Projekts rechtsklicken, können wir ein neues Modell erstellen (**Neues PLS-SEM Pfadmodell**), ein neues Projekt erstellen (**Neues Projekt**) oder einen neuen Datensatz importieren (**Datendatei importieren**). Zudem können wir die Optionen **Ressource kopieren**, **Ressource einfügen** und **Ressource löschen** für die Projekte und Modelle verwenden, die im **Projekt-Explorer** erscheinen. Die Option **Kopieren** ist beispielsweise hilfreich, wenn wir ein Pfadmodell verändern, das ursprüngliche Modell aber beibehalten wollen. Hierzu speichern wir das Modell, bevor wir die Option Kopieren verwenden. Die Option **Datendatei importieren** erlaubt uns, mehrere Datensätze zu einem bestehenden Projekt hinzuzufügen (falls z. B. Datensätze aus verschiedenen Jahren vorliegen). Wir können ein Projekt auch exportieren, indem wir die Option **Projekt exportieren** auswählen. Bei Verwendung dieser Option exportiert SmartPLS das gesamte Projekt inklusive aller Modelle und Datensätze in einen .zip-Ordner. Ein derartiges „gebrauchsfertiges" Projekt kann nun direkt über **Dateien → Projekt aus Backupdatei importieren** geladen werden. Einige Beispielprojekte können auch direkt auf der SmartPLS-Startseite importiert werden. Hier lässt sich auch das PLS-SEM-Beispiel zur Unternehmensreputation (**Unternehmensreputation – PLS-SEM Buch (Primer)**) auswählen, das anschließend als Projekt im Projekt-Explorer erscheint. Wenn wir nach dem erfolgreichen Import auf das **Simple model** in diesem Projekt klicken, erscheint das in Abbildung 2.21 abgebildete Modell in einem neuen Fenster.

Zusammenfassung

- **Die Leser können die Grundlagen der Spezifikation von Strukturmodellen inklusive Mediation und Moderation diskutieren.** Dieses Kapitel beinhaltet die ersten drei Schritte zur Anwendung der PLS-SEM. Aufbauend auf einer a priori entwickelten Theorie oder einem a priori entwickelten Konzept wird zunächst das Strukturmodell spezifiziert (Schritt 1). Jedes Element der Theorie/des Konzepts repräsentiert ein Konstrukt im Strukturmodell des PLS-Pfadmodells. Darüber hinaus werden die kausalen Beziehungen zwischen den Konstrukten berücksichtigt. Die Beziehungen zwischen den Konstrukten sind gerichtet (d. h. die Pfeile, die die Konstrukte verbinden, gehen von einem Konstrukt zum nächsten), sie können aber auch komplexer sein und mediierende oder moderierende Beziehungen enthalten. Darüber hinaus integrieren Forscher häufig Kontrollvariablen, um die Auswirkungen anderer Merkmale oder Phänomene zu kontrollieren, die nicht Teil des primären theoretischen Modells sind. Das Ziel der PLS-SEM-Analyse besteht darin, die Theorie oder ein bestimmtes Element davon in Form des Strukturmodells empirisch zu testen.
- **Die Leser können die Unterschiede zwischen reflektiven und formativen Messungen erklären und sind in der Lage, das angemessene Messmodell zu bestimmen.** Schritt 2 konzentriert sich auf die Wahl der Messmodelle für jedes theoretische/konzeptionelle Konstrukt im Strukturmodell, mit dem Ziel reliable und valide Messungen zu erstellen. Grundsätzlich lassen sich zwei Typen von Messmodellen unterscheiden: reflektiv und formativ spezifizierte Messmodelle. Bei reflektiven Messungen zeigen die Pfeile (die Beziehungen) vom Konstrukt auf die Indikatoren im Messmodell. Verändert sich das Konstrukt, führt dies zu einer simultanen Änderung aller Indikatoren im Messmodell. Somit sind alle Indikatoren hoch miteinander korreliert. Bei formativen Messungen zeigen die Pfeile dagegen von den Indikatoren im Messmodell auf die Konstrukte. Somit bilden alle Indikatoren zusammen das Konstrukt und alle wesentlichen Inhalte eines Konstrukts müssen durch die ausgewählten formativen Indikatoren erfasst sein. Da formative Indikatoren unabhängige Ursachen des Konstruktinhalts sind, müssen sie nicht notwendigerweise hoch korreliert sein (tatsächlich sollten sie nicht hoch korreliert sein). Für eine reflektive Spezifikation der Messmodelle werden andere Indikatoren als für eine formative Spezifikation desselben Konstrukts verwendet. Reflektiv gemessene Konstrukte werden normalerweise als Zielkonstrukte des theoretisch/konzeptionell entwickelten Pfad-

modells verwendet. Dagegen können formativ gemessene Konstrukte insbesondere als erklärende Variablen (unabhängige Variablen) oder Treiber dieser Konstrukte geeignet sein. In der Phase der Datenanalyse kann das theoretische/konzeptionelle Messmodell mit Hilfe der konfirmatorischen Tetrad-Analyse empirisch getestet werden.

- **Die Leser können die Unterschiede zwischen Multi-Item- und Single-Item-Messungen erklären und begründen, wann welcher Messmodell-Typ verwendet werden sollte.** Forscher entscheiden sich manchmal für die Verwendung von Single-Items anstelle von multiplen Items zur Messung eines Konstrukts. Single-Items haben verschiedene praktische Vorteile, wie die einfache Anwendung, ihre Kürze und die mit ihrer Verwendung verbundenen geringeren Kosten. Allerdings bieten Single-Items nicht nur Vorteile. Single-Item-Messungen sind aus psychometrischer Sicht weniger reliabel und unter dem Aspekt der prädiktiven Validität riskant. Letzteres ist insbesondere im PLS-SEM-Kontext problematisch, da der Schwerpunkt auf der Prognose liegt. Zudem ist die Auswahl eines geeigneten Items aus einem Set möglicher Items sehr schwierig, unabhängig davon, ob die Auswahl auf statistischen Größen oder auf einem Expertenurteil beruht. Daher sollte die Verwendung von Single-Items generell vermieden werden. Die genannten Aspekte bilden wichtige Überlegungen bei der Messung von nicht beobachtbaren Phänomenen wie Wahrnehmungen oder Einstellungen. Demgegenüber sind Single-Items angemessen, wenn sie zur Messung beobachtbarer Charakteristika wie Geschlecht, Umsatz, Gewinn usw. verwendet werden.
- **Die Leser können beschreiben, was bei der Erhebung und Prüfung von Daten für die PLS-SEM zu beachten ist.** Schritt 3 unterstreicht die Notwendigkeit, Daten nach ihrer Erhebung zu prüfen, damit sichergestellt ist, dass die Analyseergebnisse valide und reliabel sind. Dieser Schritt ist bei jedem Forschungsprojekt wichtig, allerdings ist er bei der Arbeit mit der SEM besonders wichtig. Werden empirische Daten mittels Fragebögen erhoben, müssen anschließend typische Probleme der Datenerhebung adressiert werden. Die wichtigsten zu untersuchenden Probleme betreffen fehlende Werte, Antwortmuster, inkonsistente Antworten und Ausreißer. Verteilungsannahmen sind aufgrund der nicht-parametrischen Natur der PLS-SEM weniger problematisch. Allerdings können extrem schiefe Daten Probleme bei der Schätzung der Signifikanzniveaus bereiten; daher sollten wir sicherstellen, dass die Daten nicht zu sehr von der Normalverteilung abweichen. Generell sollten wir uns den „Garbage in, Garbage out"-Grundsatz merken: Alle Analysen sind wertlos, wenn die Daten ungeeignet sind.
- **Die Leser sind in der Lage, ein PLS-Pfadmodell mit SmartPLS zu erstellen.** Die ersten drei Schritte zur Anwendung einer PLS-SEM-Analyse werden anhand eines praktischen Fallbeispiels erklärt. Wir erläutern, wie ein theoretisches/konzeptionelles PLS-Pfadmodell zur Unternehmensreputation erstellt wird und zeigen, wie die Beziehungen zwischen Unternehmensreputation, Kundenzufriedenheit und -loyalität abgebildet werden können. Wir erklären zudem verschiedene Optionen, die uns die Software SmartPLS zur Verfügung stellt. Das Ergebnis dieses Abschnitts ist ein in SmartPLS erstelltes Pfadmodell, das zur Schätzung bereit ist.

Wiederholungsfragen

1. Was ist ein Strukturmodell?
2. Was ist ein reflektives Messmodell?
3. Was ist ein formatives Messmodell?
4. Was ist eine Single-Item-Messung?
5. Wann erachten Sie Daten als „zu nicht-normal" für eine PLS-SEM-Analyse?

Weiterführende Fragen

1. Wie können Sie entscheiden, ob ein Konstrukt reflektiv oder formativ gemessen werden soll?
2. In welcher Forschungssituation sollten reflektive/formative Messungen bevorzugt werden?
3. Diskutieren Sie die Vor- und Nachteile von Single-Item-Messungen.
4. Erstellen Sie Ihr eigenes Beispiel einer PLS-SEM (inklusive des Strukturmodells und der Messmodelle).
5. Wieso ist es wichtig, Ihre Daten vor der Analyse genau zu prüfen? Auf welche speziellen Probleme stoßen Sie, wenn der Datensatz einen relativ hohen Anteil fehlender Werten hat (z. B. mehr als 5 % fehlende Werte pro Indikator)?

Empfohlene Literatur

Becker, J.-M., Ringle, C. M., Sarstedt, M., 2018: Estimating Moderating effects in PLS-SEM and PLSc-SEM: Interaction term generation*data treatment, Journal of Applied Structural Equation Modeling, 2, 1–21.

Cheah, J.-H., Magno, F., & Cassia, F. (2023). Reviewing the SmartPLS 4 Software: The Latest Features and Enhancements. *Journal of Marketing Analytics*. https://doi.org/10.1057/s41270-023-00266-y

Gudergan, S. P., Ringle, C. M., Wende, S., Will, A., 2008: Confirmatory tetrad analysis in PLS path modeling, Journal of Business Research, 61, 1238–1249.

Hair, J. F., Hult, G. T. M., Ringle, C. M., Sarstedt, M., Thiele, K. O., 2017: Mirror, mirror on the wall: A comparative evaluation of composite-based structural equation modeling methods, Journal of the Academy of Marketing Science, 45, 616–632.

Hair, J. F., Binz Astrachan, C., Moisescu, O. I., Radomir, L., Sarstedt, M., Vaithilingam, S., Ringle, C. 2021: Executing and interpreting applications of PLS-SEM: Updates for family business researchers. Journal of Family Business Strategy, 12, 100392.

Klarmann, M., Feurer, S., 2018: Control variables in marketing research, Marketing ZFP – Journal of Research and Management, 40, 26–40.

Matthews, L., 2017: Applying multigroup analysis in PLS-SEM: A step-by-step process, in H. Latan, R. Noonan (Hrsg.), Partial least squares structural equation modeling: Basic concepts, methodological issues and applications, Cham: Springe, 219–243.

Memon, M. A., Cheah, J.-H., Ramayah, T., Ting, H., Chuah, F., 2018: Mediation analysis: Issues and recommendations, Journal of Applied Structural Equation Modeling, 2, i–ix.

Memon, M. A., Cheah, J.-H., Ramayah, T., Ting, H., Chuah, F., Cham, T. H., 2019: Moderation analysis: Issues and guidelines, Journal of Applied Structural Equation Modeling, 3, i–ix.

Nitzl, C., Roldán, J. L., Cepeda, G., 2016: Mediation analyses in partial least squares structural equation modeling: Helping researchers discuss more sophisticated models, Industrial Management & Data Systems, 116, 1849–1864.

Sarstedt, M., Hair, J. F., Ringle, C. M. 2023: „PLS-SEM: Indeed a silver bullet" – A retrospective and recent advances. Journal of Marketing Theory & Practice, 31, 261–275.

Sarstedt, M., Hair, J. F., Cheah, J.-H., Becker, J.-M., Ringle, C. M., 2019: How to specify, estimate, and validate higher-order models, Australasian Marketing Journal, 27, 197–211.

Sharma, P. N., Sarstedt, M., Shmueli, G., Kim, K. H., Thiele, K. O., 2019: PLS-Based Model Selection: The Role of Alternative Explanations in Information Systems Research, Journal of the Association for Information Systems, 40, 346–397.

Yuan, K.-H., Wen, Y., Tang, J., 2020: Regression analysis with latent variables by partial least squares and four other composite scores: Consistency, bias and correction. Structural Equation Modeling: A Multidisciplinary Journal, 27, 333–350.

Kapitel 3

Schätzung des PLS-Pfadmodells

Lernziele

1. Die Leser können die Funktionsweise des PLS-SEM-Algorithmus erläutern.
2. Die Leser sind in der Lage, geeignete Einstellungen zur Ausführung des Algorithmus zu diskutieren und auszuwählen.
3. Die Leser können die statistischen Eigenschaften des PLS-SEM-Verfahrens beschreiben.
4. Die Leser können die PLS-SEM-Ergebnisse diskutieren und interpretieren.
5. Die Leser sind mit Hilfe von SmartPLS in der Lage, den PLS-SEM-Algorithmus anzuwenden.

Kapitelüberblick

Dieses Kapitel befasst sich mit Schritt 4 der allgemeinen Vorgehensweise zur Durchführung einer PLS-SEM-Analyse. Wir konzentrieren uns dabei auf den PLS-SEM-Algorithmus und seine statistischen Eigenschaften. Um das Verfahren korrekt anwenden zu können (z. B. um richtige Entscheidungen bezüglich der Software-Optionen treffen zu können), ist ein grundlegendes Verständnis des „Mechanismus" der PLS-SEM notwendig. Dieses Verständnis ermöglicht die Auswahl der zur Anwendung der PLS-SEM notwendigen Einstellungen des Algorithmus. Wir werden erklären, wie das PLS-Pfadmodell geschätzt wird. Zudem erläutern wir, wie die ersten Ergebnisse interpretiert werden. Eine ausführlichere Diskussion der Ergebnisinterpretation findet sich in den Kapiteln 4 bis 6. Am Ende des Kapitels zeigen wir, wie der PLS-SEM-Algorithmus mit Hilfe der Software SmartPLS zur Schätzung der Ergebnisse des Unternehmensreputationsbeispiels angewendet werden kann.

Schritt 4: Modellschätzung und der PLS-SEM-Algorithmus

Funktionsweise des Algorithmus

Der PLS-SEM-Algorithmus wurde ursprünglich durch Wold (1975, 1982) entwickelt und später durch Lohmöller (1989), Bentler und Huang (2014), Dijkstra (2014) und Dijkstra und Henseler (2015b, 2015a) erweitert. Der Algorithmus schätzt die Pfadkoeffizienten und die anderen Modellparameter so, dass die erklärte Varianz abhängiger Konstrukte und der Indikatoren im Modell mittels einer Reihe von partiellen Regressionen maximiert wird (bzw. er minimiert die unerklärte Varianz). Dabei kombiniert PLS-SEM die Indikatoren des Messmodells für jedes Konstrukt linear, um Composite-Variablen zu bilden (Kapitel 1). Hierbei wird angenommen, dass die Composite-Variablen die Konstrukte umfassend abbilden und daher valide Proxys für die untersuchten Konzepte darstellen. Aus diesem Grund wird PLS als eine SEM-Methode betrachtet, die auf Composite-Variablen basiert (Hwang et al., 2020). Bei der Schätzung der Werte für die Composite-Variablen gewichtet der PLS-SEM-Algorithmus jeden Indikator individuell. Die äußeren Gewichte spiegeln die Bedeutung jedes Indikators für die Bildung der Composites wider. Das bedeutet, dass Indikatoren mit einem höheren Gewicht stärker zur Bildung der Composites beitragen. Bei reflektiven Messmodellen (Kapitel 2) sind die Gewichte auch ein Indikator für den Grad des Messfehlers jedes Indikators. Indikatoren mit hohen Messfehlern haben niedrigere Gewichte und tragen somit weniger zur Bildung der zusammengesetzten Variablen bei.

Bevor wir tiefer in die Funktionsweise des PLS-Algorithmus einsteigen ist es zunächst wichtig, ein Verständnis der für die Modellschätzung verwendeten Daten zu erlangen. Abbildung 3.1 veranschaulicht die **Datenmatrix** der Variablen (Spalten) und Fälle (Zeilen), die für das PLS-Pfadmodell in Abbildung 3.2 verwendet werden. Die gemessenen Indikatorvariablen *x* (Rechtecke in der oberen Hälfte von Abbildung 3.2) und latenten Variablen oder Konstrukte *Y* (Ellipsen in Abbildung 3.2) werden in der obersten Zeile der Matrix (in Abbildung 3.1) ausgewiesen. Dabei befinden sich die Indikatorvariablen auf der linken Seite und die Konstrukte auf der rechten Seite der Matrix. In diesem Beispiel gibt es sieben gemessene Indikatoren, die mit x_1 bis x_7 bezeichnet sind, und drei als Y_1, Y_2 und Y_3 bezeichnete Konstrukte. Die *Y*-Konstrukte stellen keine direkt gemessenen Variablen dar. Vielmehr werden die gemessenen *x*-Variablen zur Schätzung der Y_1-, Y_2- und Y_3-Werte, die als **Konstruktwerte** oder **latente Variablenwerte** bezeichnet werden, als Teil der Lösung des PLS-SEM-Algorithmus verwendet (die Datenpunkte $Y_{1,1}$ bis $Y_{389,1}$ bilden beispielsweise die jeweiligen Werte für das Konstrukt Y_1 ab).

Eine Datenmatrix wie in Abbildung 3.1 dient als Input für die Indikatoren in unserem hypothetischen PLS-Pfadmodell (Abbildung 3.2). Die Daten für das Messmodell könnten aus einer Firmendatenbank stammen (z. B. Werbebudget, Anzahl der Beschäftigten, Gewinn etc.) oder durch eine Umfrage erhoben werden. In der linken Spalte ist für jeden Fall eine Identifikationsnummer (ID) vergeben. In unserem Fall enthält die hypothetische Stichprobe 389 Fälle (Stichprobengröße), daher reichen die Werte in dieser Spalte von 1 bis 389.

Fall	x_1	x_2	x_3	x_4	x_5	x_6	x_7	Y_1	Y_2	Y_3
1	$x_{1,1}$	$x_{2,1}$	$x_{3,1}$	$x_{4,1}$	$x_{5,1}$	$x_{6,1}$	$x_{7,1}$	$Y_{1,1}$	$Y_{2,1}$	$Y_{3,1}$
...	...	...	...	...	...	...	...	...	...	...
389	$x_{389,1}$	$x_{389,2}$	$x_{389,3}$	$x_{389,4}$	$x_{389,5}$	$x_{389,6}$	$x_{389,7}$	$Y_{389,1}$	$Y_{389,2}$	$Y_{389,3}$

Abbildung 3.1 Datenmatrix für ein PLS-SEM-Beispiel

Um den Mindeststichprobenumfang für die PLS-Pfadmodellschätzung in diesem Beispiel zu bestimmen greifen wir auf die **inverse Quadratwurzelmethode** von Kock und Hadaya (2018) zurück (siehe Kapitel 1 und Abbildung 1.7). Unter der Annahme eines minimalen Pfadkoeffizienten von 0,15 bei einem Signifikanzniveau von 5 % beträgt der erforderliche Stichprobenumfang 275 Beobachtungen. Da in unserem hypothetischen Beispiel ein Datensatz mit 389 Beobachtungen verwendet wird, erfüllen wir die Mindestanforderung an den Stichprobenumfang für die Schätzung des PLS-Pfadmodells.

Der PLS-SEM-Algorithmus schätzt alle unbekannten Elemente innerhalb des PLS-Pfadmodells. Die obere Hälfte von Abbildung 3.2 zeigt das PLS-Pfadmodell mit drei **Konstrukten** und sieben gemessenen Indikatoren. Die vier Indikatorvariablen (x_1, x_2, x_3 und x_4) für die zwei **exogenen Konstrukte** (Y_1 und Y_2) sind als **formative Messungen** spezifiziert (d. h. die Beziehungen gehen von

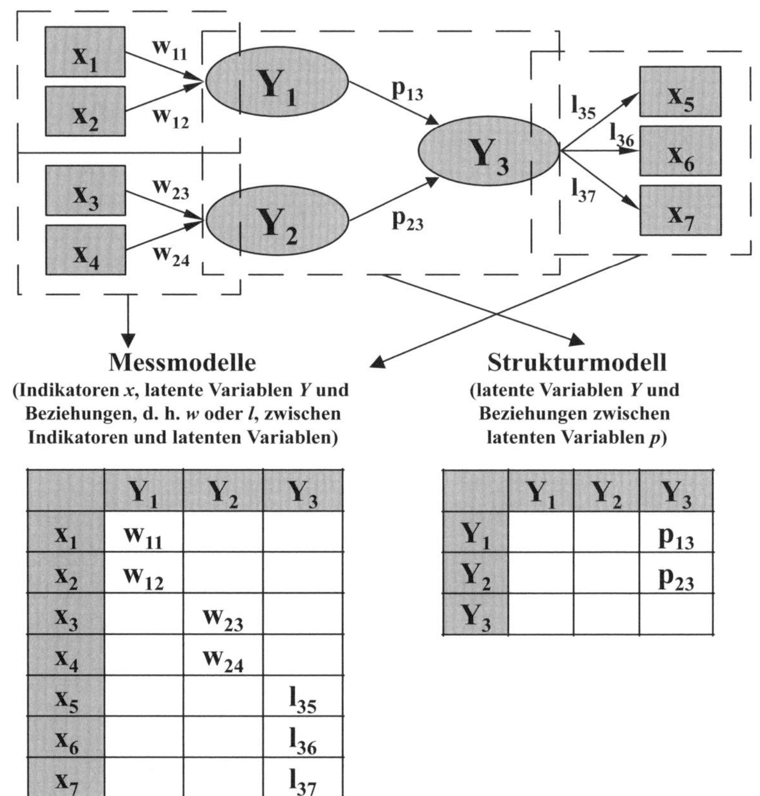

	Y_1	Y_2	Y_3
x_1	w_{11}		
x_2	w_{12}		
x_3		w_{23}	
x_4		w_{24}	
x_5			l_{35}
x_6			l_{36}
x_7			l_{37}

	Y_1	Y_2	Y_3
Y_1			p_{13}
Y_2			p_{23}
Y_3			

Abbildung 3.2 PLS-Pfadmodell und Daten für ein hypothetisches PLS-SEM-Beispiel
Quelle: Henseler et al., 2012.

den Indikatoren zum Konstrukt). Im Gegensatz dazu sind die drei Indikatorvariablen (x_5, x_6 und x_7) für das **endogene Konstrukt** (Y_3) als **reflektive Messungen** spezifiziert (d. h. die Beziehungen gehen vom Konstrukt zu den Indikatoren). Diese Art der Messmodellspezifikation ist nur ein Beispiel. Wir können bei jedem Konstrukt zwischen reflektiv und formativ spezifizierten Messmodellen wählen (sofern die Theorie eine derartige Messung stützt und dies im Design des Fragebogens berücksichtigt wurde). So könnten Y_1 auch formativ und Y_2 und Y_3 jeweils auch reflektiv spezifiziert werden. In Abbildung 3.2 sind die Beziehungen zwischen den gemessenen Indikatorvariablen und den formativ spezifizierten Konstrukten Y_1 und Y_2 (d. h. die **äußeren Gewichte**) mit w_{11}, w_{12}, w_{23} und w_{24} bezeichnet (die erste Ziffer steht für das Konstrukt und die zweite Ziffer für den Indikator, *w* steht für Gewicht). Die Beziehungen zwischen den Indikatorvariablen und dem reflektiven Konstrukt Y_3 (d. h. die **äußeren Ladungen**) sind entsprechend mit l_{35}, l_{36} und l_{37} bezeichnet (das *l* steht für Ladung). Die Beziehungen zwischen den Konstrukten und Indikatorvariablen werden bei formativen Konstrukten als (äußere) Gewichte und bei reflektiven Konstrukten als (äußere) Ladungen bezeichnet. Die Gewichte und Ladungen sind zu Beginn unbekannt und werden durch den PLS-SEM-Algorithmus geschätzt. Die Beziehungen zwischen den Konstrukten (d.h. die **Pfadkoeffizienten**) im Strukturmodell werden mit *p* bezeichnet (Abbildung 3.2). Sie sind ebenfalls anfangs unbekannt und werden ebenso durch den PLS-SEM-Algorithmus geschätzt. Der Koeffizient p_{13} repräsentiert die Beziehung zwischen Y_1 und Y_3 und p_{23} repräsentiert die Beziehung zwischen Y_2 und Y_3.

Um die beschriebenen unbekannten Parameter (Gewichte, Ladungen und Pfadkoeffizienten) zu schätzen, durchläuft der PLS-SEM-Algorithmus zwei Stufen. In der ersten Stufe werden die Konstruktwerte (Y-Spalten auf der rechten Seite der Matrix in Abbildung 3.1) mit einem Verfahren geschätzt, das zwischen der Schätzung der Messbeziehungen und der Schätzung der Strukturmodellbeziehungen iteriert. Genauer gesagt beginnt der Algorithmus mit einer linearen Kombination der Indikatoren, um Composites (d.h. die Konstruktwerte) zu bilden. Diese Konstruktwerte dienen als Grundlage für die Schätzung der Beziehungen im Strukturmodell (d.h. der Pfadkoeffizienten), welche dann wiederum zur Neuberechnung der Konstruktwerte verwendet werden. Die neu berechneten Konstruktwerte ermöglichen die Aktualisierung der äußeren Gewichte in den Messmodellen. Mit diesen neu geschätzten äußeren Gewichten liefert der PLS-SEM-Algorithmus aktualisierte Konstruktwerte, und die Berechnungen beginnen von vorn. Dieser Prozess setzt sich bis zur Konvergenz fort. Diese ist dann erreicht, wenn die Veränderungen in den Beziehungen zwischen den Konstrukten und ihren Indikatoren sehr gering werden. Die zugrunde liegende Überlegung zur Konvergenz ist also relativ einfach: Wenn sich die äußeren Gewichte nicht mehr ändern, ändern sich auch die Konstruktwerte nicht mehr. Die iterative Berechnung der Strukturmodell- und Messmodellbeziehungen erfolgt analog zur Regressionsanalyse nach der Methode der kleinsten Quadrate. Bei der Schätzung der Strukturmodellbeziehungen und der Neuberechnung der Konstruktwerte mit Hilfe der Pfadkoeffizienten werden die Messmodellbeziehungen konstant gehalten und umgekehrt. Zwei Aspekte sind in der ersten Stufe des PLS-SEM-Algorithmus wichtig:

1. Die Schätzung der äußeren Gewichte, die zur Berechnung der Konstruktwerte verwendet werden.
2. Die Schätzung der Strukturmodellbeziehungen.

Die äußeren Gewichte, die in den linearen Kombinationen der Indikatoren verwendet werden, können in zwei Formen auftreten: Modus A und Modus B. **Modus A** verwendet **Korrelationsgewichte** zwischen dem Konstrukt und seinen Indikatoren. Genauer gesagt sind die äußeren Gewichte die Korrelation (oder bivariate Regression) zwischen dem Konstrukt und jedem seiner Indikatoren. **Modus B** verwendet im Gegensatz dazu **Regressionsgewichte**, bei denen das Konstrukt auf seine Indikatoren regressiert wird. Folglich sind die äußeren Gewichte in Modus B die Koeffizienten eines multiplen Regressionsmodells.

Die Entscheidung, ob Modus A oder Modus B verwendet wird, hängt stark von der Spezifikation des Messmodells ab. Bei reflektiven Messmodellen wird in der Regel Modus A verwendet, wobei die *l*-Koeffizienten (also die äußeren Ladungen) als Gewichte für die Berechnung der Konstruktwerte verwendet werden. Die äußeren Ladungen werden berechnet, indem eine Reihe bivariater Korrelationsanalysen zwischen dem Konstrukt Y (z. B. Y_3 in Abbildung 3.2.) und jeder seiner Indikatorvariablen x (z. B. x_5, x_6 und x_7 in Abbildung 3.2.) durchgeführt werden. Im Gegensatz dazu wird für formative Messmodelle in der Regel Modus B verwendet. In diesem Fall werden die Gewichte aus der Regression jedes (formativen) Konstrukts (z. B. Y_1 in Abbildung 3.2) auf seine Indikatorvariablen *x* (z. B. x_1 und x_2 in Abbildung 3.2.) abgeleitet. Die resultierenden Koeffizienten *w* werden als äußere Gewichte bezeichnet.

Die Verwendung von Modus A (d. h. Korrelationsgewichte) für reflektive Messmodelle und Modus B (d. h. Regressionsgewichte) für formative Messmodelle ist der Standardansatz zur Schätzung der Beziehungen zwischen Konstrukten und ihren Indikatoren in PLS-SEM. In bestimmten Situationen können Forscher jedoch einen anderen Modus für die Schätzung der Beziehungen zwischen reflektiven und formativen Messmodellen wählen (Rigdon, 2012). Beispielsweise hat Modus A Vorteile gegenüber Modus B, da er in der Regel zu weniger Kollinearität zwischen den Items führt. Daher kann ein Forscher, der Kollinearitätsprobleme bei der Schätzung der Beziehungen von formativen Messmodellen reduzieren möchte, Modus A verwenden. Darüber hinaus kann die Wahl des Schätzmodus die Vorhersagefähigkeit des PLS-Pfadmodells beeinflussen (Becker et al., 2013a; Evermann & Tate, 2016). Becker et al. (2013a) zeigen beispielsweise, dass bei formativ spezifizierten Konstrukten die Schätzung nach Modus A eine bessere Out-of-Sample-Prognosefähigkeit liefert, wenn die Modellschätzung auf mehr als 100 Beobachtungen basiert und der R^2-Wert des endogenen Konstrukts 0,30 oder höher ist.

Der zweite wichtige Aspekt betrifft die Schätzung der Beziehungen im Strukturmodell. Um diese Beziehungen zu schätzen, führt der PLS-SEM-Algorithmus eine Reihe von partiellen Regressionsmodellen durch. Jede Regression spezifiziert ein endogenes Konstrukt im PLS-Pfadmodell als abhängige Variable (z. B. Y_3 in Abbildung 3.2). Die direkten Vorgänger dieser abhängigen Variablen (d. h. latente Variablen mit einem direkten Zusammenhang zum Zielkonstrukt, hier Y_1 und Y_2) fungieren als unabhängige Variablen in einem Regressionsmodell. Die resultierenden (standardisierten) Regressionskoeffizienten werden als **Pfadkoeffizienten** bezeichnet und geben die relative Bedeutung der einzelnen Vorgängerkonstrukte für die Erklärung des Zielkonstrukts an. Der Ansatz, die Ergebnisse der partiellen Regressionsmodelle zur Bestimmung der Beziehungen im Strukturmodell zu verwenden, wird als **Pfad-Gewichtungsschema** bezeichnet. Alternativen sind das Zentroid- und das Faktor-Gewichtungsschema. Das **Zentroid-Gewichtungsschema** verwendet einen Wert von +1 oder –1 für die Beziehung zwischen zwei Konstrukten, je nach Vorzeichen ihres Korrelationswertes. Dieses simple **Gewichtungsschema** wird durch Softwareapplikationen wie SmartPLS nicht mehr unterstützt. Im Gegensatz dazu verwendet das **Faktor-Gewichtungsschema** die Korrelation zwischen zwei Konstrukten, um ihre Beziehung zu bestimmen. In den meisten Fällen führt die Wahl des Gewichtungsschemas nicht zu wesentlich anderen Ergebnissen. Im Vergleich zum Zentroid- und Faktor-Gewichtungsschema berücksichtigt das Pfad-Gewichtungsschema jedoch die Richtung der Beziehungen im Strukturmodell. Chin (1998) stellt fest, dass das Pfad-Gewichtungsschema versucht, eine Komponente zu erzeugen, die sowohl ideal vorhergesagt werden kann als auch gleichzeitig ein guter Prädiktor für die nachfolgenden abhängigen Variablen ist. Folglich führt das Pfad-Gewichtungsschema zu etwas höheren R^2-Werten für die endogenen latenten Variablen im Vergleich zu den anderen Gewichtungsschemata und sollte daher bevorzugt werden.

Nach der Konvergenz des PLS-SEM-Algorithmus in der ersten Stufe werden die Konstruktwerte in der zweiten Stufe zur Berechnung der endgültigen Modellschätzungen verwendet. Dazu gehören die äußeren Gewichte und äußeren Ladungen sowie die Pfadkoeffizienten des Strukturmodells und die resultierenden **R^2-Werte** der endogenen latenten Variablen. Mehr Details zum PLS-SEM-Algorithmus finden sich zum Beispiel bei Chin (1998), Hwang et al. (2020), Lohmöller (1989) und Tenenhaus et al. (2005).

Die Darstellung des PLS-SEM-Algorithmus unterstreicht die wichtige Rolle des nomologischen Netzes bei der Modellschätzung. Bei der Modellschätzung erzeugt der PLS-SEM-Algorithmus Sets von Konstruktwerten, deren Art von der Modellstruktur abhängt. Eine Anpassung der Modellstruktur (z. B. durch Änderung des Strukturmodells) führt zu einem anderen Set an Konstruktwerten und damit auch zu unterschiedlichen Schätzungen des Messmodells. Dies ist auch der Grund, weshalb sich die Messmodellergebnisse aus einer PLS-SEM-Analyse von einer Berechnung mittels Hauptkomponentenanalyse unterscheiden (Sarstedt & Mooi, 2019; Kapitel 8). Im letzteren Fall stützt sich die Modellschätzung nicht auf ein größeres Netz verwandter Konstrukte, während dies bei der PLS-SEM der Fall ist. Diese Kontextabhängigkeit der Messmodellschätzungen unterscheidet die PLS-SEM von der CB-SEM, bei der die Messmodellvalidierung unabhängig vom nomologischen Netz ist.

Eine neuere Erweiterung des PLS-SEM-Ansatzes ist der gewichtete PLS-SEM-Algorithmus (WPLS) (Becker & Ismail, 2016). Diese modifizierte Version des PLS-SEM-Algorithmus ermöglicht es, Stichprobengewichte einzubeziehen. Bei der Schätzung eines PLS-Pfadmodells versuchen Forscher in der Regel, Rückschlüsse auf die interessierende Population zu ziehen. Eine wichtige Voraussetzung für solche Schlussfolgerungen ist eine für die Grundgesamtheit repräsentative Stichprobe. Probabilistische Stichprobenverfahren wie einfache Zufallsstichproben, geschichtete Stichproben oder Clusterstichproben erfüllen diese Anforderung, da jedes Element einer Grundgesamtheit die gleiche Wahrscheinlichkeit hat, in die Stichprobe zu gelangen (Sarstedt & Mooi, 2019; Kapitel 3). In diesem Fall hätte jede Beobachtung in der Stichprobe das gleiche Gewicht in der PLS-SEM-Analyse. In der Praxis kommt es jedoch häufig vor, dass nicht alle Mitglieder der Grundgesamtheit mit der gleichen Wahrscheinlichkeit in der Stichprobe enthalten sind, da nichtprobabilistische Stichprobenverfahren (z. B. Quotenstichproben) eingesetzt wurden. In diesem Fall können Stichprobengewichte verwendet werden, um unverzerrte Schätzungen der Populationseffekte zu erhalten (Sarstedt et al., 2018). Besteht die Grundgesamtheit beispielsweise zu gleichen Teilen aus Männern und Frauen, die Stichprobe aber zu 60 % aus Männern und zu 40 % aus Frauen, so wird durch Stichprobengewichtungen sichergestellt, dass Frauen in der

Analyse stärker gewichtet werden als Männer. Ein Ansatz zur Einbeziehung der Stichprobengewichtung in PLS-SEM basiert auf den Daten der beobachteten (manifesten) Variablen und einer Gewichtungsvariable, die eine ungleiche Auswahlwahrscheinlichkeit korrigiert und damit die Repräsentativität der Stichprobe sicherstellt. Der WPLS-Algorithmus berücksichtigt diese Gewichte, indem er gewichtete Korrelationen und gewichtete Regressionsergebnisse verwendet, um das PLS-Pfadmodell zu schätzen. Sofern geeignete Stichprobengewichte im Datensatz vorliegen und mittels WPLS genutzt werden, sind die resultierenden Parameterschätzungen besser geeignet als die des grundlegenden PLS-SEM-Algorithmus. Für weitere Details zu WPLS, Richtlinien und Anwendungen siehe Becker und Ismail (2016) sowie Cheah et al. (2021).

Für die Ausführung des PLS-SEM-Algorithmus können die Nutzer aus einer Reihe von Softwareprogrammen wählen. Eine beliebte frühe Version einer PLS-SEM-Software ist PLS-Graph (Chin, 2003), welche eine graphische Benutzeroberfläche von Lohmöllers (1987) LVPLS, dem ersten Programm in diesem Bereich, darstellt. Im Vergleich zu LVPLS, in dem die Nutzer Befehle über einen Texteditor eingeben mussten, stellt PLS-Graph insbesondere hinsichtlich der Nutzerfreundlichkeit eine deutliche Verbesserung dar. Allerdings wurde PLS-Graph in den letzten Jahren nicht weiterentwickelt. Das Gleiche gilt für andere frühe Softwareprogramme wie VisualPLS (Fu, 2006) und SPAD-PLS (Test&Go, 2006) (für einen frühen Software-Review siehe Temme et al., 2010). Mit der zunehmenden Verbreitung der PLS-SEM in einer Vielzahl von Disziplinen wurden verschiedene andere Programme mit nutzerfreundlichen graphischen Oberflächen auf den Markt gebracht, wie das PLSPM-Paket von XLSTAT, ADANCO (Henseler, 2017a), WarpPLS (Kock, 2020) und insbesondere SmartPLS (Ringle et al., 2005; Ringle et al., 2015; Ringle et al., 2022). SmartPLS ist momentan das umfassendste und fortschrittlichste Programm auf dem Markt (Sarstedt & Cheah, 2019) und dient als Basis für alle Anwendungsbeispiele in diesem Buch. Schließlich können Nutzer, die Erfahrung mit der Statistiksoftware R haben, auch Pakete wie csem (Rademaker et al., 2020), seminr (Ray et al., 2020) und semPLS (Monecke & Leisch, 2012; 2013) nutzen, die eine flexible Analyse von PLS-Pfadmodellen ermöglichen. Hair et al. (2022b) veranschaulichen in ihrem Buch die Verwendung des R-Pakets seminr anhand der gleichen Fallstudie zur Unternehmensreputation, die wir auch in diesem Buch verwenden. Darüber hinaus illustrieren beispielsweise Legate et al. (2023) die systematische Verwendung von seminr für eine PLS-SEM-Analyse.

Statistische Eigenschaften

Die PLS-SEM zielt darauf ab, die erklärte Varianz der endogenen Konstrukte und der Indikatoren im Modell zu maximieren, die in einem Pfadmodell enthalten sind, das auf gut entwickelten kausalen Erklärungen basiert. Aus diesem Grund wird PLS als ein „kausal-prädiktiver" Ansatz der SEM angesehen (Jöreskog & Wold, 1982), der besonders nützlich für Studien über die Treiber von Wettbewerbsvorteilen und Erfolg ist (Albers, 2010; Hair et al., 2011b). Aus statistischer Sicht zielt die PLS-SEM darauf ab, die Kombination aus Verzerrung und Fehlervarianz zu minimieren, wobei gelegentlich theoretische Genauigkeit für verbesserte empirische Genauigkeit geopfert wird (Shmueli, 2010). Im Gegensatz dazu ist die CB-SEM streng konfirmatorisch (Kapitel 1). Als solche kann die Methode eine etwas genauere Abbildung der zugrundeliegenden Theorie erreichen, indem sie sich ausschließlich auf die Minimierung von Verzerrungen konzentriert, allerdings auf Kosten einer geringeren Vorhersagekraft (Evermann & Tate, 2016).

Im Gegensatz zur CB-SEM verfolgt die PLS-SEM nicht die globale Anpassung der empirischen Kovarianzmatrix an die modellimplizierte (theoretische) Kovarianzmatrix, wodurch keine globalen Goodness-of-Fit-Maße zur Verfügung stehen. Dies wird traditionell als zentraler Nachteil der PLS-SEM gesehen. Bei der Anwendung der PLS-SEM hat der Begriff des *Fit* also eine andere Bedeutung als im Kontext der CB-SEM (Hair et al., 2017a; Rigdon et al., 2017). Fit-Statistiken für die CB-SEM basieren stets auf der Diskrepanz zwischen der empirischen und der modellimplizierten Kovarianzmatrix. Die PLS-SEM stellt hingegen auf die Diskrepanz zwischen den beobachteten (im Falle von manifesten Variablen) und approximierten (im Falle von latenten Variablen) Werten der abhängigen Variablen und den durch das entsprechende Modell prognostizierten Werten ab (Hair et al., 2019d; Henseler et al., 2014). Forscher haben verschiedene Fit-Maße für die PLS-SEM vorgeschlagen (Schuberth et al., 2018; Tenenhaus et al., 2005), allerdings ist deren Effektivität bei der Identifizierung schlecht spezifizierter Modelle sehr begrenzt (siehe Abbildung 6.2 für eine Diskussion der Maße und ihrer Einschränkungen). Im Rahmen der PLS-SEM müssen wir uns bei der Beurteilung der Modellgüte daher auf die Maße verlassen, welche die Prognosefähigkeit des Modells anzeigen (Shmueli et al., 2016; Shmueli et al., 2019), sowohl innerhalb als auch außerhalb der Stichprobe (Hair, 2020). Diese Maße werden in den Kapiteln 4 bis 6 zur Evaluation der Messmodelle und des Strukturmodells behandelt.

Die PLS-SEM ist nicht-parametrischer Natur. Das heißt, sie macht keine Annahmen bezüglich der Verteilung der Daten oder genauer der Residuen, wie es bei der Regressionsanalyse der Fall ist (Sarstedt & Mooi, 2019; Kapitel 7). Diese Eigenschaft wirkt sich ganz zentral auf die Prüfung der Signifikanz der Modellkoeffizienten (z. B. Pfadkoeffizienten) aus, da das Verfahren keine spezifische Verteilung der Daten annimmt. Stattdessen muss eine Verteilung erst mit Hilfe des Bootstrapping aus den Daten abgeleitet werden, welche dann als Basis für die Signifikanzprüfung dient (Kapitel 5).

Ein wesentliches Merkmal der PLS-SEM ist die Ermittlung und damit Verfügbarkeit der Konstruktwerte. Die CB-SEM schätzt die Modellparameter ohne Verwendung von fallspezifischen Werten für die latenten Variablen, d. h. die Werte sind unbestimmt (Guttman, 1955). Im Gegensatz dazu verwendet der PLS-SEM-Algorithmus die Indikatoren, um Composite-Variablen zu berechnen, welche die Konstruktwerte enthalten – zum Beispiel den Konstruktwert von Y_3 in Abbildung 3.2 als lineare Kombination der Indikatorvariablen x_5, x_6 und x_7. Der PLS-SEM-Algorithmus behandelt diese Werte als perfekte Substitute für die Indikatorvariablen und verwendet daher die gesamte Varianz der Indikatoren, die zur Erklärung der endogenen Konstrukte beitragen kann. Dieses Vorgehen beruht auf der Annahme, dass die gesamte gemessene

Varianz in den Indikatorvariablen des Modells potenziell nützlich ist und in die Schätzung der Konstruktwerte einbezogen werden sollte. Allerdings beinhalten die Indikatorvariablen immer einen (unbekannten) Messfehler. Dieser Fehler wird auf die Konstruktwerte übertragen und beeinflusst so indirekt die Höhe der geschätzten Pfadkoeffizienten. Auch wenn der Fehler in den Konstruktwerten klein ist, führt er zu einem Bias in den Modellschätzern. In der Konsequenz sind die Beziehungen im Pfadmodell im Vergleich zur CB-SEM häufig unterschätzt, wohingegen die Parameter für die Messmodelle (d. h. die Ladungen und Gewichte) normalerweise überschätzt werden. Diese Eigenschaft (die unterschätzten Beziehungen im Strukturmodell und die überschätzten Beziehungen in den Messmodellen) wird als **PLS-SEM-Bias** bezeichnet. Abweichende Ergebnisse implizieren allerdings nicht, dass die Ergebnisse der PLS-SEM tatsächlich verzerrt sind (z. B. Marcoulides & Chin, 2013; Rigdon et al., 2017; Sarstedt et al., 2016b). Sie besagen lediglich, dass die Beziehungen im Strukturmodell und in den Messmodellen denen der CB-SEM nicht entsprechen, da die PLS-SEM die Messungen der latenten Variablen anders behandelt (vgl. Kapitel 1). Nur wenn die Anzahl der Fälle und die Anzahl der Indikatoren pro latenter Variablen steigen, erreichen die gewonnenen Schätzungen zunehmend gleiche Werte wie in der CB-SEM. Diese Eigenschaft wird üblicherweise als **Consistency at Large** bezeichnet (Hui & Wold, 1982; Lohmöller, 1989).

Auch wenn der Unterschied selbst bei sehr großen Fallzahlen niemals völlig verschwindet, zeigen Simulationsstudien, dass die Differenz zwischen der PLS-SEM und der CB-SEM normalerweise sehr klein ist, wenn die Messmodelle die empfohlenen Mindestqualitätsstandards erfüllen (Henseler et al., 2014; Sarstedt et al., 2016b). In den meisten empirischen Studien wird die Differenz daher praktisch keine Rolle spielen. Darüber hinaus zeigen Simulationsstudien, dass die Unterschiede in den Ergebnissen zwischen alternativen Schätzmethoden für zusammengesetzte Modelle wie GSCA, PLS-SEM und auf Summenwerten basierenden Regression relativ gering sind (Cho et al., 2020; Hair et al., 2017b). Im Gegensatz dazu zeigen Simulationsstudien auch, dass die Ergebnisse der CB-SEM sehr ungenau werden können, wenn sie Daten eines Composite-Modells verwenden, wohingegen die PLS-SEM auch bei Annahme eines **Faktormodells** genaue Schätzer liefert (Sarstedt et al., 2016b). Dies trifft insbesondere dann zu, wenn die Anzahl der Konstrukte und Beziehungen im Strukturmodell (d. h. die **Modellkomplexität**) sehr hoch und die Stichprobe klein ist. In einer derartigen Situation ist der durch die CB-SEM produzierte Bias oft substanziell, insbesondere wenn die Verteilungsannahmen verletzt sind.

Neuere Forschungen haben die Methode der konsistenten PLS-SEM (PLSc-SEM) hervorgebracht (Dijkstra, 2014; Dijkstra & Schermelleh-Engel, 2014), eine Variation des ursprünglichen PLS-SEM-Ansatzes. Simulationsstudien (z. B. Dijkstra & Henseler, 2015a, 2015b) zeigen, dass die PLSc-SEM und die CB-SEM bei einer Vielzahl von Modellkonfigurationen zu sehr ähnlichen Ergebnissen führen. Die PLSc-SEM ist somit in der Lage die CB-SEM recht gut zu replizieren. Auch wenn bei der PLSc-SEM die generellen Vorteile der PLS-SEM erhalten bleiben, leidet sie unter ähnlichen Problemen wie die CB-SEM. Hierzu gehören etwa die geringe Robustheit und die sehr ungenauen

Ergebnisse bei bestimmten Konfigurationen (Sarstedt et al., 2016b). Noch gravierender ist, dass der durch den PLSc-SEM-Algorithmus eingeführte Korrekturfaktor die Bewertung der Vorhersagekraft eines Modells außerhalb der Stichprobe sehr schwierig macht. Am Ende von Kapitel 8 werden wir die PLSc-SEM noch einmal genauer diskutieren. Geeignete Alternativen zu PLSc-SEM sind PLSe (Bentler, & Huang 2014; Huang, 2013) und die von Yuan et al. (2020) vorgeschlagen Korrektur mittels Cronbachs Alpha.

Schließlich haben die durch die PLS-SEM generierten Modellschätzer generell eine höhere **Teststärke** als bei der CB-SEM (Reinartz et al., 2009; Sarstedt et al., 2016b), auch wenn die Daten von einem Faktormodell stammen. Somit kann die PLS-SEM eher Beziehungen in der Population identifizieren und ist besser zur explorativen Forschung geeignet – eine Eigenschaft, welche zusätzlich durch die wenig restriktiven Anforderungen der PLS-SEM in Bezug auf die Spezifikation des Modells, die Modellkomplexität und die Dateneigenschaften unterstützt wird (Kapitel 1).

Einstellungen zur Ausführung des Algorithmus

Für die Schätzung eines PLS-Pfadmodells stehen verschiedene **Algorithmuseinstellungen** zur Auswahl. Zu den Einstellungen gehört die Wahl zwischen Modus A und B für die Schätzung der Konstruktwerte. PLS-SEM-Softwareanwendungen wie SmartPLS verwenden normalerweise Modus A für reflektive Messmodelle und Modus B für formative Messmodelle als Standardeinstellung. Nur in besonderen Situationen kann von dieser Standardeinstellung abgewichen werden. Summenwerte sind eine weitere Alternative zur Berechnung von Konstruktwerte, deren Verwendung jedoch vermieden werden sollte (Kapitel 2). Weitere Algorithmuseinstellungen sind die Auswahl des Gewichtungsschemas für das Strukturmodell, der Metrik der Daten, der Startgewichte zur Initialisierung des PLS-SEM-Algorithmus, des Stopp-Kriteriums und der maximalen Anzahl an Iterationen. Die PLS-SEM ermöglicht die Anwendung von drei **Gewichtungsschemata** für das Strukturmodell: (1) das Zentroid-Gewichtungsschema, (2) das Faktor-Gewichtungsschema und (3) das Pfad-Gewichtungsschema. Auch wenn sich die Ergebnisse über die alternativen Gewichtungsschemata hinweg wenig unterscheiden, ist das Pfad-Gewichtungsschema der empfohlene Ansatz (Chin, 1998).

Der PLS-SEM-Algorithmus bezieht sich auf standardisierte Konstruktwerte. Daher müssen **standardisierte Daten** (genauer *z*-standardisierte Daten, in der jeder Indikator einen Mittelwert von 0 und eine Varianz von 1 hat) als Input für den Algorithmus verwendet werden. Infolgedessen haben die partiellen Regressionen, die im Rahmen der Modellschätzungen verwendet werden, eine Konstante von 0. Diese Transformation der **Rohdaten** ist die empfohlene Option, wenn der PLS-SEM-Algorithmus gestartet wird (und wird automatisch durch die verfügbaren Softwarepakete wie SmartPLS unterstützt). Wenn das PLS-SEM-Verfahren durchgeführt wird, dann standardisieren die Softwarepakete sowohl die Rohdaten als auch die Konstruktwerte. Daher kalkuliert der Algorithmus für jede Beziehung im Strukturmodell und in den Messmodellen standardisierte Koeffizienten, die zwischen –1 und +1 liegen (die Werte können etwas kleiner/größer sein, fallen aber in der Regel in dieses Intervall). Pfadkoeffizienten nahe +1 bzw. –1 stellen eine stark positive bzw. negative Beziehung dar. Je näher die geschätzten Koeffizienten an 0 liegen, desto schwächer sind die Beziehungen. Sehr kleine Werte nahe 0 sind im Allgemeinen nicht statistisch signifikant. Die Überprüfung der Signifikanz von Beziehungen ist Teil der in den Kapiteln 4 bis 6 behandelten Evaluation und Interpretation der Ergebnisse. Bei der Regression von Y_3 auf Y_1 und Y_2 im Strukturmodell können die standardisierten Regressionskoeffizienten p_{13} und p_{23} zum Beispiel Werte von 0,6 und 0,2 annehmen. Dies impliziert, dass Y_1 eine höhere relative Bedeutung für die Erklärung von Y_3 hat. Das Ergebnis für den standardisierten Koeffizienten p_{13} ist wie folgt zu interpretieren: Wird das andere Konstrukt Y_2 konstant gehalten und Y_1 um eine Standardabweichung erhöht, so erhöht sich Y_3 um 0,6 Standardabweichungen. Der andere standardisierte Koeffizient p_{23} kann analog interpretiert werden.

Die Beziehungen im Messmodell benötigen **Startgewichte**, um mit den iterativen Berechnungen des PLS-SEM-Algorithmus beginnen zu können (mittels dieser Startgewichte erfolgt eine erste Bestimmung der Konstruktwerte). Jede nichttriviale Linearkombination von Indikatoren kann bei der ersten Iteration als Wert für die Ermittlung der Konstruktwerte dienen. In der Praxis sind gleiche Startgewichte eine gute Wahl für die Initialisierung des PLS-SEM-Algorithmus. Computerprogramme wie SmartPLS setzen daher in der ersten Iteration des PLS-SEM-Algorithmus alle Gewichte auf +1. Diese Einstellung setzt jedoch voraus, dass alle Indikatoren die gleiche Ausrichtung haben. Bei Likert-Skalen beispielsweise bedeuten höhere Indikatorwerte einen höheren Grad an Übereinstimmung. Trifft dies nicht auf alle Indikatoren eines Messmodells zu (z. B. wenn umgekehrt skalierte Indikatoren verwendet werden; Weijters & Baumgartner, 2012), müssen die Indikatoren vor der PLS-SEM-Analyse reskaliert werden (z. B. unter Verwendung von Tabellenkalkulationsprogrammen wie Microsoft Excel). Wenn ein Indikator reskaliert wird (z. B. wird der höchste Wert zum niedrigsten Wert und umgekehrt) ist es wichtig, auch die Bezeichnung des reskalierten Items entsprechend zu ändern (z. B. von einer negativen Formulierung zu einer positiven Formulierung).

Die letzte zu wählende Algorithmuseinstellung ist das **Stopp-Kriterium** für den Algorithmus. Der PLS-SEM-Algorithmus ist so konzipiert, dass er so lange läuft, bis die Ergebnisse stabil sind. Eine Stabilisation ist erreicht, wenn die Summe der Veränderungen in den äußeren Gewichten zwischen zwei Iterationen hinreichend gering ist (d. h. wenn sie unter einen vordefinierten Grenzwert fällt). Generell empfehlen wir einen Grenzwert von $1 \cdot 10^{-7}$ (bzw. 0,0000001), um sicherzustellen, dass der Algorithmus nicht zu lange läuft, gleichzeitig aber passende Ergebnisse liefert. Außerdem muss die **maximale Anzahl an Iterationen** spezifiziert werden. Wird diese Maximalzahl erreicht, bricht der Algorithmus ab. Der PLS-SEM-Algorithmus ist sehr effizient (d. h. er konvergiert selbst bei komplexen Modellen nach einer relativ geringen Anzahl Iterationen), weshalb 3.000 als maximale Anzahl an Iterationen genügen sollte, um die **Konvergenz** des PLS-SEM-Algorithmus beim Stopp-Kriterium von $1 \cdot 10^{-7}$ zu erreichen. Frühere Studien haben gezeigt, dass der PLS-SEM-Algorithmus fast immer konvergiert (Hanafi, 2007; Hanafi et al., 2021). Nur unter sehr extremen und künstlichen Bedingungen, die in der Praxis faktisch nie auftreten, ist es möglich, dass der Algorithmus nicht konvergiert. Dies hat allerdings praktisch keine Bedeutung für die Ergebnisse (Henseler, 2010). Abbildung 3.3 fasst die Richtlinien zur Initialisierung des PLS-SEM-Algorithmus zusammen.

- Verwendung von Modus A für reflektive Messmodelle und Modus B für formative Messmodelle; Konstruktwerte nicht anhand von Summenwerten bestimmen.
- Wahl des Pfad-Gewichtungsschemas als Gewichtungsmethode.
- Verwendung von +1 als Startwert für alle äußeren Gewichte, vorausgesetzt, dass alle Indikatoren die gleiche Ausrichtung haben. Indikatoren mit einer anderen Ausrichtung werden vor der PLS-SEM-Analyse reskaliert und neu beschriftet.
- Festlegung eines niedrigen Wertes für das Stopp-Kriterium (z. B. $1 \cdot 10^{-7}$ bzw. 0,0000001).
- Wahl eines hohen Wertes für die maximale Anzahl an Iterationen des PLS-SEM-Algorithmus (z. B., 3.000)
- Verwendung des WPLS-Algorithmus, sofern Umfragedaten mit einer Gewichtungsvariable vorliegen, damit die Repräsentativität der Ergebnisse gewährleistet ist.

Abbildung 3.3 Faustregeln zur Initialisierung des PLS-SEM-Algorithmus

Ergebnisse

Sobald der PLS-SEM-Algorithmus konvergiert, werden die Gewichte zur Berechnung der finalen Konstruktwerte verwendet. Diese Werte dienen danach als Input zur Ausführung von OLS-Regressionen, um die finalen Schätzungen für die Pfadbeziehungen im Strukturmodell zu bestimmen. Unabhängig von den Messmodellspezifikationen liefert die PLS-SEM immer die (äußeren) Ladungen und die (äußeren) Gewichte. Bei reflektiv spezifizierten Konstrukten basieren die Ladungen auf einzelnen Regressionsergebnissen mit jeweils einem Indikator des Messmodells als abhängiger Variable (z. B. x_5 in Abbildung 3.2) und dem Konstrukt als unabhängiger Variable (z. B. Y_3 in Abbildung 3.2). Aufgrund der Datenstandardisierung entspricht das Regressionsergebnis der bivariaten Korrelation zwischen jedem Indikator und seinem Konstrukt. Bei formativ spezifizierten Konstrukten resultieren die Gewichte dagegen aus den Koeffizienten einer multiplen Regression mit dem Konstrukt als abhängiger Variablen (z. B. Y_1 in Abbildung 3.2) und den Indikatoren als unabhängigen Variablen (z. B. x_1 und x_2 in Abbildung 3.2). Die Ladungen und Gewichte werden für alle Messmodelle im PLS-Pfadmodell berechnet. Die Ladungen sind allerdings primär für die Evaluation von reflektiv spezifizierten Messmodellen relevant, wohingegen die Gewichte die Basis für die Evaluation formativ spezifizierter Messmodelle darstellen.

In den partiellen Regressionsmodellen des Strukturmodells dient eine endogene latente Variable (z. B. Y_3 in Abbildung 3.2) als abhängige Variable, während deren direkte Vorgänger als unabhängige Variablen dienen (z. B. Y_1 und Y_2 in Abbildung 3.2). Zusätzlich zu den Koeffizienten aus der Schätzung der partiellen Regressionsmodelle (eine für jede endogene latente Variable) enthalten die Ergebnisse die R^2-Werte aller endogenen latenten Variablen im Strukturmodell. Die R^2-Werte liegen normalerweise zwischen 0 und +1 und repräsentieren den Anteil an Varianz der Konstrukte, die durch die unmittelbaren Vorgängerkonstrukte erklärt wird. Ein R^2-Wert von 0,70 für das Konstrukt Y_3 in Abbildung 3.2 bedeutet zum Beispiel, dass 70 % der Varianz dieses Konstrukts durch die exogenen Konstrukte Y_1 und Y_2 erklärt werden. Das Ziel des PLS-SEM-Algorithmus ist es, die R^2-Werte und somit die Prognose der endogenen Konstrukte und der Indikatoren im Modell zu maximieren. Darüber hinaus müssen aber noch zusätzliche Kriterien evaluiert werden, um die Ergebnisse des PLS-SEM-Algorithmus vollständig zu verstehen. Diese zusätzlichen Kriterien werden in den Kapiteln 4 bis 6 im Detail erklärt.

Anwendungsbeispiel: PLS-Pfadmodellschätzung

Zur Illustration und Erklärung der PLS-SEM verwenden wir im gesamten Buch einen einzigen Datensatz und die Software SmartPLS 4 (Ringle et al., 2022). Der Datensatz stammt aus Forschungsarbeiten zu Treibern der Unternehmensreputation und deren Wirkung auf Kundenzufriedenheit und -loyalität (vgl. Kapitel 2). Der Datensatz (Corporate reputation data.csv) und das SmartPLS-Projekt des Unternehmensreputationsmodells (Corporate reputation.zip) stehen frei zum Download zur Verfügung und können in SmartPLS importiert werden (weitere Informationen zum Bezug des Datensatzes und Projektes finden sich in Anhang 2 und Anhang 3). Alternativ können Sie nach dem Start von SmartPLS im Hauptfenster (in der Arbeitsverzeichnis-Sicht) unter **Beispielprojekte** für **PLS-SEM** das Projekt **Unternehmensreputation – PLS-SEM Buch (Primer)** importieren, das anschließend im Arbeitsverzeichnis mit den SmartPLS-Projekten erscheint. In diesem Beispielprojekt ist auch das einfache Modell (**Simple model**) enthalten, das wir entsprechend der Beschreibungen in Kapitel 2 neu angelegt haben.

Modellschätzung

Um das Unternehmensreputationsmodell in seiner einfachen Variante in SmartPLS schätzen zu können, öffnen wir dieses Modell, indem wir im Arbeitsverzeichnis doppelt auf das Modell **Simple model** klicken. Anschließend erscheint das Modell im SmartPLS-Modellierungsfenster, wie in Abbildung 3.4 dargestellt. In SmartPLS ist die Standardeinstellung für die Berechnung der Konstruktwerte Modus A (Korrelationsgewichte) für reflektive Messmodelle und Modus B (Regressionsgewichte) für formative Messmodelle. Falls Sie den Schätzmodus der äußeren Gewichte für die Berechnung der Konstruktwerte ändern möchten (z. B. Modus A für formative Messmodelle), müssen Sie dies vor der Schätzung des PLS-Pfadmodells tun. Durch Doppelklick auf eine latente Variable öffnet sich ein Dialogfeld, in dem Sie diese Standardeinstellung ändern können. Eine solche Anpassung der Standardeinstellung ist jedoch nur selten nötig.

Als nächstes klicken wir in der Menüleiste auf **Berechnen**. Das sich öffnende Menü bietet verschiedene Algorithmen zur Auswahl. Zur Schätzung des

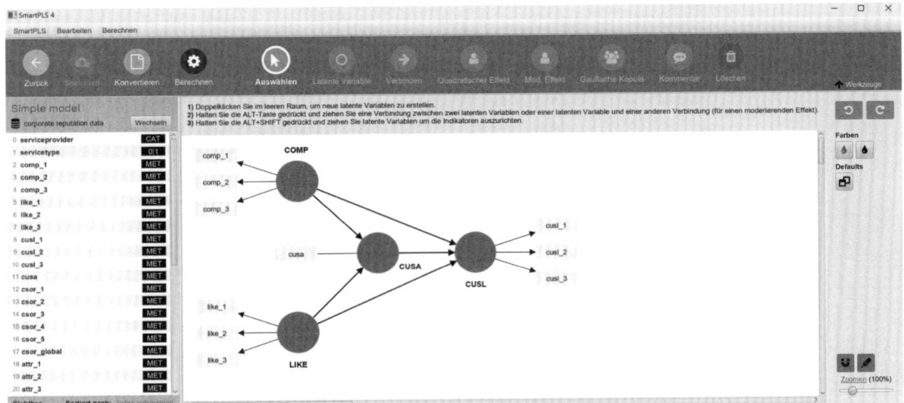

Abbildung 3.4 Das einfache Unternehmensreputationsmodell (Simple model) in SmartPLS

PLS-Pfadmodells wählen wir den **PLS-SEM-Algorithmus**. Nachdem wir die **PLS-SEM-Algorithmus**-Funktion gewählt haben, öffnet sich die in Abbildung 3.5 abgebildete Dialogbox. Im Reiter für das **PLS-Setup** können wir zunächst das Gewichtungsschema wählen. Das **Pfad-Gewichtungsschema** ist für die Schätzung der Startgewichte voreingestellt. Als Alternative wird in SmartPLS nicht mehr das Zentroid-Gewichtungsschema angeboten, sondern lediglich das **Faktor-Gewichtungsschema**. Die zusätzliche Option **PCA**, ermöglicht eine Modellschätzung, die für alle Konstrukte die Werte der Hauptkomponentenanalyse verwendet. Wir verwenden das vorausgewählte **Pfad-Gewichtungsschema**. Für die Ergebnisberechnung können wir unter Art der Ergebnisse zwischen **Standardisiert**, **Unstandardisiert** und **Mittelwertzentriert** wählen. Auch hier verwenden wir mit **Standardisiert** die Vorauswahl. Schließlich können wir die initialen Gewichte (Startgewichte) verändern. In SmartPLS lässt sich das Stopp-Kriterium nicht anpassen. Es hat automatisch einen niedrigen Wert in Höhe von $1 \cdot 10^{-7}$ (bzw. 0,0000001). Gleiches gilt für die maximale Anzahl an Iterationen des PLS-SEM Algorithmus, die automatisch bei einem relativ hohen Wert von 3.000 liegt. Über die ausgewählte Option **Standard** verwendet SmartPLS standardmäßig den initialen Wert 1,0 für alle Beziehungen in den Messmodellen, um den PLS-SEM-Algorithmus zu starten. Alternativ können wir ein spezifisches Gewicht für alle Indikatoren im Modell festlegen, nachdem wir im Dropdown-Menü auf **Individual** wechseln. In diesem Beispiel verwenden wir die in Abbildung 3.5. dargestellten Voreinstellungen.

Als nächstes klicken wir oben in der Dialogbox auf den Reiter **Daten** (Abbildung 3.6). Unter **Fehlende Werte** können alternative Optionen zur Behandlung fehlender Werte gewählt werden. Keiner der Indikatoren im einfachen Modell hat mehr als 5 % fehlende Werte (genau genommen hat *cusl_2* die maximale Anzahl fehlender Werte, nämlich vier oder 1,16 % fehlende Werte; siehe Kapitel 2). Daher nutzen wir die Option der Mittelwertersetzung, indem wir die entsprechende Box wählen. Schließlich können wir unter **Gewichtungsvektor** eine Gewichtungsvariable festlegen, die jedem Fall anhand bestimmter

Abbildung 3.5 PLS-SEM-Algorithmuseinstellungen

Kriterien eine unterschiedliche Wichtigkeit in der PLS-SEM-Schätzung zuweist. In unserem Unternehmensreputationsbeispiel legen wir keine Gewichtungsvariable fest und fahren durch einen Klick auf **Berechnung starten** unten in der Dialogbox fort.

Abbildung 3.6 Fehlende Werte Dialogbox

Während in unserem Fall die Berechnung problemlos durchläuft, gibt es Situationen, in denen der PLS-SEM-Algorithmus nicht startet und ein Hinweis auf eine **singuläre Datenmatrix** erscheint. Eine singuläre Datenmatrix kann zwei Gründe haben. Erstens, ein Indikator hat für jede Beobachtung dieselben Werte und hat somit eine Varianz von 0. Zweitens, ein Indikator ist zweimal eingefügt oder ist eine Linearkombination eines anderen Indikators (z. B. falls ein Indikator ein Vielfaches eines anderen Indikators ist, wie *Absatz in Stück* und *Absatz in Tausend Stück*). In diesen Fällen kann der PLS-SEM-Algorithmus das Modell nicht schätzen und die problematischen Indikatoren müssen aus dem Modell entfernt werden.

Ergebnisse der Modellschätzung

Nach der Schätzung des Modells öffnet SmartPLS standardmäßig den Ergebnisbericht (wir können diese Option auch vor der Berechnung unten in der **PLS-SEM-Algorithmus**-Dialogbox abschalten). Um einen ersten Überblick über die Ergebnisse zu bekommen, bietet sich die **Grafische Ausgabe** an. SmartPLS liefert dabei drei zentrale Ergebnisse. Dies sind (1) die Ladungen und/oder Gewichte der Messmodelle, (2) die Pfadkoeffizienten des Strukturmodells und (3) die R^2-Werte für die endogenen Konstrukte *CUSA* und *CUSL* (Abbildung 3.7).

Die Ergebnisse zum Strukturmodell zeigen uns zum Beispiel, dass *CUSA* den stärksten Effekt auf *CUSL* (0,504) hat, gefolgt von *LIKE* (0,342) und *COMP* (0,009). Zudem sehen wir anhand des Wertes in der Ellipse, dass die drei Konstrukte 56,2 % der Varianz des endogenen Konstrukts *CUSL* (R^2 = 0,562)

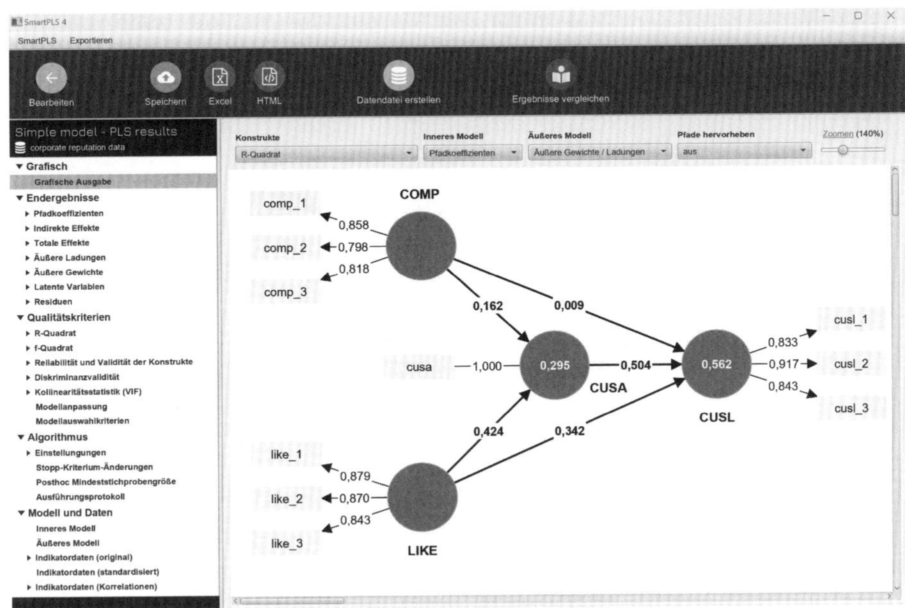

Abbildung 3.7 PLS-SEM-Ergebnisse

erklären. *COMP* und *LIKE* erklären zusammen 29,5 % der Varianz von *CUSA*. Von ihrer Größe her zu urteilen, sollten die Beziehungen *CUSA* → *CUSL* und *LIKE* → *CUSL* signifikant sein. Gleichzeitig erscheint es aufgrund des geringen Werts unwahrscheinlich, dass die Pfadbeziehung *COMP* → *CUSL* (0,009) signifikant ist. Als Faustregel gilt, dass in Stichproben mit bis zu 1.000 Fällen Pfadkoeffizienten mit standardisierten Werten größer 0,20 normalerweise signifikant sind und Pfadkoeffizienten mit Werten unter 0,10 normalerweise nicht signifikant sind. Für genaue Aussagen zur Signifikanz von Pfadkoeffizienten müssen jedoch die Standardfehler der Pfadkoeffizienten bestimmt werden, was Teil der in Kapitel 6 dargestellten detaillierten Evaluation von Strukturmodellen ist.

In der linken Spalte können wir neben der graphischen Ergebnisdarstellung verschiedene, in vier Kategorien aufgeteilte Ergebnistabellen (**Endergebnisse, Qualitätskriterien, Algorithmus, Modell und Daten**) auswählen. Unter **Endergebnisse** können wir uns zunächst die Pfadkoeffizienten in Tabellenform anzeigen lassen, wobei ein Matrix- und ein Listenformat zur Auswahl stehen. Abbildung 3.8 zeigt die Ergebnisse für die Pfadkoeffizienten im Matrixformat. Die Tabelle wird von den Zeilen zu den Spalten gelesen. Der Wert 0,504 in der Zeile *CUSA* und der Spalte *CUSL* ist beispielsweise der standardisierte Pfadkoeffizient für die Beziehung zwischen *CUSA* und *CUSL*. Durch das Klicken auf die Option **Liste** öffnet sich die Darstellung der Pfadkoeffizienten im Listenformat (Abbildung 3.9). Zusätzlich erlaubt die Option **Balkendiagramm** eine grafische Ansicht der Pfadkoeffizienten (Abbildung 3.10). Die Höhe eines jeden Balkens repräsentiert die Stärke der unter den einzelnen Balken ausgewiesenen Beziehung.

Unter **Endergebnisse** finden wir weitere Ergebnisse wie zum Beispiel die **(äußeren) Ladungen** und (**äußeren) Gewichte**, welche unabhängig von der konkreten Messmodellspezifikation für alle Messmodelle ausgegeben werden. Bei reflektiv spezifizierten Messmodellen interpretieren wir nur die Ergebnisse der Ladungen, während wir bei formativ spezifizierten Messmodellen primär die Gewichte betrachten (unter bestimmten Bedingungen betrachten

	COMP	CUSA	CUSL	LIKE
COMP		0,162	0,009	
CUSA			0,504	
CUSL				
LIKE		0,424	0,342	

Abbildung 3.8 Pfadkoeffizienten im Matrixformat

	Pfadkoeffizienten
COMP -> CUSA	0,162
COMP -> CUSL	0,009
CUSA -> CUSL	0,504
LIKE -> CUSA	0,424
LIKE -> CUSL	0,342

Abbildung 3.9 Pfadkoeffizienten im Listenformat

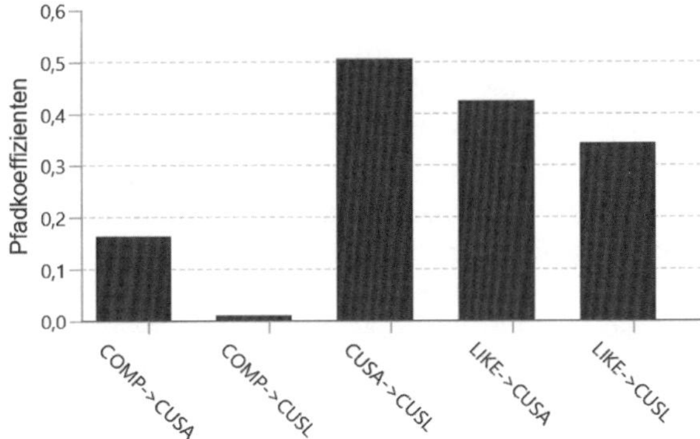

Abbildung 3.10 Pfadkoeffizienten als Balkendiagramm

wir allerdings auch die Ladungen bei der Evaluation formativ spezifizierter Messmodelle; siehe Kapitel 5). Der Standardbericht bietet verschiedene andere Ergebnisberichte, von denen die **Qualitätskriterien** von besonderem Interesse sind. Wir werden die weiteren Informationen im Ergebnisbericht in den folgenden Kapiteln diskutieren.

Zusammenfassung

- **Die Leser können die Funktionsweise des PLS-SEM-Algorithmus erläutern.** Der PLS-SEM-Algorithmus verwendet die empirischen Daten für die Indikatoren und bestimmt schrittweise die Konstruktwerte, die Pfadkoeffizienten, die Indikatorladungen und -gewichte sowie weitere Statistiken wie die R^2-Werte. Dabei werden alle spezifizierten Beziehungen im PLS-Pfadmodell geschätzt, nachdem die Werte für alle Konstrukte bestimmt sind. Der Algorithmus liefert Schätzergebnisse für die Messmodelle, welche die Beziehungen zwischen den Konstrukten und ihren Indikatoren darstellen. Auf deren Basis ermittelt der PLS-SEM-Algorithmus die Pfadkoeffizienten als Beziehungen zwischen den Konstrukten im Strukturmodell sowie die R^2-Werte der endogenen Konstrukte. Alle Ergebnisse sind standardisiert, so dass beispielsweise die Pfadkoeffizienten direkt miteinander verglichen werden können.
- **Die Leser sind in der Lage, geeignete Einstellungen zur Ausführung des Algorithmus zu diskutieren und auszuwählen.** Für die Ausführung des PLS-SEM-Algorithmus gilt es bestimmte Einstellungen festzulegen. Diese Entscheidungen beinhalten das Gewichtungsschema des Strukturmodells, die für die Initialisierung des PLS-SEM-Algorithmus nötigen Startgewichte, das Stopp-Kriterium und die maximale Anzahl Iterationen. Das Pfad-Gewichtungsschema maximiert die erklärte Varianz der endogenen Konstrukte und sollte daher vorzugsweise gewählt werden. Schließlich sollten die Werte (z. B. +1) für die Startgewichte in den Messmodellen, das Stopp-Kriterium mit einem niedrigen Wert (z. B. $1 \cdot 10^{-7}$) und eine ausreichend hohe Anzahl Iterationen (z. B. 3.000) gewählt werden. Der PLS-Algorithmus läuft so

lange, bis das Stopp-Kriterium erreicht wird. Die resultierenden Konstruktwerte werden dann verwendet, um die partiellen Regressionsmodelle im Strukturmodell zu schätzen. Falls die maximale Anzahl Iterationen erreicht wurde, ist der Algorithmus nicht konvergiert. Diese Situation tritt jedoch bei der Schätzung empirischer Daten in der Regel nicht ein.

- **Die Leser können die statistischen Eigenschaften des PLS-SEM-Verfahrens beschreiben.** Die PLS-SEM ist ein auf OLS-Regressionen basierendes Verfahren, womit die bekannten statistischen Eigenschaften von OLS-Regressionen ebenso für die PLS-SEM zutreffen. Der PLS-SEM Algorithmus zielt darauf ab, die erklärte Varianz der endogenen Konstrukte und der Indikatoren im Modell zu maximieren, die in einem Pfadmodell enthalten sind, welches auf gut entwickelten kausalen Erklärungen basiert. Die ersten zentralen Ergebnisse der PLS-Pfadmodellschätzung sind die Konstruktwerte. Diese Werte werden als perfekte Substitute für die Indikatorvariablen in den Messmodellen behandelt und verwenden somit die gesamte Varianz, die zur Erklärung der endogenen Konstrukte beitragen kann. In der Konsequenz sind die Beziehungen im Pfadmodell im Vergleich zur CB-SEM häufig unterschätzt, wohingegen die Parameter für die Messmodelle (d. h. die Ladungen und Gewichte) normalerweise überschätzt werden. Diese Eigenschaft (die unterschätzten Beziehungen im Strukturmodell und die überschätzten Beziehungen in den Messmodellen) wird als PLS-SEM-Bias bezeichnet. In den typischerweise vorliegenden Forschungsdesigns ist diese Inkonsistenz allerdings sehr gering. Zudem führt die der PLS-SEM immanente Effizienz der Parameterschätzung im Vergleich zur CB-SEM zu einer höheren Teststärke. Somit kann die PLS-SEM eher Beziehungen in der Population identifizieren und ist besser zur explorativen Forschung geeignet – eine Eigenschaft, welche zusätzlich durch die weniger restriktiven Anforderungen der PLS-SEM in Bezug auf die Spezifikation des Modells, die Modellkomplexität und die Dateneigenschaften unterstützt wird.
- **Die Leser können die PLS-SEM Ergebnisse diskutieren und interpretieren.** Der PLS-SEM-Algorithmus schätzt die standardisierten Ladungen und Gewichte in den Messmodellen sowie die Pfadkoeffizienten im Strukturmodell. Bei reflektiv spezifizierten Messmodellen interpretieren wir nur die Ergebnisse der äußeren Ladungen, während wir bei formativ spezifizierten Messmodellen primär die äußeren Gewichte betrachten (unter bestimmten Bedingungen betrachten wir allerdings auch die äußeren Ladungen bei der Evaluation formativ spezifizierter Messmodelle). Für das Strukturmodell werden die standardisierten Koeffizienten der Beziehungen sowie die R^2-Werte für die endogenen Konstrukte ausgegeben. Weiter fortgeschrittene PLS-SEM-Evaluationskriterien zur Beurteilung der Ergebnisse werden in den Kapiteln 4 bis 6 vorgestellt.
- **Die Leser sind mit Hilfe von SmartPLS in der Lage, den PLS-SEM-Algorithmus anzuwenden.** Das Unternehmensreputationsbeispiel und die für dieses Buch zur Verfügung stehenden Daten stellen die Basis zur Illustration der Analysen mit Hilfe von SmartPLS dar. Ausgewählte Menüoptionen leiten den Leser bei der Wahl der für die Ausführung des PLS-SEM-Algorithmus nötigen Algorithmuseinstellungen an. Die Ergebnisberichte erlauben uns

zu überprüfen, ob der Algorithmus konvergiert ist (d. h., dass das Stopp-Kriterium erreicht wurde und nicht die maximale Anzahl Iterationen) und ermöglichen eine Beurteilung der ersten Ergebnisse für die Gewichte, Ladungen, Pfadkoeffizienten im Strukturmodell und R^2-Werte. In den folgenden Kapiteln werden weitere Evaluationskriterien für fortgeschrittene Analysen diskutiert.

Wiederholungsfragen

1. Beschreiben Sie die Funktionsweise des PLS-SEM-Algorithmus.
2. Erklären Sie die Algorithmuseinstellungen, die Sie verwenden würden (z. B. Stoppregeln, Gewichtungsschema).
3. Wann wird der gewichtete PLS-SEM-Algorithmus (WPLS) verwendet?
4. Welche zentralen Ergebnisse werden zur Verfügung gestellt, nachdem der PLS-SEM-Algorithmus konvergiert ist?

Weiterführende Fragen

1. Diskutieren Sie, welchen Annahmen dem sogenannten PLS-SEM-Bias zugrunde liegen.
2. Können CB-SEM Ergebnisse auch verzerrt sein? Diskutieren Sie dieses Thema unter besonderer Berücksichtigung von faktor- und composite-basierten Daten.
3. Wann verwenden Sie Mode A oder Mode B für die Schätzung der Konstruktwerte in PLS-SEM?

Empfohlene Literatur

Becker, J.-M., Ismail, I. R., 2016: Accounting for sampling weights in PLS path modeling: Simulations and empirical examples, European Management Journal, 34, 606–617.

Cheah, J.-H., Roldán, J. L., Ciavolino, E., Ting, H., Ramayah, T., 2021: Sampling weight adjustments in partial least squares structural equation modeling: Guidelines and illustrations, Total Quality Management & Business Excellence, 32, 1594–1613.

Evermann, J., Tate, M., 2016: Assessing the predictive performance of structural equation model estimators, Journal of Business Research, 69, 4565–4582.

Hair, J. F., Ringle, C. M., Sarstedt, M., 2011: PLS-SEM: Indeed a silver bullet, Journal of Marketing Theory and Practice, 19, 139–151.

Hair, J. F., Sarstedt, M., Ringle, C. M., 2019: Rethinking some of the rethinking of partial least squares, European Journal of Marketing, 53, 566–584.

Hanafi, M., Dolce, P., El Hadri, Z., 2021: Generalized properties for Hanafi–Wold's procedure in partial least squares path modeling, Computational Statistics, 36, 603–614.

Hwang, H., Sarstedt, M., Cheah, J.-H., Ringle, C. M., 2020: A concept analysis of methodological research on composite-based structural equation modeling: Bridging PLSPM and GSCA, Behaviormetrika, 47, 219–241.

Marcoulides, G. A., Chin, W. W., 2013: You write, but others read: Common methodological misunderstandings in PLS and related methods, in H. Abdi, W. W. Chin, V. Esposito Vinzi, G. Russolillo, L. Trinchera (Hrsg.), New perspectives in partial least squares and related methods, New York: Springer, 31–64.

Rigdon, E. E., 2012: Rethinking partial least squares path modeling: In praise of simple methods, Long Range Planning, 45, 341–358.

Rigdon, E. E., Sarstedt, M., Ringle, C. M., 2017: On comparing results from CB-SEM and PLS-SEM: Five perspectives and five recommendations, Marketing ZFP, 39, 4–16.

Sarstedt, M., Cheah, J.-H., 2019: Partial least squares structural equation modeling using SmartPLS: A software review, Journal of Marketing Analytics, 7, 196–202.

Sarstedt, M., Hair, J. F., Ringle, C. M., Thiele, K. O., Gudergan, S. P., 2016b: Estimation issues with PLS and CBSEM: Where the bias lies!, Journal of Business Research, 69, 3998–4010.

Tenenhaus, M., Esposito Vinzi, V., Chatelin, Y.-M., Lauro, C., 2005: PLS path modeling, Computational Statistics & Data Analysis, 48, 159–205.

Yuan, K.-H., Wen, Y., & Tang, J. (2020). Regression Analysis with Latent Variables by Partial Least Squares and Four Other Composite Scores: Consistency, Bias and Correction. *Structural Equation Modeling: A Multidisciplinary Journal, 27*(3), 333-350. https://doi.org/10.1080/10705511.2019.1647107

Kapitel 4

Gütebeurteilung von PLS-SEM-Ergebnissen (Teil I)

Evaluation reflektiv spezifizierter Messmodelle

Lernziele

1. Die Leser können einen umfassenden Überblick über die Evaluation von Messmodellen (Schritt 5 des systematischen Vorgehens) geben.
2. Die Leser können die Evaluation reflektiv spezifizierter Messmodelle erläutern (Schritt 5a).
3. Die Leser sind mit Hilfe von SmartPLS in der Lage, die Gütebeurteilung reflektiv spezifizierter Messmodelle durchzuführen.

Kapitelüberblick

Nachdem wir gelernt haben, wie man ein PLS-Pfadmodell aufbaut und schätzt, geht es nun darum, die Güte der gewonnenen Ergebnisse zu beurteilen. Dazu beschreiben wir zunächst die primären Güte- bzw. Evaluationskriterien und ihre systematische Anwendung auf PLS-Pfadmodelle. Im Anschluss daran konzentrieren wir uns auf die Evaluation **reflektiv spezifizierter Messmodelle**. Dazu liefert uns das PLS-Pfadmodell zur Unternehmensreputation ein Fallbeispiel, mit dessen Hilfe wir die Anwendung der relevanten **Evaluationskriterien** sowie deren geeignete Auswertung aufzeigen. Einen tieferen Einblick in die Gütebeurteilung formativ spezifizierter Messmodelle sowie schließlich des Strukturmodells liefern Kapitel 5 (zur Evaluation formativ spezifizierter Messmodelle) und Kapitel 6 (zur Evaluation des Strukturmodells).

Schritt 5: Evaluation der Messmodelle

Die Schätzung des Modells liefert uns empirische Messgrößen zur Beurteilung der Beziehungen sowohl zwischen den Indikatoren und den Konstrukten (Messmodelle) als auch zwischen den verschiedenen Konstrukten (im Strukturmodell). Diese Messgrößen erlauben es uns zu überprüfen, inwiefern die theoretisch angenommenen Mess- und Strukturmodelle durch die empirisch geschätzten Ergebnisse abgebildet werden. Die Modellbewertung erfolgt in zwei Schritten (siehe Abbildung 4.1), wobei zunächst die Messmodelle (Schritt 5 des PLS-SEM-Anwendungsprozesses) und anschließend das Strukturmodell (Schritt 6) bewertet werden.

Die Gütebeurteilung der PLS-SEM konzentriert sich zunächst auf die Messmodelle (Chin, 2010; Roldán & Sánchez-Franco, 2012; Tenenhaus et al., 2005). Hair et al. (2020a) fassen den Prozess und die Bewertungen in dieser Phase unter dem Begriff der konfirmatorischen Composite-Analyse (Confirmatory Composite Analysis, CCA) zusammen. Die Evaluation der mit Hilfe der PLS-SEM ermittelten Schätzwerte erlaubt uns, die **Reliabilität** und **Validität** der Konstrukte bzw. ihrer Messmodelle zu beurteilen (Abbildung 4.1). Eine multivariate Messung bezieht mehrere Variablen (sogenannte Multi-Items) in die Messung eines Konstrukts ein. Ein Beispiel für eine solche multivariate Messung über multiple Items ist das Konstrukt Kundenloyalität in unserem Modell zur Unternehmensreputation.

Die grundsätzliche Idee hinter einer Multi-Item-Messung (d. h. der Verwendung mehrerer Indikatorvariablen zur Messung eines Konstrukts) vs. einer Single-Item-Messung (d. h. der Verwendung nur einer Indikatorvariablen zur Messung eines Konstrukts) ist es, eine höhere Präzision durch Reduzierung

Schritt 5: Evaluation der Messmodelle	
Schritt 5a: Reflektiv spezifizierte Messmodelle	**Schritt 5b: Formativ spezifizierte Messmodelle**
• Indikatorreliabilität • Interne-Konsistenz-Reliabilität (Cronbachs Alpha, Composite-Reliabilität ρ_C, Composite-Reliabilität ρ_A) • Konvergenzvalidität (durchschnittlich erfasste Varianz (AVE)) • Diskriminanzvalidität (Heterotrait-Monotrait (HTMT)-Verhältnis)	• Konvergenzvalidität • Kollinearität zwischen den Indikatoren • Höhe und Signifikanz der Gewichte
Schritt 6: Evaluation des Strukturmodells	
• Kollinearität (VIF) • Relevanz und Signifikanz der Pfadkoeffizienten • Erklärungskraft (Bestimmtheitsmaß; R^2-Wert) • Vorhersagekraft ($PLS_{predict}$ und CVPAT) • Modellvergleiche	

Abbildung 4.1 Systematische Evaluation der PLS-SEM-Ergebnisse

des Messfehlers zu erreichen. Die erwartete Verbesserung der Genauigkeit der Messung beruht auf der Annahme, dass die Verwendung mehrerer Indikatorvariablen mit einer größeren Wahrscheinlichkeit zu einer besseren Repräsentation des zu messenden Konstrukts in all seinen Facetten führen wird. Dennoch wird die Messung auch bei der Verwendung multipler Items sehr wahrscheinlich einen gewissen Messfehler enthalten. Für diesen Messfehler kann es in der empirischen Sozialforschung mehrere Ursachen geben (etwa die unzutreffende Formulierung von Fragen, Missverständnisse bei der Skalierung, eine nicht korrekte Anwendung des statistischen Instrumentariums), die alle zu einem Zufalls- und/oder systematischen Fehler führen. Das Ziel besteht also in der weitest möglichen Reduktion dieses Messfehlers. Ein multivariater Messansatz erlaubt uns, diesen Messfehler besser zu identifizieren und ihn schließlich bei der Ergebnisinterpretation zu berücksichtigen.

Der **Messfehler** ist die Differenz zwischen dem (unbekannten) wahren Wert einer Variablen und dem empirisch ermittelten Messwert. Somit ist der empirische Messwert x_m gleich dem wahren Wert einer Variable x_t plus Messfehler. Der Messfehler ($\varepsilon = \varepsilon_r + \varepsilon_s$) kann zum einen durch Zufall entstanden sein (sogenannter Zufallsfehler ε_r), was die Reliabilität der Messung gefährdet, zum anderen systematisch entstanden sein (sogenannter systematischer Fehler ε_s), was die Validität der Messung gefährdet. Diese Beziehung kann wie folgt ausgedrückt werden:

$$x_m = x_t + \varepsilon_r + \varepsilon_s.$$

In Abbildung 4.2 erklären wir den Unterschied zwischen **Reliabilität** und **Validität** über den Vergleich von drei Zielscheiben, deren Mitte jeweils den wahren zu ermittelnden Wert repräsentiert. Wiederholte empirische Messungen (z. B.

der Kundenzufriedenheit mit einer bestimmten Dienstleistung) sind in dieser Bilderwelt mit Pfeilen vergleichbar, mit denen auf die Zielschreibe geschossen wird. Zur Ermittlung des Wertes haben wir fünf Messungen (illustriert durch die schwarzen Punkte) vorgenommen. Der mittlere Wert dieser Messungen ist durch ein Kreuz dargestellt. Validität ist dann erreicht, wenn das Kreuz möglichst in der Mitte der Zielscheibe liegt. Je dichter der durchschnittliche Wert der Messungen (schwarzes Kreuz in Abbildung 4.2) an dem wahren Wert liegt, desto höher ist die Validität. Wenn mehrere Pfeile abgeschossen bzw. mehrere Messungen durchgeführt werden, verstehen wir Reliabilität als die Distanz zwischen den Punkten, die angeben, wo die Pfeile die Zielscheibe getroffen haben. Wenn alle Punkte dicht beieinander liegen ist die Messung reliabel, auch wenn die Punkte nicht notwendigerweise dicht an der Mitte der Zielschreibe liegen. Das entspricht der Darstellung im oberen linken Quadranten, welcher das Szenario einer reliablen, aber nicht validen Messung repräsentiert. Im oberen rechten Quadranten haben wir eine reliable und valide Messung abgetragen. Im unteren linken Quadranten ist eine Situation dargestellt, in der die Messung weder reliabel noch valide ist: Die wiederholten Messungen (Punkte) sind weit verteilt und der durchschnittliche Wert (Kreuz) ist nicht dicht an der Mitte der Zielscheibe. Selbst wenn der durchschnittliche Wert dem wahren Wert entsprechen würde (d.h. das Kreuz in der Mitte der Zielscheibe läge), würden wir nicht von einer validen Messung sprechen. Der Grund dafür ist, dass eine nicht reliable Messung niemals valide sein kann (Sarstedt & Mooi, 2019; Kapitel 3). Wenn wir die Messung wiederholen, zum Beispiel fünf weitere Male, würde der Zufallsfehler sehr wahrscheinlich unser Kreuz in eine andere Position lenken. Damit ist Reliabilität eine notwendige Voraussetzung für Validität. Dies

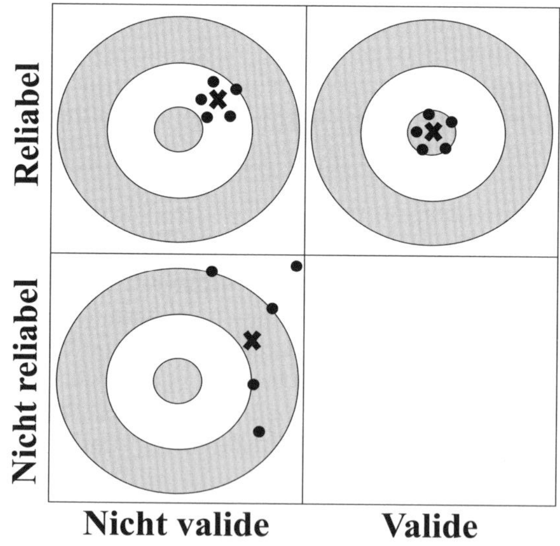

Abbildung 4.2 Reliabilität und Validität

Quelle: Sarstedt & Mooi, 2019. Nachdruck mit freundlicher Genehmigung durch Springer Science+Business Media.

erklärt auch, warum das Szenario im unteren rechten Quadranten, das auf eine nicht reliable, aber valide Messung hinweist, nicht möglich ist.

Bei der Evaluation der Messmodelle müssen wir zwischen reflektiv und formativ spezifizierten Konstrukten unterscheiden (Kapitel 2). Die beiden Arten von Messmodellen basieren auf verschiedenen Ansätzen und erfordern daher die Betrachtung unterschiedlicher Gütekriterien. Reflektiv spezifizierte Messmodelle werden anhand ihrer Indikatorreliabilität, Internen-Konsistenz-Reliabilität, Konvergenzvalidität und Diskriminanzvalidität evaluiert. Diese Kriterien zur Prüfung reflektiv spezifizierter Messmodelle können in dieser Form nicht vollständig auf formativ spezifizierte Messmodelle angewendet werden. Bei formativ spezifizierten Messmodellen besteht der erste Schritt in der Prüfung und Sicherstellung der Inhaltsvalidität, bevor es an die Sammlung von Daten und die Schätzung in einem PLS-Pfadmodell geht. Nach der Schätzung des Modells werden formative Messmodelle hinsichtlich der Konvergenzvalidität, der Kollinearität zwischen den Indikatoren sowie der Signifikanz und Höhe der Indikatorgewichte evaluiert (siehe Abbildung 4.1).

Sofern das PLS-Pfadmodell ein **Single-Item-Konstrukt** enthält, ist besondere Aufmerksamkeit geboten (Kapitel 2). Für Single-Item-Konstrukte sind die Kriterien für die Bewertung von reflektiven und formativen Messmodellen nicht anwendbar. Bei einem Single-Item-Konstrukt ist die Beziehung zwischen dem Konstrukt und seinem (einzigen) Item per Definition 1, und die resultierenden Konstruktwerte sind identisch mit den Werten des einzelnen Items. Um diese Konstrukte dennoch auf Reliabilität und Validität zu überprüfen, müssen wir uns auf Hilfsgrößen (sogenannte Proxies) oder unterschiedliche Ansätze der Validitätsprüfung verlassen. Wir können ein Single-Item zum Beispiel mit Hilfe der Kriteriumsvalidität evaluieren, indem wir es mit einer etablierten und validen Kriteriumsvariablen korrelieren. Die dabei resultierende Korrelation vergleichen wir dann mit der Korrelation, die sich ergibt, wenn das Konstrukt durch multiple Items gemessen wird (siehe z. B. Diamantopoulos et al., 2012). In puncto Reliabilität wird in der Forschung zumeist darauf hingewiesen, dass man die Reliabilität von Single-Items nicht anhand etablierter Techniken, wie der Faktorenanalyse oder der Formel zur Attenuationskorrektur überprüfen kann (siehe z. B. Sarstedt & Wilczynski, 2009). Sämtliche dieser Verfahren erfordern, dass beide Messungen, also sowohl die Multi-Item- als auch die Single-Item-Messung, in der durchgeführten Befragung enthalten sind. Damit sind diese Analysen im Wesentlichen dann von Interesse, wenn es darum geht, in einem Pretest oder in einer Pilotstudie zu prüfen, ob eine Multi-Item-Messung eines Konstrukts durch eine Single-Item-Messung ersetzt werden kann. Hierbei müssen wir jedoch festhalten, dass aktuelle Forschungen nahelegen, dass die Reliabilität und Validität von Single-Item-Messungen sehr stark vom jeweiligen Kontext abhängig ist, so dass die Prüfung auch in Pretests und Pilotstudien problematisch erscheint (Sarstedt et al., 2016a).

Die Schätzergebnisse des Strukturmodells werden erst dann geprüft, wenn wir die Reliabilität und Validität unserer Messmodelle sichergestellt haben. Wenn also die Prüfung der reflektiven (Schritt 5a) und formativen (Schritt 5b; Kapitel 5) Messmodelle bestätigt, dass die Qualität der Operationalisierung unserer Konstrukte zufriedenstellend ist, steigen wir in die Prüfung des Strukturmodells in Schritt 6 ein (siehe Kapitel 6). Im Rahmen der Gütebeurteilung des Strukturmodells wird im PLS-SEM Kontext untersucht, inwieweit das Modell in der Lage ist, die Varianz in den abhängigen Variablen zu erklären bzw. vorherzusagen (d. h. die Erklärungs- und Vorhersagekraft des Modells, Chin et al., 2020). Die primären Gütekriterien für PLS-SEM-Ergebnisse sind dabei die Relevanz und Signifikanz der Pfadkoeffizienten, das Bestimmtheitsmaß (R^2; Gefen et al., 2011) sowie die Ergebnisse der $PLS_{predict}$- und CVPAT-Verfahren (Shmueli et al., 2016; Sharma et al., 2023) (siehe Abbildung 4.1).

Die CB-SEM stützt sich ebenfalls auf mehrere dieser Kriterien. Darüber hinaus liefert sie diverse Maße zur Beurteilung des Modellfits, die auf der Diskrepanz zwischen der empirischen Kovarianzmatrix und der vom Modell implizierten (theoretischen) Kovarianzmatrix basieren. Da die PLS-SEM Varianzen statt Kovarianzen zur Bestimmung einer optimalen Lösung verwendet, sind kovarianzbasierte Gütemaße nicht ohne Einschränkungen auf den PLS-SEM-Kontext übertragbar. Für eine detaillierte Diskussion sei an dieser Stelle auf Kapitel 6 und insbesondere Abbildung 6.2 verwiesen. Fit-Maße in der PLS-SEM sind im Allgemeinen varianzbasiert und konzentrieren sich auf die Diskrepanz zwischen den beobachteten (im Falle manifester Variablen) oder approximierten (im Falle latenter Variablen) Werten der abhängigen Variablen und den durch das jeweilige Modell vorhergesagten Werten.

Die Bewertung von Modellen in einem composite-basierten SEM-Ansatz wie PLS wird auch als **konfirmatorischen Composite-Analyse** (Confirmatory Composite Analysis, CCA) bezeichnet. Analog zur konfirmatorischen Faktorenanalyse (Weiber & Sarstedt, 2021), mit deren Hilfe die faktorielle Struktur von beobachteten Variablen geprüft werden kann, besteht das Ziel der CCA darin, die Qualität der composite-basierten Messung eines theoretischen Konzepts zu überprüfen. Als solches ist der CCA-Ansatz nicht ausschließlich an die PLS-SEM gebunden, sondern kann prinzipiell auf alle composite-basierten SEM-Methoden angewendet werden, einschließlich der Generalisierten Strukturierten Komponentenanalyse (Generalized Structured Component Analysis, GSCA; Hwang & Takane, 2004; siehe auch Hwang et al., 2020) und der Regularisierten Generalisierten Kanonischen Korrelationsanalyse (Regularized Generalized Canonical Correlation Analysis, GCCA; Tenenhaus & Tenenhaus, 2011). Die CCA unterscheidet sich von der konfirmatorischen Faktorenanalyse dadurch, dass ihr statistisches Ziel darin besteht, die aus den exogenen Variablen extrahierte Varianz zu maximieren und damit die Vorhersage und Bestätigung der endogenen Konstrukte zu erleichtern. Die CCA ermöglicht es somit, die Maße innerhalb eines nomologischen Netzwerks zu validieren. Wie bei allen statistischen Verfahren haben Forscher unterschiedliche Auffassungen davon, was eine CCA ausmacht. Wir skizzieren diese unterschiedlichen Standpunkte in Abbildung 4.3 (siehe auch Crittenden et al., 2020 und Manley et al., 2020).

Forscher haben verschiedene Ansätze für die Durchführung einer CCA vorgeschlagen, wobei die Ansichten zum Teil stark voneinander abweichen. Der Ansatz von Schuberth et al. (2018) stützt sich ausschließlich auf Tests der Gesamtanpassung des Modells und auf Fit-Indizes, wie sie üblicherweise in konfirmatorischen Faktorenanalysen verwendet werden. Laut Aussage der Autoren besteht das Ziel ihres Ansatzes darin zu testen, ob ein Artefakt in einem Modell „nützlich" ist (Schuberth et al., 2018, S. 12). Fraglich ist hierbei jedoch, inwiefern ein Test eruieren kann, ob ein Artefakt „nützlich" ist. Dieser Gedanke ist aus wissenschaftsphilosophischer und messtheoretischer Sicht schwer zu verteidigen.
Darüber hinaus muss jedes Composite mit mindestens einem anderen Composite oder einer Variablen, die kein Composite ist, verbunden sein, damit das Modell identifiziert werden kann (Schuberth et al., 2018, S. 5). Dies unterscheidet die CCA von der konfirmatorischen Faktorenanalyse, die eine unabhängige Beurteilung von Konstrukten im Rahmen eines Faktorenmodells ermöglicht. Folglich hängt die Validität eines Composites, wie sie in der CCA bewertet wird, von dem nomologischen Netzwerk ab, in das es eingebettet ist (Henseler & Schuberth, 2020). Eine Veränderung des Modells verändert die Validitätseigenschaften des Composites (Kapitel 3). Die Notwendigkeit, Composites in einem nomologischen Netzwerk zu validieren, bedeutet, dass dasselbe Composite in einem Modell gut passen kann, in einem anderen jedoch nicht. Dies lässt Zweifel an der Auffassung von Schuberth et al. (2018) aufkommen, dass die CCA das Gegenstück zu einer konfirmatorischen Faktorenanalyse für Composite-Modelle ist.
Hair et al. (2020a) hingegen argumentieren, dass ein CCA-Prozess dem klassischen Modellbewertungsprozess folgen sollte, wie er in diesem Buch beschrieben ist. Das bedeutet, dass zunächst die Qualität der reflektiven (siehe folgende Abschnitte) und formativen Messmodelle (Kapitel 5) bewertet werden sollte. Wenn diese den empfohlenen Richtlinien entsprechen, ist der nächste Schritt die Bewertung der Qualität des Strukturmodells (Kapitel 6). Im Gegensatz zu Schuberth et al. (2018) spielen Modell-Fit-Indizes im Ansatz von Hair et al. (2020a) keine Rolle, da konzeptionelle Bedenken hinsichtlich ihrer Anwendbarkeit in einem composite-basierten SEM-Kontext und ihrer fragwürdigen Leistungsfähigkeit bestehen (z. B. Hair et al., 2019d). Aktuelle Forschungsarbeiten zur Eignung von Model-Fit-Indizes zeigen jedoch, dass diese Maße in der Lage sind, bestimmte Typen von Modellfehlspezifikationen aufzudecken (Schuberth et al., 2023). Für deren routinemäßigen Einsatz ist allerdings weitere Forschung notwendig.

Abbildung 4.3 Konfirmatorische Composite-Analyse

Die Prüfung der Ergebnisse einer PLS-SEM kann darüber hinaus noch um weiterführende fortgeschrittenere Analysemethoden, wie die Prüfung von mediierenden und moderierenden Effekten, ergänzt werden. Diese werden wir in Kapitel 7 diskutieren. Darüber hinaus wurde in den letzten Jahren eine Vielzahl weiterer fortgeschrittener Analyseoptionen entwickelt. Diese umfassen beispielsweise

- Importance-Performance-Matrizen (PLS-IPMA; z. B. Ringle & Sarstedt, 2016),
- Untersuchung von notwendigen Bedingungen (Richter et al., 2020),
- Schätzung von hierarchischen Komponentenmodellen (z. B. Becker et al., 2012; Sarstedt et al., 2019),
- Prüfung des gewählten Messmodells durch die Anwendung einer konfirmatorischen Tetrad-Analyse (CTA-PLS; Gudergan et al., 2008),

- Berücksichtigung von Endogenität (Hult et al., 2018),
- Betrachtung von Heterogenität (z. B. Becker et al., 2013b; Matthews, 2017),
- Verwendung von Daten aus diskreten Entscheidungsexperimenten in PLS-SEM (Hair et al., 2019b),
- Kombination von PLS-SEM mit agentenbasierten Simulationen (Schubring et al., 2016) und
- Kombination von PLS-SEM mit Machine Learning-Algorithmen (Richter & Tudoran, 2024).

In Kapitel 8 gehen wir auf viele dieser Verfahren näher ein. Darüber hinaus bieten Hair et al. (2024) ausführliche Erläuterungen zu diesen und weiteren fortgeschrittenen Themen in der PLS-SEM. Die Zielsetzung dieser zusätzlichen Analysen ist, die Basisschätzungen des PLS-Pfadmodells zu erweitern und die Ergebnisse differenzierter zu betrachten. Einige dieser weiteren Analysen sind dabei für ein vollständiges Verständnis der PLS-SEM-Ergebnisse notwendig (beispielsweise die Prüfung von unbeobachteter Heterogenität oder die Prüfung auf signifikante Unterschiede zwischen Subgruppen), wohingegen andere einen optionalen Charakter haben.

Die wichtigsten Faustregeln zur Gütebeurteilung von PLS-SEM-Ergebnissen sind in Abbildung 4.4 zusammengetragen. In den nachfolgenden Abschnitten werden wir die Evaluation reflektiv spezifizierter Messmodelle (Schritt 5a) näher beleuchten. Kapitel 5 widmet sich dann der Evaluation der formativ-spezifizierten Messmodelle (Schritt 5b) und Kapitel 6 befasst sich mit der Evaluation des Strukturmodells.

- Die Modellbewertung in PLS-SEM zielt in erster Linie darauf ab, die Reliabilität und Validität der Konstrukte zu bewerten.
- Der Evaluationsprozess beginnt mit der Prüfung der Qualität der reflektiven und formativen Messmodelle (spezifische Faustregeln zur Prüfung reflektiv spezifizierter Messmodelle folgen später in diesem Kapitel; Kapitel 5 liefert selbige für formativ spezifizierte Messmodelle).
- Die Standardkriterien der Modellevaluation gelten nicht für Single-Item-Konstrukte.
- Wenn die Kriterien für die Messmodelle erfüllt sind, wird geprüft, ob das Strukturmodell zufriedenstellende Ergebnisse bei der Erklärung und Vorhersage der Zielkonstrukte liefert. Die Pfadkoeffizienten sollten statistisch signifikant und aussagekräftig sein. Darüber hinaus sollten die Erklärungskraft (R^2) und die Vorhersagekraft ($PLS_{predict}$- und CVPAT-Verfahren) des Modells in Bezug auf die Zielvariablen überprüft werden (Kapitel 6 zeigt hierzu spezifische Richtlinien auf).
- Weiterführende Analysen, die die anfänglichen PLS-SEM-Ergebnisse erweitern und ein differenzierteres Bild erlauben, können notwendig sein, um ein korrektes Verständnis über die Ergebnislage zu gewinnen (siehe hierzu Kapitel 7 und Kapitel 8).

Abbildung 4.4 Faustregeln zur Gütebeurteilung von PLS-SEM-Ergebnissen

Schritt 5a: Evaluation reflektiv spezifizierter Messmodelle

Die Prüfung reflektiver Messmodelle umfasst die Evaluation der Reliabilität der Messungen sowohl auf der Ebene der Indikatoren (Indikatorreliabilität) als auch auf der Ebene der Konstrukte (Interne-Konsistenz-Reliabilität). Die Bewertung der Validität konzentriert sich auf die Evaluation von zwei Arten der Validität. Die erste ist die Konvergenzvalidität jeder Messung unter Verwendung der durchschnittlich erfassten Varianz. Die zweite ist die Diskriminanzvalidität, welche auf Basis der Indikatorkorrelationen im Modell evaluiert wird. In den folgenden Abschnitten gehen wir auf jedes dieser Kriterien zur Evaluation von reflektiv spezifizierten Messmodellen näher ein.

Indikatorreliabilität

Der erste Schritt bei der Bewertung eines reflektiven Messmodells besteht in der Analyse der äußeren Ladungen der Indikatoren. Hohe Ladungen auf ein Konstrukt deuten darauf hin, dass die assoziierten Indikatoren viel von dem gemeinsam haben, was durch das Konstrukt zum Ausdruck kommen soll. Die Höhe der Ladungen wird daher oft als **Indikatorreliabilität** bezeichnet. Als Minimalanforderung gilt, dass die Ladungen aller Indikatoren statistisch signifikant sein sollten. Da eine signifikante Ladung immer noch recht schwach sein kann, ist eine gängige Faustregel, dass die standardisierten Ladungen 0,708 oder höher sein sollten. Die Logik hinter dieser Faustregel wird verständlich, wenn wir die **Kommunalität** des Items, d. h. die quadrierte Ladung eines standardisierten Indikators betrachten. Diese repräsentiert, wieviel der Varianz eines Items durch das Konstrukt erklärt wird. In der Literatur wird üblicherweise gefordert, dass eine latente Variable einen substanziellen Anteil der Varianz jedes Indikators erklären sollte, für gewöhnlich mindestens 50 %. Das impliziert, dass die Varianz, die das Konstrukt und der Indikator sich teilen, höher als die Varianz des Messfehlers ist. Damit sollte die Indikatorladung über 0,708 sein, da sich durch Quadrieren dieser Ladung eine Kommunalität von 50 % ergibt ($0{,}708^2 = 0{,}5$). Hierbei ist anzumerken, dass in den meisten Fällen 0,700 als dicht genug an 0,708 angesehen wird und damit oft als akzeptabler Grenzwert Anwendung findet.

Forscher sind in sozialwissenschaftlichen Studien oft mit schwächeren Ladungen (< 0,70) konfrontiert, insbesondere, wenn sie neu entwickelte Skalen nutzen (Hulland, 1999). Bevor man also beginnt, Indikatoren aufgrund geringer Ladung (unter 0,70) automatisch zu eliminieren, sollte man die Auswirkungen der Entnahme von Indikatoren auf die Reliabilität und die Inhaltsvalidität des Konstrukts sorgfältig prüfen. Generell gilt, dass Indikatoren mit Ladungen zwischen 0,40 und 0,70 nur dann von der Skala entfernt werden sollten, wenn ihre Elimination zu einer Steigerung der Reliabilität (oder der durchschnittlich erfassten Varianz; siehe nächster Abschnitt) über den vorgesehenen Grenzwert führt. Weiterhin sollten bei der Entscheidung über eine mögliche Elimination eines Indikators stets auch die Auswirkungen auf die **Inhaltsvalidität** kritisch betrachtet werden. Indikatoren mit schwächeren Ladungen werden manchmal dennoch beibehalten, da sie einen entsprechenden Beitrag zur Inhaltsvalidität leisten. Indikatoren mit einer sehr geringen Ladung (unter 0,40) sollten jedoch immer aus der Konstruktmessung entfernt werden (Bagozzi et al., 1991; Hair et al., 2011b). Abbildung 4.5 visualisiert die Empfehlungen bezüglich der Elimination von Indikatoren auf Basis ihrer Ladungen.

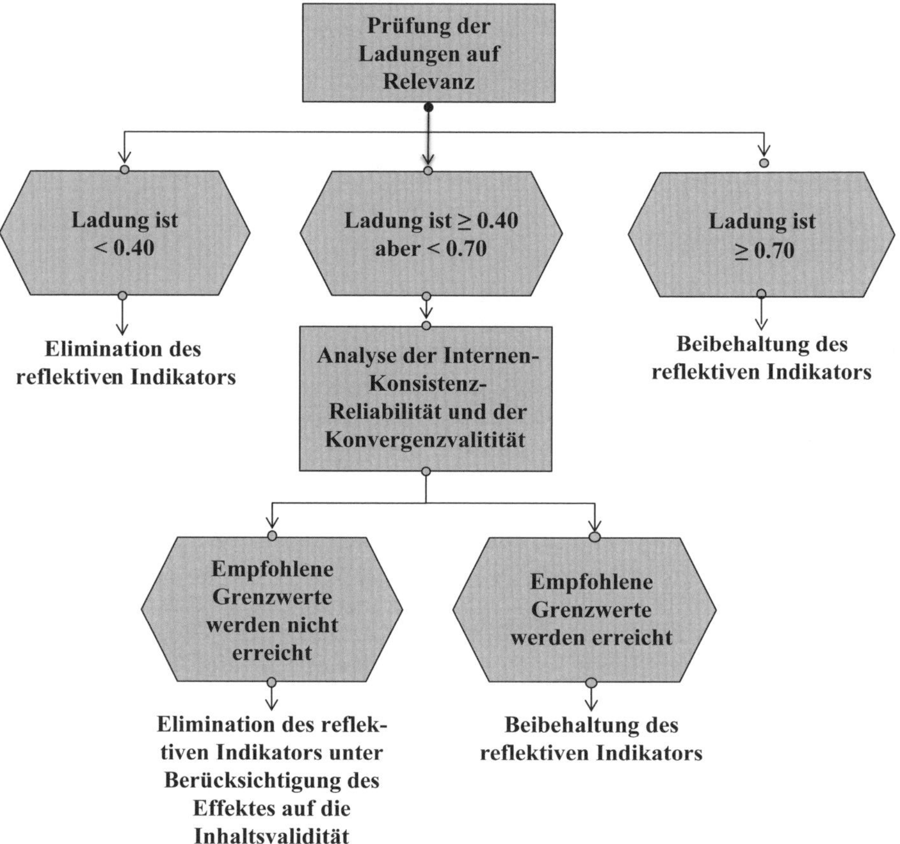

Abbildung 4.5 Prüfung der Ladungen auf Relevanz

Interne-Konsistenz-Reliabilität

Zunächst wird typischerweise die **Interne-Konsistenz-Reliabilität** evaluiert. Die hierfür traditionell verwendete Kennzahl ist **Cronbachs Alpha,** welche uns eine Einschätzung der Reliabilität auf Basis der Interkorrelationen zwischen den beobachteten Indikatorvariablen ermöglicht. Cronbachs Alpha ist wie folgt definiert:

$$\text{Cronbachs } \alpha = \left(\frac{M}{M-1}\right) \cdot \left(1 - \frac{\sum_{t=1}^{M} s_i^2}{s_t^2}\right)$$

In der gegebenen Formel repräsentiert s_i^2 die Varianz der Indikatorvariablen *i* eines spezifischen Konstrukts, welches über *M* Indikatoren (*i* = 1, …, *M*) gemessen wird und s_t^2 ist die Gesamtvarianz aller *M* Indikatoren des Konstrukts. Eine Schwäche von Cronbachs Alpha ist die Annahme, dass alle Indikatoren des Konstrukts gleich reliabel sind, d. h. alle Indikatoren haben die gleiche äußere Ladung (im Folgenden nur als Ladung bezeichnet) auf das Konstrukt. Zudem reagiert Cronbachs Alpha auf die Anzahl der Items einer Skala und tendiert dazu, die wahre Interne-Konsistenz-Reliabilität zu unterschätzen. Damit kann es eher als konservativeres Maß zur Evaluation der Internen-Konsistenz-Reliabilität angesehen werden.

Aufgrund dieser Limitationen von Cronbachs Alpha ist es methodisch sinnvoller eine andere Prüfgröße zur Evaluation der Internen-Konsistenz-Reliabilität anzuwenden, welche als **Composite-Reliabilität** ρ_C bezeichnet wird (und in der deutschsprachigen Literatur z. T. auch unter dem Begriff Faktorreliabilität geführt wird). Diese Kennzahl berücksichtigt unterschiedliche **Ladungen** der Indikatorvariablen und wird anhand folgender Formel berechnet:

$$\rho_c = \frac{\left(\sum_{i=1}^{M} l_i\right)^2}{\left(\sum_{i=1}^{M} l_i\right)^2 + \sum_{i=1}^{M} var(e_i)},$$

wobei l_i die standardisierten Ladungen der Indikatorvariablen *i* eines spezifischen Konstrukts symbolisiert, welches mit *M* Indikatoren gemessen wird; e_i ist der Messfehler der Indikatorvariablen *i* und $var(e_i)$ bezeichnet die Varianz des Messfehlers, welcher wie folgt definiert ist: $1 - l_i^2$.

Cronbachs Alpha und die Composite-Reliabilität sind zwischen 0 und 1 definiert, wobei höhere Werte eine höhere Reliabilität anzeigen. Werte zwischen 0,60 und 0,70 gelten in explorativen Forschungsprojekten als akzeptabel, wohingegen in weiter fortgeschrittenen Phasen der Forschung Werte zwischen 0,70 und 0,90 als zufriedenstellend angesehen werden. Werte über 0,90 (und auf jeden Fall über 0,95) sind nicht wünschenswert, da sie darauf hinweisen, dass alle Indikatoren das gleiche Phänomen messen und damit keine valide Messung des Konstrukts ermöglichen. Solche Werte treten oft auf, wenn Forscher semantisch redundante Items dadurch erzeugen, dass sie die gleiche Frage leicht abgewandelt mehrmals in die Befragung integrieren. Da die Verwendung redundanter Items nachteilige Effekte für die Inhaltsvalidität des Konstrukts haben (siehe z. B. Rossiter, 2002) und zu stark korrelierten Fehlertermen führen kann (Drolet & Morrison, 2001; Hayduk & Littvay, 2012), sind Forscher angehalten, die Anzahl redundanter Indikatoren in ihren Befragungsdesigns zu minimieren. Schließlich deuten Werte von unter 0,60 auf einen Mangel an Interner-Konsistenz-Reliabilität hin.

Während Cronbachs Alpha ein konservatives Reliabilitätsmaß ist, tendiert die Composite-Reliabilität dazu, die Interne-Konsistenz-Reliabilität zu überschätzen, was zu vergleichsweise hohen Reliabilitätsschätzungen führt. Der wahre Wert liegt in der Regel zwischen Cronbachs Alpha und der Composite-Reliabilität. Aufbauend auf Dijkstra (2010) haben nachfolgende Forschungen daher als Alternative die exakte (oder konsistenten) **Composite-Reliabilität** ρ_A vorgeschlagen (Dijkstra, 2014; Dijkstra & Henseler, 2015a), die wie folgt definiert ist:

$$\rho_A = (\hat{w}'\hat{w})^2 \cdot \frac{\hat{w}'\,(S\text{-}diag(S))\hat{w}}{\hat{w}'\,(\hat{w}\hat{w}'\text{-}diag(\hat{w}\hat{w}'))\hat{w}},$$

wobei $\hat{w}$ die Werte der äußeren Gewichte repräsentiert, *diag* die Diagonale der korrespondierenden Matrix, und S die Kovarianzmatrix der Stichprobe.

Das Reliabilitätsmaß ρ_A liegt in der Regel zwischen Cronbachs Alpha und der Composite-Reliabilität ρ_C. Daher wird es als guter Kompromiss zwischen diesen beiden Maßen angesehen (Hair et al., 2019c).

Konvergenzvalidität

Die **Konvergenzvalidität** ist das Ausmaß, in dem eine Messung positiv mit einer alternativen Messung desselben Konstrukts korreliert ist. Das sogenannte Domain-Sampling-Modell unterstellt, dass die Indikatoren eines reflektiven Konstrukts unterschiedliche (alternative) Ansätze zur Messung desselben Konstrukts sind. Daher sollten die Items, die die Indikatoren (oder Messgrößen) eines spezifischen Konstrukts ausmachen, konvergent sein oder anders ausgedrückt, einen hohen Anteil an Varianz teilen.

Ein übliches Gütekriterium für die Sicherstellung von Konvergenzvalidität auf Konstruktebene ist die **durchschnittlich erfasste Varianz** (Average Variance Extracted, AVE). Dieses Kriterium ist als der Mittelwert der quadrierten Ladungen aller mit dem Konstrukt zusammenhängenden Indikatoren (d. h. die Summe der quadrierten Ladungen geteilt durch die Anzahl der Indikatoren) definiert. Damit entspricht die AVE der **Kommunalität** eines Konstrukts. Die AVE wird anhand der folgenden Formel berechnet:

$$AVE = \frac{\left(\sum_{i=1}^{M} l_i^2\right)}{M}.$$

Hierbei symbolisiert l_i die standardisierten äußeren Ladungen der Indikatorvariablen *i* eines spezifischen Konstrukts, welches mit *M* Indikatoren gemessen wurde.

Unter Anwendung der gleichen Logik, die wir schon von der Prüfung der Indikatoren kennen, deutet eine AVE von 0,50 oder mehr darauf hin, dass das Konstrukt im Schnitt mehr als die Hälfte der Varianz seiner Indikatoren erklärt. Im Umkehrschluss weist eine AVE von weniger als 0,50 darauf hin, dass im Schnitt mehr Varianz auf Messfehler zurückgeht, als durch das Konstrukt erklärt werden kann.

Die AVE jedes reflektiv gemessenen Konstrukts sollte evaluiert werden. In dem Beispiel, das wir in Kapitel 2 eingeführt haben, benötigen wir also die AVE für die Konstrukte *COMP, CUSL* und *LIKE.* Für unser Single-Item-Konstrukt *CUSA* ist die AVE kein geeignetes Maß, da die Indikatorladung hier auf 1,00 fixiert ist.

Diskriminanzvalidität

Die **Diskriminanzvalidität** beschreibt das Ausmaß, in dem ein Konstrukt sich tatsächlich von anderen Konstrukten entlang empirischer Standards unterscheidet. Bei der Analyse der Diskriminanzvalidität geht es also darum sicherzustellen, dass ein Konstrukt empirisch eigenständig ist und damit ein einziges Konzept misst. Traditionell haben Forscher sich dazu auf das **Fornell-Larcker-Kriterium** verlassen. Dabei wird die Quadratwurzel der AVE mit den Korrelationen der latenten Variablen verglichen, wobei die Quadratwurzel der AVE jedes Konstrukts größer als seine höchste Korrelation mit irgendeinem anderen Konstrukt sein sollte. Die grundsätzliche Logik hinter dem Ansatz des Fornell-Larcker-Kriteriums ist die Forderung, dass ein Konstrukt mehr Varianz mit den ihm zugeordneten Indikatoren teilen sollte als mit jedem anderen Konstrukt.

Abbildung 4.6 illustriert diesen Ansatz. In dem gegebenen Beispiel betragen die Werte der AVE der Konstrukte Y_1 und Y_2 0,55 bzw. 0,65. Zur Bestimmung der AVE werden zunächst die Ladungen quadriert und dann ein einfacher Durchschnitt dieser quadrierten Ladungen berechnet. Für das erste Konstrukt Y_1 quadrieren wir beispielsweise 0,60, 0,70 und 0,90, was zu den Werten 0,36, 0,49 und 0,81 führt. Die Summe daraus ist 1,66 und der Durchschnitt damit 0,55 (1,66/3). Die Korrelation zwischen den Konstrukten Y_1 und Y_2 (die durch den Pfeil mit den zwei Spitzen zwischen den beiden Konstrukten dargestellt ist) beträgt 0,80. Quadrieren wir die Korrelation von 0,80 ($0{,}80^2 = 0{,}64$) ergibt sich, dass 64 % der Varianz jedes Konstrukts durch das andere Konstrukt erklärt wird. Damit erklärt Y_1 weniger Varianz seiner Indikatoren x_1 bis x_3 als es mit Y_2 teilt. Das impliziert schließlich, dass die beiden Konstrukte (Y_1 und Y_2), die eigentlich konzeptionell unterschiedlich sein sollten, sich empirisch nicht ausreichend abgrenzen. In diesem Beispiel ist damit keine Diskriminanzvalidität gegeben.

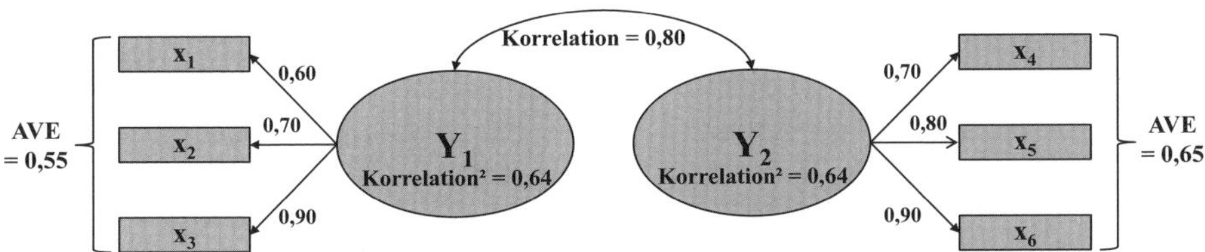

Abbildung 4.6 Darstellung des Fornell-Larcker-Kriteriums

Neuere Forschungsergebnisse lassen jedoch sowohl aus empirischen als auch aus konzeptionellen Gründen erhebliche Zweifel an der Leistungsfähigkeit des Fornell-Larcker-Kriteriums aufkommen (Franke & Sarstedt, 2019; Henseler et al., 2015). So zeigen Henseler et al. (2015), dass das Kriterium sehr schlecht performt, wenn sich die Indikatorladungen der betrachteten Konstrukte nur geringfügig unterscheiden (z. B. alle Indikatorladungen variieren zwischen 0,60 und 0,70) – wie es bei empirischen Anwendungen von PLS-SEM in der Regel der Fall ist. Wenn die Ladungen der Indikatoren stärker variieren, verbessert sich die Leistung des Fornell-Larcker-Kriteriums bei der Erkennung von Problemen mit der Diskriminanzvalidität, bleibt aber insgesamt eher schlecht. In empirischen Anwendungen gelingt es dem Fornell-Larcker-Kriterium daher häufig nicht, Probleme der Diskriminanzvalidität zuverlässig zu erkennen (Radomir & Moisescu, 2019).

Gleiches gilt für die Bewertung von **Kreuzladungen.** Entsprechend dieses Kriteriums sollte die Ladung eines Indikators auf sein assoziiertes Konstrukt höher als jede seiner Kreuzladungen (d. h. seiner Korrelationen) auf ein anderes Konstrukt sein. Henseler et al. (2015) zeigen, dass Kreuzladungen nicht in der Lage sind, selbst schwere Verletzungen der Diskriminanzvalidität aufzudecken, was dieses Kriterium für die angewandte Forschung unbrauchbar macht.

Um Abhilfe zu schaffen, schlagen Henseler et al. (2015) die Prüfung des **Heterotrait-Monotrait-Verhältnisses (HTMT)** der Indikatorkorrelationen vor. Das HTMT-Kriterium beschreibt das Verhältnis zwischen zwei Arten von Korrelationen: den Korrelationen zwischen den Indikatoren, die unterschiedliche Konstrukte messen (Between-Trait-Korrelation), und den Korrelationen zwischen Indikatoren, die jeweils ihr eigenes Konstrukt messen (Within-Trait-Korrelation). Genauer gesagt ist das HTMT der Mittelwert aller Indikatorkorrelationen, die jeweils unterschiedliche Konstrukte messen (d. h. die Heterotrait-Heteromethod-Korrelationen) in Relation zu dem (geometrischen) Mittel der durchschnittlichen Indikator-Korrelationen, die jeweils ihr eigenes Konstrukt messen (d. h. die Monotrait-Heteromethod-Korrelationen; eine formale Definition findet sich in Henseler et al., 2015). Technisch schätzt der HTMT-Ansatz den wahren Wert, den die Korrelation zwischen zwei Konstrukten angenommen hätte, wenn die Konstrukte perfekt gemessen worden wären (wenn sie also perfekte Reliabilität aufgewiesen hätten). Wir bezeichnen diese Korrelation

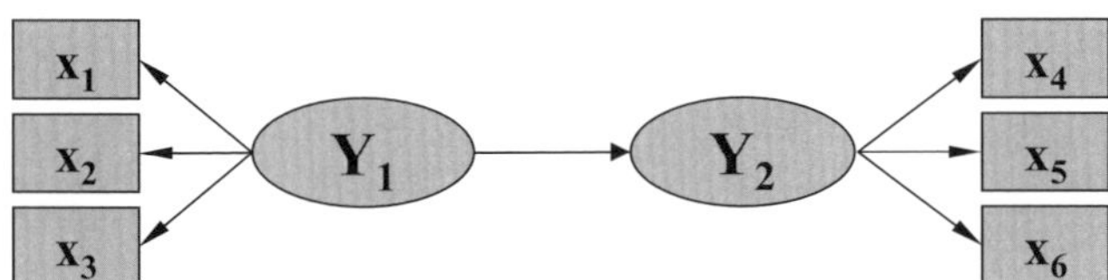

	x_1	x_2	x_3	x_4	x_5	x_6
x_1	1					
x_2	0,770	1				
x_3	0,701	0,665	1			
x_4	0,426	0,339	0,393	1		
x_5	0,423	0,345	0,385	0,574	1	
x_6	0,274	0,235	0,250	0,318	0,335	1

Abbildung 4.7 Darstellung des HTMT-Ansatzes

als **wahre Korrelation** bzw. messfehlerfreie Korrelation (in der englischsprachigen Literatur wird der Begriff der Disattenuated Correlation verwendet). Eine wahre Korrelation zwischen zwei Konstrukten nahe 1 deutet auf einen Mangel an Diskriminanzvalidität hin.

Abbildung 4.7 zeigt den Ansatz des HTMT-Kriteriums. Die durchschnittlichen **Heterotrait-Heteromethod-Korrelationen** entsprechen den paarweisen Korrelationen zwischen den Variablen x_1, x_2 und x_3 sowie x_4, x_5 und x_6 (die grau schattierten Regionen in der in Abbildung 4.7 gegebenen Korrelationsmatrix). In unserem Beispiel beträgt die Heterotrait-Heteromethod-Korrelation zwischen den Konstrukten Y_1 und Y_2 0,341. Die durchschnittliche **Monotrait-Heteromethod-Korrelation** von Y_1 ist gleich dem Mittelwert aller paarweisen Korrelationen zwischen x_1, x_2 und x_3 (d. h. 0,712). Genauso ist der Durchschnitt aller paarweisen Korrelationen zwischen x_4, x_5 und x_6 (d. h. 0,409) als der Durchschnitt der Monotrait-Heteromethod-Korrelationen von Y_2 definiert. Damit ergibt sich folgendes HTMT-Verhältnis für die Beziehung zwischen Y_1 und Y_2:

$$HTMT(Y_1,Y_2) = \frac{mean\ (R_{Y_1Y_2})}{\sqrt{mean\ (R_{Y_1Y_1}) \cdot mean\ (R_{Y_2Y_2})}}.$$

Dabei ist $R_{Y_1Y_2}$ die Matrix der Korrelationen zwischen jedem Indikator von Y_1 und Y_2, und $R_{Y_1Y_1}$ ($R_{Y_2Y_2}$) ist eine Matrix der Korrelationen zwischen jedem Indikator von Y_1 (Y_2). In Bezug auf das obige Beispiel ergibt sich das HTMT wie folgt:

$$HTMT(Y_1,Y_2) = \frac{0{,}341}{\sqrt{0{,}712 \cdot 0{,}409}} = 0{,}632.$$

Das ursprünglich von Henseler et al. (2015) vorgestellte HTMT-Kriterium basiert auf den empirischen Indikatorrelationen. Ringle et al. (2023) zeigen jedoch, dass es bei negativen Korrelationen zu Problemen bei der Berechnung des HTMT-Kriteriums kommen kann. So können negative Indikatorkorrelationen zu HTMT-Werten über 1 führen oder sogar bedingen, dass die Metrik aufgrund eines negativen Terms unter dem Wurzelzeichen nicht berechnet werden kann. Vor diesem Hintergrund schlagen die Autoren vor, absolute Korrelationswerte zur Berechnung der HTMT-Werte zu verwenden. Durch diese einfache Korrektur werden die beschriebenen Probleme gelöst, ohne die HTMT-Werte zu verzerren. Eine entsprechende Korrektur ist seit Version 3.2.1 in die SmartPLS-Software integriert und auch Basis für die HTMT-Berechnungen in der aktuellsten Version 4.

Über den genauen Grenzwert für das HTMT-Kriterium, also die Frage, wann ein HTMT-Wert weit genug unter 1 liegt, lässt sich diskutieren. Auf Basis bisheriger Forschungsergebnisse und ihrer eigenen Studie schlagen Henseler et al. (2015) einen Grenzwert von 0,90 vor, wenn das Pfadmodell Konstrukte enthält, die sich konzeptionell sehr ähnlich sind (z. B. affektive Zufriedenheit, kognitive Zufriedenheit und Loyalität). Mit anderen Worten: Ein HTMT-Wert über 0,90 zeigt einen Mangel an Diskriminanzvalidität an. Wenn die Konstrukte im

Pfadmodell konzeptionell unterschiedlicher sind, erscheint ein konservativerer Wert von 0,85 angemessen (Henseler et al., 2015).

Darüber hinaus kann mittels des HTMT-Kriteriums ein statistischer Test auf Diskriminanzvalidität durchgeführt werden (Franke & Sarstedt, 2019). Da die PLS-SEM nicht auf Verteilungsannahmen fußt, lassen sich die standardmäßig eingesetzten parametrischen Signifikanztests für die Prüfung, ob die HTMT-Statistik sich signifikant von 1 unterscheidet, nicht anwenden. Stattdessen müssen wir auf das **Bootstrapping-Verfahren** zurückgreifen, um eine Verteilung der HTMT-Statistik zu erhalten (siehe Kapitel 5 für weitere Details über das Bootstrapping-Verfahren). Beim Bootstrapping werden zufällig Teilstichproben (bzw. Subsamples) aus dem Originaldatensatz (mit Zurücklegen) gezogen. Jede Teilstichprobe wird dann zur Schätzung des Modells verwendet. Dieser Prozess wird so lange wiederholt, bis eine große Anzahl an Teilstichproben zufällig gezogen wurde, typischerweise etwa 10.000. Die über die Teilstichproben geschätzten Parameter (in diesem Fall die HTMT-Statistik) werden dann zur Ermittlung der Standardfehler der Schätzungen verwendet. Auf Basis dieser Information können zudem **Bootstrapping-Konfidenzintervalle** ermittelt werden. Auf Basis eines Konfidenzintervalls kann ermittelt werden, ob ein HTMT-Wert mit einer Irrtumswahrscheinlichkeit von bspw. 5 % statistisch signifikant unter einem bestimmten Schwellenwert liegt. Daher wird in der Analyse ein einseitiges Bootstrapping-Konfidenzintervall von 95 % berücksichtigt (was der Berechnung eines zweiseitigen Bootstrapping-Konfidenzintervalls von 90 % entspricht). Hierbei ist wichtig zu beachten, dass die Signifikanz anderer Modellparameter, wie der Indikatorgewichte (Kapitel 5) oder Pfadkoeffizienten (Kapitel 6) in der Regel zweiseitig getestet wird, da es hier interessiert, ob diese signifikant unterschiedlich von 0 sind.

Nimmt man beispielsweise einen Schwellenwert von 0,85 an, so deutet ein einseitiges 95 %-Konfidenzintervall, welches diesen Wert enthält, auf eine fehlende Diskriminanzvalidität hin. Liegt die Obergrenze des einseitigen 95 %-Konfidenzintervalls dagegen unter dem Schwellenwert von 0,85, so deutet dies auf empirische Distinktheit der beiden Konstrukte hin. Werden im Rahmen der HTMT-Statistik nur die im Datensatz ermittelten HTMT-Werte berücksichtigt, kann dies zur Verschleierung von Diskriminanzvaliditätproblemen führen (Franke & Sarstedt, 2019). Daher sollte in erster Linie auf Inferenztests mit Bootstrapping-Konfidenzintervallen zurückgegriffen werden.

Was können Forscher tun, wenn das HTMT-Kriterium auf einen Mangel an Diskriminanzvalidität hinweist? Es gibt verschiedene Möglichkeiten, mit Diskriminanzvaliditätsproblemen umzugehen (siehe Abbildung 4.8). Der erste Ansatz zielt darauf, die durchschnittlichen Monotrait-Heteromethod-Korrelationen zu erhöhen. Hierzu kann man die Items, die nur geringe Korrelationen mit anderen Items desselben Konstrukts aufweisen, eliminieren. Weiterhin können heterogene Subdimensionen innerhalb des Sets an Items eines Konstrukts die durchschnittlichen Monotrait-Heteromethod-Korrelationen vermindern. In diesem Fall kann das Konstrukt (z. B. Qualität) in verschiedene homogene Subkonstrukte (z. B. Produktqualität, Dienstleistungsqualität) unterteilt werden, deren Monotrait-Korrelationen größer sind als im Gesamtkonstrukt. Diese

Subkonstrukte ersetzen dann das allgemeinere oder übergeordnete Konstrukt im Modell. Sofern man diesen Ansatz verfolgt, gilt es jedoch, die Diskriminanzvalidität aller neu generierten Konstrukte mit allen anderen Konstrukten im Modell erneut zu evaluieren. Die Aufspaltung des allgemeinen Konstrukts kann auch die Bildung eines Konstrukts höherer Ordnung beinhalten, sofern die Messtheorie diesen Schritt unterstützt (z. B. Sarstedt et al., 2019).

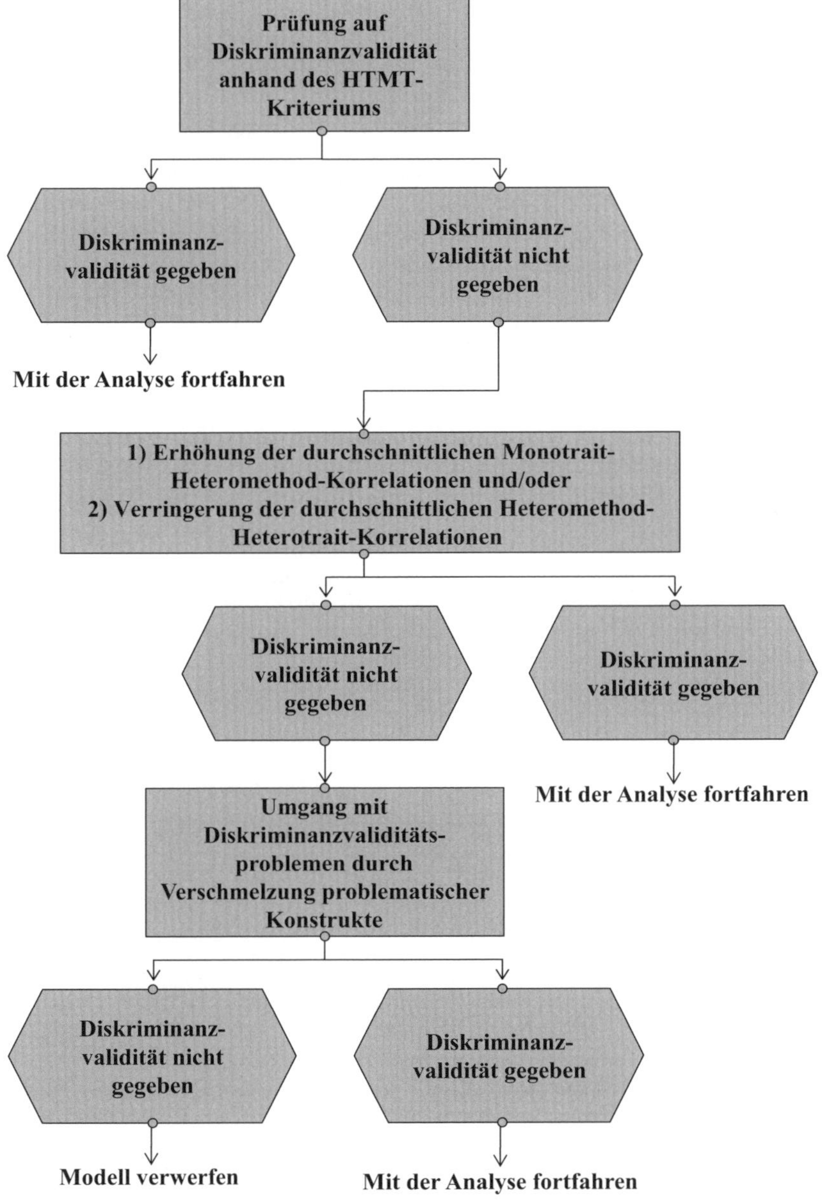

Abbildung 4.8 Vorgehen bei Diskriminanzvaliditätsproblemen

Der zweite Ansatz zielt darauf, die durchschnittlichen Heteromethod-Heterotrait-Korrelationen zu senken. Hierzu kann man (1) die Items, die stark mit den Items der nicht theoretisch zugeordneten Konstrukte korreliert sind, eliminieren oder (2) sofern theoretisch plausibel, die Indikatoren dem anderen Konstrukt zuweisen. In diesem Zusammenhang ist der Hinweis wichtig, dass sich die Elimination von Items auf Basis rein statistischer Überlegungen nachteilig auf die Inhaltsvalidität der Konstrukte auswirken kann. Daher bedingt dieser Schritt eine sorgfältige Prüfung der Skalen (auf Basis bisheriger Forschungsergebnisse oder bei neu zu entwickelnden Skalen auf Basis eines Pretests), um sicherzustellen, dass alle Facetten des Konstrukts erfasst wurden. Mindestens zwei Experten sollten diese Beurteilung für das Konstrukt unabhängig voneinander durchführen, um ein hohes Maß an Objektivität sicherzustellen.

Falls die genannten Ansätze nicht erfolgreich sind, kann man auch überlegen, die Konstrukte, welche die Probleme verursachen, zu einem allgemeineren oder umfassenderen Konstrukt zu verschmelzen. Natürlich muss auch dieser Schritt wieder durch eine angemessene theoretische Fundierung gestützt werden. In diesem Fall würde das allgemeinere Konstrukt die problematischen Konstrukte im Modell ersetzen.

In Abbildung 4.9 fassen wir die Kriterien zur Prüfung auf Reliabilität und Validität bei reflektiv spezifizierten Messmodellen zusammen. Sollten die Kriterien nicht erfüllt sein, können wir uns dafür entscheiden, einzelne Indikatoren aus den betroffenen Konstruktmessungen zu entfernen. Hierbei ist jedoch zu beachten, dass die Elimination von Indikatoren zwar die Reliabilität und Validität

- Indikatorreliabilität: Die äußeren Ladungen der Indikatoren sollten höher als 0,70 sein. Indikatoren mit Ladungen zwischen 0,40 und 0,70 kommen dann für eine Elimination in Frage, wenn dieser Schritt zu einer über den Grenzwerten liegenden Internen-Konsistenz-Reliabilität und AVE führt. Indikatoren mit einer Ladung unter 0,40 sollten immer aus den Konstruktmessungen entfernt werden.
- Interne-Konsistenz-Reliabilität: Cronbachs Alpha gilt als die untere Grenze und die Composite-Reliabilität ρ_C als die obere Grenze der Internen-Konsistenz-Reliabilität. Die Composite-Reliabilität ρ_A liegt in der Regel zwischen diesen Grenzen und kann als gutes Maß für die Interne-Konsistenz-Reliabilität eines Konstrukts dienen. Die Reliabilität sollte im Allgemeinen über 0,70 liegen. In der explorativen Forschung werden Werte zwischen 0,60 und 0,70 als akzeptabel angesehen. Reliabilitätswerte über 0,95 sind nicht wünschenswert.
- Konvergenzvalidität: Der AVE-Wert sollte höher als 0,50 sein.
- Diskriminanzvalidität:
  - Verwenden Sie das HTMT-Kriterium, um die Diskriminanzvalidität in PLS-SEM zu bewerten.
  - Nehmen Sie einen Schwellenwert von 0,90 für konzeptuell ähnliche Konstrukte und 0,85 für konzeptuell unterschiedliche Konstrukte an.
  - Verwenden Sie Bootstrapping-Konfidenzintervalle, um zu beurteilen, ob die HTMT-Werte für alle Kombinationen von Konstrukten von einem bestimmten Schwellenwert (z. B. 0,90) abweichen.

Abbildung 4.9 Faustregeln zur Evaluation reflektiv spezifizierter Messmodelle

erhöhen kann, gleichzeitig aber die Inhaltsvalidität der Messung verringern kann. Daher sollte jede Elimination sorgfältig durchdacht sein.

Anwendungsbeispiel: Evaluation reflektiv spezifizierter Messmodelle

Ausführen des PLS-SEM-Algorithmus

Wir verwenden weiterhin unser PLS-SEM-Beispiel zur Unternehmensreputation. Sollte Ihnen das entsprechende Pfadmodell in SmartPLS noch nicht vorliegen, können Sie es, wie in Kapitel 3 erläutert, direkt in SmartPLS importieren. In Kapitel 3 haben wir erklärt, wie wir ein PLS-Pfadmodell schätzen und über die Öffnung des vorkonfigurierten Berichtes in SmartPLS auf die Ergebnisse zugreifen können. Hierzu haben wir zunächst das einfache Unternehmensreputationsmodell geladen und ausgeführt, indem wir im Menü die Option **Berechnen → PLS-SEM-Algorithmus** auswählten.

Bevor wir mit der Analyse der Ergebnisse beginnen, müssen wir prüfen, ob der Algorithmus konvergiert ist (also das Stopp-Kriterium und nicht die maximale Anzahl Iterationen erreicht wurde). Dazu navigieren wir im Ergebnisbericht zu **Algorithmus → Stopp-Kriterium-Änderungen**. Wir erhalten dort die Ansicht der in Abbildung 4.10 dargestellten Tabelle mit der Anzahl der Iterationen des PLS-SEM-Algorithmus. Diese Anzahl sollte kleiner als 3.000 sein, die in SmartPLS als maximale Anzahl an Iterationen hinterlegt ist. Am unteren linken Ende der Tabelle sehen wir, dass der Algorithmus nach 5 Iterationen konvergiert ist.

	comp_1	comp_2	comp_3	cusa	cusl_1	cusl_2	cusl_3	like_1	like_2	like_3
Iteration 0	0,401	0,401	0,401	1,000	0,386	0,386	0,386	0,386	0,386	0,386
Iteration 1	0,536	0,341	0,328	1,000	0,368	0,421	0,365	0,419	0,378	0,359
Iteration 2	0,536	0,340	0,328	1,000	0,369	0,420	0,365	0,418	0,378	0,360
Iteration 3	0,536	0,340	0,328	1,000	0,369	0,420	0,365	0,418	0,378	0,360
Iteration 4	0,536	0,340	0,328	1,000	0,369	0,420	0,365	0,418	0,378	0,360
Iteration 5	0,536	0,340	0,328	1,000	0,369	0,420	0,365	0,418	0,378	0,360

Abbildung 4.10 Stopp-Kriterium Änderungen in SmartPLS

Wenn der PLS-SEM-Algorithmus nicht in weniger als 3.000 Iterationen konvergiert, konnte keine stabile Lösung erzielt werden. Diese Situation tritt allerings so gut wie nie auf. Wenn dieses seltene Problem aber doch auftreten sollte, liegen in der Regel Probleme mit den Daten vor, welche noch einmal sorgfältig überprüft werden sollten. Datenprobleme könnten zum Beispiel auftreten, wenn die Stichprobengröße zu klein ist oder ein Indikator viele identische Werte aufweist (d. h. viele gleiche Datenwerte, die zu einer unzureichenden Varianz in den Daten führen).

Falls die Schätzung des PLS-Pfadmodells konvergiert, sollten die folgenden Tabellen des Ergebnisberichtes der PLS-SEM-Berechnung zur Evaluation der reflektiven Messmodelle geprüft werden: die **äußeren Ladungen,** die **Composite-Reliabilität, Cronbachs Alpha**, die **durchschnittlich erfasste Varianz (AVE)** sowie die **Diskriminanzvalidität.** Wir werden weitere Informationen, die uns der Ergebnisbericht liefert, in den Kapiteln 5 und 6 prüfen, wenn wir das einfache Pfadmodell um formativ spezifizierte Messmodelle ergänzen und die Ergebnisse des Strukturmodells evaluieren.

Evaluation der reflektiv-spezifizierten Messmodelle

Das einfache Modell zur Unternehmensreputation beinhaltet drei latente Variablen mit reflektiv spezifizierten Messmodellen (*COMP, CUSL* und *LIKE*) sowie ein Single-Item-Konstrukt (*CUSA*). Für die Evaluation der reflektiv spezifizierten Messmodelle brauchen wir die Schätzungen der Beziehungen zwischen den reflektiv operationalisierten latenten Variablen und ihren Indikatoren, d.h. die Ladungen. Abbildung 4.11 zeigt die Ergebnistabelle für die (äußeren) Ladungen, die über **Endergebnisse → äußere Ladungen** aufgerufen werden kann. Die Ladungen werden zudem standardmäßig nach dem Ausführen des PLS-SEM-Algorithmus in der grafischen Ausgabe dargestellt. Alle berechneten Ladungen unserer reflektiv spezifizierten Beispielkonstrukte *COMP, CUSL* und *LIKE* liegen deutlich über dem Grenzwert von 0,70, was auf ein zufriedenstellendes Maß an Indikatorreliabilität hinweist. Der Indikator *comp_2* (Ladung: 0,798) hat mit einem Wert von 0,637 ($0{,}798^2$) die kleinste Indikatorreliabilität, wohingegen der Indikator *cusl_2* (Ladung: 0.917) mit einem Wert von 0,841 ($0{,}917^2$) die höchste Indikatorreliabilität aufweist.

	COMP	CUSA	CUSL	LIKE
comp_1	0,858			
comp_2	0,798			
comp_3	0,818			
cusa		1,000		
cusl_1			0,833	
cusl_2			0,917	
cusl_3			0,843	
like_1				0,879
like_2				0,870
like_3				0,843

Abbildung 4.11 (Äußere) Ladungen

In der Kategorie **Qualitätskriterien** im Ergebnisbericht finden wir unter **Reliabilität und Validität der Konstrukte** die Ergebnisse zu Cronbachs Alpha, der Composite-Reliabilitäten ρ_C und ρ_A sowie der AVE. In der Übersicht werden alle Werte in Tabellenform angezeigt (Abbildung 4.12). Zudem besteht die Möglichkeit, die einzelnen Werte in Form eines Balkendiagramms darzustellen. Mit ρ_A-Werten von 0,832 (*COMP*), 0,839 (*CUSL*) und 0,836 (*LIKE*) weisen alle drei reflektiven Konstrukte hohe Werte der Internen-Konsistenz-Reliabilität auf. Da alle ρ_A-Werte über dem Schwellenwert von 0,70 liegen, sind alle Ergebniswerte in grüner Schrift ausgewiesen. Falls ein ρ_A-Wert unter 0,70 ist, würde dieser in roter Schrift erscheinen. Äquivalent können wir auch die Werte für Cronbachs Alpha (0,776 für *COMP*, 0,831 für *CUSL* und 0,831 für

LIKE) und für die Composite-Reliabilität ρ_C (0,865 für *COMP*, 0,899 für *CUSL* und 0,899 für *LIKE*) auswerten.

	Cronbachs Alpha	Composite-Reliabilität (rho_a)	Composite-Reliabilität (rho_c)	Durchschnittlich erfasste Varianz (AVE)
COMP	0,776	0,832	0,865	0,681
CUSL	0,831	0,839	0,899	0,748
LIKE	0,831	0,836	0,899	0,747

Abbildung 4.12 Reliabilität und Validität der Konstrukte

Die Prüfung der Konvergenzvalidität basiert auf den **AVE-Werten**, die ebenso dem Bereich **Reliabilität und Validität der Konstrukte** zugeordnet sind. Die Werte sind in der Übersicht in Abbildung 4.12 dargestellt und können ebenfalls als Balkendiagramm angezeigt werden. In unserem Beispiel sind die AVE-Werte für *COMP* (0,681), *CUSL* (0,748) und *LIKE* (0,747) deutlich über dem Minimum von 0,50 und daher auch in grüner Schrift gehalten. Damit zeigen alle Messungen der drei reflektiven Konstrukte ein hohes Niveau an Konvergenzvalidität.

Schließlich bietet uns SmartPLS im Ergebnisbericht unter dem Menüpunkt **Qualitätskriterien → Diskriminanzvalidität** verschiedene Möglichkeiten, um zu prüfen, ob die Konstrukte sich empirisch ausreichend voneinander unterscheiden. Abbildung 4.13 zeigt die Ergebnisse des Fornell-Larcker-Kriteriums: Die Diagonale zeigt die Quadratwurzel der AVE-Werte der reflektiven Konstrukte und die Nichtdiagonale zeigt die Korrelationen zwischen den Konstrukten. Die Quadratwurzel der AVE des reflektiven Konstrukts *COMP* hat beispielsweise einen Wert von 0,825, der mit allen Korrelationen in der Spalte *COMP* verglichen wird. Es sei angemerkt, dass zur Prüfung des Konstrukts *CUSL* die Korrelationen sowohl aus der Zeile als auch aus der Spalte zu entnehmen sind. Insgesamt sind die Quadratwurzeln der AVE-Werte für die reflektiven Konstrukte *COMP* (0,825), *CUSL* (0,865) und *LIKE* (0,864) durchweg höher als die Korrelationen der Konstrukte mit den anderen latenten Variablen im Pfadmodell. Dies deutet darauf hin, dass wir für alle Konstrukte valide Messungen von eigenständigen Konzepten haben.

	COMP	CUSA	CUSL	LIKE
COMP	0,825			
CUSA	0,436	1,000		
CUSL	0,450	0,689	0,865	
LIKE	0,645	0,528	0,615	0,864

Abbildung 4.13 Fornell-Larcker-Kriterium

Es ist allerdings zu beachten, dass das Fornell-Larcker-Kriterium, obwohl es in der Vergangenheit in der angewandten Forschung häufig verwendet wurde, Probleme der Diskriminanzvalidität nicht zuverlässig aufdeckt. Daher sollte jede Verletzung des Fornell-Larcker-Kriteriums als Hinweis auf ein ernsthaftes Problem der Diskriminanzvalidität gesehen werden. Das Hauptkriterium für die Bewertung der Diskriminanzvalidität ist das **Heterotrait-Monotrait (HTMT)**

Verhältnis. Dieses können wir uns als Matrix, Liste oder Balkendiagramm anzeigen lassen. Abbildung 4.14 gibt die HTMT-Werte für alle Konstruktpaare im Matrixformat wieder. Wie wir sehen, sind alle HTMT-Werte klar unter dem eher konservativen Grenzwert von 0,85; das gilt sogar für die Konstrukte *CUSA* und *CUSL*, welche aus konzeptioneller Sicht sehr ähnlich sind. Wir erinnern uns, dass der Grenzwert für konzeptionell ähnliche Konstrukte bei 0,90 liegt.

	COMP	CUSA	CUSL	LIKE
COMP				
CUSA	0,465			
CUSL	0,532	0,755		
LIKE	0,780	0,577	0,737	

Abbildung 4.14 HTMT-Werte

Zusätzlich zur Prüfung der HTMT-Werte sollte auch geprüft werden, ob die HTMT-Werte sich signifikant vom Grenzwert unterscheiden. Konkret nehmen wir für alle Konstruktpaare einen Schwellenwert von 0,85 an, außer für *COMP* und *LIKE* sowie *CUSA* und *CUSL*, für die wir aufgrund ihrer konzeptionellen Ähnlichkeit von einem höheren Schwellenwert (0,90) ausgehen. Das erfordert die Berechnung von (Bootstrapping-)Konfidenzintervallen, die wir über das Ausführen des Bootstrapping erhalten. Um das Bootstrapping-Verfahren zu starten, navigieren wir zurück in das Modellfenster und klicken auf **Berechnen → Bootstrapping** im Pull-Down-Menü. In der sich öffnenden Dialogbox wählen wir die Bootstrapping-Einstellungen, die in Abbildung 4.15 wiedergegeben sind, aus (Kapitel 5 enthält eine ausführliche Einführung in das Bootstrapping-Verfahren und diskutiert die gewählten Einstellungen). Dabei müssen wir sicherstellen, dass wir 10.000 Teilstichproben und die Option für einen kompletten Ergebnisumfang wählen, da der Ergebnisbericht nur so die HTMT-Ergebnisse enthält. Weiterhin sollte das Perzentil-Bootstrapping, ein einseitiger Test, ein Signifikanzniveau von 0,05 sowie unter Zufallszahlengenerator ein fester Ausgangswert/Seed eingestellt sein. Die Ergebnisse sind identisch mit der Auswahl eines zweiseitigen Tests und einem Signifikanzniveau von 0,10. Wir klicken schließlich auf **Berechnung starten**.

Nach dem Ausführen des Bootstrapping öffnet sich der Ergebnisbericht. Wir gehen auf **Qualitätskriterien → Heterotrait-Monotrait (HTMT)** und klicken auf den Reiter **Konfidenzintervalle.** Die sich öffnende Tabelle (Abbildung 4.16) zeigt die ursprünglichen (oder Original-)HTMT-Werte (Spalte **Originaldatensatz (O)**) für alle Konstruktkombinationen im Modell sowie die durchschnittlichen HTMT-Werte, die über die 10.000 Bootstrap Stichproben berechnet wurden (Spalte **Stichprobenmittelwert (M)**). Sollten Sie für den Zufallsgenerator keinen festen Ausgangswert/Seed ausgewählt haben (Abbildung 4.15), so werden die Ergebnisse in Abbildung 4.16 von Ihren Ergebnissen (leicht) abweichen und sich verändern, wenn wir das Bootstrapping-Verfahren erneut ausführen. Der Grund dafür ist, dass das Bootstrapping auf zufällig gezogene Teilstichproben aufsetzt, es sei denn man wählt einen festen Ausgangswert/Seed für das Durchlaufen des Zufallsverfahrens. Die in den Bootstrapping

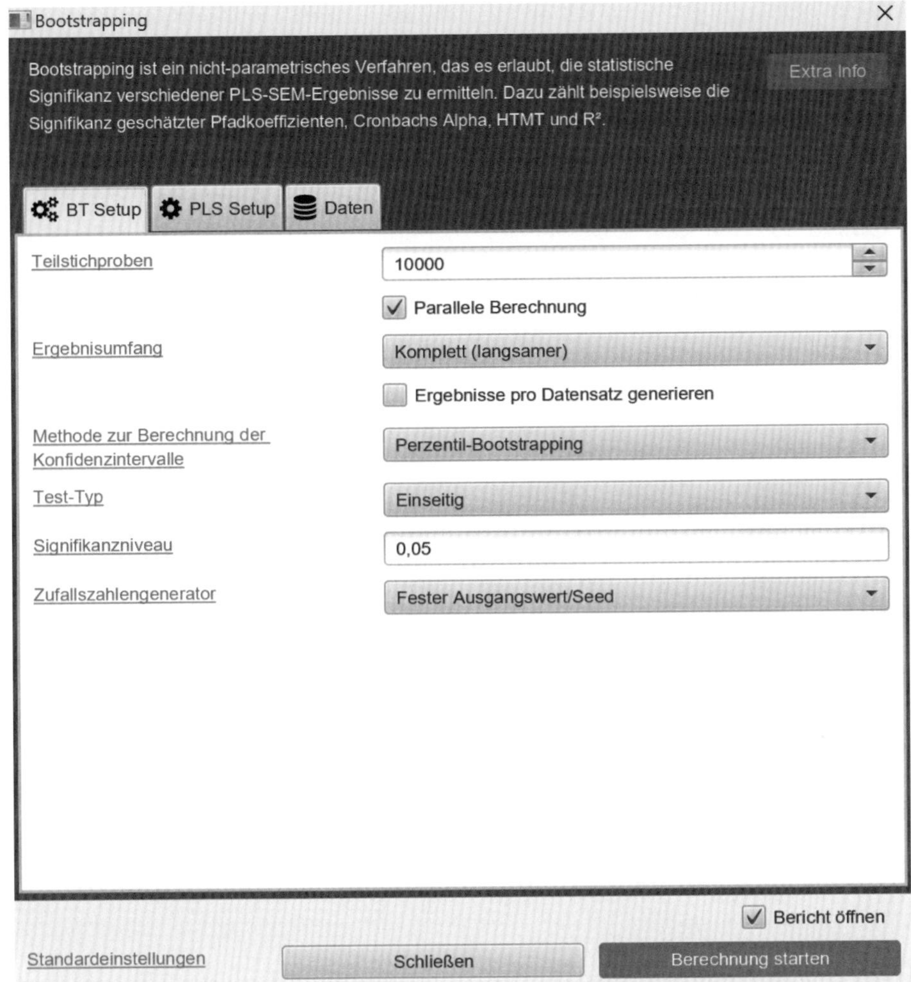

Abbildung 4.15 Bootstrapping-Einstellungen in SmartPLS

Ergebnissen auftretenden Unterschiede sind in diesem Fall jedoch marginal, zumindest sofern wir eine große Anzahl an Bootstrapping-Stichproben gewählt haben (z. B. 10.000). Die Spalten, die mit **5%** und **95%** überschrieben sind, zeigen die untere und obere Grenze des einseitigen 95% Bootstrapping-Konfidenzintervalls (bzw. des zweiseitigen 90% Bootstrapping-Konfidenzintervalls). Der statistische Test konzentriert sich auf das rechte Ende der Bootstrapping-Verteilung, um zu zeigen, dass ein HTMT-Wert signifikant unter den entsprechenden Schwellenwerten (0,85 und 0,90) mit einer Fehlerwahrscheinlichkeit von 5% liegt. Dies ist der Fall, wenn das Ergebnis der oberen Grenze in der 95%-Spalte kleiner als 0,85 (im Fall von *COMP* und *LIKE*) bzw. kleiner als 0,90 (bei *CUSA* und *CUSL*) ist.

Wie in Abbildung 4.16 zu sehen ist, schließt keines der Konfidenzintervalle den entsprechenden Schwellenwert ein. Noch wichtiger ist, dass selbst wenn man einen konservativeren Schwellenwert von 0,85 für alle Konstruktkombinationen (d. h. einschließlich *CUSA* und *CUSL* sowie *COMP* und *LIKE*) annimmt, alle HTMT-Werte deutlich unter diesem Wert liegen (d. h. die obere Grenze der Konfidenzintervalle ist kleiner als 0,85). Beispielsweise betragen die untere und obere Grenze des 95 %-Konfidenzintervalls der HTMT für *CUSA* und *COMP* 0,369 bzw. 0,556. Da der obere Grenzwert von 0,556 unter 0,85 liegt, ist der HTMT-Wert von 0,465 für CUSA und COMP deutlich niedriger als der konservativere Grenzwert von 0,85. Zusammenfassend lässt sich sagen, dass die Ergebnisse zu den Bootstrapping-Konfidenzintervallen des HTMT-Kriteriums die Diskriminanzvalidität der Konstrukte eindeutig belegen.

	Originaldatensatz (O)	Stichprobenmittelwert (M)	Bias	5.0%	95.0%
CUSA <-> COMP	0,465	0,464	-0,001	0,369	0,556
CUSL <-> COMP	0,532	0,532	-0,000	0,429	0,625
CUSL <-> CUSA	0,755	0,754	-0,000	0,695	0,805
LIKE <-> COMP	0,780	0,780	0,000	0,705	0,843
LIKE <-> CUSA	0,577	0,577	-0,000	0,503	0,644
LIKE <-> CUSL	0,737	0,737	-0,000	0,664	0,800

Abbildung 4.16 Bias-korrigierte HTMT-Konfidenzintervalle

Abbildung 4.17 fasst die Ergebnisse der Evaluation der reflektiven Messmodelle zusammen. Wie wir sehen, werden alle Gütekriterien erfüllt, was die Reliabilität und Validität der Messungen unterstützt.

Latente Variablen	Indikatoren	Konvergenzvalidität			Interne-Konsistenz-Reliabilität			Diskriminanzvalidität
		Ladungen	Indikatorreliabilität	AVE	Cronbachs Alpha	Composite-Reliabilität ρ_A	Composite-Reliabilität ρ_C	HTMT
		> 0,70	> 0,50	> 0,50	0,60–0,90	0,60–0,90	0,60–0,90	Signifikant kleiner als 0,85 (0,90)?
COMP	*comp_1*	0,858	0,736	0,681	0,776	0,832	0,865	Ja
	comp_2	0,798	0,637					
	comp_3	0,818	0,669					
CUSL	*cusl_1*	0,833	0,694	0,748	0,831	0,839	0,899	Ja
	cusl_2	0,917	0,841					
	cusl_3	0,843	0,711					
LIKE	*like_1*	0,879	0,773	0,747	0,831	0,836	0,899	Ja
	like_2	0,870	0,757					
	like_3	0,843	0,711					

Abbildung 4.17 Ergebniszusammenfassung für die reflektiven Messmodelle

Zusammenfassung

- **Die Leser können einen umfassenden Überblick über die Evaluation von Messmodellen (Schritt 5 des systematischen Vorgehens) geben.** Die Beurteilung der PLS-SEM-Ergebnisse folgt einem systematischen Vorgehen, welches sich an den Richtlinien der konfirmatorischen Composite-Analyse (CCA) von Hair et al. (2020a) orientiert. Das Ziel der PLS-SEM ist die Maximierung der erklärten Varianz (d. h. des R^2-Wertes) der endogenen latenten Variablen und der Indikatoren im Pfadmodell. Die Evaluation der PLS-SEM-Ergebnisse folgt einem zweistufigen Vorgehen (Schritte 5 und 6), bei dem zunächst die Qualität der Messmodelle evaluiert wird (Schritt 5). Jede Art von Messmodell (also reflektiv oder formativ) hat eigene, spezifische Evaluationskriterien. Bei reflektiv spezifizierten Messmodellen werden die Reliabilität und Validität geprüft (Schritt 5a). Die Evaluation der formativen Messmodelle (Schritt 5b) bezieht sich hingegen auf die Konvergenzvalidität der Konstrukte und auf die Signifikanz und Relevanz der Indikatorgewichte sowie auf die Prüfung auf Kollinearität. Eine zufriedenstellende Gütebeurteilung der Messmodelle ist die notwendige Voraussetzung, um mit der Evaluation der Beziehungen im Strukturmodell (Schritt 6) zu beginnen, bei der die Signifikanz der Pfadkoeffizienten sowie die Erklärungskraft (R^2) und die Vorhersagekraft des Modells (unter Verwendung der $PLS_{predict}$- und CVPAT-Verfahren) beurteilt werden. Je nach Modell und Ziel der Studie können Forscher zusätzliche fortgeschrittene Analysen wie Mediation oder Moderation durchführen, die wir in den Kapiteln 7 und 8 diskutieren.
- **Die Leser können die Evaluation reflektiv spezifizierter Messmodelle erläutern (Schritt 5a).** Mit der Evaluation reflektiv spezifizierter Messmodelle soll sichergestellt werden, dass die Messung der Konstrukte reliabel und valide und damit für die Verwendung im Pfadmodell geeignet ist. Die Kernkriterien zur Evaluation sind dabei die Indikatorreliabilität, die Interne-Konsistenz-Reliabilität (Cronbachs Alpha, Composite-Reliabilität ρ_A und Composite-Reliabilität ρ_C), die Konvergenzvalidität sowie die Diskriminanzvalidität. Die Konvergenzvalidität fordert, dass ein Konstrukt mindestens 50 % der Varianz der Indikatoren erklärt. Diskriminanzvalidität bedeutet, dass jedes reflektive Konstrukt mehr Varianz mit seinen eigenen Indikatoren als mit anderen Konstrukten im Pfadmodell teilt. Reflektiv spezifizierte Konstrukte sind für die PLS-SEM-Analyse geeignet, wenn sie alle diese Kriterien erfüllen.
- **Die Leser sind mit Hilfe von SmartPLS in der Lage, die Gütebeurteilung reflektiv spezifizierter Messmodelle durchzuführen.** Das Anwendungsbeispiel bezieht sich auf das Pfadmodell und die Daten zur Unternehmensreputation, die wir in Kapitel 2 eingeführt haben. Die Software SmartPLS liefert alle relevanten Ergebnisse zur Evaluation der reflektiven Messmodelle. Die Tabellen und Abbildungen für das Unternehmensreputations-Beispiel zeigen, wie man die PLS-SEM-Ergebnisse korrekt berichtet und interpretiert. Das Beispiel fasst nicht nur die eingeführten Konzepte zusammen, sondern liefert auch weitere Erkenntnisse für deren praktische Anwendung.

Wiederholungsfragen

1. Was versteht man unter Indikatorreliabilität und welcher Grenzwert ist hierfür definiert?
2. Was versteht man unter Interner-Konsistenz-Reliabilität und welchen minimalen Grenzwert sollten PLS-SEM-Ergebnisse überschreiten?
3. Was versteht man unter der durchschnittlich erfassten Varianz und welchen minimalen Grenzwert sollten PLS-SEM-Ergebnisse überschreiten?
4. Erläutern Sie die grundsätzliche Idee hinter dem Konzept der Diskriminanzvalidität und wie man Diskriminanzvalidität sicherstellen kann.

Weiterführende Fragen

1. Was sind die Hauptmerkmale der konfirmatorischen Composite-Analyse?
2. Warum können die Gütekriterien für reflektiv spezifizierte Messmodelle nicht auf formativ spezifizierte Messmodelle übertragen werden?
3. Wie evaluieren Sie ein Single-Item-Konstrukt? Warum ist die Interne-Konsistenz-Reliabilität ein bedeutungsloses Kriterium zur Evaluation von Single-Items?
4. Sollten Forscher sich ausschließlich auf statistische Evaluationskriterien zur Auswahl der finalen Indikatoren im Pfadmodell verlassen? Diskutieren Sie den Konflikt zwischen statistischer Analyse und der Inhaltsvalidität von Konstrukten.

Empfohlene Literatur

Chin, W. W., Cheah, J.-H., Liu, Z., Ting, H., Lim, X.-J., H., C. T., 2020: Demystifying the role of causal-predictive modeling using partial least squares structural equation modeling in information systems research, Industrial Management & Data Systems, 120, 2161–2209.

Franke, G., Sarstedt, M., 2019: Heuristics versus statistics in discriminant validity testing: a comparison of four procedures, Internet Research, 29, 430–447.

Guenther, P., Guenther, M., Ringle, C. M., Zaefarian, G., Cartwright, S., 2023: Improving PLS-SEM use for business marketing research, Industrial Marketing Management, 111, 127–142.

Hair, J. F., Howard, M. C., Nitzl, C., 2020: Assessing measurement model quality in PLS-SEM using confirmatory composite analysis, Journal of Business Research, 109, 101–110.

Hair, J. F., Sarstedt, M., Ringle, C. M., Gudergan, S. P., 2024: Advanced issues in partial least squares structural equation modeling (2. Aufl.), Thousand Oaks, CA: Sage.

Ringle, C. M., Sarstedt, M., Sinkovics, N., Sinkovics, R. R., 2023: A perspective on using partial least squares structural equation modelling in data articles, Data in Brief, 48, 109074.

Sarstedt, M., Hair, J. F., Pick, M., Liengaard, B. D., Radomir, L., Ringle, C. M., 2022: Progress in Partial Least Squares Structural Equation Modeling Use in Marketing Research in the Last Decade, Psychology & Marketing, 39, 1035–1064.

Sarstedt, M., Hair, J. F., Ringle, C. M., 2023: „PLS-SEM: Indeed a silver bullet" – A Retrospective and Recent Advances, Journal of Marketing Theory & Practice, 31, 261–275.

Tenenhaus, M., Esposito Vinzi, V., Chatelin, Y.-M., Lauro, C., 2005: PLS path modeling, Computational Statistics & Data Analysis, 48, 159–205.

Kapitel 5

Gütebeurteilung von PLS-SEM-Ergebnissen (Teil II)

Evaluation formativ spezifizierter Messmodelle

Lernziele

1. Die Leser können die für die Evaluation formativ spezifizierter Messmodelle anzuwendenden Kriterien erläutern.
2. Die Leser können die Grundlagen des Bootstrapping-Verfahrens zur Durchführung von Signifikanztests in der PLS-SEM erläutern und anwenden.
3. Die Leser sind mit Hilfe von SmartPLS in der Lage, die Gütebeurteilung formativ spezifizierter Messmodelle durchzuführen und ihre Ergebnisse angemessen darzustellen.

Kapitelüberblick

Nachdem wir im vorigen Kapitel behandelt haben, wie reflektiv spezifizierte Messmodelle evaluiert werden (Schritt 5a der systematischen Vorgehensweise zur Anwendung der PLS-SEM), wenden wir uns nun der Evaluation formativ spezifizierter Messmodelle zu (Schritt 5b). Die Prinzipien der Internen-Konsistenz-Reliabilität, die der Evaluation reflektiv spezifizierter Messmodelle zugrunde liegen, können für formativ spezifizierte Messmodelle nicht angewendet werden, da formative Indikatoren nicht notwendigerweise eine hohe Korrelation aufweisen müssen. Damit kann jeder Versuch, die Anzahl formativer Indikatoren auf Basis von Korrelationsmustern zu reduzieren, negative Auswirkungen auf die Inhaltsvalidität eines Konstrukts haben. Dies gilt insbesondere für die PLS-SEM, die davon ausgeht, dass die formativen Indikatoren (oder genauer die Composite-Variablen) den Inhalt eines Konstrukts vollständig erfassen. Daher sollten wir uns auf andere Kriterien als beispielsweise die der Composite-Reliabilität und durchschnittlich erfassten Varianz (average variance extracted, AVE) stützen, um die Qualität formativ spezifizierter Messmodelle zu beurteilen.

Zu Beginn dieses Kapitels werden wir die Kriterien, die zur Evaluation formativer Indikatoren benötigt werden, einführen. Dies umfasst eine Diskussion des Bootstrapping-Verfahrens, welches die Prüfung der PLS-SEM-Schätzungen (auch der Indikatorgewichte) auf Signifikanz ermöglicht. Die eingeführten Kriterien wenden wir dann auf unser Modell zur Unternehmensreputation an, das für diesen Zweck noch erweitert wird. Während das einfache Modell nur drei reflektiv spezifizierte Konstrukte und ein Single-Item-Konstrukt enthält, beinhaltet das erweiterte Modell zusätzlich vier formativ spezifizierte Konstrukte, die Einfluss auf die beiden Konstrukte Kompetenz und Sympathie haben, welche gemeinsam die Unternehmesreputation repräsentieren. Damit schließen wir in diesem Kapitel die Gütebeurteilung von Messmodellen ab. In Kapitel 6 gehen wir auf die Evaluation des Strukturmodells ein (Schritt 6 der systematischen Vorgehensweise zur Anwendung der PLS-SEM).

Schritt 5b: Evaluation formativ spezifizierter Messmodelle

Auswertungen von PLS-SEM-Studien im strategischen Management und Marketing zeigen (z. B. Hair et al., 2012a; Hair et al., 2012b), dass viele Forscher fälschlicherweise die für reflektiv spezifizierte Messmodelle entwickelten Gütekriterien auf formativ spezifizierte Messmodelle anwenden. Die statistischen Gütekriterien für reflektive Skalen können aber auf **formativ spezi-**

fizierte Messmodelle, bei denen die Indikatoren das Konstrukt formen oder verursachen und damit nicht notwendigerweise hoch korrelieren, nicht direkt übertragen werden. Darüber hinaus wird davon ausgegangen, dass formative Indikatoren fehlerfrei sind (Bollen & Diamantopoulos, 2017; Diamantopoulos, 2006; Edwards & Bagozzi, 2000), womit die Anwendung des Konzeptes der Internen-Konsistenz-Reliabilität grundsätzlich nicht geeignet ist.

Eine Evaluation der Konvergenz- und Diskriminanzvalidität auf Basis von Gütekriterien, die für reflektiv spezifizierte Messmodelle Anwendung finden, ist für formativ spezifizierte Konstrukte nicht sinnvoll (Chin, 1998). Stattdessen sollten Forscher die **Inhaltsvalidität** ihrer Konstrukte sicherstellen, bevor es an die empirische Evaluation formativ spezifizierter Konstrukte geht. Dieser Schritt erfordert, dass die formativen Indikatoren alle (oder zumindest die wesentlichen) Facetten des Konstrukts erfassen. Bei der Entwicklung formativ spezifizierter Konstrukte wird die Inhaltsvalidität durch eine inhaltliche Spezifikation oder Definition des Konstrukts, welches die Indikatoren messen sollen, durch den Forscher sichergestellt. Forscher sollten ein umfassendes Set an Indikatoren berücksichtigen, das die inhaltliche Bedeutung des Konstrukts nahzu vollständig erfasst. Die Identifikation der Indikatoren zur Messung formativ spezifizierter Konstrukte sollte auf Basis eines gründlichen qualitativen Vorgehens erfolgen. Gelingt es nicht, alle wesentlichen Facetten des Konstrukts (d. h. alle relevanten formativen Indikatoren) zu berücksichtigen, werden wichtige inhaltliche Bestandteile des Konstrukts nicht erfasst. In diesem Zusammenhang kann eine Prüfung hilfreich sein, bei der Experten die Auswahl eines geeigneten Sets an formativen Indikatoren absichern. Zusätzlich zur Begründung der formativen Konstruktoperationalisierung (Kapitel 2) sollten Forscher eine gründliche Literaturanalyse durchführen und sicherstellen, dass die Entwicklung der Messmodelle auf einer substantiellen theoretischen Fundierung aufsetzt (Bollen & Diamantopoulos, 2017; Diamantopoulos & Winklhofer, 2001; Jarvis et al., 2003).

In diesem Kapitel evaluieren wir die PLS-SEM-Ergebnisse für formativ spezifizierte Messmodelle. Abbildung 5.1 illustriert das Vorgehen. Der erste Schritt umfasst die Prüfung der Konvergenzvalidität anhand der Korrelation der formativ spezifizierten Konstrukte mit einer reflektiven (oder Single-Item-) Messung desselben Konstrukts (Schritt 1). Auf der Indikatorebene stellt sich

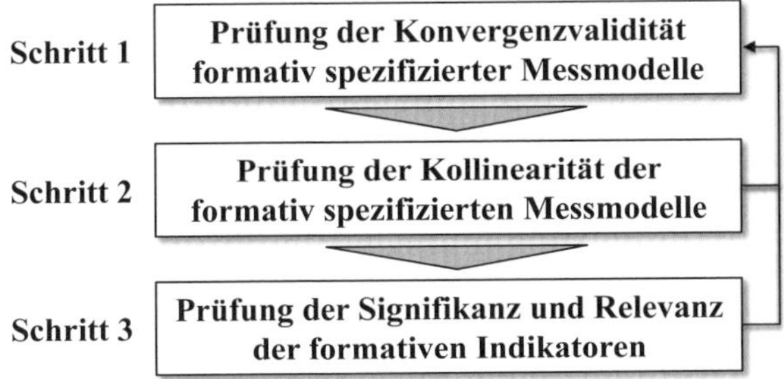

Abbildung 5.1 Vorgehen zur Evaluation formativ spezifizierter Messmodelle

die Frage, inwieweit jeder Indikator einen Beitrag zu dem formativen Index liefert und die intendierte Bedeutung repräsentiert. Es gibt zwei Situationen, in denen wir die Berücksichtigung eines Indikators in dem formativen Index kritisch prüfen sollten: Zum einen kann bei einer hohen Korrelation eines Indikators mit anderen Indikatoren desselben Konstrukts der Informationsgehalt des Indikators redundant sein. Dies erfordert die Prüfung der Kollinearität zwischen den Indikatoren (Schritt 2). Zum anderen kann der formative Indikator weder relativ noch absolut einen signifikanten Beitrag zu dem Konstrukt leisten. Letzteres kann durch die Prüfung der (statistischen) Signifikanz und Relevanz der formativen Indikatoren verifiziert werden (Schritt 3). In Abhängigkeit von den Ergebnissen in Schritt 2 und 3 kann es vorkommen, dass wir die vorhergehenden Schritte erneut durchlaufen müssen, um Konvergenzvalidität für das geänderte Set formativer Indikatoren zu erreichen.

Schritt 1: Prüfung der Konvergenzvalidität formativ spezifizierter Messmodelle

Die **Konvergenzvalidität** beschreibt das Ausmaß, in dem eine Messung positiv mit einer alternativen (z.B. reflektiven) Messung desselben Konstrukts auf Basis anderer Indikatoren korreliert. Zur Evaluation formativ spezifizierter Messmodelle sollten wir also prüfen, ob das formativ gemessene Konstrukt hoch mit einer reflektiven Messung desselben Konstrukts korreliert. Diese Art von Analyse wird auch als **Redundanzanalyse** (redundancy analysis, siehe Chin, 1998) bezeichnet. Die Bezeichnung Redundanzanalyse bezieht sich auf die Informationsredundanz, die dadurch entsteht, dass die Information sowohl im formativ als auch im reflektiv spezifizierten Konstrukt enthalten ist. Ganz konkret nutzen wir für die Analyse das formativ gemessene Konstrukt als exogene latente Variable, die eine endogene latente Variable vorhersagt, die wiederum über einen oder mehrere reflektive Indikatoren operationalisiert wird (Abbildung 5.2). Die Höhe des Pfadkoeffizienten, der die beiden Konstrukte in Beziehung setzt, ist ein Indikator für die Validität des zur Messung des Konstrukts vorgesehenen Sets formativer Indikatoren. Idealerweise sollte der Pfadkoeffizient zwischen $Y_1^{formativ}$ und $Y_1^{reflektiv}$ einen Wert von 0,80 (oder höher), mindestens aber einen Wert von 0,70 aufweisen, was sich in einem R^2-Wert von 0,64 bzw. 0,50 niederschlägt. Sofern die Analyse auf einen Mangel an Konvergenzvalidität hinweist (d.h. der R^2-Wert von $Y_1^{reflektiv} < 0,50$ ist), tragen die formativen Indikatoren des Konstrukts $Y_1^{formativ}$ nicht ausreichend

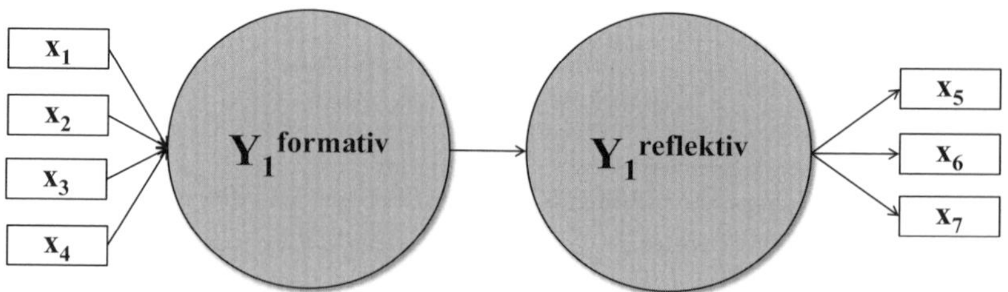

Abbildung 5.2 Redundanzanalyse zur Prüfung der Konvergenzvalidität

zu dem zu messenden Inhalt des Konstrukts bei. Die formativ spezifizierten Konstrukte sollten dann theoretisch/konzeptionell weiterentwickelt werden, indem Indikatoren ausgetauscht oder hinzugefügt werden. Wir weisen darauf hin, dass dieser Ansatz nur verfolgt werden kann, wenn die reflektiven Indikatorvariablen in dem Forschungsdesign bzw. in der Datenerhebung berücksichtigt werden.

Zur Identifikation geeigneter reflektiver Messungen eines Konstrukts können Forscher meist auf Skalen bisheriger Studien zurückgreifen, von denen

Nach Cheah et al. (2018) dienen folgende drei Schritte zur Entwicklung und Validierung eines globalen Single-Item-Konstrukts, das als endogenes Konstrukt in einer Redundanzanalyse verwendet werden kann. Die vorgeschlagene Vorgehensweise erfordert die Erhebung entsprechender empirischer Daten (z. B. im Rahmen einer Pilotstudie).

Schritt 1: Entwicklung von Items
Zur Entwicklung eines geeigneten Single-Items bzw. Single-Item-Konstrukts gilt es, zunächst eine theoretische Definition des zu messenden Konzeptes sorgfältig auszuwählen und etablierte Skalen, die auf dieser Definition aufsetzen, zu ermitteln. Die wichtigsten inhaltlichen Aspekte der Definition und der ermittelten Skalen-Items sollten sich in dem zu entwickelnden Single-Item-Konstrukt widerspiegeln. Das so entwickelte Item sollte dann mit Hilfe von Experten und Individuen, die repräsentativ für die relevante Population sind, auf seine augenscheinliche Validität geprüft werden.

Schritt 2: Reliabilitätsprüfung
Um die Reliabilität des Single-Item-Konstrukts zu prüfen, kann die folgende Formel genutzt werden:

$$r_{XX} = \frac{r_{XY}^2}{r_{YY}},$$

r_{xx} steht dabei für die Reliabilitätsschätzung des Single-Item-Konstrukts X zur Messung des Konzepts, r_{yy} für die Reliabilität der reflektiven Multi-Item-Messung (z. B. gemessen anhand von ρ_A; siehe Kapitel 4) des gleichen Konzepts und r_{xy} für die Korrelation zwischen dem Single-Item-Konstrukt und der Multi-Item-Messung. Die gegebene Formel macht deutlich, dass sowohl die Single-Item Messung als auch die Multi-Item-Messung desselben Konstrukts (z. B. über eine Pilotstudie), für die Reliabilitätsprüfung vorhanden sein muss. Die Interne-Konsistenz-Reliabilität sollte mindestens 0.7 betragen.

Schritt 3: Prüfung der Konvergenzvalidität und Inhaltsvalidität
Die Prüfung der Konvergenzvalidität des Single-Item-Konstrukts setzt an der Korrelation des Single-Item-Konstrukts mit der alternativen Multi-Item-Messung aus dem zweiten Schritt an. Diese Korrelation sollte mindestens 0.7 betragen. Die Definition eines genauen Grenzwertes für diese Korrelation und damit eines akzeptablen Niveaus an Inhaltsvalidität ist schwierig, da dies stark von den betrachteten Konstrukten abhängt. Als Minimalanforderung kann aber die Signifikanz der Korrelation formuliert werden. Die Prüfung der Inhaltsvalidität erfolgt auf Grundlage theoretischer Überlegungen. Hierbei gilt es zu prüfen, ob das Single-Item das Konzept ausreichend repräsentiert.

Abbildung 5.3 Vorgehensweise zur Entwicklung und Validierung eines globalen Single-Item-Konstrukts

eine Vielzahl in entsprechenden Handbüchern diskutiert wird (z. B. Bearden et al., 2011; Zarantonella & Pauwels-Delassus, 2015; Bruner, 2019). Die Aufnahme zusätzlicher reflektiver Multi-Item-Messungen ist jedoch nicht immer erwünscht, da sie die Befragung verlängert. Längere Befragungen führen oft zu einem Ermüdungseffekt bei den Befragten, sinkenden Antwortraten sowie zu einem vermehrten Auftreten fehlender Werte. Darüber hinaus gibt es nicht immer etablierte reflektive Messmodelle und die Entwicklung neuer Skalen ist anspruchsvoll und zeitaufwendig. Eine Alternative besteht in der Verwendung eines globalen Items, das den Kern des über die formativen Indikatoren zu spezifizierenden Konstrukts zusammenfasst (Sarstedt et al., 2016b). Zur Entwicklung und Validierung eines solchen globalen Items haben Cheah et al. (2018) drei Vorgehensschritte vorgeschlagen, die in Abbildung 5.3 kurz vorgestellt werden.

Für das PLS-SEM-Beispiel zur Unternehmensreputation in Kapitel 3 wurde eine zusätzliche Messung entwickelt, welche die Gesamtzustimmung zu dem Sozialverhalten der Unternehmen abfragt: „Bitte geben Sie an, inwieweit [das Unternehmen] sich sozial verantwortlich verhält“, gemessen auf einer Skala von 0 (*überhaupt nicht*) bis 10 (*voll und ganz*). Diese Frage kann als endogenes Single-Item-Konstrukt verwendet werden, um die formative Messung des Konstrukts Corporate Social Responsibility (*CSOR*) zu validieren. Im weiteren Verlauf dieses Kapitels werden wir erklären, wie diese Validitätsprüfung durchgeführt werden kann. Wir weisen darauf hin, dass die Verwendung von Single-Item-Konstrukten generell – und insbesondere im Kontext der PLS-SEM (Kapitel 2) – zwar nicht empfehlenswert ist, Single-Item-Konstrukte in der Redundanzanalyse aber eine andere Rolle einnehmen, da sie nur als Proxies der zu untersuchenden Konstrukte dienen. Mit anderen Worten besteht das Ziel hier nicht in der vollständigen Erfassung der inhaltlichen Definition des Konstrukts, sondern in der Betrachtung seiner besonders kennzeichnenden Elemente, um den Vergleich mit der formativen Messung des Konstrukts zu ermöglichen.

Schritt 2: Prüfung der Kollinearität der formativ spezifizierten Messmodelle

Anders als bei reflektiven, im Grunde austauschbaren Indikatoren, sind bei formativ spezifizierten Messmodellen keine hohen Korrelationen zwischen den Indikatoren zu erwarten. Tatsächlich ist eine hohe Korrelation zwischen zwei formativen Indikatoren (**Kollinearität**) aus methodischer und interpretatorischer Sicht problematisch. Sind mehr als zwei Indikatoren involviert, werden diese hohen Korrelationen als **Multikollinearität** bezeichnet. Der Einfachheit halber sprechen wir im Folgenden immer von Kollinearität.

Die am schwersten wiegende Form von Kollinearität tritt dann auf, wenn zwei (oder mehr) formative Indikatoren mit exakt demselben Informationsgehalt (d. h. einer perfekten Korrelation) in denselben Block von Indikatoren aufgenommen werden. Diese Situation kann auftreten, wenn derselbe Indikator zwei Mal zur Messung eines Konstrukts verwendet wird oder ein Indikator sich aus der Linearkombination eines anderen ergibt (z. B. ist ein Indikator ein Vielfaches eines anderen Indikators, wie *Absatz in Stück* und *Absatz in tau-*

send Stück). Unter diesen Umständen kann die PLS-SEM keinen der beiden Koeffizienten schätzen (technisch tritt während der Modellschätzung eine singuläre Matrix auf; siehe Kapitel 3). Kollinearitätsprobleme können auch im Strukturmodell auftreten (Kapitel 6), wenn z. B. redundante Indikatoren als Single-Item-Konstrukte zur Messung von zwei oder mehreren Konstrukten verwendet werden. In diesem Fall müssen die redundanten Indikatoren entfernt werden. Während perfekte Kollinearität eher selten auftritt, kommen hohe Niveaus an Kollinearität häufiger vor.

In der praktischen Anwendung wirkt sich eine hohe Kollinearität zwischen formativen Indikatoren problematisch auf die Schätzung der (äußeren) Gewichte (im Folgenden nur als Gewichte bezeichnet) und auf deren statistische Signifikanz aus. Dabei hat ein kritisches Maß an Kollinearität deutlich erhöhte Standardfehler zur Folge, wodurch die Wahrscheinlichkeit reduziert wird, dass die geschätzten Gewichte signifikant von 0 abweichen. Das ist insbesondere in PLS-SEM-Analysen mit kleineren Stichproben problematisch, da hier die Standardfehler aufgrund von Stichprobenfehlern grundsätzlich höher sind. Des Weiteren kann eine hohe Kollinearität zu verzerrten Schätzungen der Gewichte und inkorrekten Vorzeichen führen. Im folgenden Beispiel (Abbildung 5.4) ist ein solcher Vorzeichenwechsel aufgrund einer hohen Korrelation zwischen zwei formativen Indikatoren dargestellt.

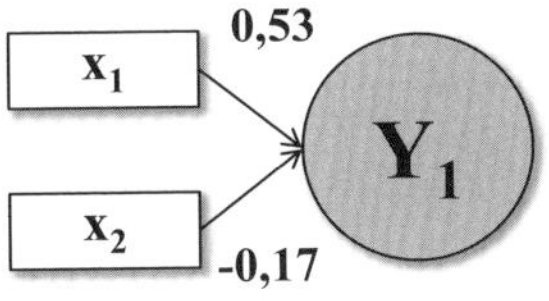

x_1 — 0,53 → Y_1
x_2 — -0,17 → Y_1

	Y_1	X_1	X_2
Y_1	1,00		
X_1	0,38	1,00	
X_2	0,14	0,68	1,00

Abbildung 5.4 Korrelationsmatrix mit hoher Kollinearität und Auswirkung auf die Schätzung der Gewichte

Bei der Prüfung der Korrelationsmatrix in Abbildung 5.4 (rechte Seite) stellen wir fest, dass die Indikatoren x_1 und x_2 beide positiv mit dem Konstrukt Y_1 (0,38 und 0,14) korrelieren, aber eine höhere Korrelation untereinander aufweisen (0,68). Obwohl die beiden bivariaten Korrelationen der Indikatoren mit dem Konstrukt Y_1 positiv sind und beide Indikatoren positiv untereinander korrelieren, liefert uns die finale Schätzung der Parameter im letzten Schritt des Algorithmus ein positives Gewicht (0,53) für x_1, aber ein negatives Gewicht (–0,17) für x_2 (siehe Abbildung 5.4; linke Seite). Dieses Beispiel zeigt somit eine Situation, in der eine hohe Kollinearität das Vorzeichen des schwächeren Indikators (d. h. des weniger stark mit dem Konstrukt korrelierten Indikators) umdreht. Die Vernachlässigung der Kollinearitätsprüfung führt in einer solchen Situation zu einer falschen Interpretation der Indikatorbeziehungen und damit zu invaliden Schlussfolgerungen.

Zur Kollinearitätsprüfung nutzen wir die **Toleranz (TOL)**. Die Toleranz repräsentiert den Anteil an Varianz eines formativen Indikators, der nicht durch die anderen Indikatoren desselben Messmodells erklärt wird. So kann die Toleranz des ersten Indikators x_1 in einem Messmodell formativer Indikatoren beispielsweise anhand der folgenden zwei Schritte ermittelt werden:

1. Wir verwenden den ersten formativen Indikator x_1 als abhängige Variable einer Regression, in der alle verbleibenden Indikatoren desselben Blocks als unabhängige Variablen fungieren. Wir schätzen den durch die anderen Indikatoren erklärten Anteil an Varianz für x_1 ($R^2_{x_1}$).
2. Wir berechnen die Toleranz für den Indikator x_1 ($TOLx_1$) als $1 - R^2_{x_1}$. Erklären die anderen Indikatoren beispielsweise 75 % der Varianz des ersten Indikators (d. h. $R^2_{x_1} = 0{,}75$), beträgt die Toleranz für x_1 0,25 ($TOLx_1 = 1{,}00 - 0{,}75 = 0{,}25$).

Ein damit zusammenhängendes Kriterium zur Prüfung der Kollinearität ist der **Varianzinflationsfaktor** (variance inflation factor, VIF), der sich als Kehrwert der Toleranz ergibt (d. h. $VIFx_1 = 1/TOLx_1$). Daher kann ein Toleranz-Wert von 0,25 für x_1 ($TOLx_1$) in einen VIF-Wert von 1/0,25 = 4,00 für x_1 ($VIFx_1$) überführt werden. Der VIF beschreibt das Ausmaß, in dem der Standardfehler eines Schätzers durch die Kollinearität erhöht wurde. In dem obigen Beispiel impliziert ein VIF-Wert von 4,00, dass der Standardfehler sich aufgrund der Kollinearität verdoppelt hat ($\sqrt{4} = 2{,}00$). Die Berechnung der Toleranz und des VIF wird analog für alle Indikatoren eines formativen Messmodells durchgeführt. Die beiden Kollinearitätskriterien haben den gleichen Informationsgehalt, allerdings hat sich die Evaluation anhand des VIF als Standard durchgesetzt.

Im Kontext der PLS-SEM deutet ein VIF-Wert von 5 oder höher auf ein Kollinearitätsproblem in den formativen Messmodellen. Es sei jedoch angemerkt, dass potenzielle Kollinearitätsprobleme auch bei niedrigeren VIF-Werten von 3 auftreten können (Becker et al., 2015; Mason & Perreault, 1991). Idealerweise sollten die VIF Werte von 3 oder niedriger aufweisen, wobei der minimale VIF-Wert bei 1 liegt. Neben dem VIF können Forscher auch die Verwendung des Konditionsindex (condition index, CI) zur Prüfung der Kollinearität in formativ spezifizierten Messmodellen in Betracht ziehen (Götz et al., 2010). Der CI ist aber etwas schwieriger zu interpretieren und auch in den PLS-SEM-Softwareprogrammen (noch) nicht enthalten. Ein weiterer alternativer, wenngleich weniger üblicher, Ansatz zur Evaluation der Kollinearität ist die Betrachtung der bivariaten Korrelationen. Bivariate Korrelationen von über 0,60 führen in PLS-SEM-Modellen mit formativen Indikatoren generell zu Kollinearitätsproblemen.

Bei einem kritischen Niveau an Kollinearität, das durch einen VIF-Wert von 5 oder höher angezeigt wird, sollte man überlegen, einen der betreffenden Indikatoren zu entfernen. Dies erfordert aber, dass die verbleibenden Indikatoren den Inhalt des Konstrukts immer noch ausreichend darzustellen vermögen. Eine weitere Option besteht darin, die kollinearen Indikatoren zu einem neuen einzelnen Composite-Indikator (d. h. einem Index) zu kombinieren (z. B. durch die Verwendung der (gewichteten) Mittelwerte). Das letztere Vorgehen kann aber problematisch sein, da die individuellen Effekte der Indikatoren nivelliert werden, was ungünstige Folgen für die Inhaltsvalidität des Index haben kann. Alternativ ist die Entwicklung formativ-formativer Konstrukte höherer Ordnung (Becker et al., 2012; Ringle et al., 2012; Sarstedt et al., 2019) eine Möglichkeit, um mit Kollinearitätsproblemen umzugehen, natürlich nur, wenn die Messtheorie diesen Schritt unterstützt (Kapitel 8). In diesem Fall werden die hoch korrelierten Indikatoren zu verschiedenen Konstrukten niedrigerer Ordnung zusammengefasst, was die Kollinearitätsprobleme in den Messmodellen höchstwahrscheinlich löst.

Abbildung 5.5 zeigt das Vorgehen zur Prüfung der Kollinearität in formativ spezifizierten Messmodellen anhand des VIF. Die Gewichte in formativ spezifizierten Messmodellen sollten nur dann auf Signifikanz und Relevanz geprüft werden, wenn kein kritisches Niveau an Kollinearität vorliegt. Liegt allerdings ein kritisches Niveau an Kollinearität vor, das nicht behoben werden kann, sollten die geschätzten Gewichte in den formativen Messmodellen nicht unmittelbar interpretiert werden. Vielmehr sollten Forscher die Operatio-

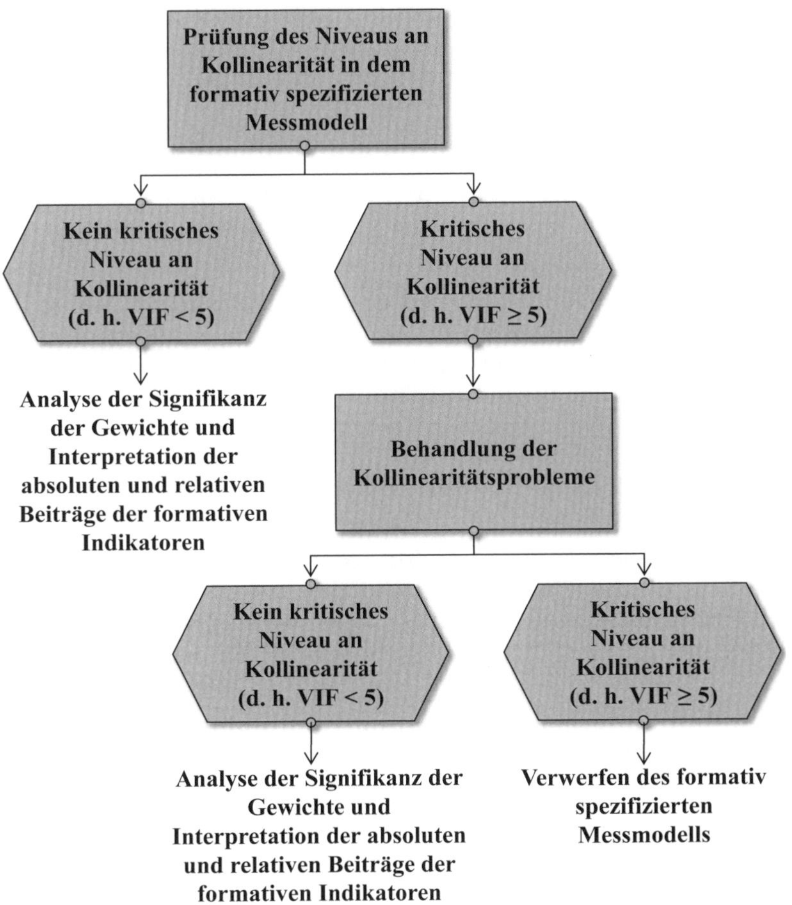

Abbildung 5.5 Kollinearitätsprüfung formativ spezifizierter Messmodelle anhand des VIF

nalisierung des formativ spezifizierten Messmodells überdenken bzw. seine Verwendung hinterfragen.

Schritt 3: Prüfung der Signifikanz und Relevanz der formativen Indikatoren

Ein weiteres wichtiges Kriterium zur Evaluation des Beitrags eines formativen Indikators zu dem zu messenden Konstrukt – und damit zur Evaluation seiner Relevanz – ist sein Gewicht. Das Gewicht eines Indikators ist das Resultat einer multiplen Regression (Hair et al., 2019a) mit dem Konstruktwert als abhängiger Variablen und den formativen Indikatoren als unabhängigen Variablen (siehe die Ausführungen zum PLS-SEM-Algorithmus in Kapitel 3). Da das Konstrukt selbst durch seine darunter liegenden formativen Indikatoren – als Linearkombination der Indikatorwerte und Gewichte – geformt wird, ergibt eine solche multiple Regression einen R^2-Wert von 1,0. Das bedeutet, dass das Konstrukt zu 100 % durch seine Indikatoren erklärt wird. Diese Eigenschaft unterscheidet formative (d. h. Composite) Indikatoren von Kausalindikatoren, die üblicherweise in der CB-SEM verwendet werden (Sarstedt et al., 2016b). In letzterem Fall wird das zu messende Konstrukt nicht automatisch vollständig durch seine (kausalen) Indikatoren erklärt (Kapitel 2). Die Werte der Gewichte sind standardisiert und können daher direkt miteinander verglichen werden. Sie bringen den **relativen Beitrag** eines jeden Indikators zu dem Konstrukt bzw. seine relative Relevanz bei der Bildung des Konstrukts zum Ausdruck. Die geschätzten Werte für die Gewichte in formativ spezifizierten Messmodellen sind häufig kleiner als die Ladungen der reflektiven Indikatoren.

Die sich im Kern ergebende Frage ist, ob die formativen Indikatoren wirklich zur Bildung des Konstrukts beitragen. Um diese Frage zu beantworten, prüfen wir mit Hilfe des Bootstrapping-Verfahrens, ob die Gewichte der formativ spezifizierten Messmodelle sich signifikant von 0 unterscheiden. Wir weisen darauf hin, dass das Bootstrapping-Verfahren auch in anderen Analysen der PLS-SEM eine entscheidende Rolle spielt, insbesondere bei der Evaluation der Pfadkoeffizienten des Strukturmodells (Kapitel 6). Wir erklären das Bootstrapping-Verfahren im weiteren Verlauf dieses Kapitels noch genauer.

Es ist zudem wichtig darauf hinzuweisen, dass die Werte der formativen Indikatorgewichte durch die anderen Beziehungen im Modell beeinflusst werden. Damit können die exogenen formativen Konstrukte, in Abhängigkeit von den endogenen Konstrukten, die als Zielgrößen verwendet werden, verschiedene Inhalte und Bedeutungen haben. Dieser Effekt ist auch als **Interpretational Confounding** bekannt und repräsentiert eine Situation, in der sich die empirisch beobachtete Bedeutung des Konstrukts bzw. seiner Messgrößen von der theoretisch eingeführten Bedeutung unterscheidet (Kim et al., 2010). Solche Situationen sind nicht wünschenswert, da sie die Generalisierbarkeit der Ergebnisse einschränken (Bagozzi, 2007). Damit sollten auch vergleichende Interpretationen von formativ spezifizierten Konstrukten über verschiedene PLS-Pfadmodelle mit unterschiedlichem Aufbau (z. B. mit anderen endogenen latenten Variablen) mit Vorsicht angegangen werden.

Auswirkungen der Anzahl verwendeter Indikatoren auf die Indikatorgewichte

Mit einer größeren Anzahl formativer Indikatoren, die zur Messung eines einzigen Konstrukts verwendet werden, wird es wahrscheinlicher, dass ein oder mehrere Indikator(en) ein kleineres oder sogar nicht signifikantes Gewicht hat (haben). Anders als bei reflektiv spezifizierten Messmodellen, bei denen die Anzahl Indikatoren nur eine marginale Auswirkung auf die Messergebnisse hat, gibt es bei formativ spezifizierten Messmodellen eine inhärente Maximalzahl an Indikatoren, die ein statistisch signifikantes Gewicht aufweisen können (Cenfetelli & Bassellier, 2009). Wenn wir davon ausgehen, dass die Indikatoren unkorreliert sind, ist das maximal mögliche Gewicht $1/\sqrt{n}$, wobei n die Anzahl Indikatoren repräsentiert. In einem Beispiel mit 2 (5, bzw. 10) unkorrelierten Indikatoren ist das maximal mögliche Gewicht gleich $1/\sqrt{2} = 0{,}707$ ($1/\sqrt{5} = 0{,}447$, bzw. $1\sqrt{10} = 0{,}316$). Genauso wie das maximal mögliche Gewicht mit der Anzahl Indikatoren abnimmt, nimmt auch der durchschnittliche Wert der Gewichte mit einer größeren Anzahl Indikatoren signifikant ab. Damit wird es wahrscheinlicher, dass zusätzliche formative Indikatoren nicht signifikant werden.

Um mit dem potenziellen Einfluss einer großen Anzahl Indikatoren umzugehen, schlagen Cenfetelli und Bassellier (2009) vor, die Indikatoren in zwei oder mehr unterschiedliche Konstrukte einzuteilen. Dieser Ansatz setzt natürlich voraus, dass die Indikatoren konzeptionell in Gruppen eingeteilt werden können und die Gruppierung auch aus theoretischer Sicht sinnvoll ist. Beispielsweise könnten wir, wie in Abbildung 5.6 dargestellt, die Indikatoren des Konstrukts *Performance*, das wir im Verlauf dieses Kapitels als Treiberkonstrukt der Unternehmensreputation einführen (siehe Abbildung 5.14), in zwei Sets von Indikatoren gruppieren. Die Indikatorvariablen „[Das Unternehmen] ist ein

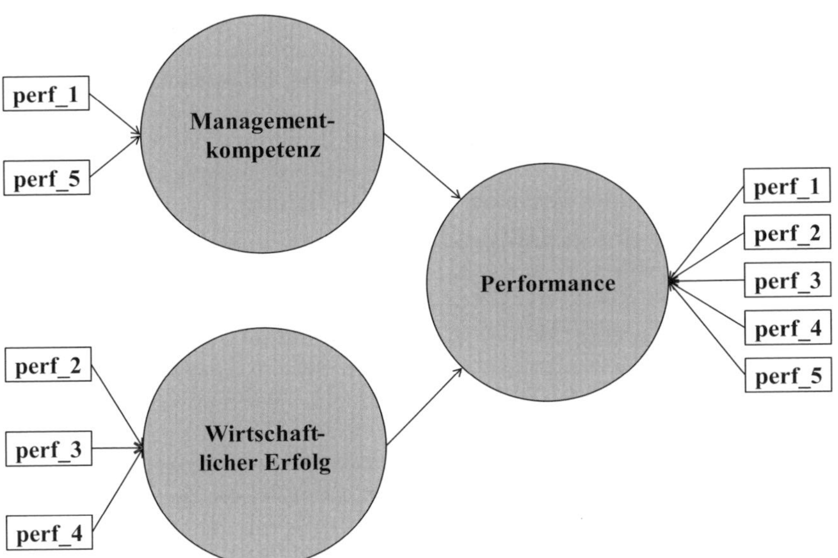

Abbildung 5.6 Beispiel eines Konstrukts höherer Ordnung

sehr gut geführtes Unternehmen" (*perf_1*) und „[Das Unternehmen] hat eine klare unternehmensbezogene Zukunftsvision" (*perf_5*) könnten als formative Indikatoren eines separaten Konstrukts *Managementkompetenz* verwendet werden. Genauso könnten die Indikatoren „[Das Unternehmen] ist ein wirtschaftlich stabiles Unternehmen" (*perf_2*), „Ich schätze das Geschäftsrisiko von [dem Unternehmen] im Vergleich zu den Wettbewerbern als moderat ein" (*perf_3*) und „Ich denke [das Unternehmen] hat Wachstumspotenzial" (*perf_4*) als formative Indikatoren eines zweiten Konstrukts *wirtschaftlicher Erfolg* verwendet werden. Eine Alternative ist die Entwicklung eines formativ-formativen Konstrukts höherer Ordnung (Becker et al., 2023; Becker et al., 2012; Sarstedt et al., 2019; Hair et al., 2024, Kapitel 8). Das Konstrukt höherer Ordnung (*Performance*) wird dann durch die formativ gemessenen Konstrukte niedrigerer Ordnung *Managementkompetenz* und *wirtschaftlicher Erfolg* gebildet (Abbildung 5.6).

Behandlung von nicht signifikanten Indikatorgewichten

Nicht signifikante Indikatorgewichte sind nicht automatisch ein Indiz für eine schlechte Qualität des Messmodells. Forscher sollten eher den **absoluten Beitrag** (oder die **absolute Relevanz**) eines formativen Indikators für das zu messende Konstrukt betrachten (d. h. die Information, die der Indikator ohne Berücksichtigung der anderen Indikatoren liefert). Dieser absolute Beitrag ergibt sich aus der Ladung des formativen Indikators, die immer zusätzlich zu den Indikatorgewichten geschätzt wird. Anders als die Gewichte ergeben sich die Ladungen anhand einfacher Regressionen jedes Indikators mit dem ihm zugeordneten Konstrukt (was in der PLS-SEM der bivariaten Korrelation zwischen jedem Indikator und dem Konstrukt entspricht).

Wenn das Gewicht eines Indikators nicht signifikant, seine Ladung aber hoch (d. h. über 0,50) ist, sollte der Indikator als absolut relevant, aber nicht als relativ relevant interpretiert werden. In einer solchen Situation sollte der Indikator im Allgemeinen beibehalten werden. Wenn ein Indikator aber ein nicht signifikantes Gewicht und eine Ladung unter 0,50 aufweist, sollte man sich entscheiden, diesen Indikator beizubehalten oder zu entfernen, indem man die theoretische Relevanz und die potenziellen inhaltlichen Überschneidungen mit anderen Indikatoren desselben Konstrukts prüft.

Sofern die theoretische Konzeption des Konstrukts stark für die Beibehaltung des Indikators spricht (z. B. aufgrund einer Expertenevaluation), sollte dieser im formativ spezifizierten Messmodell beibehalten werden. Wenn die Theorie aber keine starke Begründung für die Beibehaltung des Indikators liefert, sollte der Indikator für die weiteren Analysen eher aus dem Konstrukt entfernt werden. Wenn im Gegensatz dazu die Ladung niedrig (d. h. unter 0,50) und sogar nicht signifikant ist, gibt es keine empirische Unterstützung dafür, dass der Indikator einen relevanten Beitrag zu dem formativ spezifizierten Konstrukt liefert (Cenfetelli & Bassellier, 2009). Daher sollte ein derartiger Indikator aus dem formativ spezifizierten Messmodell entfernt werden.

Eine Elimination formativer Indikatoren, die die Gütekriterien bezüglich des Beitrages zu dem Konstrukt nicht erfüllen, hat bei einer erneuten Schätzung des Modells empirisch nahezu keine Auswirkung auf die Parameterschätzung. Dennoch sollten formative Indikatoren niemals nur aufgrund statistischer Ergebnisse entfernt werden. Bevor ein Indikator von einem formativ spezifizierten Messmodell getrennt wird, sollte man die Relevanz des Indikators aus Sicht der Inhaltsvalidität prüfen. Denn, um das nochmal zu betonen, die

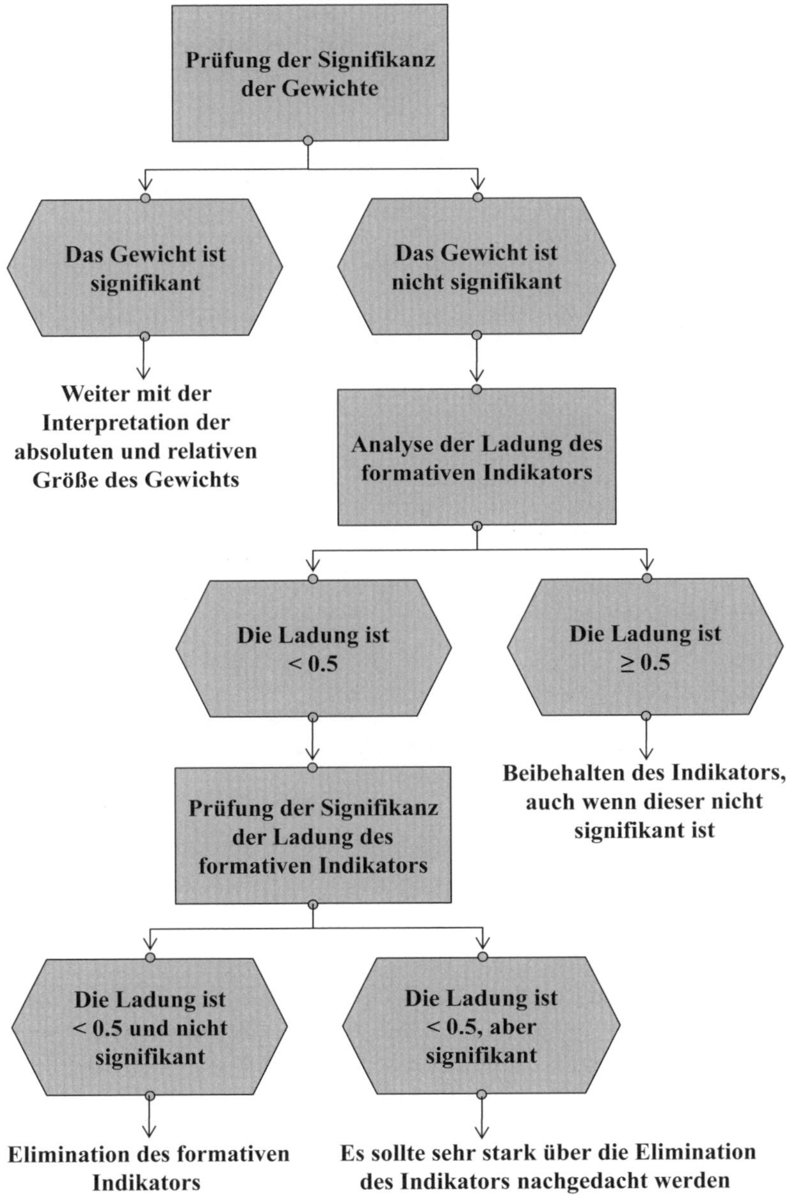

Abbildung 5.7 Entscheidungsprozess zur Beibehaltung oder Elimination formativer Indikatoren

Elimination eines formativen Indikators führt dazu, dass einige inhaltliche Bestandteile des Konstrukts in der Messung verloren gehen. Abbildung 5.7 fasst den Entscheidungsprozess bezüglich der Beibehaltung oder Elimination von formativen Indikatoren zusammen.

Zusammenfassend halten wir fest, dass die Evaluation formativ spezifizierter Messmodelle die Prüfung der Konvergenzvalidität, der Kollinearität zwischen den Indikatoren sowie die Evaluation des relativen und absoluten Beitrages der Indikatoren inklusive der Signifikanz der Indikatorgewichte beinhaltet. Abbildung 5.8 fasst die Faustregeln zur Evaluation formativer Messmodelle zusammen.

- Konvergenzvalidität: Prüfung der Konvergenzvalidität eines Konstrukts durch Evaluation der Korrelation mit einer alternativen Messung des Konstrukts, bei der eine reflektive Operationalisierung oder ein globales Single-Item-Konstrukt genutzt werden (Redundanzanalyse). Die Korrelation zwischen den Konstrukten sollte 0,70 oder höher sein.
- Kollinearität zwischen den Indikatoren: Der VIF-Wert jedes Indikators sollte unter 5 liegen. Andernfalls sollte zur Vermeidung von Kollinearitätsproblemen darüber nachgedacht werden, den betreffenden Indikator zu eliminieren, Indikatoren zu einem Index zusammenzufassen oder ein Konstrukt höherer Ordnung zu entwickeln.
- Höhe und (über das Bootstrapping ermittelte) Signifikanz bzw. Relevanz formativer Indikatoren: Bei einem signifikanten Indikatorgewicht verstehen wir den Indikator als relativ relevant und behalten den Indikator im formativ spezifizierten Messmodell bei. Bei einem nicht signifikanten Indikatorgewicht, aber einer relativ hohen (d. h. ≥ 0,50) oder statistisch signifikanten Ladung des Indikators verstehen wir den Indikator als absolut relevant. In diesem Fall sollte der Indikator im Allgemeinen beibehalten werden. Wenn beides, also sowohl das Gewicht als auch die Ladung nicht signifikant sind, gibt es keinen empirischen Grund dafür, den Indikator beizubehalten und es sollte dringend über die Elimination des Indikators vom Modell nachgedacht werden.

Abbildung 5.8 Faustregeln zur Evaluation formativ spezifizierter Messmodelle

Bootstrapping-Verfahren

Konzept

Da die PLS-SEM keine bestimmte Verteilung der Daten unterstellt, können parametrische Signifikanztests, wie sie in Regressionsanalysen üblich sind, nicht zur Prüfung der Signifikanz von Koeffizienten wie Gewichten, Ladungen und Pfadkoeffizienten angewendet werden. Stattdessen baut die PLS-SEM auf einem nicht-parametrischen Bootstrapping-Verfahren (Chernick, 2008; Davison & Hinkley, 1997; Efron & Tibshirani, 1986) auf, um die Signifikanz der Koeffizienten zu prüfen.

Beim **Bootstrapping-Verfahren** wird eine große Anzahl an Teilstichproben (sogenannte **Bootstrapping-Teilstichproben**) aus dem Originaldatensatz mit Zurücklegen gezogen. Mit Zurücklegen bedeutet, dass jedes Mal, wenn ein

Fall zufällig aus der Originalstichprobe (bzw. dem Originaldatensatz) gezogen wird, dieser für das nächste Ziehen eines Falles aus der Originalstichprobe weiterhin zur Verfügung steht bzw. anders ausgedrückt: vor dem nächsten Ziehen wieder zu dem Originaldatensatz zurückgelegt wird. Das bedeutet, dass die Population, aus der die Fälle gezogen werden, immer alle und immer dieselben Elemente enthält. Daher kann ein Fall gar nicht, einmal oder mehr als einmal für eine Bootstrapping-Teilstichprobe ausgewählt werden. Jede Bootstrapping-Teilstichprobe hat die gleiche Anzahl an Fällen wie die Originalstichprobe (in der Regel werden diese als **Bootstrapping-Fälle** bzw. Bootstrapping-Cases in den PLS-SEM-Softwaremodulen zum Bootstrapping bezeichnet). Wenn die Originalstichprobe mit 344 Fällen nach einem fallweisen Ausschluss von Fällen mit fehlenden Werten nur noch 336 gültige (!) Fälle enthält, so umfasst jede Bootstrapping-Teilstichprobe ebenfalls nur 336 Fälle. Die gängigen PLS-SEM Software-Anwendungen nutzen für gewöhnlich automatisch die richtige Anzahl an Bootstrapping-Fällen pro Bootstrapping-Teilstichprobe (z. B. auch bei der Verwendung des fallweisen Ausschlusses zur Behandlung von fehlenden Werten oder bei Gruppenanalysen).

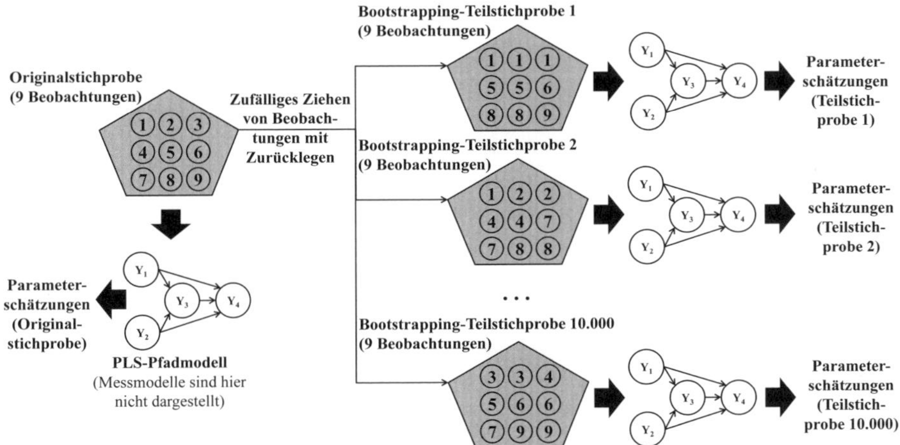

Abbildung 5.9 Bootstrapping-Verfahren

Die Anzahl der Bootstrapping-Teilstichproben sollte hoch sein, muss aber mindestens der Anzahl gültiger Fälle im Datensatz entsprechen. Streukens und Leroi-Werelds (2016) empfehlen auf Basis ihrer Auswertung bisher angewendeter Bootstrapping-Verfahren die Verwendung von mindestens 10.000 Bootstrapping-Teilstichproben. Eine hohe Anzahl an Bootstrapping-Teilstichproben hat den Vorteil, dass die Analysen auf einer soliden Stichprobenverteilung der Ergebnisse aufsetzen. Da das Bootstrapping-Verfahren einem Zufallsprozess folgt, sind die Ergebnisse von zwei Bootstrapping-Durchläufen nie exakt gleich. Bei einer hohen Anzahl an Bootstrapping-Samples sind die Ergebnisse verschiedener Bootstrapping-Durchläufe aber sehr ähnlich, was eine solide Basis für die weitere Interpretation der Modellschätzung liefert. Allerdings kann man den Zufallsgenerator mit einem festen Ausgangswert/

Seed starten, um so immer dasselbe Zufallsergebnis zu erhalten. Abbildung 5.9 zeigt, wie das Bootstrapping-Verfahren arbeitet.

Die Bootstrapping-Teilstichproben werden zur Schätzung des PLS-Pfadmodells verwendet. Das bedeutet, dass bei einer Definition von 10.000 Bootstrapping-Teilstichproben 10.000 PLS-Pfadmodelle geschätzt werden. Die geschätzten Koeffizienten bilden eine Bootstrapping-Verteilung, die als Approximation einer Stichprobenverteilung angesehen werden kann. Auf Basis dieser Verteilung ist es möglich, den Standardfehler und die Standardabweichung der geschätzten Koeffizienten zu bestimmen. Wir bezeichnen den geschätzten Bootstrapping-Standardfehler durch se^*, wobei das Sternchen angibt, dass der Standardfehler durch ein Bootstrapping-Verfahren ermittelt wurde. Die Bootstrapping-Verteilung kann als eine angemessene Approximation der geschätzten Verteilung eines Koeffizienten in der Population angesehen werden und die ermittelte Standardabweichung dient als Proxy für den Standardfehler des Parameters in der Population.

Das Bootstrapping-Verfahren erlaubt damit beispielsweise eine statistische Prüfung der Hypothese, dass ein bestimmtes Gewicht w_1 in der Population tatsächlich gleich 0 ist. Die Verwendung des Standardfehlers, der sich aus der Bootstrapping-Verteilung ergibt, ermöglicht die Durchführung eines *t*-Tests zur Prüfung, ob w_1 signifikant von 0 abweicht (d. h. H_0: $w_1 = 0$ und H_1: $w_1 \neq 0$) anhand der folgenden Formel:

$$t = \frac{w_1}{se^*_{w_1}},$$

wobei w_1 das Gewicht ist, das sich aus der Schätzung des Modells mit der Originalstichprobe ergibt und $se^*_{w_1}$ der Bootstrapping-Standardfehler von w_1 ist.

Wie der Name schon sagt, folgt die Teststatistik einer *t*-Verteilung, deren **Freiheitsgrade** (degrees of freedom, df) (das ist die Anzahl an Werten in der finalen Berechnung der Teststatistik, die frei variieren können) gleich der Anzahl an Fällen minus der Anzahl an Indikatoren im formativen Messmodell minus 1 ist. In der Regel wird die *t*-Verteilung bei mehr als 30 Fällen gut durch eine Normal-(oder Gauß-)Verteilung approximiert. Da die Anzahl der Fälle üblicherweise diesen Grenzwert übersteigt, können die Normal-(Gauß-)Quartile verwendet werden, um die **kritischen *t*-Werte** (oder **theoretischen *t*-Werte**) für den Signifikanztest zu ermitteln. Daher können wir davon ausgehen, dass der Koeffizient mit einer Irrtumswahrscheinlichkeit von 5 % ($\alpha = 0{,}05$; zweiseitiger Test) signifikant von 0 abweicht, wenn der **empirische *t*-Wert** über 1,96 liegt. Die kritischen *t*-Werte für Signifikanzniveaus bzw. Irrtumswahrscheinlichkeiten von 1 % ($\alpha = 0{,}01$; zweiseitiger Test) bzw. 10 % ($\alpha = 0{,}10$; zweiseitiger Test) sind 2,57 bzw. 1,65.

PLS-SEM-Softwarepakete wie SmartPLS berichten zudem ***p*-Werte** (Wahrscheinlichkeitswerte, probability values), die der Wahrscheinlichkeit entsprechen, einen empirischen *t*-Wert zu ermitteln, der mindestens dem Wert entspricht, den wir beobachten, wenn die Nullhypothese zutrifft. Mit Blick auf das Beispiel von oben entspricht der *p*-Wert der Antwort auf folgende Frage:

Wenn w_1 tatsächlich 0 ist (und H_0 tatsächlich zutrifft), bei welcher Wahrscheinlichkeit würde eine Zufallsstichprobe mit Hilfe des Bootstrapping-Verfahrens einen *t*-Wert von mindestens 1,96 (Signifikanzniveau von 5 %; zweiseitiger Test) ergeben? Mit anderen Worten entspricht der *p*-Wert der Wahrscheinlichkeit, dass wir die Nullhypothese eines nicht vorhandenen Zusammenhangs fälschlicherweise ablehnen (d. h. wir gehen irrtümlich von einem signifikanten Einfluss aus, obwohl sich dieser nicht signifikant von 0 unterscheidet). In den meisten Fällen wählen wir ein Signifikanzniveau bzw. eine Irrtumswahrscheinlichkeit von 5 %, was impliziert, dass der *p*-Wert kleiner als 0,05 sein muss, um den betrachteten Koeffizienten als signifikant zu bezeichnen. Sind Forscher sehr konservativ oder streng beim Testen ihrer betrachteten Koeffizienten und damit der Beziehungen im Modell (z. B. bei der Durchführung von Experimenten), wird das Signifikanzniveau auf 1 % (0,01) gesetzt. In explorativen Studien wird üblicherweise ein Signifikanzniveau von 10 % (0,10) verwendet.

Bootstrapping-Konfidenzintervalle

Anstatt nur die Signifikanz eines Parameters anzugeben ist es ebenso wertvoll, die **Bootstrapping-Konfidenzintervalle,** die eine zusätzliche Information über die Stabilität einer Koeffizientenschätzung liefern, zu ermitteln und anzugeben. Das **Konfidenzintervall** ist das Intervall, in das der wahre Parameter einer Population mit einer gewissen Vertrauenswahrscheinlichkeit (z. B. 95 %) fallen wird. Im Kontext der PLS-SEM sprechen wir von Bootstrapping-Konfidenzintervallen, da die Ermittlung des Intervalls auf den Standardfehlern aufbaut, die anhand des Bootstrapping-Verfahrens ermittelt werden (Henseler et al., 2009). Eine Nullhypothese H_0, dass ein bestimmter Parameter, wie das Gewicht w_1 in der Population gleich 0 ist (d. h. H_0: $w_1 = 0$), wird mit einem gegebenen Signifikanzniveau α abgelehnt, wenn das dazugehörige $(1 - \alpha)$ % Bootstrapping-Konfidenzintervall den Wert 0 *nicht* enthält. Mit anderen Worten: Wenn ein Konfidenzintervall für einen geschätzten Koeffizienten, wie das Gewicht w_1, den Wert 0 nicht enthält, wird die Hypothese, dass $w_1 = 0$ ist, abgelehnt und wir gehen von einem signifikanten Koeffizienten bzw. Effekt aus. Zusätzlich zu der Prüfung auf Signifikanz liefert uns das Konfidenzintervall eine Information darüber, wie stabil eine Schätzung ist. Je größer das Konfidenzintervall für einen Koeffizienten ist, desto geringer ist die Stabilität der Schätzung. Das Konfidenzintervall beschreibt das Intervall möglicher Werte für einen bestimmten Parameter einer Population in Abhängigkeit von der Varianz in den Daten und der Stichprobengröße.

Es gibt verschiedene Ansätze für die Ermittlung von Bootstrapping-Konfidenzintervallen (Efron & Tibshirani, 1986; Davison & Hinkley, 1997; Aguirre-Urreta & Rönkkö, 2018). Ein logischer Ansatz besteht darin, alle Schätzungen für einen bestimmten Parameter (z. B. für ein Gewicht w_1), die anhand von Bootstrapping-Teilstichproben ermittelt wurden, zu sortieren und dann das Intervall zu berechnen, das die 2,5 % niedrigsten und 2,5 % höchsten Werte ausschließt. Nehmen wir beispielsweise an, dass wir 10.000 Bootstrapping-Teilstichproben ziehen und damit 10.000 Schätzungen für das Indikatorgewicht w_1 erzeugen. Nachdem wir diese Werte von dem niedrigsten zum größten sortiert haben, beschreiben wir diese Werte als $w^*_{(1)}$, $w^*_{(2)}$, …, $w^*_{(10.000)}$. Das Sternchen zeigt an, dass das geschätzte Gewicht anhand des Bootstrapping-Verfahrens ermittelt wurde. Die Zahlen in Klammern beziehen sich auf die Bootstrapping-Teilstichprobe. Die untere Grenze des 95%-Bootstrapping-Konfidenzintervalls ist die Bootstrapping-Schätzung für w_1, welche die niedrigsten 2,5% von den höchsten 97,5% der Bootstrapping-Werte trennt (d.h. $w^*_{(250)}$). Gleichermaßen entspricht die obere Grenze dem Wert, welcher die 97,5% niedrigsten von den 2,5% höchsten Bootstrapping-Werten (d.h. $w^*_{(9.750)}$) scheidet. Dieser Ansatz wird als **Perzentil-(Bootstrapping)-Verfahren** bezeichnet. Abbildung 5.10 illustriert das Verfahren anhand eines Histogramms der Indikatorgewichte der Variablen w_1 (welche der Variablen *csor_1* in unserem später verwendeten Modell entspricht) auf Basis von 10.000 Teilstichproben. Das ermittelte Konfidenzintervall ist [0,140; 0,467], was nahelegt, dass der Wert für w_1 in der Population mit einer Wahrscheinlichkeit von 95% zwischen 0,140 und 0,467 liegt. Da dieses Konfidenzintervall den Wert 0 nicht enthält, schließen wir auf die Signifikanz von w_1.

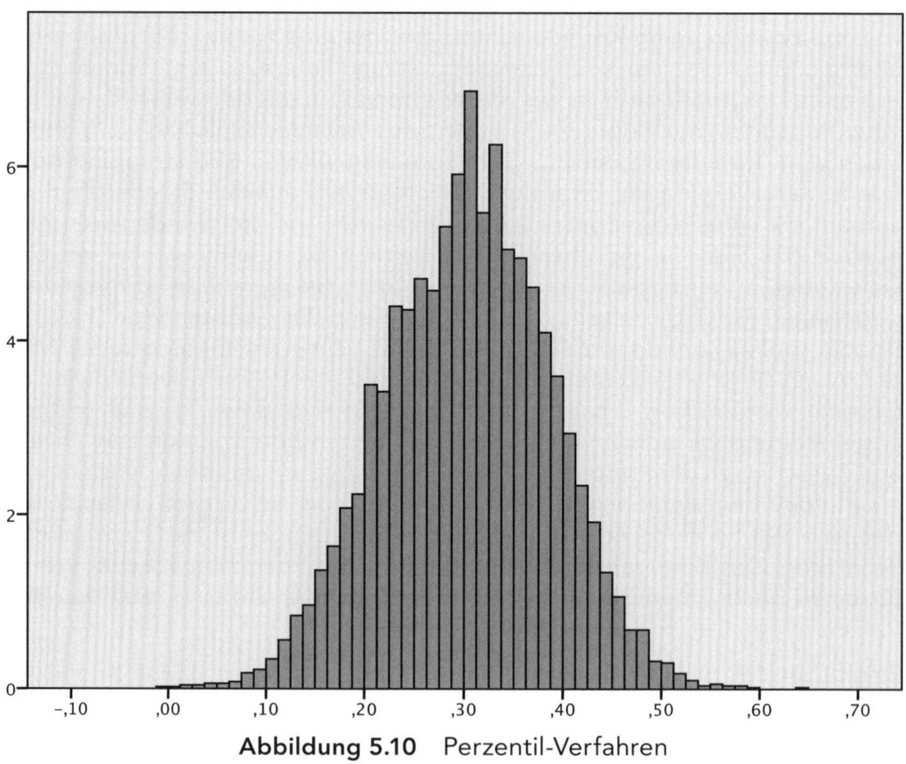

Abbildung 5.10 Perzentil-Verfahren

Eine Schwäche des Perzentil-Verfahrens liegt in der Annahme, dass der durch die Berechnung des Mittelwertes über alle Bootstrapping-Teilstichproben (z.B. $\hat{w}_1$) ermittelte Wert für einen bestimmten Parameter eine unverzerrte Schätzung des wahren Wertes darstellt. Diese Annahme trifft nicht notwendigerweise zu, insbesondere wenn die Stichprobe klein oder die Verteilung des Parameters asymmetrisch sind. In diesen Situationen unterliegt das Perzentil-Verfahren dem sogenannten **Coverage-Fehler** (z. B. kann das 95 %-Konfidenzintervall tatsächlich ein 90 %-Konfidenzintervall sein). Um diesem Problem entgegenzuwirken, bedienen sich Forscher der Bias-Korrektur und berichten die Bias-korrigierten Konfidenzintervalle des Perzentil-Verfahrens. Eine Erweiterung stellen die von Efron (1987) vorgeschlagenen **Bias-korrigierten und accelerated-(BCa)-Bootstrapping-Konfidenzintervalle** dar, die eine Korrektur anhand des Bias und der Schiefe der Bootstrapping-Verteilung vornehmen. Henseler et al. (2009) liefern weitere Details zur Verwendung des BCa-Bootstrapping-Verfahrens in der PLS-SEM; siehe dazu auch Gudergan et al. (2008) und Sarstedt et al. (2011b).

Eine Alternative zu dem zuvor beschriebenen Ansatz ist das **studentisierte Bootstrapping-Verfahren.** Das studentisierte Bootstrapping-Konfidenzintervall wird ähnlich zu dem Konfidenzintervall auf Basis einer *t*-Verteilung ermittelt, mit der Ausnahme, dass der Standardfehler auf den Bootstrapping-Ergebnissen beruht. Wenn beispielsweise ein Gewicht w_1 einen Bootstrapping-Standardfehler ($se^*_{w_1}$) hat, ist das dazugehörige $100 \cdot (1 - \alpha)$ % approximierte Konfidenzintervall

$$\left[w_1 - t_{(1-\alpha/2)} \cdot se^*_{w_1}; w_1 + t_{(1-\alpha/2)} \cdot se^*_{w_1}\right],$$

wobei $t_{(1-\alpha/2)}$ der *t*-Verteilungstabelle entnommen werden kann. Bei einer Irrtumswahrscheinlichkeit von 5 % (d. h. $\alpha = 0{,}05$) gilt $t_{(1-\alpha/2)} = t_{(0{,}975)} = 1{,}96$. Damit ergibt sich die untere Grenze des Bootstrapping-Konfidenzintervalls als $w_1 - 1{,}96 \cdot se^*_{w_1}$ und die obere Grenze als $w_1 + 1{,}96 \cdot se^*_{w_1}$. Nehmen wir beispielsweise an, dass das Gewicht eines Indikators in einem formativ spezifizierten Messmodell den Wert 0,306 hat und der Bootstrapping-Standardfehler 0,083 beträgt, liegt die untere Grenze des 95 %-Bootstrapping-Konfidenzintervalls bei 0,306 – 1,96 · 0,083 = 0,143 und die obere Grenze bei 0,306 + 1,96 · 0,083 = 0,469. Damit ist das 95 %-Bootstrapping-Konfidenzintervall [0,143; 0,469]. Da der Wert 0 nicht in dieses Konfidenzintervall fällt, schlussfolgern wir, dass das Gewicht von 0,306 mit einer Irrtumswahrscheinlichkeit von 5 % signifikant ist.

Eine wesentliche Frage ist bisher offen geblieben: Welches Verfahren sollten wir anwenden? Aktuelle Ergebnisse, die Aguirre-Urreta und Rönkkö (2018) im Kontext der Forschung zum konsistenten PLS-Verfahren (Kapitel 8) vorgelegt haben zeigen, dass sich das Perzentil-Verfahren durch eine gute Abdeckung und Balance auszeichnet und vergleichsweise enge Konfidenzintervalle erzeugt. Die Abdeckung eines Konfidenzintervalls beschreibt den Anteil an Stichproben, die den Parameterwert aus der Population in dem Intervall enthalten. Die Balance eines Konfidenzintervalls bezieht sich auf die Verteilung der aus dem Intervall herausfallenden Fälle, sowohl rechts vom Intervall (d. h., dass der Wert in der Population größer als die obere Grenze des Intervalls ist) als auch links vom Intervall (d. h., dass der Wert in der Population kleiner als die untere Grenze des Intervalls ist).

Da sich die Erkenntnisse von Aguirre-Urreta und Rönkkö (2018) höchstwahrscheinlich auch auf den Standard PLS-SEM-Algorithmus übertragen lassen, empfehlen wir generell die Verwendung des Perzentil-Verfahrens. Wenn jedoch die Bootstrapping-Verteilung der Parameterschätzung (z. B. eines Indikatorgewichtes) eine starke Schiefe (außerhalb des Intervalls zwischen −2 und +2) aufweist, kann der BCa-Ansatz verwendet werden. Abbildung 5.11 fasst diese Faustregeln für die Prüfung der Signifikanz anhand von Bootstrapping-Verfahren in der PLS-SEM zusammen.

- Die Anzahl der Bootstrapping-Teilstichproben sollte höher als die Anzahl gültiger Fälle in der Originalstichprobe sein; generell werden 10.000 Bootstrapping-Teilstichproben empfohlen.
- Das Bootstrapping-Verfahren liefert den Standardfehler für die geschätzten Koeffizienten (z. B. für ein Indikatorgewicht), der als Basis für die Bestimmung des empirischen t-Wertes und des dazugehörigen p-Wertes dient.
- Bootstrapping-Konfidenzintervalle liefern zusätzliche Informationen zur Stabilität der Koeffizientenschätzungen. Es empfiehlt sich das Perzentil-Verfahren zur Ermittlung der Bias-korrigierten Konfidenzintervalle. Wenn die Bootstrapping-Verteilung der Parameterschätzung (z. B. für ein Indikatorgewicht) eine starke Schiefe (außerhalb des Intervalls zwischen −2 und +2) aufweist, kann der BCa-Ansatz verwendet werden.

Abbildung 5.11 Faustregeln für die Anwendung des Bootstrapping-Verfahrens in der PLS-SEM

Anwendungsbeispiel: Evaluation formativ spezifizierter Messmodelle

Erweiterung des einfachen Pfadmodells

Das einfache Pfadmodell, welches wir in Kapitel 2 eingeführt haben, beschreibt die Beziehungen zwischen den beiden Dimensionen der Unternehmensreputation (Kompetenz und Sympathie) sowie den zwei Zielkonstrukten (Kundenzufriedenheit und Kundenloyalität). Wenngleich dieses einfache Modell zur Vorhersage des Einflusses der Unternehmensreputation auf die Kundenzufriedenheit und -loyalität nützlich ist, liefert es doch keine Hinweise darauf, wie Unternehmen ihre Reputation effektiv gestalten bzw. verbessern können.

Schwaiger (2004) hat vier Treiberkonstrukte identifiziert, die auf die Unternehmensreputation einwirken und mit Hilfe von Marketingaktivitäten auf Unternehmensebene gesteuert werden können. Diese Treiberkonstrukte der Unternehmensreputation sind (1) die Qualität der Produkte und Dienstleistungen des Unternehmens sowie das Ausmaß der Kundenorientierung (*QUAL*), (2) der wirtschaftliche Erfolg und die Managementkompetenz im Unternehmen (*PERF*), (3) die Corporate Social Responsibility (*CSOR*) und (4) die Attraktivität (*ATTR*). Diese vier Treiberkonstrukte sind alle mit den beiden Dimensionen der Unternehmensreputation, der Unternehmenskompetenz und Sympathie, verknüpft. Abbildung 5.12 gibt einen Überblick über die Konstrukte und ihre Beziehungen und stellt damit das erweiterte Strukturmodell für unser im Folgenden verwendetes PLS-SEM-Beispiel dar. Das erweiterte Modell zur Unternehmensreputation hat drei theoretische/konzeptionelle Komponenten: (1) Die Zielkonstrukte (nämlich *CUSA* und *CUSL*), (2) die beiden Dimensionen der Unternehmensreputation (*COMP* und *LIKE),* welche die wesentlichen Determinanten der Zielkonstrukte repräsentieren und (3) die vier exogenen Treiberkonstrukte (*ATTR, CSOR, PERF* und *QUAL*) der beiden Dimensionen der Unternehmensreputation.

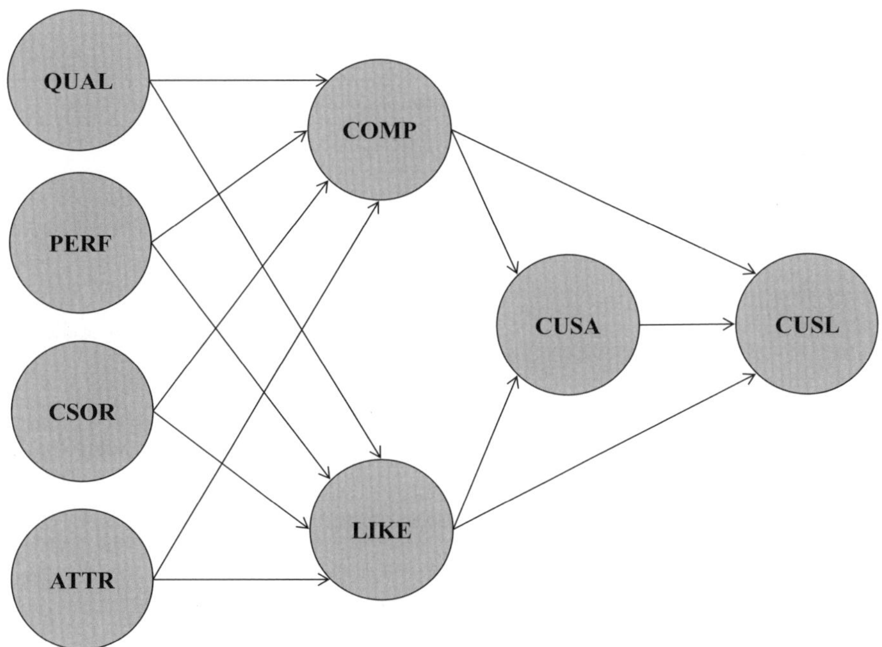

Abbildung 5.12 Theoretisch/konzeptionelles Modell der Unternehmensreputation

Die endogenen latenten Variablen auf der rechten Seite von Abbildung 5.12 beinhalten ein Single-Item-Konstrukt (nämlich *CUSA*) und drei reflektiv spezifizierte Konstrukte (nämlich *COMP, CUSL* und *LIKE*). Im Gegensatz dazu haben die vier neuen, auf der linken Seite der Abbildung gezeigten Treiberkonstrukte (also die exogenen latenten Variablen *ATTR, CSOR, PERF* und *QUAL*) entsprechend ihrer Rolle im Modell zur Unternehmensreputation formativ spezifizierte Messmodelle (Schwaiger, 2004). Genauer gesagt werden die vier neuen Konstrukte durch insgesamt 21 formative Indikatoren gemessen, die anhand einer Literaturanalyse, qualitativen Studien und quantitativen Pretests ermittelt wurden (weitere Details finden sich in Schwaiger, 2004). Abbildung 5.13 zeigt die vollständige Liste der formativen Indikatoren und die dazugehörigen Fragen.

Qualität (QUAL)	
qual_1	Die Produkte/Dienstleistungen, die [das Unternehmen] anbietet, sind von hoher Qualität.
qual_2	Ich denke, [das Unternehmen] ist eher ein Innovator als ein Imitator in der [Industrie].
qual_3	Die Produkte/Dienstleistungen von [dem Unternehmen] haben ein gutes Preis-Leistungs-Verhältnis.
qual_4	Die Dienstleistungen, die [das Unternehmen] anbietet, sind gut.
qual_5	[Das Unternehmen] achtet auf die Belange des Kunden.
qual_6	[Das Unternehmen] ist ein verlässlicher Partner für seine Kunden.
qual_7	[Das Unternehmen] ist ein vertrauenswürdiges Unternehmen.
qual_8	Ich respektiere [das Unternehmen] sehr.
Performance (PERF)	
perf_1	[Das Unternehmen] ist ein sehr gut geführtes Unternehmen.
perf_2	[Das Unternehmen] ist ein wirtschaftlich stabiles Unternehmen.
perf_3	Ich schätze das Geschäftsrisiko von [dem Unternehmen] im Vergleich zu den Wettbewerbern als relativ niedrig ein.
perf_4	Ich denke [das Unternehmen] hat Wachstumspotenzial.
perf_5	[Das Unternehmen] hat eine klare unternehmensbezogene Zukunftsvision.
Corporate Social Responsibility (CSOR)	
csor_1	[Das Unternehmen] verhält sich sozialverantwortlich.
csor_2	[Das Unternehmen] betreibt eine offene Informationspolitik.
csor_3	[Das Unternehmen] hat eine faire Einstellung zu Wettbewerbern.
csor_4	[Das Unternehmen] befasst sich mit der Erhaltung der Umwelt.
csor_5	Ich habe das Gefühl, dass [das Unternehmen] sich nicht ausschließlich für Gewinne interessiert.
Attraktivität (ATTR)	
attr_1	Ich denke, dass [das Unternehmen] erfolgreich ist, wenn es um die Anwerbung von hochqualifizierten Mitarbeitern geht.
attr_2	Ich könnte mir selbst vorstellen, in [dem Unternehmen] zu arbeiten.
attr_3	Ich mag das physische Erscheinungsbild [des Unternehmens] (Unternehmen, Gebäude, Geschäfte etc.).

Abbildung 5.13 Indikatoren der formativ spezifizierten Messmodelle

Anmerkung: Im Rahmen der Befragung wurde der tatsächliche Name des Unternehmens in die eckigen Klammern eingefügt.

Wir verwenden für unsere empirischen PLS-SEM-Analysen erneut den Datensatz mit 344 Fällen. Anders als im einfachen Modell, das wir in den vorhergehenden Kapiteln verwendet haben, müssen wir zur Bestimmung der minimal erforderlichen Stichprobengröße zur Schätzung des Modells jetzt auch die formativ spezifizierten Messmodelle beachten. Die maximale Anzahl Pfeile, die auf ein bestimmtes Konstrukt zeigen, ist bei dem Messmodell für *QUAL* gegeben. Alle anderen formativ spezifizierten Konstrukte haben weniger Indikatoren. Genauso haben wir weniger Pfeile, die auf jedes der endogenen Konstrukte im Strukturmodell zeigen. Wenn wir also der 10-fach-Regel folgen, bräuchten wir 8 · 10 = 80 Fälle. Wenn wir alternativ den Empfehlungen von Cohen (1992) für die multiple OLS-Regressionsanalyse folgen oder eine Analyse der Teststärke mit Hilfe des Programms G*Power durchführen, kommen wir auf 54 notwendige Fälle, um bei einem angenommenen Signifikanzniveau von 5 % und einer Teststärke von 80 % R^2-Werte von etwa 0,25 zu identifizieren. Bei der Anwendung des konservativeren von Kock und Hadaya (2018) vorgeschlagenen Ansatzes ergibt sich eine höhere Mindeststichprobengröße. Wenn wir beispielsweise von einem kleinsten noch signifikanten Pfadkoeffizienten von 0,15 ausgehen (bei einem 5 % Signifikanzniveau), ergibt sich eine Mindeststichprobengröße von 275 Beobachtungen (siehe Kapitel 1 und Abbildung 1.7). Unsere Stichprobe erfüllt also die Anforderungen an die Mindeststichprobengröße, egal welchen Ansatz zur Ermittlung der Mindeststichprobengröße wir anwenden.

Das SmartPLS-Projekt und der Datensatz für das erweiterte Modell zur Unternehmensreputation (Corporate Reputation.zip) stehen Ihnen zum freien Download zur Verfügung. Über einen Rechtsklick mit der Maus auf **Corporate Reputation.zip** können wir die Datei auf unserem Rechner speichern. Dann führen wir SmartPLS aus und wählen im Menü den Pfad **Datei → Projekt aus Backupdatei importieren** an. Über die sich öffnende Dialogbox können wir die Datei **Corporate Reputation.zip**, die wir gerade heruntergeladen haben, in unserer Ordnerstruktur suchen und öffnen. Dann erscheint ein neues Projekt mit dem Namen **Corporate Reputation** in unserem SmartPLS **Projekt-Explorer** auf der linken Seite. Dieses Projekt enthält zusätzlich zu dem Datensatz **Corporate reputation data.csv** mehrere Modelle (.splsm files) mit folgenden Bezeichnungen **1 Simple model** (einfaches Modell), **2 Extended model** (erweitertes Modell), **3a Redundancy analysis** (Redundanzanalyse) **ATTR, 3b Redundancy analysis** (Redundanzanalyse) **CSOR** etc. Im nächsten Schritt klicken wir auf das erweiterte Modell **2 Extended model** und es öffnet sich das in Abbildung 5.14 dargestellte erweiterte PLS-Pfadmodell für unser Beispiel zur Unternehmensreputation.

Alternativ können Sie das erweiterte Modell zu Übungszwecken in SmartPLS auch selbst erstellen. Auf Basis der Beschreibung in Kapitel 2 verwenden wir SmartPLS, um das einfache Modell zu erweitern. Zu diesem Zweck machen wir einen Rechtsklick auf das **Simple model** im **Projekt-Explorer**-Fenster und wählen die Option **Ressource kopieren** (Abbildung 5.15). Als nächstes wählen wir per Rechtsklick auf die Projektdatei Corporate Reputation die Option **Ressource einfügen.** Es öffnet sich eine Dialogbox, über die wir den Namen

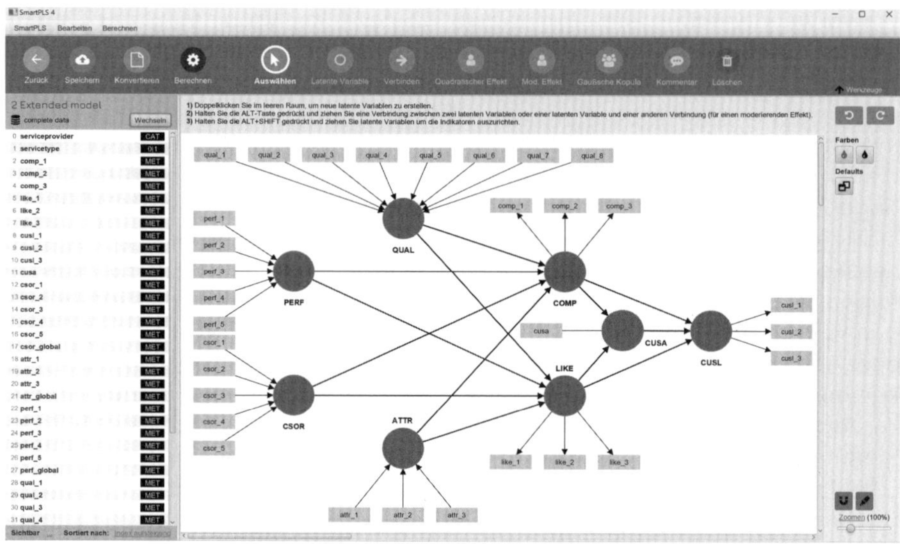

Abbildung 5.14 Erweitertes Modell in SmartPLS

für die Kopie des existierenden Projektes zu ändern vermögen; wir können beispielsweise **Extended Model** als Namen verwenden. Durch Klick auf **OK** öffnet SmartPLS innerhalb des **Corporate Reputation** Projektes eine Kopie des einfachen Modells unter unserem neuen Namen. Alternativ können wir auch die Option **Duplizieren** wählen. Während das Vorgehen über Kopieren und Einfügen das Modell verwendet, was zu Beginn der SmartPLS-Sitzung bzw. beim letzten Speichern zu sehen war, kreiert die Option **Duplizieren** eine Kopie des Modells mit allen aktuell im Modellfenster zu sehenden Änderungen. Da wir bisher keine Änderungen an dem einfachen Modell vorgenommen haben, würden hier beide Optionen zum selben Ergebnis führen.

Wir können jetzt damit beginnen, das einfache PLS-Pfadmodell zur Unternehmensreputation zu erweitern. Ein Doppelklick auf das neu erstellte Modell **Extended Model** in dem Projekt **Corporate Reputation** öffnet das existierende PLS-Pfadmodell im **Modellfenster**. Wir wählen das **Modellfenster** per Klick an und markieren über die Tastenkombination **STRG** und **A** alle Modellelemente. Nun können wir alle Elemente des PLS-Pfadmodells weiter auf die rechte Seite des **Modellfensters** bewegen (hierzu wählen wir das Modell mit der linken Maustaste an, halten die linke Maustaste gedrückt und bewegen die Maus und damit das Modell nach rechts; ist das Modell an der gewünschten Position, lassen wir die Maustaste wieder los). Falls das Modell den gesamten Bildschirm ausfüllt, kann es nützlich sein, die Modellgröße über den Slider unter der Funktion **Zoomen** (unten rechts in der ein-/ausblendbaren Werkzeugleiste) zu verkleinern. Als nächstes bewegen wir uns in die blau hinterlegte **Werkzeugleiste oben,** wählen das Icon **Latente Variable** und platzieren über einen einfachen Klick im Modellfenster ein zusätzliches Konstrukt im **Modellfester**. Es erscheint zunächst ein Textfeld, in das wir die Bezeichnung

Abbildung 5.15 Optionen im SmartPLS Projekt-Explorer

des neuen Konstrukts eingeben können (z. B. **QUAL**). Nach Bestätigung mit der Taste Enter erscheint das neue Konstrukt im **Modellfenster**. Diesen Vorgang wiederholen wir für die weiteren drei neuen Konstrukte. Abbildung 5.14 zeigt, wo die neuen Konstrukte zu platzieren sind. Um noch Änderungen an den Bezeichnungen der Konstrukte vorzunehmen, kann in der Werkzeugleiste oben das Icon Auswählen angewählt werden; ein anschließender Rechtsklick auf eines der Konstrukte öffnet dann eine Dialogbox mit verschiedenen Optionen (siehe Abbildung 5.16). Die Option **Umbenennen** ermöglicht es, jedes Konstrukt so umzubenennen, dass es dem erweiterten Modell in Abbildung 5.14 entspricht.

Nun integrieren wir die Pfadbeziehungen zwischen den Konstrukten in das Modell. Wir gehen dazu in der **Werkzeugleiste oben** auf **Verbinden** und verbinden die neuen mit den bereits existierenden Konstrukten, wie in Abbildung 5.14 gezeigt. Um eine Pfadbeziehung zu ergänzen, klicken wir zunächst auf das Treiberkonstrukt, halten die Maustaste gedrückt und lassen Sie auf dem Zielkonstrukt wieder los (Drag-and-Drop).

Schließlich können wir die Indikatoren aus dem Indikatorfenster per Drag-and-Drop den Konstrukten zuordnen. Zunächst werden die Indikatoren den Konstrukten als reflektive Indikatoren zugeordnet. Um die Messmodelle als formativ zu spezifizieren, gehen wir zunächst wieder auf das Icon Auswählen in der Werkzeugleiste oben und machen einen Rechtsklick auf das Konstrukt.

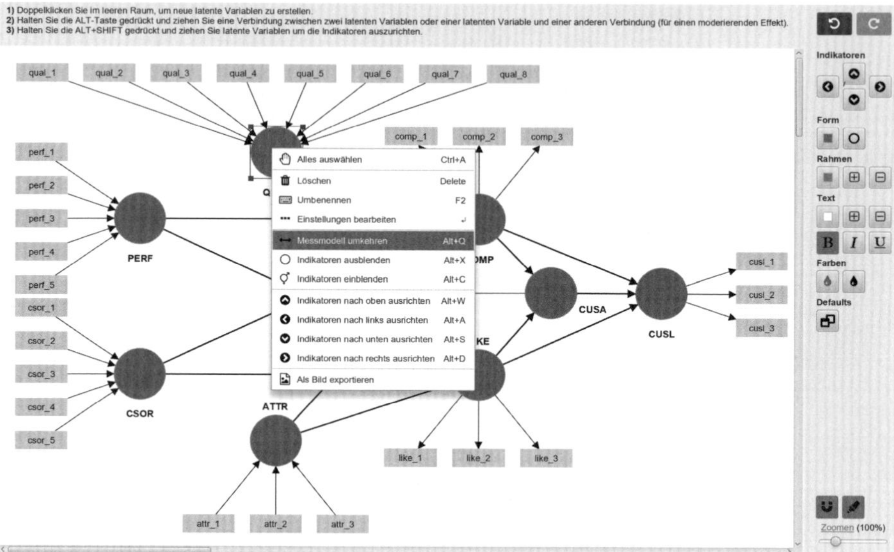

Abbildung 5.16 Optionen im SmartPLS-Modellfenster

Dann können wir **Messmodell umkehren** wählen, um zwischen reflektiver und formativer Messung zu wechseln (siehe Abbildung 5.16). So werden aus reflektiven formative Indikatoren. Das finale Modell im SmartPLS-Modellfenster sollte dem in Abbildung 5.14 ähneln. Spätestens jetzt ist es ratsam, das neu entwickelte erweiterte Modell auch zu speichern.

Abbildung 5.17 Einstellungen zum Start des PLS-SEM-Algorithmus

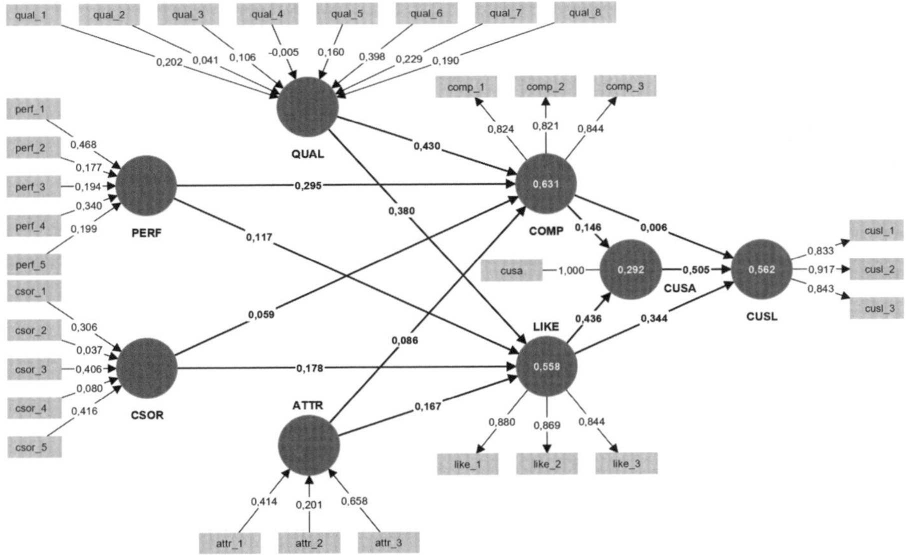

Abbildung 5.18 PLS-SEM-Ergebnisse für das erweiterte Modell

Sobald das Modell aufgebaut ist, wählen wir **Berechnen → PLS-SEM-Algorithmus** an und starten die Schätzung des Modells unter Verwendung der in Abbildung 5.17 dargestellten Standardoptionen. Der Datensatz **Corporate reputation data.csv** hat nahezu keine fehlenden Werte. Nur die Indikatoren *cusl_1* (drei fehlende Werte; 0,87 % aller Antworten für diese Indikatorvariable), *cusl_2* (vier fehlende Werte; 1,16 % aller Antworten für diese Indikatorvariable), *cusl_3* (drei fehlende Werte; 0,87 % aller Antworten für diese Indikatorvariable) und *cusa* (ein fehlender Wert; 0,29 % aller Antworten für diese Indikatorvariable) haben fehlende Werte. Da die Anzahl fehlender Werte relativ klein ist (d. h. weniger als 5 % fehlende Werte pro Indikator), verwenden wir im Reiter **Daten** die Option **Mittelwertersetzung** anstelle des fallweisen oder paarweisen Ausschlusses zur Behandlung fehlender Werte bei der Ausführung des PLS-SEM-Algorithmus. Dann klicken wir auf **Berechnung starten**.

Wenn der PLS-SEM-Algorithmus stoppt prüfen wir, ob der Algorithmus konvergiert ist. Das ist der Fall, wenn der PLS-SEM-Algorithmus stoppt, da das Stopp-Kriterium mit einem niedrigen Wert in Höhe von $1 \cdot 10^{-7}$ erreicht wurde und nicht die maximale Anzahl von 3.000 Iterationen. Für diese Überprüfung navigieren wir auf **Zwischenergebnisse → Stopp-Kriterium Änderungen** im Ergebnisbericht, um zu prüfen, wie der Algorithmus gestoppt ist. Wenn der Algorithmus auf Basis des Stopp-Kriteriums konvergiert ist, fahren wir mit der Evaluation der Messmodelle fort. Wenn der Algorithmus stoppt, weil die maximale Anzahl Iterationen erreicht wurde (was praktisch niemals der Fall ist, siehe Henseler, 2010), können die Schätzergebnisse nicht zuverlässig interpretiert werden und unser Modellaufbau und/oder unsere Daten müssen überdacht bzw. überprüft werden. In unserem Beispiel konvergiert der Algorithmus nach acht Iterationen, so dass wir mit der Analyse fortfahren können.

Die Darstellung im **Modellfenster** gibt uns einen ersten Überblick über die Ergebnisse. Wie in Abbildung 5.18 gezeigt, sehen wir die standardisierten Gewichte für unsere formativ spezifizierten Messmodelle (z. B. *QUAL*), die standardisierten Ladungen für die reflektiv spezifizierten Messmodelle (z. B. *CUSL*) und eine 1,000 für die Beziehung zwischen dem Konstrukt *CUSA* und seinem einzigen Indikator (Single-Item). Zudem werden die standardisierten Pfadkoeffizienten zwischen den Konstrukten im Strukturmodell genau wie die (innerhalb der Ellipsen angezeigten) R^2-Werte für die endogenen latenten Variablen dargestellt. Wir weisen darauf hin, dass die Konstrukte *ATTR, CSOR, PERF* und *QUAL* per definitionem keinen R^2-Wert haben.

Evaluation der reflektiv spezifizierten Messmodelle

Eine wichtige Eigenschaft der PLS-SEM ist, dass die Modellschätzungen immer von dem betrachteten Modell abhängen. Ein Herausnehmen oder ein Hinzufügen von bestimmten Indikatoren wird beispielsweise Auswirkungen auf die Schätzungen verschiedener Elemente des Modells haben. Da wir das ursprüngliche Modell durch das Hinzufügen von vier Konstrukten erweitert haben, müssen wir die reflektiv spezifizierten Messmodelle anhand der in Kapitel 4 diskutierten Kriterien erneut evaluieren. Wir werden die Evaluation hier knapper halten und dem Leser damit eine Anleitung geben, wie die eigenen Ergebnisse kurz und zielführend dargestellt werden können – siehe beispielsweise die Gütebeurteilung von PLS-SEM-Ergebnissen in den von Ahrholdt et al. (2019), und Svensson et al. (2018) publizierten Studien.

Zur Evaluation der Ergebnisse navigieren wir in SmartPLS in den Ergebnisbericht auf der linken Seite. Unter **Qualitätskriterien → Reliabilität und Validität der Konstrukte** prüfen wir zunächst die Konvergenzvalidität und Interne-Konsistenz-Reliabilität der Messungen (d. h. wir prüfen Cronbachs Alpha, die Composite Reliabilität ρ_A und ρ_C). Die Ergebnisse zeigen, dass alle reflektiv spezifizierten Konstrukte AVE-Werte von 0,688 (COMP) oder höher haben und damit deutlich über dem erforderlichen Grenzwert von 0,5 liegen. Zudem übersteigen alle Werte für Cronbachs Alpha, ρ_A, und die Composite-Reliabilität den kritischen Wert von 0,70 deutlich.

Die Betrachtung der Indikatorladungen (**Endergebnisse → Äußere Ladungen** im Ergebnisbericht) zeigt, dass die Ladungen aller reflektiven Indikatoren bei 0,821 und höher liegen (siehe auch Abbildung 5.19). Wir weisen darauf hin, dass PLS-Softwarepakete, wie SmartPLS, immer die Ladungen und die Gewichte aller Konstrukte im PLS-Pfadmodell unabhängig von ihrer formativen oder reflektiven Spezifikation zur Verfügung stellen. Daher stellt der in Abbildung 5.19 wiedergegebene Bericht die Ladungen sowohl für die reflektiv als auch für die formativ spezifizierten Konstrukte dar. Für die Evaluation der reflektiv spezifizierten Messmodelle konzentrieren wir uns aber auf die Prüfung der Ladungen der reflektiv spezifizierten Konstrukte (*COMP, LIKE* und *CUSL*).

Im nächsten Schritt evaluieren wir die Diskriminanzvalidität der Messungen mit Hilfe der HTMT-Statistik. Die HTMT-Statistik findet sich prinzipiell unter **Qualitätskriterien → Diskriminanzvalidität → Heterotrait-Monotrait-Verhältnis (HTMT)**. Die Ergebnisse der HTMT-Statistik verändern sich allerdings für das erweiterte Modell im Vergleich zu dem einfachen Modell nicht. Der Grund dafür liegt darin, dass die HTMT-Statistik rein auf den Korrelationen der reflektiv gemessenen Konstrukte aufbaut. Eine Hinzunahme weiterer formativ spezifizierter Konstrukte hat keinen Einfluss auf die Berechnung der Heterotrait-Heteromethod- und Monotrait-Heteromethod-Korrelationen. Damit entsprechen die Ergebnisse denen in Kapitel 4, welche klar gezeigt haben, dass für alle reflektiv spezifizierten Konstrukte Diskriminanzvalidität gegeben ist. Wir erinnern uns, dass ein HTMT-Wert von über 0,90 – oder über 0,85, wenn die Konstrukte im Pfadmodell konzeptionell sehr unterschiedlich sind – auf ein Diskriminanzvali-

	ATTR	COMP	CSOR	CUSA	CUSL	LIKE	PERF	QUAL
attr_1	0,754							
attr_2	0,506							
attr_3	0,891							
comp_1		0,824						
comp_2		0,821						
comp_3		0,844						
csor_1			0,771					
csor_2			0,571					
csor_3			0,838					
csor_4			0,617					
csor_5			0,848					
cusa				1,000				
cusl_1					0,833			
cusl_2					0,917			
cusl_3					0,843			
like_1						0,880		
like_2						0,869		
like_3						0,844		
perf_1							0,846	
perf_2							0,690	
perf_3							0,573	
perf_4							0,717	
perf_5							0,638	
qual_1								0,741
qual_2								0,570
qual_3								0,749
qual_4								0,664
qual_5								0,787
qual_6								0,856
qual_7								0,722
qual_8								0,627

Abbildung 5.19 PLS-SEM-Ergebnisse für die Ladungen (Äußere Ladungen – Matrix)

ditätsproblem deutet. Die Prüfung der HTMT-Statistik in Kapitel 4 hat gezeigt, dass alle HTMT-Werte signifikant unter diesen Grenzwerten liegen. Damit ist für alle Konstrukte im erweiterten Modell Diskriminanzvalidität auf Basis des HTMT-Kriteriums gegeben und wir wiederholen diese Prüfung hier nicht.

Evaluation der formativ spezifizierten Messmodelle

Um die formativ spezifizierten Messmodelle des erweiterten Modells zur Unternehmensreputation zu evaluieren, folgen wir dem in Abbildung 5.1 dargestellten Vorgehen. Zunächst gilt es zu prüfen, ob für die formativ spezifizierten Konstrukte Konvergenzvalidität gegeben ist. Hierzu wenden wir eine separate Redundanzanalyse für jedes Konstrukt an. Der Fragebogen beinhaltet Fragen zu globalen Single-Item-Konstrukten für eine allgemeine Beurteilung der vier Konstrukte *(Attraktivität, Corporate Social Responsibility, Performance* und *Qualität)*, die wir als Messgrößen für das jeweils benötigte abhängige Konstrukt in der Redundanzanalyse verwenden können. Wir weisen darauf hin, dass das Design eines eigenen Forschungsprojektes, welches formativ gemessene Konstrukte enthält, die Integration dieser Art von globaler Messung in die Befragung erfordert, um eine solche Analyse für die formativ spezifizierten Konstrukte durchführen zu können. Wenn Sie die Integration eines formativ gemessenen Konstrukts in Studien planen, sollen Sie den in Abbildung 5.3 dargestellten Vorgehensschritten zur Entwicklung und Validierung eines globalen Single-Item-Konstrukts folgen.

Zur Evaluation der Konvergenzvalidität mittels der Redundanzanalyse nutzen wir die in Abbildung 5.20 gezeigten neuen Modelle. Jedes dieser Modelle ist im herunterladbaren Projektdatensatz **Corporate Reputation.zip** in unserer SmartPLS-Anwendung vorhanden. Die Modelle lassen sich im Projektexplorer jeweils über einen Doppelklick auf das entsprechende Modell öffnen. Das erste Modell in Abbildung 5.20 zeigt die Ergebnisse der Redundanzanalyse für das Konstrukt *ATTR*. Das ursprüngliche, formativ spezifizierte Konstrukt ist als *ATTR_F* bezeichnet, wohingegen das Konstrukt, welches über die globale Beurteilung der Attraktivität mit Hilfe eines Single-Items gemessen wird, als *ATTR_G* bezeichnet ist. Wie wir sehen, liefert uns die Analyse einen Pfadkoeffizienten von 0,874, der über dem empfohlenen Grenzwert von 0,70 liegt und damit ein Ausdruck für die Konvergenzvalidität des formativ spezifizierten Konstrukts ist. Die Redundanzanalysen für die Konstrukte *CSOR, PERF* und *QUAL* liefern Schätzungen von 0,857, 0,811 und 0,805. Damit ist für alle formativ gemessenen Konstrukte Konvergenzvalidität gegeben.

Im nächsten Schritt prüfen wir die Kollinearität der Indikatoren der formativ spezifizierten Messmodelle, indem wir uns die VIF-Werte für die formativen Indikatoren ansehen. Dazu gehen wir zurück in den Ergebnisbericht unseres mit dem PLS-SEM-Algorithmus geschätzten erweiterten Modells **Extended Model**. Wir navigieren zu **Qualitätskriterien → Kollinearitätsstatistik (VIF) → Äußeres Modell – Liste**. Wir weisen darauf hin, dass SmartPLS die VIF-Werte ebenso für die reflektiven Indikatoren zur Verfügung stellt. Da wir aber ohnehin hohe Korrelationen zwischen den reflektiven Indikatoren erwarten, interpretieren wir diese Ergebnisse nicht und konzentrieren uns auf die VIF-Werte der formativen Indikatoren.

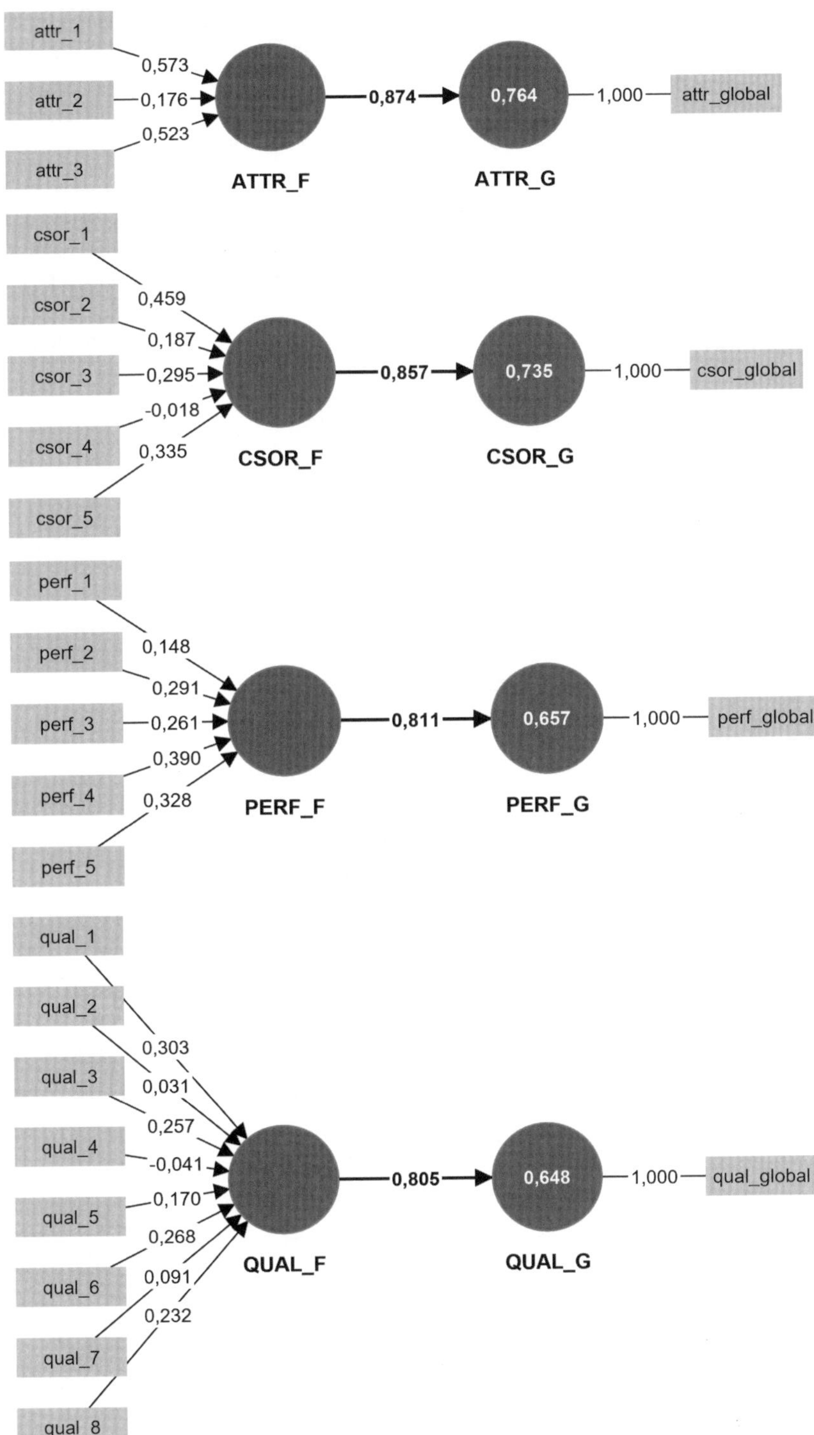

Abbildung 5.20 Redundanzanalyse für formativ spezifizierte Messmodelle

Auf Basis der Ergebnisse in Abbildung 5.21 hat *qual_3* den höchsten VIF-Wert (2,269). Damit liegen alle VIF-Werte unter dem Grenzwert von 5. Wir schlussfolgern also, dass es für unsere formativ spezifizierten Konstrukte kein kritisches Niveau an Kollinearität gibt und wir damit kein Kollinearitätsproblem bei der Schätzung des PLS-Pfadmodells für unser erweitertes Beispielmodell zur Unternehmensreputation haben.

Als nächstes analysieren wir die Gewichte mit Blick auf ihre Signifikanz und Relevanz. Wir betrachten zunächst die Signifikanz der Gewichte mit Hilfe des Bootstrapping-Verfahrens. Um das Bootstrapping-Verfahren zu starten, navigieren wir im Modellfenster auf **Berechnen** → **Bootstrapping** im Smart-PLS-Menü oder klicken mit der linken Maustaste auf das **Berechnen**-Icon in

	VIF
attr_1	1,275
attr_2	1,129
attr_3	1,264
comp_1	1,397
comp_2	1,787
comp_3	1,888
csor_1	1,560
csor_2	1,487
csor_3	1,735
csor_4	1,556
csor_5	1,712
cusa	1,000
cusl_1	1,802
cusl_2	2,564
cusl_3	1,933
like_1	1,945
like_2	2,000
like_3	1,811
perf_1	1,560
perf_2	1,506
perf_3	1,229
perf_4	1,316
perf_5	1,331
qual_1	1,806
qual_2	1,632
qual_3	2,269
qual_4	1,957
qual_5	2,201
qual_6	2,008
qual_7	1,623
qual_8	1,362

Abbildung 5.21 VIF-Werte: Äußeres Modell – Liste

der Werkzeugleiste und wählen **Bootstrapping**. Es öffnet sich die in Abbildung 5.22 dargestellte Dialogbox.

Wir behalten alle bisherigen, für die erste Modellschätzung verwendeten, Einstellungen für den PLS-SEM-Algorithmus (Reiter **PLS Setup**) und die Behandlung fehlender Werte (Reiter **Daten**) bei. Dann konzentrieren wir uns auf den Reiter **BT Setup**, in dem wir zusätzliche Auswahlmöglichkeiten haben, um das Bootstrapping-Verfahren durchzuführen (siehe auch Abbildung 5.22). Wir empfehlen direkt die Verwendung von **10.000** Bootstrapping-Teilstichproben. Die Auswahl **Parallele Berechnungen ausführen** erlaubt es uns, alle Prozessoren des Rechners zu nutzen. Wir empfehlen die Anwendung dieser Option, da es das Bootstrapping stark beschleunigt. Beim Ergebnisumfang haben wir die Wahl zwischen einem reduzierten (Basis-)Ergebnisbericht, d. h. der Option **Wichtigste (schneller)** und einem vollständigen Ergebnisbericht, d. h. der Option **Komplett (langsamer)**. Während die erste Option schneller ist, stellt uns die zweite Option mehr Detailinformationen zur Verfügung, die für die Modellevaluation relevant sind (beispielsweise: Cronbachs Alpha, HTMT, R^2). Für

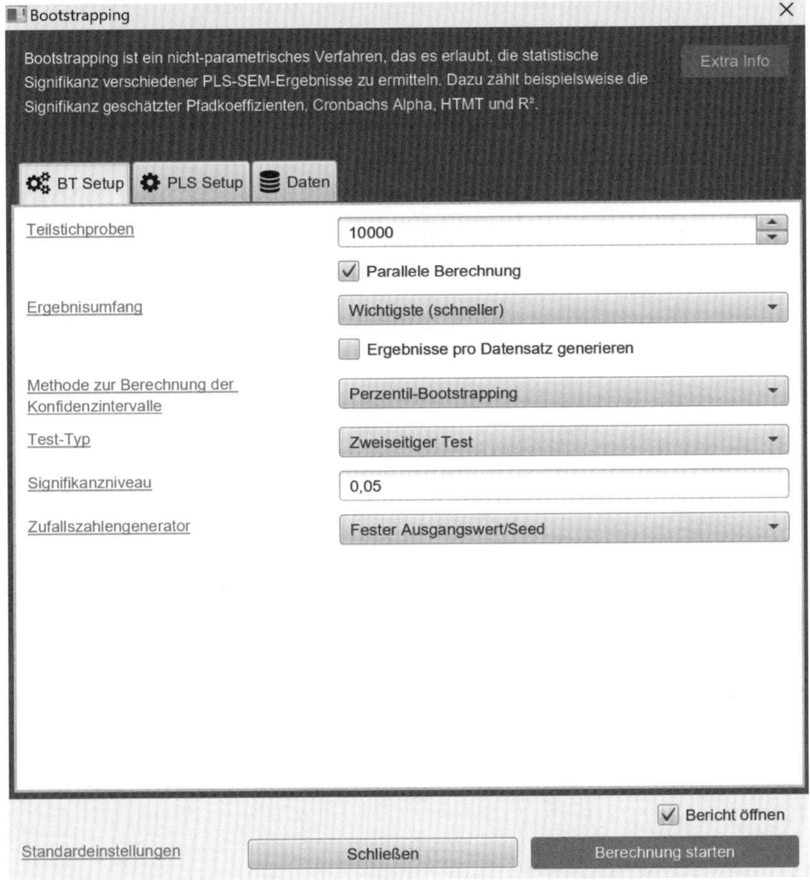

Abbildung 5.22 Bootstrapping-Optionen in SmartPLS

erste Modellschätzungen mag der Basis-Ergebnisbericht ausreichen, weitergehende Analysen (z. B. für das HTMT-Kriterium) erfordern hingegen die Auswahl der Option **Komplett (langsamer)**, also des vollständigen Bootstrappings. Wir wählen das vollständige Bootstrapping. Zudem wählen wir die Option **Zweiseitiger Test** mit einem Signifikanzniveau von **0,05**. Mit **Fester Ausgangswert/Seed** stellen wir sicher, dass der Zufallsgenerator des Bootstrapping-Verfahrens mit einem bestimmten Wert gestartet wird und damit die Bootstrapping-Ergebnisse beim wiederholten Ausführen des Zufallsverfahrens identisch sind.

Als nächstes bestimmen wir den Ansatz zur Schätzung der Bootstrapping-Konfidenzintervalle. Wir wenden das Perzentil-Verfahren an und berichten die Bias-korrigierten Konfidenzintervalle. Schließlich wählen wir ein Signifikanzniveau von 0,05 bei einem **zweiseitigen** Test, da wir auf einem Fehlerniveau von 5 % testen wollen, ob die Gewichte signifikant von 0 verschieden sind. Würden wir analog zum HTMT (Kapitel 5) testen wollen, ob ein Gewicht signifikant größer (oder kleiner) als ein bestimmter Testwert ist, würden wir einen einseitigen Test wählen. Nun initiieren wir die Analyse über **Berechnung starten**. Nach dem Ausführen des Bootstrapping zeigt uns SmartPLS die Bootstrapping-Ergebnisse für die Messmodelle und das Strukturmodell im **Modell** an. Zu diesem Zeitpunkt der Analyse sind wir primär an der Signifikanz der Gewichte interessiert und konzentrieren uns daher nur auf die Betrachtung der Messmodelle. Im Modell werden standardmäßig die *p*-Werte gezeigt (siehe Abbildung 5.23). Über die Auswahlmenüs oben könnten wir alternativ auch die Anzeige der *t*-Werte für die (äußeren) Modelle anfordern (individuell oder gemeinsam mit den Koeffizienten). Die *p*-Werte in den formativ spezifizierten Messmodellen sollten unter 0,05 liegen, um bei einer Irrtumswahrscheinlichkeit von 5 % (d. h. α = 0,05) Signifikanz aufzuweisen.

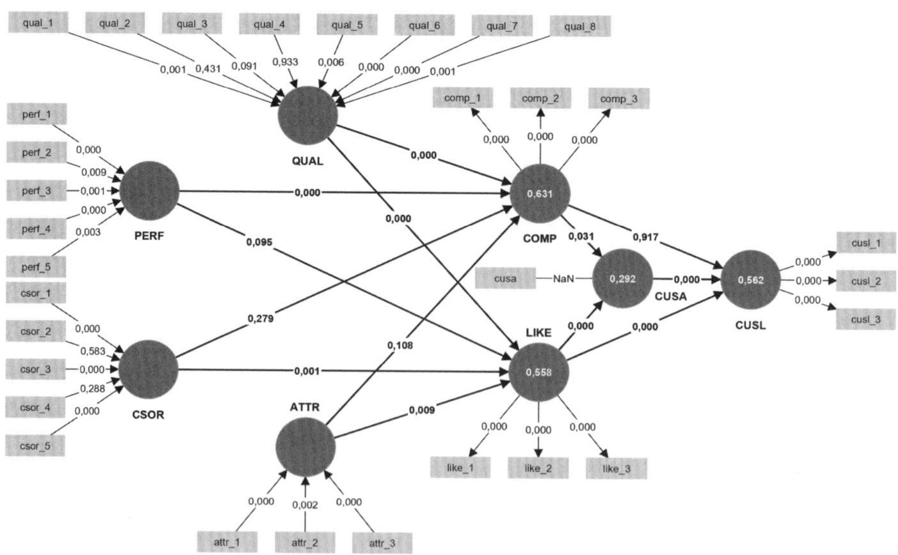

Abbildung 5.23 Bootstrapping *p*-Werte im Modellfenster

Wir erhalten einen detaillierteren Überblick über die Ergebnisse, wenn wir in den Bootstrapping-Ergebnisbericht navigieren. Die Tabelle unter **Endergebnisse → Äußere Gewichte → Konfidenzintervalle** zeigt die mit Hilfe des Perzentil-Verfahrens ermittelten Bias-korrigierten Konfidenzintervalle (Abbildung 5.24). Zudem können wir die Konfidenzintervalle mit Bias-Korrektur über **Bias-korrigierte Konfidenzintervalle** einsehen.

Abbildung 5.25 fasst die Ergebnisse für die formativ gemessenen Konstrukte *ATTR, CSOR, PERF* und *QUAL* zusammen und zeigt die mit Hilfe der Originalstichprobe geschätzten Gewichte, die *t*-Werte, die *p*-Werte und die mit Hilfe des Perzentil-Verfahrens ermittelten Bias-korrigierten Konfidenzintervalle.

	Originaldatensatz (O)	Stichprobenmittelwert (M)	Bias	2.5%	97.5%
attr_1 -> ATTR	0,414	0,412	-0,003	0,275	0,551
attr_2 -> ATTR	0,201	0,200	-0,001	0,076	0,333
attr_3 -> ATTR	0,658	0,656	-0,002	0,527	0,773
comp_1 <- COMP	0,469	0,468	-0,001	0,432	0,518
comp_2 <- COMP	0,365	0,365	0,000	0,332	0,399
comp_3 <- COMP	0,372	0,373	0,001	0,344	0,399
csor_1 -> CSOR	0,306	0,303	-0,003	0,138	0,471
csor_2 -> CSOR	0,037	0,037	0,000	-0,090	0,175
csor_3 -> CSOR	0,406	0,403	-0,003	0,236	0,572
csor_4 -> CSOR	0,080	0,078	-0,002	-0,075	0,222
csor_5 -> CSOR	0,416	0,414	-0,002	0,241	0,588
cusa <- CUSA	1,000	1,000	0,000	1,000	1,000
cusl_1 <- CUSL	0,369	0,369	0,000	0,336	0,400
cusl_2 <- CUSL	0,420	0,421	0,000	0,396	0,453
cusl_3 <- CUSL	0,365	0,364	-0,000	0,334	0,396
like_1 <- LIKE	0,419	0,419	-0,000	0,394	0,452
like_2 <- LIKE	0,374	0,374	0,000	0,349	0,401
like_3 <- LIKE	0,363	0,363	0,000	0,335	0,390
perf_1 -> PERF	0,468	0,466	-0,002	0,324	0,596
perf_2 -> PERF	0,177	0,180	0,003	0,037	0,301
perf_3 -> PERF	0,194	0,191	-0,003	0,091	0,314
perf_4 -> PERF	0,340	0,337	-0,004	0,212	0,490
perf_5 -> PERF	0,199	0,197	-0,002	0,072	0,338
qual_1 -> QUAL	0,202	0,203	0,000	0,083	0,324
qual_2 -> QUAL	0,041	0,040	-0,001	-0,057	0,147
qual_3 -> QUAL	0,106	0,104	-0,001	-0,017	0,227
qual_4 -> QUAL	-0,005	-0,004	0,000	-0,107	0,104
qual_5 -> QUAL	0,160	0,158	-0,001	0,044	0,271
qual_6 -> QUAL	0,398	0,395	-0,003	0,272	0,527
qual_7 -> QUAL	0,229	0,227	-0,002	0,120	0,344
qual_8 -> QUAL	0,190	0,190	-0,000	0,075	0,308

Abbildung 5.24 Bootstrapping der äußeren Gewichte: Bias-korrigierte Konfidenzintervalle des Perzentil-Verfahrens

Konstrukt	Formative Indikatoren	Gewichte (Ladungen)	t-Werte	p-Werte	95 % Konfidenzintervalle	Signifikanz[a] (p < 0,05)?
ATTR	attr_1	0,414 (0,755)	5,884	0,000	[0,275;0,551]	Ja
	attr_2	0,201 (0,506)	3,070	0,002	[0,076;0,333]	Ja
	attr_3	0,658 (0,891)	10,391	0,000	[0,527;0,773]	Ja
CSOR	csor_1	0,306 (0,771)	3,638	0,000	[0,138;0,471]	Ja
	csor_2	0,037 (0,571)	0,550	0,583	[–0,090;0,175]	Nein
	csor_3	0,406 (0,838)	4,688	0,000	[0,236;0,572]	Ja
	csor_4	0,080 (0,617)	1,062	0,288	[–0,075;0,222]	Nein
	csor_5	0,416 (0,848)	4,700	0,000	[0,241;0,588]	Ja
PERF	perf_1	0,468 (0,846)	6,785	0,000	[0,324;0,596]	Ja
	perf_2	0,177 (0,690)	2,616	0,009	[0,037;0,301]	Ja
	perf_3	0,194 (0,573)	3,447	0,001	[0,091;0,314]	Ja
	perf_4	0,340 (0,717)	4,854	0,000	[0,212;0,490]	Ja
	perf_5	0,199 (0,638)	2,946	0,003	[0,072;0,338]	Ja
QUAL	qual_1	0,202 (0,741)	3,330	0,001	[0,083;0,324]	Ja
	qual_2	0,041 (0,570)	0,787	0,431	[–0,057;0,147]	Nein
	qual_3	0,106 (0,749)	1,689	0,091	[–0,017;0,227]	Nein
	qual_4	–0,005 (0,664)	0,084	0,933	[–0,107;0,104]	Nein
	qual_5	0,160 (0,787)	2,769	0,006	[0,044;0,271]	Ja

Konstrukt	Formative Indikatoren	Gewichte (Ladungen)	t-Werte	p-Werte	95 % Konfidenzintervalle	Signifikanz[a] ($p < 0{,}05$)?
	qual_6	0,398 (0,856)	6,146	0,000	[0,272;0,527]	Ja
	qual_7	0,229 (0,722)	4,000	0,000	[0,120;0,344]	Ja
	qual_8	0,190 (0,627)	3,192	0,001	[0,075;0,308]	Ja

Abbildung 5.25 Ergebnisse der Signifikanzprüfung für die äußeren Gewichte in formativ spezifizierten Konstrukten

[a]Wir beziehen uns (wie in diesem Kapitel vorgeschlagen) auf die Bias-korrigierten Bootstrapping-Konfidenzintervalle des Perzentil-Verfahrens zur Prüfung der Signifikanz.

Die Betrachtung der Signifikanzniveaus zeigt, dass alle formativen Indikatoren, außer *csor_2, csor_4, qual_2, qual_3* und *qual_4,* auf einem 5 %-Niveau signifikant sind. In SmartPLS sind über den Ergebnisbericht für die Äußeren Ladungen zudem die Ladungen, ihre *t*-Werte, *p*-Werte und Konfidenzintervalle einsehbar. Die Analyse dieser Informationen zeigt, dass der Indikator *qual_2* die niedrigste Ladung (0,570) unter diesen fünf Indikatoren aufweist. Zudem zeigt die Analyse der Konfidenzintervalle für die Ladungen dieser fünf Indikatoren (*csor_2, csor_4, qual_2, qual_3* und *qual_4*), dass alle Ladungen auf dem 5 %-Niveau signifikant sind. Zudem legen die bisherige Forschung und Theorie nahe, dass diese Indikatoren relevant sind, wenn es um die Messung der Corporate Social Responsibility und Qualitätsdimensionen der Unternehmensreputation geht (Schwaiger, 2004; Eberl, 2010; Schwaiger et al., 2010; Sarstedt et al., 2013). Damit behalten wir diese Indikatoren in den formativ spezifizierten Konstrukten bei, auch wenn ihre Gewichte nicht signifikant sind.

Die Analyse der Gewichte schließt die Evaluation formativ spezifizierter Messmodelle ab. Betrachten wir sowohl die Ergebnisse aus Kapitel 4 als auch aus Kapitel 5, so können wir festhalten, dass alle reflektiv und formativ spezifizierten Konstrukte eine zufriedenstellende Qualität aufweisen. Damit können wir mit der Evaluation des Strukturmodells fortfahren (Kapitel 6).

Zusammenfassung

- **Die Leser können die für die Evaluation formativ spezifizierter Messmodelle anzuwendenden Kriterien erläutern.** Statistische Evaluationskriterien für reflektive Skalen lassen sich nicht unmittelbar auf formativ spezifizierte Messmodelle übertragen, bei denen die Indikatoren eher unabhängige Ursachen des Konstrukts repräsentieren und damit nicht notwendigerweise hoch korrelieren. Forscher sollten ein vollständiges Set formativer Indikatoren aufnehmen, das die inhaltliche Bedeutung des Konstrukts (wie durch den Forscher definiert) vollständig erfasst und keine wesentlichen Facetten des Konstrukts vernachlässigt. Die Evaluation der formativ spezifizierten Messmodelle beginnt mit der Prüfung der Konvergenzvalidität, um sicherzustellen, dass der gesamte Inhalt des Konstrukts und alle seine relevanten Facetten durch die formativen Indikatoren erfasst werden. Im nächsten Schritt sollten potenzielle Kollinearitätsprobleme zwischen den formativen Indikatoren geprüft werden. Eine zu hohe Kollinearität zwischen den Indikatoren führt zu einer Erhöhung der Standardfehler und kann Vorzeichenwechsel in den äußeren Gewichten zur Folge haben. Im letzten Schritt wird geprüft, ob jeder Indikator einen Beitrag zur Formung des Index liefert. Es werden also die Signifikanz und Relevanz der Indikatorgewichte geprüft; zudem ist es sinnvoll, auch die Bootstrapping-Konfidenzintervalle zu berichten, die eine zusätzliche Information über die Stabilität der Koeffizientenschätzungen liefern. Nicht signifikante Indikatorgewichte sind nicht automatisch ein Indiz für eine schlechte Qualität des Messmodells. Forscher sollten auch den absoluten Beitrag eines formativen Indikators für das zu messende Konstrukt in Form der Ladung betrachten. Nur wenn sowohl die Gewichte als auch die Ladungen gering oder sogar nicht signifikant sind, sollte ein formativer Indikator entfernt werden. Nur wenn wir diese Aspekte prüfen, können wir sicherstellen, dass das formativ spezifizierte Konstrukt für die PLS-SEM-Analyse verwendet werden und sich die Schätzungen der Gewichte korrekt interpretieren lassen können.

- **Die Leser können die Grundlagen des Bootstrapping-Verfahrens zur Durchführung von Signifikanztests in der PLS-SEM erläutern und anwenden.** Die PLS-SEM ist ein nicht-parametrisches multivariates Analyseverfahren, das keine Verteilungsannahmen voraussetzt. Folglich stellt die PLS-SEM nicht direkt auf Annahmen basierte *t*-Werte oder *p*-Werte für die Evaluation der Signifikanz der Schätzungen zur Verfügung. Stattdessen greift die PLS-SEM auf das Bootstrapping-Verfahren zurück, um die Bootstrapping-Standardfehler zu ermitteln. Diese Standardfehler können zur Approximation der *t*- und *p*-Werte verwendet werden. Das Bootstrapping ist ein (Resampling-)Ansatz, der zufällig Teilstichproben (mit Zurücklegen) aus den Daten zieht und die Schätzung des Pfadmodells in allen Teilstichproben, und damit unter jeweils leicht veränderten Datenkonstellationen, wiederholt. Für die Ausführung des Bootstrapping-Verfahrens sollten 10.000 Bootstrapping-Teilstichproben gezogen werden, wobei jede Bootstrapping-Teilstichprobe so viele Fälle enthält, wie Fälle im Originaldatensatz vorliegen. Bootstrapping-Konfidenzintervalle sind eine weitere Information zur Prüfung der Stabilität der Modellschätzungen. Forscher sollten zur Ermittlung der Bias-korrigierten Bootstrapping-Konfidenzintervalle das Perzentil-Verfahren nutzen und diese Ergebnisse berichten.
- **Die Leser sind mit Hilfe von SmartPLS in der Lage, die Gütebeurteilung formativ spezifizierter Messmodelle durchzuführen und ihre Ergebnisse angemessen darzustellen.** Die Erweiterung des einfachen Modells zur Unternehmensreputation durch vier formativ spezifizierte Konstrukte erlaubt es uns, mit dem SmartPLS-Fallbeispiel der vorhergehenden Kapitel fortzufahren. SmartPLS liefert uns die notwendigen Ergebnisse zur Evaluation

der formativ spezifizierten Messmodelle. Neben den Ergebnissen des PLS-SEM-Algorithmus stellt das Bootstrapping-Verfahren die Ergebnisse zur Verfügung, die wir für die Prüfung der Signifikanz der formativen Indikatorgewichte benötigen. Die Tabellen und Abbildungen für unser PLS-Pfadmodell zur Unternehmensreputation demonstrieren, wie man die PLS-SEM-Ergebnisse korrekt berichtet und interpretiert. Das Beispiel fasst damit erneut nicht nur die eingeführten Konzepte zusammen, sondern liefert auch weitere Erkenntnisse für die praktische Anwendung der Konzepte.

Wiederholungsfragen

1. Wie prüfen wir die Inhaltsvalidität formativ spezifizierter Konstrukte?
2. Warum sollten wir die Signifikanz und Relevanz formativer Indikatoren betrachten?
3. Welche VIF-Werte weisen auf ein kritisches Niveau an Kollinearität zwischen den Indikatoren hin?
4. Was ist die grundsätzliche Idee hinter dem Bootstrapping-Verfahren?

Weiterführende Fragen

1. Was ist der Unterschied zwischen reflektiv und formativ gemessenen Konstrukten? Erklären Sie den Unterschied zwischen Ladungen und Gewichten.
2. Warum sind formativ spezifizierte Konstrukte insbesondere bei exogenen latenten Variablen in einem PLS-Pfadmodell sinnvoll?
3. Warum ist die Kollinearität zwischen Indikatoren ein wichtiger Aspekt in formativ spezifizierten Messmodellen?
4. Diskutieren Sie die folgende Aussage kritisch: „Nicht signifikante Indikatoren sollten von einem formativ spezifizierten Messmodell ausgeschlossen werden, da sie keinen ausreichenden Beitrag zu dem Index liefern."
5. Welchen zusätzlichen Wert liefern Bootstrapping-Konfidenzintervalle im Vergleich zu *p*-Werten?

Empfohlene Literatur

Albers, S., 2010: PLS and success factor studies in marketing, in V. Esposito Vinzi, W. W. Chin, J. Henseler, H. Wang (Hrsg.), Handbook of partial least squares: Concepts, methods and applications, Berlin: Springer, 409–425.

Aguirre-Urreta, M. I., Rönkkö, M. (2018). Statistical inference with PLSc using bootstrap confidence intervals. MIS Quarterly, 42, 1001–1020

Becker, J.-M., Klein, K., Wetzels, M. (2012). Hierarchical latent variable models in PLS-SEM: Guidelines for using reflective-formative type models. Long Range Planning, 45, 359–394.

Bollen, K. A., Diamantopoulos, A. (2017). In defense of causal-formative indicators: A minority report. Psychological Methods, 22, 581–596

Cenfetelli, R. T., Bassellier, G., 2009: Interpretation of formative measurement in information systems research, MIS Quarterly, 33, 689–708.

Cheah, J.-H., Sarstedt, M., Ringle, C. M., Ramayah, T., Ting, H. (2018). Convergent validity assessment of formatively measured constructs in PLS-SEM. International Journal of Contemporary Hospitality Management, 30, 3192–3210.

Diamantopoulos, A., Winklhofer, H. M., 2001: Index construction with formative indicators: An alternative to scale development, Journal of Marketing Research, 38, 269–277.

Gudergan, S. P., Ringle, C. M., Wende, S., Will, A., 2008: Confirmatory tetrad analysis in PLS path modeling, Journal of Business Research, 61, 1238–1249.

Hair, J. F., Howard, M. C., Nitzl, C. (2020). Assessing measurement model quality in PLS-SEM using confirmatory composite analysis. Journal of Business Research, 109, 101–110.

Hair, J. F., Sarstedt, M., Pieper, T. M., Ringle, C. M., 2012: The use of partial least squares structural equation modeling in strategic management research: A review of past practices and recommendations for future applications, Long Range Planning, 45, 320–340.

Hair, J. F., Sarstedt, M., Ringle, C. M., Mena, J. A., 2012: An assessment of the use of partial least squares structural equation modeling in marketing research, Journal of the Academy of Marketing Science, 40, 414–433.

Hair, J. F., Risher, J. J., Sarstedt, M., Ringle, C. M. (2019). When to use and how to report the results of PLS-SEM. European Business Review, 31, 2–24.

Petter, S., Straub, D., Rai, A., 2007: Specifying formative constructs in information systems research, MIS Quarterly, 31, 623–656.

Ringle, C. M., Sarstedt, M., Straub, D. W., 2012: A critical look at the use of PLS-SEM in MIS Quarterly, MIS Quarterly, 36, iii–xiv.

Streukens, S., & Leroi-Werelds, S. (2016). Bootstrapping and PLS-SEM: A step-by-step guide to get more out of your bootstrapping results. European Management Journal, 34, 618–632.

Kapitel 6

Gütebeurteilung von PLS-SEM-Ergebnissen (Teil III)

Evaluation des Strukturmodells

Lernziele

1. Die Leser können das Konzept des Modellfits in einem PLS-SEM-Kontext beschreiben.
2. Die Leser können die Evaluation der Pfadkoeffizienten im Strukturmodell erläutern.
3. Die Leser können die Evaluation der Bestimmtheitsmaße (R^2-Werte) zur Bestimmung der Erklärungskraft des Pfadmodells erläutern.
4. Die Leser sind in der Lage, die Prognosekraft eines Pfadmodells auf Basis des $PLS_{predict}$-Verfahrens und des Cross-Validated Predictive Ability Tests (CVPAT) zu bestimmen.
5. Die Leser sind mit Hilfe von SmartPLS in der Lage, die Gütebeurteilung des Strukturmodells durchzuführen, die Ergebnisse des Strukturmodells angemessen darzustellen und zu interpretieren.

Kapitelüberblick

In den Kapiteln 4 und 5 haben wir die Evaluation reflektiv und formativ spezifizierter Messmodelle vorgestellt. Das vorliegende Kapitel knüpft hieran an und behandelt die Evaluation des Strukturmodells, das die zugrundeliegende Theorie umfasst und darstellt. Wir diskutieren zunächst das Konzept des Modellfits im Kontext der PLS-SEM und führen dann eine Reihe von Gütekriterien ein, die zur Evaluation des Strukturmodells angewendet werden sollten. Die Evaluation der Ergebnisse des Strukturmodells erlaubt es uns, die Fähigkeit des Modells zur Erklärung und Prognose eines oder mehrerer Zielkonstrukte sowie ihrer Indikatoren zu beurteilen. Das Kapitel schließt mit der Evaluation der PLS-SEM-Ergebnisse für das Strukturmodell unseres Beispiels zur Unternehmensreputation mit Hilfe von SmartPLS ab.

Schritt 6: Evaluation der Ergebnisse des Strukturmodells

Sobald wir sichergestellt haben, dass die Messungen unserer Konstrukte reliabel und valide sind, evaluieren wir im nächsten Schritt die Ergebnisse des Strukturmodells. Diese Evaluation umfasst die Prüfung der Prognosefähigkeit des Modells und die Prüfung der Beziehungen zwischen den Konstrukten. Abbildung 6.1 gibt einen Überblick über das systematische Vorgehen zur Evaluation der Ergebnisse des Strukturmodells.

Bevor wir die Analysen diskutieren, gilt es die Kollinearität im Strukturmodell zu prüfen (Schritt 1). Dieser Schritt ist notwendig, da die Schätzung der Pfadkoeffizienten im Strukturmodell auf OLS-Regressionen zwischen jeder endogenen latenten Variablen und ihren Treiberkonstrukten basiert. Genau wie in einer normalen multiplen Regression können die Schätzungen der Pfadkoeffizienten verzerrt werden, wenn zwischen den Treiberkonstrukten kritische Niveaus an Kollinearität vorhanden sind.

Der PLS-SEM-Algorithmus zielt darauf ab, die Parameter so zu schätzen, dass der jeweilige Anteil erklärter Varianz der endogenen latenten Variablen und der Indikatoren im Modell maximiert wird. Diesbezüglich unterscheidet sich die PLS-SEM von der CB-SEM, bei der die Parameter so geschätzt werden, dass die Differenz zwischen der geschätzten und der tatsächlichen Kovarianzmatrix der Stichprobe minimiert wird. Goodness-of-Fit-Maße wie die Chi-Quadrat-Statistik (χ^2), der Goodness-of-Fit-Index (GFI) oder der Adjusted-GFI (AGFI), die häufig in der CB-SEM angewendet werden, basieren auf genau dieser Differenz zwischen den beiden Kovarianzmatrizen. Dieses Verständnis von Fit ist daher nicht vollständig auf die PLS-SEM übertragbar, da

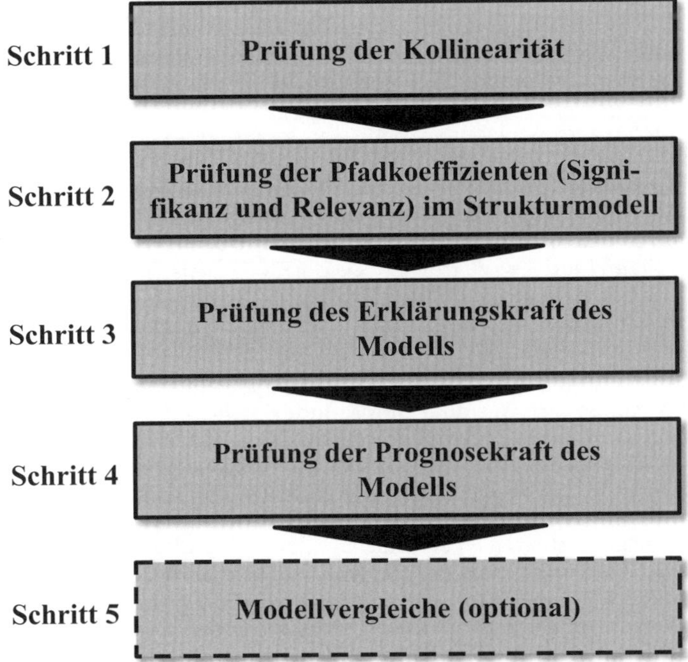

Abbildung 6.1 Vorgehen zur Evaluation des Strukturmodells

das Verfahren bei der Schätzung der Modellparameter eine Lösung auf Basis eines anderen statistischen Zieles sucht (nämlich auf Basis der Maximierung der erklärten Varianz).

Anstelle der Prüfung des Goodness-of-Fit wird das Strukturmodell primär auf Basis heuristischer Gütekriterien evaluiert, welche die Erklärungs- und Prognosekraft des Modells beurteilen. Diese Kriterien erlauben es per definitionem nicht, den gesamten Modellfit – dem Verständnis der CB-SEM folgend – zu prüfen. Stattdessen wird das Modell dahingehend evaluiert, wie gut es die endogenen latenten Variablen erklärt bzw. vorhersagt. Die Kernkriterien zur Evaluation des Strukturmodells in der PLS-SEM sind: die Höhe und Signifikanz der Pfadkoeffizienten (Schritt 2), die Erklärungskraft des Modells (Schritt 3) sowie die Prognosekraft des Modells (Schritt 4). In manchen Situationen kann es zudem sinnvoll sein, Modellvergleiche anzustellen, um zu entscheiden, welches der vom Forscher hypothetisierten Modelle die Datenstruktur am besten abbildet. Da diese Analyse aber nicht auf alle Forschungssituationen zutrifft, ist Schritt 5 als optional gekennzeichnet.

Gleichzeitig hat die Forschung einige PLS-SEM-basierte Gütemaße für die Beurteilung des Gesamtmodells vorgeschlagen, die sich teilweise allerdings noch in einer frühen Entwicklungsphase befinden und deren Eignung teils kontrovers diskutiert wird. Abbildung 6.2 gibt einen Überblick über diese neueren Entwicklungen.

Neuere Forschungsarbeiten zielen darauf ab, Maße zur Beurteilung des Modellfits im Kontext der PLS-SEM zu entwickeln. Damit soll überprüfbar sein, wie gut eine angenommene Modellstruktur zu den empirischen Daten passt und es sollen Fehlspezifikationen des Modells aufdeckbar sein.

Eines der ersten vorgeschlagenen Maße war der **Goodness-of-Fit-Index (GoF)** von Tenenhaus et al. (2004; 2005). Henseler und Sarstedt (2013) haben diesen GoF sowohl konzeptionell als auch empirisch in Frage gestellt. Ihre Forschung zeigt, dass der GoF kein geeignetes Goodness-of-Fit-Maß für die PLS-SEM darstellt. Im Unterschied zu den Fit-Maßen der CB-SEM ist der GoF nicht in der Lage, valide von nicht validen Modellen zu trennen. Da der GoF ebenso nicht auf formativ spezifizierte Messmodelle anwendbar ist und die Überparametrisierung von Modellen (d. h. die Einbindung einer hohen Anzahl von Indikatoren, Konstrukten oder Beziehungen) nicht korrigiert, sollte dieses Gütekriterium nicht angewendet werden.

Henseler et al. (2014) haben als Erste die Leistungsfähigkeit des **Standardized-Root-Mean-Square-Residual (SRMR)-Index** im PLS-SEM-Kontext geprüft, welches ein bekanntes Kriterium für die Evaluierung des Modellfits in der CB-SEM ist. Der SRMR-Index entspricht der standardisierten Wurzel der mittleren Differenzen zwischen den beobachteten Korrelationen und den über das Modell implizierten Korrelationen. Da der SRMR-Index ein absolutes Fit-Maß ist, zeigt ein Wert von 0 einen perfekten Fit an (Hu & Bentler, 1998). Cho et al. (2020) haben die Eignung des SRMR im Kontext der Generalized Structured Component Analysis (GSCA; Hwang & Takane, 2004) untersucht. Da die GSCA ebenfalls ein komponentenbasiertes Verfahren zur Strukturgleichungsmodellierung ist, sind die Ergebnisse dieser Studie auf den PLS-SEM-Kontext prinzipiell übertragbar. Die Forscher zeigen in ihrer Simulationsstudie, dass für eine Stichprobengröße von 100 ein Schwellenwert von 0,09 angenommen werden sollte, bei höheren Stichprobengrößen hingegen ein Wert von 0,08. Dies bedeutet, dass ein Modell mit einem SRMR-Wert von weniger als 0,09 bzw. 0,08 einen ausreichenden Fit aufweist.

Neben dem SRMR wurden mit dem **Normed-Fit-Index (NFI)** von Bentler und Bonett (1980) und dem **Goodness-of-Fit-Index (GFI)** von Jöreskog und Sörbom (1982) zwei weitere Metriken, die aus dem CB-SEM-Kontext bekannt sind, für Modellevaluationen in der PLS-SEM vorgeschlagen. Der NFI vergleicht die Indikatorkovarianzmatrizen des geschätzten Modells mit der eines Nullmodells, wobei unkorrelierte Indikatoren unterstellt werden. Je geringer die Diskrepanz der Kovarianzen ausfällt, desto besser der Fit und höher der NFI. Ein perfekter Modellfit liegt bei einem NFI-Wert von 1 vor (Schuberth et al., 2023), welcher in der Praxis aber faktisch nicht erreicht werden kann. In der CB-SEM wird von einem Schwellenwert von 0,9 ausgegangen; d. h. ein Modell mit einem NFI-Wert von 0,9 oder höher hat einen ausreichenden Fit (Weiber & Sarstedt, 2021). Es ist allerdings unklar, ob dieser Schwellenwert auch auf die PLS-SEM übertragen werden kann. Im Gegensatz zum NFI vergleicht der GFI die modellimplizierte mit der empirischen Kovarianzmatrix. Je geringer die Diskrepanz, desto besser der Modellfit und höher der GFI-Wert. Analog zum NFI zeigt ein GFI-Wert von 1 einen perfekten Modellfit an. Die oben genannte Studie von Cho et al. (2020) untersucht auch die Eignung des GFI. Die Ergebnisse zeigen, dass Forscher für eine Stichprobengröße von 100 einen GFI-Schwellenwert von 0,89 und für höhere Stichprobengrößen einen Schwellenwert von 0,93 vorsehen sollten. Gleichzeitig schlussfolgern die Autoren, dass der SRMR-Index dem GFI aufgrund seines geringeren Fehlers 1. und 2. Art bei niedrigen Stichprobengrößen bevorzugt werden sollte.

Als Alternative zur Beurteilung des Modellfits können Forscher den **Root-Mean-Square-Residual-Covariance (RMS_{theta})-Index** anwenden. Dieses Gütemaß folgt der gleichen Logik, die auch dem SRMR-Index zu Grunde liegt, beruht aber auf Kovarianzen. Der RMS_{theta}-Index wurde von Lohmöller (1989) vorgeschlagen, von

PLS-SEM-Forschern aber erst kürzlich näher untersucht. Erste Simulationsergebnisse schlagen einen (konservativen) Grenzwert für den RMS_{theta}-Index von 0,12 vor. Damit deuten RMS_{theta}-Werte unter 0,12 auf einen guten Fit des Modells hin, wohingegen höhere Werte einen mangelnden Fit des Modells anzeigen (Henseler et al., 2014).

Schließlich haben Dijkstra und Henseler (2015b) den **Exact-Fit-Test** eingeführt. Ihr Chi-Quadrat-Wert-basierter Test wendet eine dem Bootstrapping ähnliche Simulation an, um *p*-Werte für die Differenzen zwischen den beobachteten Korrelationen und den durch das Modell implizierten Korrelationen zu ermitteln. Anders als bei dem SRMR-Index werden die Differenzen dabei nicht in Form von Residuen, sondern in Form von (euklidischen oder geodätischen) Distanzen ausgedrückt.

Schuberth et al. (2018) haben im Rahmen einer Simulationsstudie die Eignung des SRMR und der beiden Varianten des Exact-Fit-Tests zur Aufdeckung verschiedener Arten von Modellfehlspezifikationen untersucht. Ihre Simulationsergebnisse zeigen, dass die Goodness-of-Fit-Maße geringfügige Fehlspezifikationen, wie beispielsweise die fehlerhafte Zuordnung eines Indikators zu einem anderen Konstrukt, schon bei geringen Stichprobengrößen zuverlässig identifizieren. Hierbei ist aber unklar, ob solch eine Fehlspezifikation nicht im Rahmen einer Diskriminanzvaliditätsprüfung bereits aufgedeckt worden wäre. Für drei Konstrukte zeigen die Maße bei in empirischen Anwendungen von PLS-SEM gängigen Stichprobengrößen deutliche Schwächen. So bedarf es beispielsweise einer Stichprobengröße von etwa 500, damit der SRMR-Index aufdeckt, dass die Korrelation zwischen zwei Indikatoren nur unvollständig durch die Konstrukte erklärt wird. In einer neueren Studie untersuchen Schuberth et al. (2023) das Verhalten dieser Maße bei gröberen Fehlspezifikationen im Strukturmodell. Die Ergebnisse dieser Studie zeigen, dass der SRMR, GFI und NFI sowie der Exact-Fit-Test auf Basis geodätischer Distanzen einen zusätzlich inkludierten Pfad sowie eine umgekehrte Pfadreihenfolge in einem Modell mit drei Konstrukten schon bei einer Stichprobengröße von 100 zuverlässig identifiziert. Die Studie von Schuberth et al. (2023) stellt einen ersten Schritt zur Etablierung von Modellfit-Maßen in der PLS-SEM dar. Gleichzeitig ist die Studie wenig komplex und basiert auf Algorithmus-Optionen, die nicht dem Standard in PLS-SEM-Analysen entsprechen.

Unabhängig von diesen Entwicklungen ist die Frage noch offen, ob solche Fit-Maße in PLS-SEM-Analysen generell anwendbar sind. So basieren die oben beschriebenen Maße in der Regel auf der Differenz der empirischen und modellimplizierten Korrelationen bzw. Kovarianzen. Die Beurteilung dieser Differenz macht im Kontext von CB-SEM Sinn, da das Verfahren die Parameter so schätzt, dass eben genau diese Differenz minimiert wird. In der PLS-SEM entsteht diese Differenz eher beiläufig, auch wenn das Ziel der Maximierung der erklärten Varianz von endogenen latenten Variablen und der Indikatoren im Modell auf die Minimierung dieser Differenzen einzahlt. Es ist unklar, wie sich diese Unterschiede der Zielfunktionen der Verfahren auf die Fit-Maße auswirken. Erste Ergebnisse zeigen aber, dass sie durchaus geeignet sind, Fehlspezifikationen im Strukturmodell aufzudecken (Schuberth et al., 2023). Darüber hinaus ist zu beachten, dass Goodness-of-Fit, wie er im CB-SEM-Kontext verstanden und durch die Fit-Maße abgebildet wird, nicht die generelle Zielsetzung des PLS-SEM-Verfahrens widerspiegelt. Da die PLS-SEM ein kausal-vorhersageorientiertes Verfahren darstellt, sollte die Modellevaluation auf Basis entsprechender Prognosekriterien erfolgen. Genauer gesagt geht es bei der Evaluation der PLS-SEM-Ergebnisse um die Frage der Generalisierung, also die Fähigkeit, Stichprobendaten – oder besser Out-of-Sample Daten – vorherzusagen (siehe Shmueli, 2010). Vor diesem Hintergrund sind Forscher in den letzten Jahren vermehrt dazu übergegangen, Evaluationskriterien zu entwickeln, die dem vorhersageorientierten Charakter der PLS-SEM besser gerecht werden (z. B. Liengaard et al., 2021; Sharma et al., 2023;

Shmueli et al., 2016; 2019). In diesem Kontext kann die einseitige Verwendung von Fit-Maßen wie dem GFI oder SRMR-Index sogar schädlich sein, da sich Forscher bewogen fühlen könnten, die Prognosefähigkeit einem besseren „Fit" zu opfern. Gleichzeitig ist es natürlich wichtig sicher zu stellen, dass das geschätzte Modell nicht grundlegend fehlspezifiziert ist (Schuberth et al., 2023). Generell raten wir beim Einsatz von Modellfit-Maßen in der PLS-SEM zur Vorsicht.

Abbildung 6.2 Goodness-of-Fit-Maße in der PLS-SEM

Schritt 1: Prüfung der Kollinearität

Zur Prüfung der **Kollinearität** verwenden wir die die Varianzinflationsfaktor (VIF)-Werte, die in Kapitel 5 für die Evaluation formativ spezifizierter Messmodelle zum Einsatz gekommen sind. Dabei gilt es, jedes Set an Treiberkonstrukten einzeln für die Teilbereiche des Strukturmodells zu prüfen. In dem Modell in Abbildung 6.3 erklären Y_1 und Y_2 gemeinsam Y_3. Genauso fungieren Y_2 und Y_3 als Treiber von Y_4. Daher sollten wir prüfen, ob zwischen jedem dieser Sets an Treiberkonstrukten, also zwischen Y_1 und Y_2 sowie zwischen Y_2 und Y_3, kritische Niveaus an Kollinearität vorliegen.

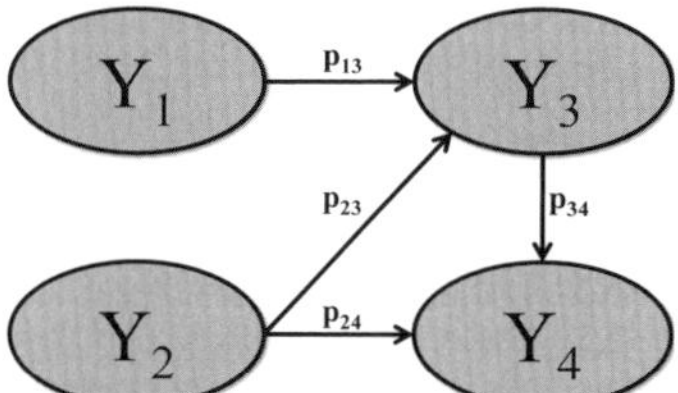

Abbildung 6.3 Kollinearität im Strukturmodell

In Analogie zu der Evaluation formativ spezifizierter Messmodelle betrachten wir VIF-Werte über 5 in den Treiberkonstrukten als einen Indikator für ein kritische Maß an Kollinearität. Idealerweise liegen die VIF-Werte unter 3. Wenn uns die VIF-Werte anhand dieser Grenzen ein kritisches Maß Kollinearität im Modell anzeigen, sollten wir als Lösungsmöglichkeiten die Elimination der Konstrukte, die Zusammenfassung der Treiberkonstrukte zu einem einzigen Konstrukt oder die Entwicklung von Konstrukten höherer Ordnung in Erwägung ziehen (siehe Kapitel 8).

Schritt 2: Prüfung der Pfadkoeffizienten im Strukturmodell

Nach der Anwendung des PLS-SEM-Algorithmus erhalten wir Schätzungen für die Beziehungen im Strukturmodell in Form der **Pfadkoeffizienten**, welche die *theoretisch angenommenen* Beziehungen zwischen den Konstrukten repräsentieren. Die Pfadkoeffizienten sind in der Regel *standardisiert* und liegen damit zwischen –1 und +1 (die Werte können etwas kleiner/größer sein, fallen aber in der Regel in dieses Intervall). Ein geschätzter Pfadkoeffizient nahe +1 repräsentiert eine stark positive Beziehung (und vice versa für negative

Werte), die in der Regel statistisch signifikant ist. Je näher der geschätzte Pfadkoeffizient an 0 ist, desto schwächer ist die Beziehung. Sehr niedrige Werte nahe 0 sind in der Regel statistisch nicht signifikant.

Ob ein Koeffizient signifikant ist, hängt letztlich von seinem **Standardfehler** ab, den wir mit Hilfe des **Bootstrapping-Verfahrens** erhalten. Wir wenden daher das in Kapitel 5 beschriebene Bootstrapping-Verfahren analog zur Signifikanzprüfung der Gewichte formativer Indikatoren an. Die über das Bootstrapping ermittelten Standardfehler, die im Bootstrapping identisch mit den Standardabweichungen sind, ermöglichen die Berechnung der **empirischen *t*-Werte** und ***p*-Werte** für alle Pfadkoeffizienten im Strukturmodell. Um zu entscheiden ob ein Effekt signifikant ist oder nicht nehmen Forscher in der Regel ein Signifikanzniveau von 5% an. Dieses Signifikanzniveau kommt jedoch nicht immer zur Anwendung; in der Konsumforschung wird in Studien z.T. auf ein Signifikanzniveau von 1% verwiesen. Bei explorativen Studien wenden Forscher im Allgemeinen ein Signifikanzniveau von 10% an. Letzten Endes hängt die Wahl des Signifikanzniveaus von der Art des Tests (einseitig oder zweiseitig), von der inhaltlichen Fragestellung und der Zielsetzung der Studie ab.

Zahlreiche Forscher beziehen sich auf die *p*-Werte zur Prüfung des Signifikanzniveaus. Ein *p*-Wert entspricht der Wahrscheinlichkeit zur Ermittlung eines *t*-Werts, der mindestens so hoch wie der tatsächlich beobachtete Wert ist, falls die Nullhypothese zutrifft. Mit anderen Worten entspricht der *p*-Wert der Wahrscheinlichkeit, eine wahre Nullhypothese irrtümlicher Weise abzulehnen (d.h. einen Pfadkoeffizienten für signifikant zu erklären, obwohl er nicht signifikant ist). Wenn wir von einem Signifikanzniveau von 5% ausgehen, muss der *p*-Wert niedriger als 0,05 sein. Nur dann können wir schlussfolgern, dass die untersuchte Beziehung auf einem 5%-Niveau signifikant ist. Wenn wir beispielsweise ein Signifikanzniveau von 5% annehmen und die Analyse einen *p*-Wert von 0,03 für einen bestimmten Koeffizienten liefert, schließen wir daraus, dass der Koeffizient auf einem 5%-Niveau signifikant ist. Wenn Forscher in ihrer Prüfung der Beziehungen strenger vorgehen wollen und daher ein Signifikanzniveau von 1% annehmen, muss der entsprechende *p*-Wert niedriger als 0,01 sein, um auf eine signifikante Beziehung hinzuweisen.

Auch die **Bootstrapping-Konfidenzintervalle** erlauben eine Prüfung, ob ein Pfadkoeffizient signifikant von 0 abweicht. Das Konfidenzintervall liefert uns eine Information über die Stabilität der Koeffizientenschätzung, da es uns, in Abhängigkeit von der Varianz in den Daten und der Größe der Stichprobe, das Intervall plausibler Populationswerte für den Parameter anzeigt. Wie in Kapitel 5 diskutiert, basiert die Ermittlung von Bootstrapping-Konfidenzintervallen auf Standardfehlern, die über das Bootstrapping ermittelt wurden. Es spezifiziert das Intervall, in das ein Parameter mit einer bestimmten Wahrscheinlichkeit fällt (z.B. 95%), wenn wiederholt Stichproben aus derselben Population gezogen werden. Wenn ein Konfidenzintervall für einen geschätzten Pfadkoeffizienten den Wert 0 nicht enthält, kann die Hypothese, dass der Pfad gleich 0 ist, abgelehnt werden und wir gehen von einem signifikanten Effekt aus. Wenngleich die Forschung eine Reihe verschiedener Ansätze zur Ermittlung von Bootstrapping-Konfidenzintervallen vorschlägt, empfehlen wir auf Basis der Forschung von Aguirre-Urreta und Rönkkö (2018) das Perzentil-Verfahren (siehe Kapitel 5 für eine nähere Diskussion). Bei stark verzerrten Bootstrapping-Konfidenzintervallen der betreffenden Parameter mit einer Schiefe außerhalb des Intervalls von –2 bis +2, sollten Forscher auf das BCa-Verfahren (siehe Kapitel 5) zurückgreifen.

Wenn wir die Ergebnisse des Pfadmodells interpretieren, sollten wir die Signifikanz aller Beziehungen im Strukturmodell über die *t*-Werte, die *p*-Werte und die Bootstrapping-Konfidenzintervalle prüfen. Im Rahmen der Ergebnisdarstellung berichten Forscher für gewöhnlich die *p*-Werte. Die Verwendung von Bootstrapping-Konfidenzintervallen ist trotz ihres klaren Mehrwertes weniger üblich; wir empfehlen allerdings ihren Einsatz.

Nach der Prüfung der Signifikanz der Beziehungen ist es wichtig, die **Relevanz der signifikanten Beziehungen** zu prüfen. In vielen Studien wird dieser Schritt bei der Analyse vernachlässigt und lediglich auf die Signifikanz von Effekten geachtet. So können Koeffizienten zwar statistisch signifikant, die Ausprägung der Beziehung kann jedoch sehr klein sein und damit wenig relevant ausfallen. Eine Analyse der relativen Wichtigkeit der Beziehungen ist für die Interpretation der Ergebnisse und die Ableitung von Handlungsempfehlungen essenziell.

Die (standardisierten) Pfadkoeffizienten im Strukturmodell können in Relation zueinander interpretiert werden. Wenn ein Pfadkoeffizient höher als ein anderer ist, so ist sein Effekt auf die endogene latente Variable größer. Die einzelnen Pfadkoeffizienten im Pfadmodell lassen sich genauso wie die standardisierten Beta-Koeffizienten einer OLS-Regression interpretieren: Eine Änderung des exogenen Konstrukts um eine Standardabweichung verändert das endogene Konstrukt um die Höhe des Pfadkoeffizienten, sofern alle anderen Konstrukte und ihre Pfadkoeffizienten konstant bleiben (ceteris paribus; Hair et al., 2019a).

Forscher haben zudem formale Tests zur Prüfung, ob zwei Pfadkoeffizienten in einem Modell signifikant voneinander abweichen, vorgeschlagen (Chin et al., 2013). Ein solcher Test sollte dann angewendet werden, wenn eine Hypothese sich auf die Unterschiede zwischen den Pfadkoeffizienten in einem Modell bezieht. Dies ist allerdings eher selten der Fall.

Neben dem **direkten Effekt** eines Konstrukts auf ein anderes, ist es oftmals ebenso von Interesse, den **indirekten Effekt** über ein oder mehrere mediierende Konstrukte zu evaluieren. Die Summe aus dem direkten und den indirekten Effekten ist der **totale Effekt**. Die Interpretation von totalen Effekten ist insbesondere dann nützlich, wenn Studien das Ziel haben, den unterschiedlichen Einfluss verschiedener Treiberkonstrukte auf ein Zielkonstrukt über ein oder mehrere mediierende Variablen zu erforschen. In Abbildung 6.4 sind die Konstrukte Y_1 und Y_3 beispielsweise direkt verbunden; was einen direkten Effekt ($p_{13} = 0{,}20$) ergibt. Zudem ergibt sich zwischen den beiden Konstrukten über das mediierende Konstrukt Y_2 ein indirekter Effekt, der als das Produkt der beiden Effekte p_{12} und p_{23} ($p_{12} \cdot p_{23} = 0{,}80 \cdot 0{,}50 = 0{,}40$) berechnet werden kann. Der totale Effekt ist dann 0,60, was sich aus $p_{13} + p_{12} \cdot p_{23} = 0{,}20 + 0{,}80 \cdot 0{,}50 = 0{,}60$ ergibt.

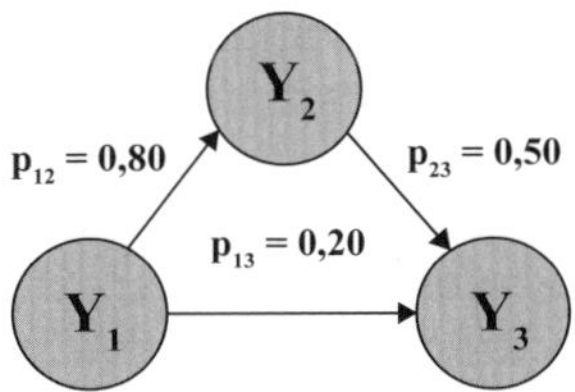

Abbildung 6.4 Beispiel eines direkten, indirekten und totalen Effektes

Wenngleich der direkte Effekt von Y_1 auf Y_3 nicht sehr stark ausfällt (0,20), ist der totale Effekt (also die Kombination aus dem direkten und dem indirekten Effekt) sehr ausgeprägt (0,60), was auf die Relevanz von Y_1 zur Erklärung von Y_3 hinweist. Diese Art von Ergebnis suggeriert, dass die direkte Beziehung von Y_1 auf Y_3 durch Y_2 mediiert wird. In Kapitel 7 gehen wir genauer auf die Frage ein, wie man mediierende Effekte analysiert.

Schritt 3: Prüfung der Erklärungskraft des Modells

Das am weitesten verbreitete Gütekriterium zur Prüfung der **Erklärungskraft** des Strukturmodelles ist das **Bestimmtheitsmaß** (R^2-Wert); siehe beispielsweise Sabol et al. (2023). Dieser Koeffizient berechnet sich über die quadrierte Korrelation zwischen den tatsächlichen und den geschätzten Werten für ein spezifisches endogenes Konstrukt. Der Koeffizient repräsentiert damit die kombinierten Effekte aller exogenen latenten Variablen auf die endogene latente Variable. Damit zeigt der R^2-Wert den Anteil Varianz des endogenen Konstrukts an, der durch alle mit dem endogenen Konstrukt verbundenen Vorgängerkonstrukte erklärt wird. Da das Bestimmtheitsmaß die quadrierte Korrelation aller im Datensatz befindlichen tatsächlichen und geschätzten Werte abbildet und als solche alle für die Schätzung des Modells zur Verfügung stehenden Daten umfasst, handelt es sich dabei um ein Maß zur Bestimmung der Erklärungskraft des Modells, die auch als **In-Sample-Prognosefähigkeit** bezeichnet wird (Rigdon, 2012; Sarstedt et al., 2014a).

Der **R^2-Wert** ist im Wertebereich zwischen 0 und 1 definiert, wobei höhere Werte eine bessere Erklärungskraft anzeigen. Es ist sehr schwierig, Faustregeln für akzeptable oder gute R^2-Werte anzugeben, da diese Einschätzung von der Komplexität des Modells und der konkreten Forschungsfrage abhängen. Während R^2-Werte von 0,20 in Studien zum Konsumentenverhalten generell als hoch angesehen werden, erwarten wir in der Erfolgsfaktorenforschung (z. B. in Studien zur Erklärung der Kundenzufriedenheit oder Loyalität) höhere Werte (z. B. 0,75 oder höher). Für die wissenschaftliche (Erfolgsfaktoren-)Forschung im Marketing können wir beispielsweise (im Sinne einer Faustregel) R^2-Werte in Höhe von 0,75, 0,50 und 0,25 für die endogenen latenten Variablen als substanziell, moderat und schwach bezeichnen (siehe Henseler et al., 2009; Hair et al., 2011b). Diese Werte haben aus den genannten Gründen aber keine Allgemeingültigkeit und sollten eher als grobe Richtwerte angesehen werden.

Es sollte beachtet werden, dass R^2-Werte auch zu hoch ausfallen können. Dies ist der Fall, wenn das Strukturmodell so komplex ist, dass die Schätzung einen erheblichen Teil der zufälligen Variation der vorliegenden Daten erfasst. Dadurch sind die gefundenen Ergebnisse allerdings nur beschränkt auf eine andere Stichprobe übertragbar bzw. generalisierbar (Sharma et al., 2019). Man spricht in diesem Kontext auch von **Overfitting**. Bei der Messung eines Konstrukts, das von Natur aus vorhersehbar ist, wie beispielsweise bestimmte Ergebnisse physikalischer Prozesse, können R^2-Werte von 0,90 plausibel sein. Ähnliche R^2-Werte in einem Modell, das menschliche Einstellungen, Wahrnehmungen und Absichten abbildet, deuten aller Wahrscheinlichkeit nach auf ein Overfitting hin.

Das R^2 kann auch verwendet werden, um den Einfluss, den ein bestimmtes Konstrukt auf ein Zielkonstrukt ausübt, zu quantifizieren. Hierfür wird die **f^2-Effektstärke** berechnet, welche misst, wie sich der R^2-Wert eines spezifischen endogenen Konstrukts ändert, wenn ein bestimmtes Vorgängerkonstrukt aus dem Strukturmodell ausgeschlossen wird.

Die Effektstärke wird wie folgt berechnet:

$$f^2 = \frac{R^2_{eingeschlossen} - R^2_{ausgeschlossen}}{1 - R^2_{eingeschlossen}},$$

wobei $R^2_{eingeschlossen}$ und $R^2_{ausgeschlossen}$ die R^2-Werte des endogenen Konstrukts sind, wenn ein ausgewähltes exogenes Konstrukt in das Modell eingeschlossen (oder eingebunden) bzw. aus dem Modell ausgeschlossen (oder entfernt) wird. Formal ermitteln wir die Veränderung in den R^2-Werten über die zweimalige Schätzung des PLS-Pfadmodells. Zunächst wird das Modell unter Einschluss der exogenen latenten Variablen (wodurch wir den $R^2_{eingeschlossen}$-Wert erhalten) und dann ein zweites Mal unter Ausschluss der exogenen latenten Variablen (wodurch wir den $R^2_{ausgeschlossen}$-Wert erhalten) geschätzt. Für die Beurteilung der f^2-Werte können wir uns an folgenden Richtlinien orientieren: 0,02, 0,15 und 0,35 repräsentieren kleine, mittlere und große Effekte der exogenen latenten Variablen (Cohen, 1988). Effektstärken von weniger als 0,02 deuten darauf hin, dass es keinen Effekt gibt.

Betrachten wir beispielsweise das in Abbildung 6.5 gegebene Pfadmodell mit drei exogenen Konstrukten Y_1, Y_2 und Y_3; und nehmen wir an, dass eine Schätzung dieses Modells einen R^2-Wert von 0,598 (d. h. $R^2_{eingeschlossen}$= 0,598) liefert. Wenn wir jedoch zum Beispiel Y_1 aus dem Pfadmodell ausschließen, fällt der R^2-Wert auf 0,501 (d. h. $R^2_{ausgeschlossen}$ = 0,501), woraus sich die folgende f^2-Effektstärke für Y_1 ergibt:

$$f^2 = \frac{0{,}598 - 0{,}501}{1 - 0{,}598} = 0{,}241.$$

Damit würden wir die Effektstärke des Konstrukts Y_1 auf die endogene latente Variable Y_4 als mittelgroß einstufen. Eine weitere Berechnung der f^2-Effektstärke folgt später in diesem Kapitel, wenn wir mit unserem Fallbeispiel zur Unternehmensreputation arbeiten.

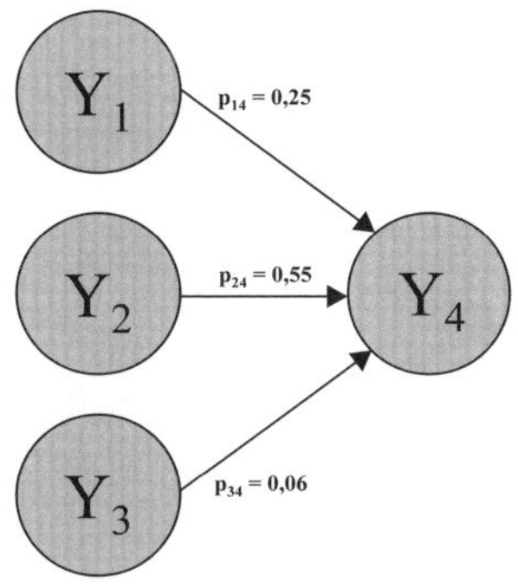

Abbildung 6.5 Pfadmodell zur Illustration der Berechnung der f^2-Effektstärke

Schritt 4: Prüfung der Prognosekraft des Modells

Die **Prognosekraft** eines Modells drückt dessen Eignung aus, Ausprägungen neuer Beobachtungen, die nicht zur Modellschätzung verwendet wurden, vorherzusagen. Aus diesem Grund wird die Prognosekraft (in Abgrenzung zur In-Sample-Prognosefähigkeit) auch als **Out-of-Sample Prognosefähigkeit** bezeichnet.

Forscher interpretieren häufig das R^2 als Maß für die Prognosekraft ihres Modells (Shmueli & Koppius, 2011). Diese Interpretation ist jedoch nicht korrekt, da das R^2 nur die Erklärungskraft des Modells bezüglich der zur Modellschätzung verwendeten Stichprobe angibt – die Metrik sagt nichts darüber aus, ob das Modell auch Werte von Beobachtungen, die nicht zur Modellschätzung verwendet wurden, vorhersagen kann (Shmueli, 2010). In diesem Zusammenhang schlagen Shmueli et al. (2016) das **PLS$_{predict}$-Verfahren** vor, welche das Modell anhand einer Trainingsstichprobe schätzt und die Prognosekraft des Modells auf Basis einer Validierungsstichprobe bewertet.

> Die ältere PLS-SEM-Literatur schlägt zudem das auf dem **Blindfolding**-Verfahren basierende Q^2 als Metrik zur Beurteilung der Prognosekraft eines Modells vor. Shmueli et al. (2016) weisen allerdings darauf hin, dass diese Metrik die Prognose- und Erklärungskraft konfundiert. Vor diesem Hintergrund raten wir inzwischen von einer Analyse des Q^2 ab.

PLS$_{predict}$ führt eine **Kreuzvalidierung** durch. Hierbei wird die Stichprobe zunächst in *k* etwa gleichgroße Teilmengen, sogenannte **Folds**, untergliedert. Im Anschluss wird eine Teilmenge als **Validierungsstichprobe** definiert und das Modell mit den verbleibenden *k*–1 Teilmengen in Form von **Trainingsstichproben** geschätzt. Daher wird dies als *k*-fache (*k*-Fold) Kreuzvalidierung bezeichnet. Die sich aus der Trainingsstichprobe ergebenden Parameterschätzungen werden auf die Validierungsstichprobe angewendet. Das bedeutet, dass die Werte der unabhängigen Variablen der Validierungsstichprobe benutzt werden, um Prognosewerte für die Indikatoren der endogenen latenten Variablen zu ermitteln. Die Differenz zwischen den tatsächlich beobachteten Werten in der Validierungsstichprobe und den über das Modell prognostizierten Indikatorwerten der endogenen latenten Variablen stellt den Prognosefehler dar und kann zur Ermittlung der Prognosegüte genutzt werden. Dieses Verfahren wird wiederholt, indem eine andere Teilmenge als Validierungsstichprobe definiert wird. Erneut wird das Modell mit den verbleibenden *k*–1 Teilmengen geschätzt, um den Prognosefehler für die Indikatoren der Validierungsstichprobe zu bestimmen. Dieser Prozess wiederholt sich, bis jede der *k* Teilmengen genau einmal als Validierungsstichprobe verwendet wurde. Shmueli et al. (2019) schlagen die Verwendung von zehn Teilmengen (d. h. *k* = 10) vor. Allerdings muss bei der Wahl von *k* sichergestellt werden, dass die zur Modellschätzung verbleibende Stichprobengröße die Mindestanforderungen für eine zuverlässige Schätzung des Modells erfüllt. Abbildung 6.6 illustriert die beschriebenen Zusammenhänge exemplarisch für fünf Teilmengen bzw. Folds (*k* = 5).

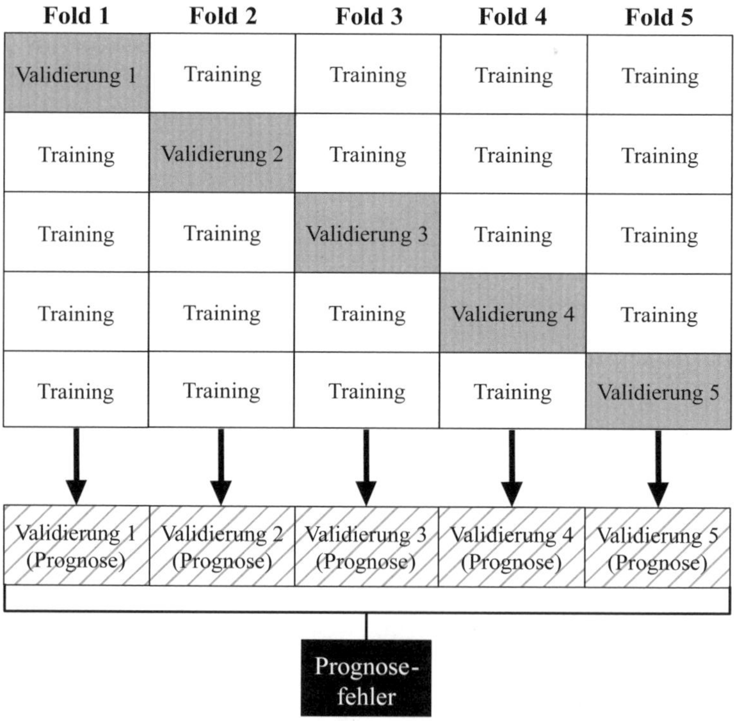

Fold 1	Fold 2	Fold 3	Fold 4	Fold 5
Validierung 1	Training	Training	Training	Training
Training	Validierung 2	Training	Training	Training
Training	Training	Validierung 3	Training	Training
Training	Training	Training	Validierung 4	Training
Training	Training	Training	Training	Validierung 5
Validierung 1 (Prognose)	Validierung 2 (Prognose)	Validierung 3 (Prognose)	Validierung 4 (Prognose)	Validierung 5 (Prognose)

Prognose-fehler

Abbildung 6.6 $PLS_{predict}$-Verfahren

Die Erzeugung der *k*-Teilmengen ist ein zufälliger Prozess und kann daher zu extremen Partitionen führen, die möglicherweise abnormale Modellschätzungen zur Folge haben können. Um solche Abnormalitäten zu vermeiden, sollte das $PLS_{predict}$-Verfahren mehrmals durchgeführt werden. Shmueli et al. (2019) empfehlen, das Verfahren zehn Mal durchzuführen, um die *durchschnittliche*

Prognosekraft eines Modells zu bestimmen. Würde es jedoch darum gehen, das PLS-Pfadmodell zur *Vorhersage einer einzelnen neuen Beobachtung* (anstatt zur Bestimmung der durchschnittlichen Prognosekraft) zu verwenden, sollte das $PLS_{predict}$-Verfahren nur einmal (d. h. ohne Wiederholungen) durchgeführt werden. Letzteres ist aber im Kontext der PLS-SEM nicht der Fall, da es bei deren Anwendung um die Berechnung von Durchschnittseffekten geht.

Für die Beurteilung der Prognosekraft eines Modells kann auf mehrere Metriken zurückgegriffen werden, welche die Höhe des **Prognosefehlers** quantifizieren. Im Gegensatz zum R^2, welches die Erklärungskraft eines Modells auf Konstruktebene ausdrückt, liegt der Fokus hierbei stets auf den Indikatoren der endogenen latenten Variablen.

In einem ersten Schritt sollte die **$Q^2_{predict}$-Metrik** betrachtet werden. Diese Metrik vergleicht die durch den PLS-Algorithmus generierten Prognosewerte mit den Mittelwerten der Indikatorvariablen der Trainingsstichprobe. Positive $Q^2_{predict}$-Werte zeigen an, dass das Modell eine größerer Prognosekraft besitzt als die Indikatormittelwerte der Trainingsstichprobe, die jegliche Art von Modellstruktur ignoriert. Werte gleich oder kleiner 0 zeigen einen Mangel an Prognosekraft an.

Im zweiten Schritt werden die durch den PLS-Algorithmus generierten Prognosewerte mit denen eines linearen Benchmark-Modells verglichen. Hierbei gilt es aber zunächst eine adäquate Statistik zur Quantifizierung des Prognosefehlers auszuwählen. Der **mittlere absolute Fehler (Mean Absolute Error, MAE)** misst beispielsweise die durchschnittliche Höhe des Fehlers bei der Prognose von Indikatorwerten, ohne ihre Richtung (Über- oder Unterschätzung) zu berücksichtigen. Der MAE ist somit der durchschnittliche absolute Unterschied zwischen den vorhergesagten und den tatsächlichen Indikatorwerten, wobei alle individuellen Unterschiede gleich gewichtet werden:

$$MAE = \frac{1}{n}\sum\left|y_i - \hat{y}_i\right|$$

mit y_i = tatsächlicher Indikatorwert der *i*-ten Beobachtung und $\hat{y}_i$ = vorhergesagter Indikatorwert der *i*-ten Beobachtung, (i=1, …, n).

Eine weitere gängige Prognosemetrik ist der **Root-Mean-Square-Error (RMSE)**, der sich aus der Quadratwurzel des durchschnittlichen Prognosefehlers ergibt:

$$RMSE = \sqrt{\frac{\sum(y_i - \hat{y}_i)^2}{n}}.$$

Da der RMSE die Fehler vor der Mittelwertbildung quadriert, werden größere Fehler stärker gewichtet. Dies ist besonders dann sinnvoll, wenn große Fehler unerwünscht sind – wie es typischerweise in den meisten betriebswirtschaftlichen Anwendungen der Fall ist. Aus diesem Grund sollte generell der RMSE als Prognosemetrik verwendet werden, es sei denn, dass die Verteilung der Fehler stark asymmetrisch ist. In diesem Fall sollte dem MAE Vorrang gegeben werden.

Je größer der MAE oder RMSE, desto geringer ist die Prognosekraft des Modells. Da die Ausprägung dieser Metriken allerdings von der Skalierung der betrachteten Indikatorvariablen abhängt, können keine sinnvollen Grenzwerte abgeleitet werden, die angeben, ob die Prognosekraft hoch oder niedrig ist. Aus diesem Grund müssen die MAE- und RMSE-Werte mit einem Benchmark verglichen werden.

Wir vergleichen daher den RMSE-Wert (bzw. den MAE-Wert) einer jeden Indikatorvariablen des betrachteten endogenen Konstrukts mit dem **Benchmark eines linearen Modells (LM Benchmark)**. Zur Bestimmung der LM-Benchmark-Werte wird für jede Indikatorvariable des endogenen Konstrukts eine Regression durchgeführt, die die Indikatorvariablen der exogenen Konstrukte des Modells als unabhängige Variablen nutzt. Die sich aus diesen Regressionen ergebenden Prognosewerte (als LM-Werte abgekürzt) werden als Vergleichsmaßstab (Benchmark) für die Prognosekraft des PLS-Modells verwendet. Im Gegensatz zur PLS-SEM-Schätzung ignoriert der lineare Benchmark die genaue Struktur des konzeptionellen Modells (z. B. die Operationalisierungen der exogenen Konstrukte oder die Form des Strukturmodells). Diese werden analog zu einem naiven Input-Output-Modell als Black Box betrachtet (Danks & Ray, 2018). Shmueli et al. (2019) definieren die folgenden Richtlinien für den Vergleich der RMSE- (oder MAE-)Werte mit den LM-Werten (siehe Abbildung 6.7):

- Wenn das PLS-Pfadmodell für *alle* Indikatoren eines endogenen Konstrukts RMSE- (oder MAE-) Werte aufweist, die kleiner als die des linearen Vergleichsmodells (LM) sind, hat das PLS-Pfadmodell eine hohe Prognosekraft.
- Wenn das PLS-Pfadmodell für *die Mehrheit* der Indikatoren (oder gleich viele Indikatoren) eines endogenen Konstrukts RMSE- (oder MAE-) Werte aufweist, die kleiner als die des LM sind, hat das PLS-Pfadmodell eine mittlere Prognosekraft.
- Wenn das PLS-Pfadmodell für die *die Minderheit* der Indikatoren eines endogenen Konstrukts RMSE- (oder MAE-) Werte aufweist, die kleiner als die des LM sind, hat das PLS-Pfadmodell eine geringe Prognosekraft.
- Wenn das PLS-Pfadmodell für *keinen* der Indikatoren eines endogenen Konstrukts RMSE- (oder MAE-) Werte aufweist, die kleiner als die des LM sind, hat das PLS-Pfadmodell keine Prognosekraft.

Liengaard et al.'s (2021) **Cross-Validated Predictive Ability-Test (CVPAT)** sowie die von Sharma et al. (2023) vorgeschlagene Erweiterung erlauben eine Bewertung ob ein PLS-Pfadmodell eine signifikant höhere Prognosekraft als ein Vergleichsmodell aufweist. Analog zum $PLS_{predict}$-Verfahren basiert der CVPAT auf dem Konzept der *k*-Fold Kreuzvalidierung, um Prognosefehler für das PLS-Pfadmodell zu ermitteln. Diese werden analog zur $Q^2_{predict}$-Metrik in $PLS_{predict}$ mit dem Mittelwert der Indikatorvariablen der Trainingsstichprobe verglichen, welcher auch als **Indikatordurchschnitt (IA)** bezeichnet wird. Ebenso kann der auf Basis von CVPAT ermittelte Prognosefehler mit dem Benchmark eines linearen Modells (LM Benchmark) verglichen werden. Hierbei werden die Indikatoren des endogenen Konstrukts allerdings nicht auf die der exogenen Konstrukte regressiert, sondern lediglich auf die Indikatoren der

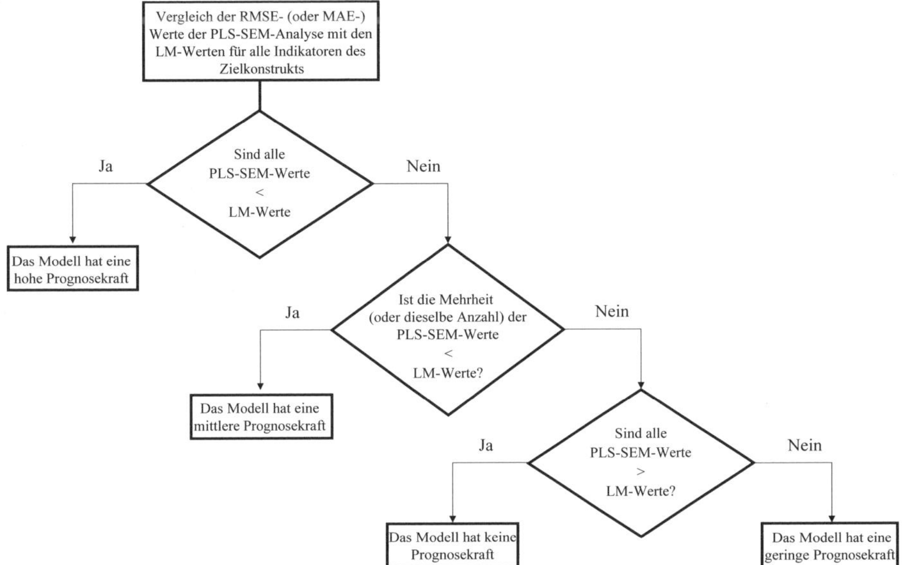

Abbildung 6.7 Richtlinien für die Interpretation von $PLS_{predict}$-Ergebnissen

unmittelbaren Vorgängerkonstrukte, was nachweislich zu besseren Prognosen führt (Danks, 2021).

Im nächsten Schritt berechnet CVPAT den durchschnittlichen quadrierten Prognosefehler der Schätzungen, der auch als **Verlust** bezeichnet wird. Der Verlust der PLS-SEM-Schätzung wird dann mit dem der IA- bzw. LM-Schätzungen verglichen. Eine negative Verlustdifferenz zeigt an, dass die mit der PLS-SEM ermittelten Prognosewerte genauer sind (d.h. einen geringeren Prognosefehler aufweisen) als die über die Indikatordurchschnitte (IA) oder das LM ermittelten Werte. Eine positive Differenz der Verlustwerte zeigt hingegen an, dass die Modellschätzung mit der PLS-SEM höhere Vorhersagefehler erzeugt als die IA- bzw. LM-Schätzungen. Die durchschnittliche Verlustdifferenz gibt allerdings wenig Aufschluss über das Ausmaß der Differenz, da ihr Wert von der Skalierung der verwendeten Indikatorvariablen abhängt. Aus diesem Grund testet CVPAT, ob diese Differenz statistisch signifikant ist. Die entsprechende Teststatistik folgt einer *t*-Verteilung mit $n-1$ Freiheitsgraden, wobei n die Anzahl der Beobachtungen ist (Liengaard et al., 2021). Die Ablehnung der Nullhypothese, dass es keinen Unterschied zwischen den Verlustwerten gibt, zugunsten der Alternativhypothese deutet darauf hin, dass die Vorhersagekraft des PLS-SEM signifikant höher als die der IA- bzw. LM-Schätzungen ist.

Schritt 5: Modellvergleiche (optional)

In einigen Forschungssituationen ist der Vergleich alternativer konzeptioneller Modelle notwendig. Diese Vergleiche werden typischerweise dann vorgenommen, wenn Forscher Theorien auf neue Kontexte anwenden oder verschiedene Theorien miteinander verbinden, um ein ganzheitliches Verständnis eines bestimmten Zusammenhanges zu erlangen. Die alternativen Modelle beinhalten dann dasselbe endogene Konstrukt, unterscheiden sich aber in ihrer Struktur, beispielsweise in Bezug auf die Anzahl von Vorgängerkonstrukten. Forscher versuchen dann auf Basis ihrer empirischen Daten „das beste" Modell zu identifizieren. Oft wird hierfür auf das Bestimmtheitsmaß R^2 abgestellt und das Modell mit dem höchsten Wert ausgewählt. Dies ist aber problematisch, da ein solches Vorgehen oft komplexe Modelle bevorzugt. Ein gutes Modell sollte aber das Forschungsphänomen gut abbilden und gleichzeitig nicht zu komplex sein, um eine Generalisierbarkeit der Zusammenhänge und Ergebnisse sicherzustellen. Dies wird durch die Verwendung des R^2 für Modellvergleiche nicht realisiert.

Sharma et al., (2019; 2021) zeigen, dass Forscher vielmehr auf das **Bayes Information Criterion** (BIC; Schwarz, 1978) zurückgreifen sollten. Dieses Kriterium zielt darauf ab, eine Balance zwischen Modellkomplexität und -güte unter Berücksichtigung der Prognosekraft des Modells zu finden. Das BIC ist für ein Modell *i* wie folgt definiert:

$$BIC_i = n\left[log\left(\frac{SSE_i}{n}\right) + \frac{p_i \, log(n)}{n}\right].$$

Hierbei bezeichnet SSE_i die Fehlerquadratsumme („Sum of Squared Errors") eines bestimmten latenten Zielkonstrukts im Modell *i*, *n* ist die Stichprobengröße und p_i die Anzahl unmittelbarer Vorgängerkonstrukte im Modell plus eins. Das BIC ist so skaliert, dass ein geringerer Wert ein besseres Modell anzeigt. Werden also mehrere Modelle mit Blick auf Modellgüte und Prognosekraft anhand des BIC miteinander verglichen, so sollte das Modell präferiert werden, welches den niedrigsten BIC-Wert aufweist. Dieser kann auch negativ sein, d. h. ein Modell mit dem BIC-Wert von –100 ist beispielsweise einem Modell mit einem BIC-Wert von 50 vorzuziehen. Solch ein Vergleich setzt voraus, dass die Modellschätzungen (1) sich auf dasselbe endogene Zielkonstrukt beziehen und (2) auf demselben Datensatz beruhen.

Ein Problem bei der Verwendung des BIC besteht darin, dass die absoluten Werte keinen Aufschluss über die empirische Evidenz für (oder gegen) ein Modell geben (Burnham & Anderson, 2002). Zwar können Forscher die Modelle auf Basis der BIC-Werte in eine Rangfolge bringen, allerdings besteht aufgrund der oftmals kleinen Unterschiede in den BIC-Werten ein erhebliches Ausmaß an Unsicherheit bei der Modellauswahl. Um dieses Problem anzugehen, schlagen Danks et al. (2020) die Verwendung von **Akaike-Gewichten** auf BIC-Werte vor. Diese drücken die relative Wahrscheinlichkeit von Modellen in einem Set von Alternativmodellen aus. Das Akaike-Gewicht auf Basis des BIC für ein Modell *i* ist wie folgt definiert:

$$w_i(BIC) = \frac{exp\left\{-\frac{1}{2}\Delta_i(BIC)\right\}}{\sum_{k=1}^{K} exp\left\{-\frac{1}{2}\Delta k(BIC)\right\}}$$

mit $\Delta_i(BIC) = BIC_i - BIC_{min}$, wobei k für die Anzahl der Modelle steht und BIC_{min} den kleinsten BIC-Wert der betrachteten Modelle darstellt.

Um die Berechnung der BIC-basierten Akaike-Gewichte zu illustrieren, nehmen wir an, dass wir drei Modelle vergleichen, deren Schätzung die folgenden BIC-Werte generiert hat:

1. Modell 1: –328,138
2. Modell 2: –327,497
3. Modell 3: –317,713

Auf Basis des BICs würden wir Modell 1 favorisieren, da es den niedrigsten Wert aufweist. Um die Akaike-Gewichte zu bestimmen, berechnen wir zunächst die Differenzen zwischen dem geringsten BIC-Wert (BIC_{min}) und den übrigen Werten. Für die Modelle ergeben sich folgende Differenzen:

$\Delta_1(BIC) = 328{,}138 - (-328{,}138) = 0$ für Modell 1,

$\Delta_2(BIC) = -327{,}497 - (-328{,}138) = 0{,}641$ für Modell 2 und

$\Delta_3(BIC) = -317{,}713 - (-328{,}138) = 10{,}425$ für Modell 3.

Wir können die Akaike-Gewichte für die drei Modelle nun wie folgt bestimmen:

$$w_1(BIC) = \frac{exp\left\{-\frac{1}{2}\cdot 0\right\}}{exp\left\{-\frac{1}{2}\cdot 0\right\} + exp\left\{-\frac{1}{2}\cdot 0{,}641\right\} + exp\left\{-\frac{1}{2}\cdot 10{,}425\right\}} = \frac{1}{1 + 0{,}726 + 0{,}00}$$

$$= \frac{1}{1{,}732} = 57{,}74\,\%,$$

$$w_2(BIC) = \frac{exp\left\{-\frac{1}{2}\cdot 0{,}641\right\}}{1{,}732} = \frac{0{,}726}{1{,}732} = 41{,}92\,\%,$$

$$w_3(BIC) = \frac{exp\left\{-\frac{1}{2}\cdot 10{,}425\right\}}{1{,}732} = \frac{0{,}005}{1{,}732} = 0{,}29\,\%.$$

- Prüfung der Kollinearität jedes Sets an Treiberkonstrukten im Strukturmodell: Der VIF-Wert jedes Treiberkonstrukts sollte kleiner als 5 (besser kleiner 3) sein. Ist dies nicht der Fall, sollten die Elimination von Konstrukten, die Zusammenfassung von Treibern in ein einziges Konstrukt oder die Entwicklung von Konstrukten höherer Ordnung in Erwägung gezogen werden, um den Kollinearitätsproblemen zu begegnen.
- Prüfung der Signifikanz der Pfadkoeffizienten mit Hilfe des Bootstrapping-Verfahrens: Die Anzahl der Bootstrapping-Teilstichproben sollte mindestens so hoch wie die Anzahl gültiger Fälle sein, idealerweise aber 10.000 betragen. Das Bootstrapping-Verfahren liefert den Standardfehler für die geschätzten Koeffizienten, der als Basis für die Bestimmung des empirischen *t*-Wertes und des dazugehörigen *p*-Wertes dient. In vielen Anwendungsbereichen wird ein Signifikanzniveau von 5 % angenommen, d. h. Forscher prüfen ob die ermittelten *p*-Werte unter dem 5 %-Signifikanzniveau liegen. Bootstrapping-Konfidenzintervalle liefern zusätzliche Informationen über die Stabilität der Pfadkoeffizientenschätzungen. Wir empfehlen die Anwendung des Perzentil-Ansatzes zur Ermittlung von Konfidenzintervallen. Wenn die Bootstrapping-Verteilung der Parameterschätzung eine starke Schiefe (außerhalb des Intervalls zwischen –2 und +2) aufweist, sollten Forscher auf den BCa-Ansatz zurückgreifen.
- Bestimmung der Erklärungskraft des PLS-Pfadmodells auf Basis der R^2-Werte: Das R^2 gibt an, wie viel Varianz einer endogenen latenten Variablen durch die unmittelbaren Vorgängerkonstrukte erklärt wird. Die genaue Interpretation der R^2-Werte hängt von dem spezifischen Modell und der Forschungsfrage ab. R^2-Werte von 0,9 oder höher in einem Modell, das menschliche Einstellungen, Wahrnehmungen und Absichten abbildet, deuten aller Wahrscheinlichkeit nach auf ein Overfitting hin. Die R^2-Werte können auch zur Berechnung der f^2-Effektstärken verwendet werden. f^2-Werte von 0,02, 0,15 und 0,35 zeigen einen kleinen, mittleren und großen Effekt eines exogenen Konstrukts auf ein endogenes Konstrukt an.
- Bestimmung der Prognosekraft des PLS-Pfadmodells mit dem $PLS_{predict}$-Verfahren: Das Verfahren sollte mit zehn Folds (d. h. k = 10) und zehn Wiederholungen initiiert werden. Negative $Q^2_{predict}$-Werte deuten auf eine mangelnde Prognosekraft hin. Ebenso zeigt sich eine mangelnde Prognosekraft, wenn die RMSE- (bzw. MAE)-Werte der PLS-SEM-Analyse durchweg über denen des linearen Benchmark-Modells (LM) liegen. Sind hingegen beispielsweise alle RMSE- (bzw. MAE-) Werte der PLS-SEM-Schätzung kleiner als die des LM, so liegt eine hohe Prognosekraft vor. Weiterhin kann die Bestimmung der Prognosekraft des PLS-Pfadmodells mit dem CVPAT erfolgen. Der CVPAT erlaubt eine Prüfung, ob die PLS-SEM-Analyse eine signifikant höhere Prognosekraft auf Konstruktebene aufweist, als die IA- bzw. LM-Schätzungen. Eine negative Verlustdifferenz zeigt an, dass die mit der PLS-SEM ermittelten Prognosewerte einen geringeren Prognosefehler aufweisen als die mit dem IA oder LM ermittelten Werte. Eine positive Differenz der Verlustwerte besagt hingegen, dass die Modellschätzung mit der PLS-SEM höhere Vorhersagefehler erzeugt als die Schätzungen mit Hilfe des IA oder LM.
- Modellvergleiche sind optional und sollten auf Basis des BICs durchgeführt werden. Hierbei werden die BIC-Werte der einzelnen Modelle verglichen und das Modell ausgewählt, das den niedrigsten Wert aufweist. Zudem kann die relative Wahrscheinlichkeit der Modelle durch die Berechnung von Akaike-Gewichten bestimmt werden.

Abbildung 6.8 Faustregeln zur Evaluation des Strukturmodells

Die BIC-basierten Akaike-Gewichte lehnen Modell 3 mit einer relativen Wahrscheinlichkeit von 0.29 % nun klar ab. Modell 1 wird hingegen mit einer relativen Wahrscheinlichkeit von 57,74 % klar favorisiert, gefolgt von Modell 2 mit einer Wahrscheinlichkeit von 41,92 %. Diese Ergebnisse deuten auf die Überlegenheit von Modell 1 hin.

Abbildung 6.8 fasst die Kernkriterien zur Evaluation der Ergebnisse des Strukturmodells zusammen.

Anwendungsbeispiel: Evaluation des Strukturmodells und Ergebnisauswertung

Wir fahren mit dem in Kapitel 5 eingeführten erweiterten Modell zur Unternehmensreputation fort. Sollten Sie das entsprechende Pfadmodell noch nicht in SmartPLS zur Verfügung haben, können Sie es wie in Anhang 2 beschrieben herunterladen und anschließend in SmartPLS importieren (vgl. hierzu auch Kapitel 2 und 5) oder nachträglich direkt in der SmartPLS-Software dieses PLS-SEM-Beispielmodell ins Arbeitsverzeichnis importieren (siehe Kapitel 3).

Die Evaluation des Strukturmodells basiert auf den Ergebnissen der PLS-SEM-Schätzung, sowie der Bootstrapping-, $\text{PLS}_{\text{predict}}$- und CVPAT-Verfahren. Nach dem Ausführen des PLS-SEM-Algorithmus – unter Verwendung der in den vorhergehenden Kapiteln eingeführten Einstellungen zeigt SmartPLS die Kernergebnisse der Modellschätzung auch im **Modellfenster** (Abbildung 6.9) an. Wir sehen (per Standardeinstellung) die Pfadkoeffizienten und (innerhalb der Ellipsen) die R^2-Werte der endogenen Konstrukte.

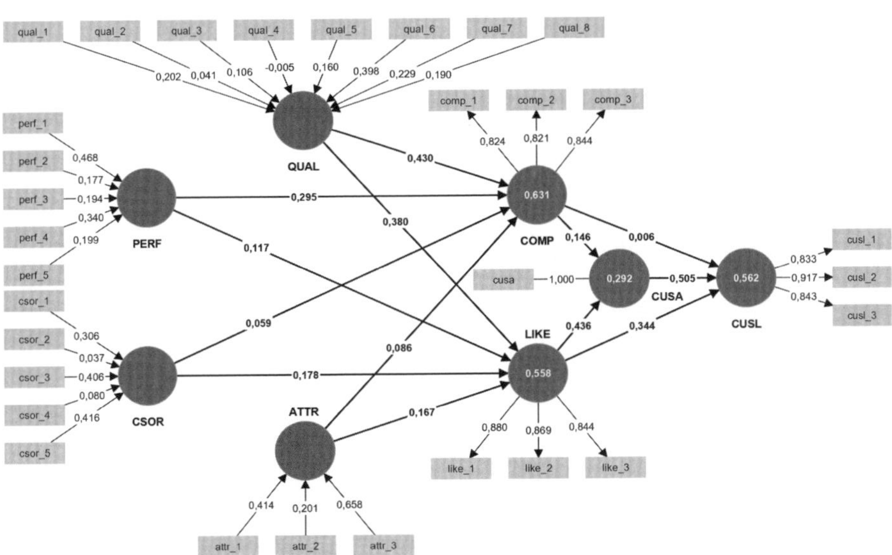

Abbildung 6.9 Ergebnisse im Modellfenster

Für eine umfangreichere Beurteilung betrachten wir den Ergebnisbericht. Entsprechend unseres systematischen Vorgehens zur Evaluation des Strukturmodells (Abbildung 6.1) prüfen wir zunächst alle Treiberkonstrukte im Strukturmodell anhand der VIF-Werte auf Kollinearität. Dazu navigieren wir auf **Qualitätskriterien → Kollinearitätsstatistik (VIF)** und klicken auf den Reiter **Inneres Modell – Matrix**. Die Ergebnistabelle (Abbildung 6.10) zeigt die VIF-Werte aller endogenen Konstrukte (in Spalten) und korrespondierenden exogenen (Treiber-)Konstrukte (in Zeilen). Wir prüfen die Kollinearität folgender Sets an (Treiber-)Konstrukten: (1) *ATTR, CSOR, PERF* und *QUAL* als Treiber von *COMP* (und *LIKE*); (2) *COMP* und *LIKE* als Treiber von *CUSA* sowie (3) *COMP, LIKE* und *CUSA* als Treiber von *CUSL*. Wie Abbildung 6.10 zeigt, liegen alle VIF-Werte klar unter dem Grenzwert von 5. Daher können wir schlussfolgern, dass kein kritisches Maß an Kollinearität zwischen den Treiberkonstrukten im Strukturmodell vorliegt. Wir können also mit der Prüfung des Ergebnisberichtes fortfahren.

Im nächsten Schritt prüfen wir die Pfadkoeffizienten im Strukturmodell. Über **Endergebnisse → Pfadkoeffizienten** und die Option **Matrix** gelangen wir zu den Pfadkoeffizienten, die als Ergebnistabelle angezeigt werden. Die Betrachtung der relativen Relevanz der exogenen Treiberkonstrukte zeigt, dass die durch den Kunden wahrgenommene Qualität der Produkte und Dienstleistungen (*QUAL*) gefolgt von der Performance (*PERF*) für die wahrgenommene Kompetenz (*COMP*) am wichtigsten sind. Im Gegensatz dazu haben die wahrgenommene Attraktivität (*ATTR*) und die Corporate Social Responsibility (*CSOR*) nur einen kleinen Einfluss auf die wahrgenommene Kompetenz. Diese beiden Treiber sind aber von größerer Wichtigkeit zur Steigerung der Sympathie *(LIKE)* für das Unternehmen. Wenn wir uns die Zielkonstrukte im Modell ansehen, stellen wir zudem fest, dass die Sympathie *(LIKE)* der primäre Treiber der Konstrukte Kundenzufriedenheit *(CUSA)* und Kundenloyalität *(CUSL)* ist, was sich durch die – im Vergleich zur Wirkung auf die Kompetenz – höheren Pfadkoeffizienten offenbart.

Ebenfalls interessant ist die Prüfung der totalen Effekte. Mit Hilfe der totalen Effekte können wir evaluieren, wie stark jedes der vier formativ spezifizierten Treiberkonstrukte (*ATTR, CSOR, PERF* und *QUAL*) das Zielkonstrukt *CUSL* über die mediierenden Konstrukte *COMP, LIKE* und *CUSA* beeinflusst. Die totalen

	ATTR	COMP	CSOR	CUSA	CUSL	LIKE	PERF	QUAL
ATTR		2,122				2,122		
COMP				1,686	1,716			
CSOR		2,083				2,083		
CUSA					1,412			
CUSL								
LIKE				1,686	1,954			
PERF		2,889				2,889		
QUAL		3,487				3,487		

Abbildung 6.10 VIF-Werte im Strukturmodell (Matrix-Darstellung)

Effekte erhalten wir über **Endergebnisse → Totale Effekte** und die Option **Matrix** im Ergebnisbericht. Die in Abbildung 6.11 gegebene Tabelle mit den totalen Effekten lesen wir spaltenweise. Jede Spalte repräsentiert ein Zielkonstrukt, wohingegen die Zeilen die vorhergehenden Konstrukte wiedergeben. Für unser Zielkonstrukt Kundenloyalität zeigt sich beispielsweise, dass von den vier exogenen Treiberkonstrukten Qualität den stärksten totalen Effekt auf die Loyalität (0,248) hat, gefolgt von der Corporate Social Responsibility (0,105), Attraktivität (0,101) und Performance (0,089). Daher ist es für Unternehmen ratsam, sich auf die Marketingaktivitäten zu konzentrieren, die sich positiv auf die durch die Kunden wahrgenommene Qualität der Produkte und Dienstleistungen auswirken. Wenn wir uns zudem die Indikatorgewichte der Konstrukte ansehen, können wir des Weiteren die spezifischen Qualitätselemente identifizieren, die besonders ins Visier genommen werden sollten. Die Analyse der Gewichte (**Endergebnisse → Äußere Gewichte, Matrix**) zeigt, dass *qual_6* das höchste Gewicht (0,398) des Konstrukts Qualität hat. Dieser Indikator bezieht sich auf die Frage „[Das Unternehmen] ist ein verlässlicher Partner für seine Kunden". Marketingmanager sollten also versuchen, die durch den Kunden wahrgenommene Verlässlichkeit der Produkte und Dienstleistungen des Unternehmens positiv zu beeinflussen.

Die Analyse der Beziehungen im Strukturmodell hat für einige Pfadkoeffizienten (z. B. *COMP → CUSL*) eher kleinere Werte gezeigt. Zur Prüfung der Signifikanz dieser Beziehungen starten wir das Bootstrapping-Verfahren. Die Ermittlung der Bootstrapping-Ergebnisse für die Schätzungen im Strukturmodell entspricht dem Vorgehen bei der Evaluation formativer Messmodelle (Kapitel 5). Um das Bootstrapping-Verfahren auszuführen, navigieren wir zunächst zurück in das SmartPLS-Menü und dann auf **Berechnen → Bootstrapping**. Wir behalten alle Einstellungen für die Behandlung fehlender Werte und den PLS-SEM-Algorithmus – wie in der ursprünglichen Modellschätzung – bei und wählen die in Abbildung 6.12 dargestellten Ausgangsoptionen mit **10.000 Teilstichproben.** Im Anschluss daran klicken wir auf **Berechnung starten**.

Nach dem Ausführen des Verfahrens zeigt SmartPLS die Ergebnisse des Bootstrapping für die Messmodelle und das Strukturmodell im **Modellfenster** an. Im oberen Bereich des Bildschirms können wir auswählen, ob SmartPLS neben den Pfadkoeffizienten die *t*-Werte oder die *p*-Werte im Modellfenster

	ATTR	COMP	CSOR	CUSA	CUSL	LIKE	PERF	QUAL
ATTR		0,086		0,085	0,101	0,167		
COMP				0,146	0,079			
CSOR		0,059		0,086	0,105	0,178		
CUSA					0,505			
CUSL								
LIKE				0,436	0,564			
PERF		0,295		0,094	0,089	0,117		
QUAL		0,430		0,228	0,248	0,380		

Abbildung 6.11 Totale Effekte (Matrix-Darstellung)

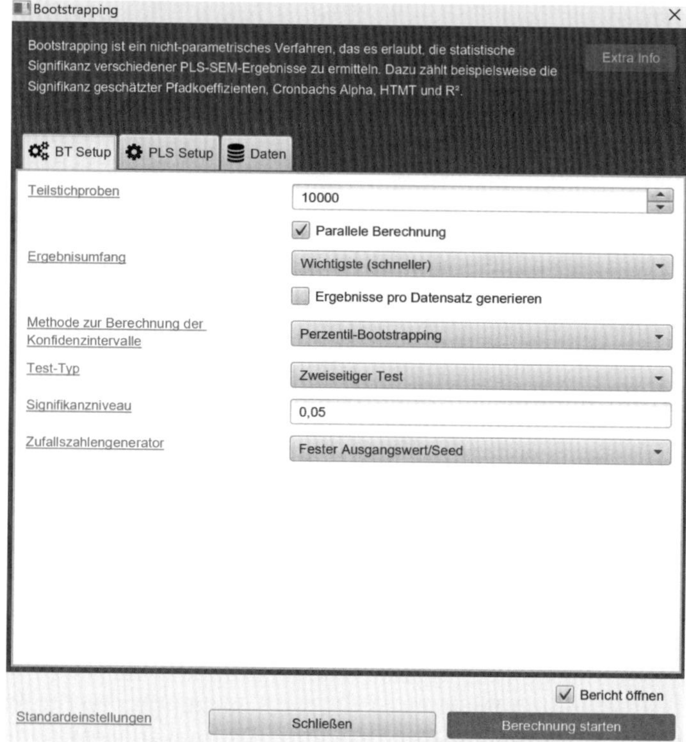

Abbildung 6.12 Bootstrapping-Einstellungen

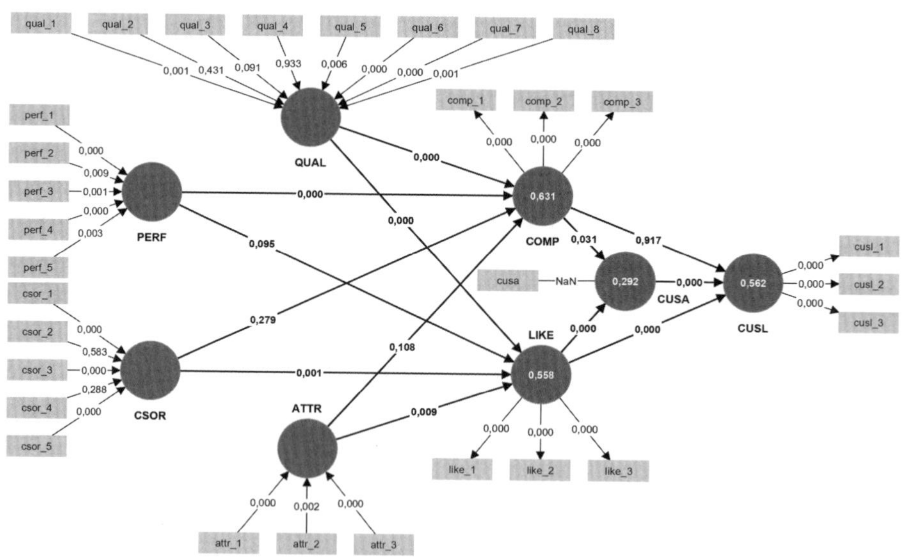

Abbildung 6.13 Bootstrapping-Ergebnisse im Modellfenster (Darstellung der *p*-Werte)

darstellen soll. Abbildung 6.13 präsentiert die über das Bootstrapping-Verfahren gewonnenen Pfadkoeffizienten und *p*-Werte für die Beziehungen im Strukturmodell. Die gezeigten Ergebnisse entsprechen Ihren Ergebnissen, sofern Sie unter **Zufallsgenerator** die Option **Fester Ausgangswert/Seed** gewählt haben. Ist dies nicht der Fall, so sorgt das dem Bootstrapping-Verfahren zu Grunde liegende Zufallsprinzip dafür, dass die Ergebnisse bei jeder Initiierung leicht abweichen.

Bei Annahme eines Signifikanzniveaus von 5% sind alle Beziehungen im Strukturmodell signifikant außer *PERF* → *LIKE* (p = 0,095), *ATTR* → *COMP* (p = 0,108), *CSOR* → *COMP* (p = 0,279) und *COMP* → *CUSL* (p = 0,917). Diese Ergebnisse weisen darauf hin, dass Unternehmen ihre Marketingaktivitäten eher auf die Steigerung ihrer Sympathie (durch Stärkung der Qualitätswahrnehmung beim Kunden) als auf die Steigerung der wahrgenommenen Kompetenz konzentrieren sollten, um die Loyalität ihrer Kunden zu maximieren. Das überrascht nicht, da die Kunden in dieser Befragung mobile Netzwerkbetreiber beurteilt haben. Bei diesem Serviceanagebot (der Bereitstellung von Netzwerkdienstleistungen) spielen affektive Beurteilungen für die Schaffung von Kundenloyalität eine deutlich größere Rolle als die kognitiven Wahrnehmungen. Darüber hinaus zeigen die Ergebnisse, dass *ATTR* und *CSOR* nur *LIKE* und nicht *COMP* beeinflussen, was ebenso nicht überrascht, da diese beiden Treiberkonstrukte eher affektiver Natur sind.

Durch Navigation in den Bootstrapping-Ergebnisbericht auf der linken Seite erhalten wir einen detaillierteren Einblick in die Ergebnisse. Die Tabellen unter **Endergebnisse** → **Pfadkoeffizienten** liefern einen Überblick über die Ergebnisse inklusive der Bootstrapping-Mittelwerte, Standardfehler, *t*-Werte und *p*-Werte (siehe Abbildung 6.14; Ihre Ergebnisse werden aufgrund des Zufallsprozesses im Bootstrapping erneut anders aussehen). Ein Klick auf den Reiter **Konfidenzintervalle** im Bootstrapping-Ergebnisbericht zeigt die mit Hilfe des

	Originaldatensatz (O)	Stichprobenmittelwert (M)	Bias	2.5%	97.5%
ATTR -> COMP	0,086	0,086	-0,000	-0,016	0,195
ATTR -> LIKE	0,167	0,162	-0,005	0,044	0,292
COMP -> CUSA	0,146	0,144	-0,001	0,012	0,279
COMP -> CUSL	0,006	0,006	-0,000	-0,100	0,114
CSOR -> COMP	0,059	0,063	0,004	-0,048	0,164
CSOR -> LIKE	0,178	0,179	0,000	0,067	0,284
CUSA -> CUSL	0,505	0,505	-0,000	0,420	0,584
LIKE -> CUSA	0,436	0,437	0,001	0,316	0,545
LIKE -> CUSL	0,344	0,345	0,001	0,236	0,451
PERF -> COMP	0,295	0,298	0,002	0,162	0,418
PERF -> LIKE	0,117	0,121	0,004	-0,022	0,252
QUAL -> COMP	0,430	0,430	0,000	0,299	0,558
QUAL -> LIKE	0,380	0,387	0,007	0,246	0,500

Abbildung 6.14 Bootstrapping-Ergebnisse für die Beziehungen im Strukturmodell (Perzentilverfahren mit Bias-Korrektur)

Perzentil-Ansatzes ermittelten Bootstrapping-Konfidenzintervalle. Zudem können wir die Bias-korrigierten Bootstrapping-Konfidenzintervalle über den gleichnamigen Reiter aufrufen, die in Abbildung 6.14 dargestellt sind.

Abbildung 6.15 liefert eine Zusammenfassung der geschätzten Pfadkoeffizienten, *t*-Werte, *p*-Werte und Konfidenzintervalle. Üblicherweise werden entweder die *t*-Werte (und ihre Signifikanzniveaus) oder die *p*-Werte oder die Konfidenzintervalle berichtet. Alle Kriterien kommen zu demselben Ergebnis bezüglich der Signifikanz der Pfadkoeffizienten, wobei wir die Anwendung von Bootstrapping-Konfidenzintervallen für die Prüfung der Signifikanz empfehlen (siehe Kapitel 5 für weitere Details). Abbildung 6.15 zeigt aber illustrativ alle Ergebnisse.

Zur Prüfung der Bootstrapping-Ergebnisse der totalen Effekte navigieren wir auf **Endergebnisse → Totale Effekte.** Abbildung 6.16 fasst die Ergebnisse für die totalen Effekte der exogenen Konstrukte *ATTR, CSOR, PERF* und *QUAL* auf die Zielkonstrukte *CUSA* und *CUSL* aus der **Mittelwert, STABW, T-Werte, P-Werte** Tabelle des Bootstrapping-Ergebnisberichtes zusammen. Wie wir sehen, sind diverse totalen Effekte auf einem 5 % Niveau signifikant.

	Pfad-koeffi-zienten	t-Werte	p-Werte	95 % Bias-korrigierte Konfidenz-intervalle (Perzentilverfahren)	Signifikanz[a] ($p < 0,05$)?
ATTR → COMP	0,086	1,608	0,108	[–0,016; 0,195]	Nein
ATTR → LIKE	0,167	2,621	0,009	[0,044; 0,292]	Ja
COMP → CUSA	0,146	2,153	0,031	[0,012; 0,279]	Ja
COMP → CUSL	0,006	0,104	0,917	[–0,100; 0,114]	Nein
CSOR → COMP	0,059	1,082	0,279	[–0,048; 0,164]	Nein
CSOR → LIKE	0,178	3,213	0,001	[0,067; 0,284]	Ja
CUSA → CUSL	0,505	11,897	0,000	[0,420; 0,584]	Ja
LIKE → CUSA	0,436	7,402	0,000	[0,316; 0,545]	Ja
LIKE → CUSL	0,344	6,227	0,000	[0,236; 0,451]	Ja
PERF → COMP	0,295	4,511	0,000	[0,162; 0,418]	Ja
PERF → LIKE	0,117	1,671	0,095	[–0,022; 0,252]	Nein
QUAL → COMP	0,430	6,449	0,000	[0,299; 0,558]	Ja
QUAL → LIKE	0,380	5,830	0,000	[0,246; 0,500]	Ja

Abbildung 6.15 Prüfung der Signifikanz der Pfadkoeffizienten im Strukturmodell

[a]Wir beziehen uns (wie in Kapitel 5 beschrieben) auf die Bootstrapping-Konfidenzintervalle zur Prüfung der Signifikanz.

Wir prüfen als nächstes die R^2-Werte der endogenen latenten Variablen. Diese sind im Ergebnisbereit des PLS-Algorithmus zu finden und zwar unter **Qualitätskriterien → R Quadrat**. Unserer Faustregel entsprechend können wir die R^2-Werte für *COMP* (0,631), *CUSL* (0,562) und *LIKE* (0,558) als moderat und den R^2 -Wert von *CUSA* (0,292) als eher schwach einstufen.

Zur Ermittlung der f^2-Effektstärken für die Beziehungen im Strukturmodell navigieren wir auf **Qualitätskriterien → f Quadrat** in die **Matrix-Darstellung**.

	Totale Effekte	*t-Werte*	*p-Werte*	*95 % Bias-korrigierte Konfidenzintervalle (Perzentilverfahren)*	*Signifikanz[a] (p < 0,05)?*
ATTR → COMP	0,086	1,608	0,108	[–0,016; 0,195]	Nein
ATTR → CUSA	0,085	2,786	0,005	[0,029; 0,149]	Ja
ATTR → CUSL	0,101	2,704	0,007	[0,030; 0,176]	Ja
ATTR → LIKE	0,167	2,621	0,009	[0,044; 0,292]	Ja
COMP → CUSA	0,146	2,153	0,031	[0,012; 0,279]	Ja
COMP → CUSL	0,079	1,175	0,240	[–0,054; 0,211]	Nein
CSOR → COMP	0,059	1,082	0,279	[–0,048; 0,164]	Nein
CSOR → CUSA	0,086	3,159	0,002	[0,035; 0,143]	Ja
CSOR → CUSL	0,105	3,130	0,002	[0,042; 0,175]	Ja
CSOR → LIKE	0,178	3,213	0,001	[0,067; 0,284]	Ja
CUSA → CUSL	0,505	11,897	0,000	[0,420; 0,584]	Ja
LIKE → CUSA	0,436	7,402	0,000	[0,316; 0,545]	Ja
LIKE → CUSL	0,564	9,384	0,000	[0,446; 0,678]	Ja
PERF → COMP	0,295	4,511	0,000	[0,162; 0,418]	Ja
PERF → CUSA	0,094	2,440	0,015	[0,016; 0,168]	Ja
PERF → CUSL	0,089	2,015	0,044	[–0,001; 0,174]	Nein
PERF → LIKE	0,117	1,671	0,095	[–0,022; 0,252]	Nein
QUAL → COMP	0,430	6,449	0,000	[0,299; 0,558]	Ja
QUAL → CUSA	0,228	6,150	0,000	[0,155; 0,301]	Ja
QUAL → CUSL	0,248	5,764	0,000	[0,160; 0,331]	Ja
QUAL → LIKE	0,380	5,830	0,000	[0,246; 0,500]	Ja

Abbildung 6.16 Prüfung der Signifikanz der totalen Effekte
[a]Wir beziehen uns (wie in Kapitel 5 beschrieben) auf die Bootstrapping-Konfidenzintervalle zur Prüfung der Signifikanz.

Abbildung 6.17 zeigt die f^2-Werte aller endogenen Konstrukte (in Spalten) und korrespondierenden exogenen (Treiber-)Konstrukte (in Zeilen). *LIKE* hat beispielsweise jeweils eine mittlere Effektstärke von 0,159 auf *CUSA* und von 0,138 auf *CUSL*. Im Gegensatz dazu hat *COMP* keinen Effekt auf *CUSA* (0,018) oder *CUSL* (0,000). Wir weisen darauf hin, dass eine manuelle Berechnung der f^2-Werte anhand der Werte für $R^2_{eingeschlossen}$ und $R^2_{ausgeschlossen}$ über die zuvor gegebene Gleichung zu anderen Ergebnissen führt. Dieser Unterschied resultiert daraus, dass SmartPLS die Konstruktwerte des Modells verwendet, welches alle latenten Variablen beinhaltet und dann intern die latenten Variablen ausschließt, um das jeweilige $R^2_{ausgeschlossen}$ zu ermitteln. Bei einer manuellen Berechnung der f^2-Werte wird im Gegensatz dazu das Modell mit und ohne die latente Variable geschätzt, wodurch sich das Modell und damit die Konstruktwerte ändern. Damit resultiert die Differenz der manuell berechneten f^2-Werte aus der Veränderung in den Konstruktwerten aufgrund der Veränderung des Modells. Allerdings ist diese Vorgehensweise streng genommen nicht korrekt.

Im nächsten Schritt prüfen wir den Modellfit. Der Ergebnisbericht gibt unter **Modellanpassung** den SRMR-Wert des geschätzten Modells aus. In unserem Beispiel liegt dieser SRMR-Wert bei 0,057. Dieses Ergebnis liegt unter der für größere Stichproben empfohlenen Grenze von 0,08 und deutet auf eine

	ATTR	COMP	CSOR	CUSA	CUSL	LIKE	PERF	QUAL
ATTR		0,009				0,030		
COMP				0,018	0,000			
CSOR		0,005				0,035		
CUSA					0,412			
CUSL								
LIKE				0,159	0,138			
PERF		0,082				0,011		
QUAL		0,143				0,094		

Abbildung 6.17 f^2-Effektstärken

	Q²predict	PLS-SEM_RMSE	PLS-SEM_MAE	LM_RMSE	LM_MAE
comp_1	0,473	1,043	0,798	1,070	0,815
comp_2	0,364	1,099	0,881	1,110	0,872
comp_3	0,398	1,135	0,898	1,133	0,869
cusa	0,245	1,022	0,791	1,019	0,796
cusl_1	0,259	1,300	0,989	1,310	0,964
cusl_2	0,233	1,523	1,174	1,542	1,170
cusl_3	0,141	1,531	1,155	1,569	1,178
like_1	0,472	1,128	0,857	1,154	0,881
like_2	0,360	1,483	1,149	1,546	1,186
like_3	0,351	1,510	1,170	1,587	1,240

Abbildung 6.18 $PLS_{predict}$-Ergebnisse

geringe Diskrepanz der modellimplizierten Kovarianz- bzw. Korrelationsmatrix und der Kovarianz- bzw. Korrelationsmatrix der verwendeten Stichprobe für die Indikatoren hin. In derselben Tabelle im Ergebnisbericht ist zudem der der NFI für das geschätzte Modell abgetragen.

Im letzten Schritt überprüfen wir die Prognosekraft des Modells. Dafür führen wir im SmartPLS Menü das $PLS_{predict}$-Verfahren aus, indem wir unter **Berechnen** die Option **PLSpredict/CVPAT** auswählen. Wir belassen die vorgegebenen Startwerte (d. h. die Anzahl der Teilmengen = 10 und die Anzahl der Wiederholungen = 10) und klicken auf **Berechnung starten**. Abbildung 6.18 zeigt die $PLS_{predict}$-Ergebnisse, die wir im Ergebnisbericht unter **Endergebnisse → MV Prognoseübersicht** in der Übersicht finden. Für das Zielkonstrukt *CUSL* mit seinen Indikatoren *cusl_1*, *cusl_2* und *cusl_3* hat $Q^2_{predict}$ in allen drei Fällen einen Wert größer Null. Damit hat PLS-SEM eine bessere Prognosekraft als die Prognose über die Mittelwerte der Indikatoren. Weiterhin vergleichen wir die Prognosekraft des PLS-SEM mit der des linearen Modells (LM) und erhalten ein zweigeteiltes Ergebnis. Für den RMSE-Wert hat PLS-SEM bei allen drei *CUSL*-Indikatoren einen niedrigeren Wert und damit eine bessere Prognosekraft als das LM. Dagegen ist dies bei einem Vergleich der MAE-Werte nur bei einem Indikator, *cusl_3*, der Fall. Demzufolge hat das PLS-Pfadmodell unter Verwendung des MAE-Kriteriums eine schwache und für das RMSE-Kriterium eine hohe Prognosequalität für das Zielkonstrukt *CUSL*. Daher lässt sich insgesamt auf eine zufriedenstellende Prognosequalität schließen.

	Durchschnittliche Verlustdifferenz	T-Wert	P-Wert
COMP	-0,840	8,624	0,000
CUSA	-0,338	4,894	0,000
CUSL	-0,561	5,477	0,000
LIKE	-1,202	8,186	0,000
Insgesamt	-0,815	9,139	0,000

Abbildung 6.19 CVPAT-Ergebnisse: PLS-SEM vs. Indikator Durchschnitt (IA)

	Durchschnittliche Verlustdifferenz	T-Wert	P-Wert
COMP	-0,026	0,895	0,371
CUSA	0,006	0,136	0,892
CUSL	-0,068	1,149	0,251
LIKE	-0,162	3,847	0,000
Insgesamt	-0,076	2,877	0,004

Abbildung 6.20 CVPAT-Ergebnisse: PLS-SEM vs. Lineares Modell (LM)

Zusätzlich analysieren wir die CVPAT-Ergebnisse. Über die Option **CVPAT** gelangen wir zu den Ergebnisansichten, die in Abbildung 6.19 und Abbildung 6.20 dargestellt sind. In Abbildung 6.19 sehen wir den Vergleich der Ergebnisse für **PLS-SEM vs. Indikator Durchschnitt (IA)**. Die negativen Werte zeigen, dass PLS-SEM in allen Fällen einen niedrigeren durchschnittlichen Verlust hat als die Indikatordurchschnittswerte und damit ein besseres Prognoseergebnis erzielt. Das PLS-SEM-Ergebnis ist sogar signifikant besser (siehe die Spalten **T-Wert** und **P-Wert**). Im Fall des in Abbildung 6.20 dargestellten Vergleichs mit dem linearen Modell hat PLS-SEM insgesamt ein signifikant besseres Ergebnis und damit eine hohe Prognosekraft. Fokussieren wir uns jedoch auf das Zielkonstrukt *CUSL* so stellen wir fest, dass die durchschnittliche Verlustdifferenz zwar negativ ist, aber nicht signifikant besser als das LM. Insgesamt können wir dem PLS-Pfadmodell eine mittlere Prognosequalität für das Zielkonstrukt *CUSL* nachweisen (nach $PLS_{predict}$ ergibt sich eine schwache bis hohe Prognosequalität je nach angewendeter Metrik; nach CVPAT ein signifikant besseres Ergebnis im Vergleich zu den Indikatordurchschnitten aber ein nicht signifikant besseres Ergebnis im Vergleich zum LM).

Zusammenfassung

- **Die Leser können das Konzept des Modellfits in einem PLS-SEM-Kontext beschreiben.** Das Konzept des Modellfits aus dem CB-SEM-Kontext ist nicht vollständig auf die PLS-SEM übertragbar, da die PLS-SEM bei der Schätzung der Modellparameter eine Lösung auf Basis eines anderen statistischen Zieles sucht (Maximierung der erklärten Varianz anstelle der Minimierung der Differenzen zwischen den Kovarianzmatrizen). Stattdessen wird das Strukturmodell primär auf Basis heuristischer Gütekriterien evaluiert, die eine Aussage über die Prognosefähigkeit ermöglichen. Dennoch hat die Forschung einige PLS-SEM-basierte Gütemaße für das Gesamtmodell vorgeschlagen wie den SRMR-Index, den RMS_{theta}-Index und den Exact-Fit-Test. Wenngleich diese Maße in der Lage sind, Modellfehlspezifikationen in verschieden Forschungsdesigns aufzudecken, befinden sie sich dessen ungeachtet in einer eher frühen Entwicklungsphase und wir raten beim Einsatz von Modellfit-Maßen in der PLS-SEM zur Vorsicht.
- **Die Leser können die Evaluation der Pfadkoeffizienten im Strukturmodell erläutern.** Die Evaluation der PLS-SEM-Ergebnisse des Strukturmodells sieht – nachdem sichergestellt wurde, dass kein kritisches Maß an Kollinearität vorliegt – die Prüfung der Signifikanz und Relevanz der Pfadkoeffizienten vor. Die Prüfung der Signifikanz erfordert die Anwendung des Bootstrapping-Verfahrens und die Analyse der *t*-Werte, *p*-Werte oder Bootstrapping-Konfidenzintervalle. Anschließend wird die relative Größe der Pfadkoeffizienten verglichen, genauso wie die totalen Effekte, und die die f^2-Effektstärken. Eine Interpretation dieser Ergebnisse ermöglicht die Identifikation der Konstrukte mit der höchsten Relevanz zur Erklärung der endogenen latenten Variablen im Strukturmodell.

- **Die Leser können die Evaluation der Bestimmtheitsmaße (R^2-Werte) zur Bestimmung der Erklärungskraft des Pfadmodells erläutern.** Die R^2-Werte (d. h. die Bestimmtheitsmaße) repräsentieren den Anteil erklärter Varianz der endogenen Konstrukte im Strukturmodell. Ein sinnvoll aufgebautes Pfadmodell zur Erklärung bestimmter Zielkonstrukte (wie Kundenzufriedenheit, Kundenloyalität oder Technologieakzeptanz) sollte ausreichend hohe R^2-Werte liefern. Die genaue Interpretation der R^2-Werte hängt allerdings von der Modellkomplexität und der Forschungsfrage ab. R^2-Werte von 0,9 oder höher in einem Modell, das menschliche Einstellungen, Wahrnehmungen und Absichten abbildet, sind eher unwahrscheinlich und deuten eher auf ein Overfitting hin.
- **Die Leser sind in der Lage, die Prognosekraft eines Pfadmodells auf Basis des $PLS_{predict}$-Verfahrens und des Cross-validated Predictive Ability Tests (CVPAT) zu bestimmen.** Die Prüfung der Prognosekraft ist mit Blick auf die Prognoseorientierung des PLS-SEM-Algorithmus ein zentrales Anliegen einer jeden Strukturmodellevaluation. Das $PLS_{predict}$-Verfahren wendet eine Kreuzvalidierung an, bei der der Datensatz in *k* (annähernd) gleich große Teilmengen aufgeteilt wird, die dann abwechselnd als Trainings- bzw. Validierungsstichproben eingesetzt werden. Auf diese Weise ermittelte Prognosefehler in Form von RMSE- oder MAE-Werten werden dann mit einem linearen Regressionsmodell (LM) verglichen. Generiert beispielsweise die PLS-SEM-Analyse durchweg niedrigere RMSE-Werte als das LM, kann von einer hohen Prognosekraft des Modells bezüglich des Zielkonstrukts gesprochen werden. Der CVPAT ermöglicht zudem eine Prüfung ob die PLS-SEM-Analyse eine signifikant höhere Prognosekraft auf Konstruktebene aufweist als die der IA- bzw. LM-Schätzungen. Eine negative Differenz der Verlustwerte zeigt an, dass die Modellschätzung mit PLS-SEM niedrigere Vorhersagefehler erzeugt als die IA- bzw. LM-Schätzungen und damit, dass die mit der PLS-SEM ermittelten Prognosewerte genauer sind als die über den Indikatordurchschnitt oder das LM ermittelten Werte.
- **Die Leser sind mit Hilfe von SmartPLS in der Lage, die Gütebeurteilung des Strukturmodells durchzuführen, die Ergebnisse des Strukturmodells angemessen darzustellen und zu interpretieren.** SmartPLS stellt alle für die Evaluation des Strukturmodells relevanten Ergebnisse zur Verfügung. Die in diesem Kapitel gegebenen Tabellen und Abbildungen für unser Beispiel zur Unternehmensreputation demonstrieren, wie die Ergebnisse richtig interpretiert und dargestellt werden können. Das Beispiel fasst damit erneut nicht nur die eingeführten Konzepte zusammen, sondern liefert auch weitere Erkenntnisse für die praktische Anwendung der PLS-SEM.

Wiederholungsfragen

1. Welches sind die Kernkriterien zur Evaluation der Ergebnisse des Strukturmodells?
2. Warum prüfen wir die Signifikanz der Pfadkoeffizienten?
3. Was ist ein angemessener R^2-Wert?

4. Was ist die *k*-fache Kreuzvalidierung? Welcher Wert sollte für *k* gewählt werden?
5. Welche Metriken sollten zur Durchführung von Modellvergleichen benutzt werden?

Weiterführende Fragen

1. Welchen Herausforderungen müssen wir uns bei der Evaluation der Ergebnisse des Strukturmodells in der PLS-SEM stellen? Wie gehen Sie diese Aufgabe an?
2. Warum ist die Anwendung des GoF-Index für die PLS-SEM nicht ratsam? Welche anderen Maße zur Prüfung des Modellfits wurden vorgeschlagen?
3. Warum wird das Bootstrapping für die Prüfung der Signifikanz angewendet? Erklären Sie die Optionen und Parameter, die Sie für die Ausführung des Algorithmus auswählen sollten.
4. Worin unterscheiden sich das $PLS_{predict}$-Verfahren und CVPAT? Wie gehen Sie vor, wenn $PLS_{predict}$ und CVPAT unterschiedliche Ergebnisse produzieren?
5. Unter welchen Bedingungen sind Modellvergleiche sinnvoll? Welchen Vorteil hat die Verwendung von Akaike-Gewichten?

Empfohlene Literatur

Chin, W. W., Cheah, J-H., Liu, Y., Ting, H., Lim, X.-J., Cham, T. H., 2020: Demystifying the role of causal-predictive modeling using partial least squares structural equation modeling in information systems research, Industrial Management & Data Systems, 120, 2161–2209.

Gefen, D., Rigdon, E. E., Straub, D. W., 2011: Editor's comment: An update and extension to SEM guidelines for administrative and social science research, MIS Quarterly, 35, iii–xiv.

Guenther, P., Guenther, M., Ringle, C. M., Zaefarian, G., Cartwright, S., 2023: Improving PLS-SEM use for business marketing research, Industrial Marketing Management, 111, 127–142.

Hair, J. F., 2021: Next generation prediction metrics for composite-based PLS-SEM, Industrial Management & Data Systems, 121, 5–11.

Hair, J. F., Binz Astrachan, C., Moisescu, O. I., Radomir, L, Sarstedt, M., Vaithilingam, S., Ringle, C. M. 2021: Executing and interpreting applications of PLS-SEM: Updates for family business researchers, Journal of Family Business Strategy, 12, 100392.

Hair, J. F., Howard, M. C., Nitzl, C. 2020: Assessing measurement model quality in PLS-SEM using confirmatory composite analysis, Journal of Business Research, 109, 101–110.

Hair, J. F., Risher, J. J., Sarstedt, M., Ringle, C. M. 2019: When to use and how to report the results of PLS-SEM, European Business Review, 31, 2–24.

Hair, J. F., Sarstedt, M., Ringle, C. M., 2019: Rethinking some of the rethinking of partial least squares, European Journal of Marketing, 53, 566–584.

Liengaard, B., Sharma, P. N., Hult, G. T. M., Jensen, M. B., Sarstedt, M., Hair, J. F., Ringle, C. M. 2021, Prediction: Coveted, yet forsaken? Introducing a cross-validated predictive ability test in partial least squares path modeling, Decision Sciences, 52, 362–392.

Manley, S. C., Hair, J. F., Williams, R. I., McDowell, W. C. 2021: Essential new PLS-SEM analysis methods for your entrepreneurship analytical toolbox, International Entrepreneurship and Management Journal, 17, 1805–1825.

Sabol, M., Hair, J. F., Cepeda-Carrion, G. A., Roldán, J. L., Chong, A. 2023: PLS-SEM in information systems: Seizing the opportunity and marching ahead full speed to adopt methodological updates, Industrial Management & Data Systems, 132, 2997–3017.

Sarstedt, M., Hair, J. F., Ringle, C. M. 2023: „PLS-SEM: Indeed a silver bullet" – A retrospective and recent advances, Journal of Marketing Theory & Practice, 31, 261–275.

Sarstedt, M., Ringle, C. M., Cheah, J.-H., Ting, H., Moisescu, O. I., Radomir, L., 2020: Structural model robustness checks in PLS-SEM, Tourism Economics, 26, 531–554.

Sharma, P. N., Shmueli, G., Sarstedt, M., Danks, N., Ray, S., 2021: Prediction-oriented model selection in partial least squares path modeling, Decision Sciences, 52, 567–607.

Sharma, P. N., Sarstedt, M., Shmueli, G., Kim, K. H., Thiele, K. O., 2019: PLS-based model selection: The role of alternative explanations in Information Systems research, Journal of the Association for Information Systems, 40, 346–397.

Shmueli, G., 2010: To explain or to predict? Statistical Science, 25, 289–310.

Shmueli, G., Ray, S., Velasquez Estrada, J. M., Chatla, S. B. 2016: The elephant in the room: evaluating the predictive performance of PLS models, Journal of Business Research, 69, 4552–4564.

Shmueli, G., Sarstedt, M., Hair, J. F., Cheah, J.-H., Ting, H., Ringle, C. M., 2019: Predictive model assessment in PLS-SEM: Guidelines for using PLSpredict, European Journal of Marketing, 53, 2322–2347.

Tenenhaus, M., Esposito Vinzi, V., Chatelin, Y. M., Lauro, C., 2005: PLS path modeling, Computational Statistics & Data Analysis, 48, 159–205.

Weiber, R., Sarstedt, M., 2021: Strukturgleichungsmodellierung: Eine anwendungsorientierte Einführung in die Kausalanalyse mit Hilfe von AMOS, SmartPLS und SPSS (3. Aufl.), Heidelberg: Springer.

Kapitel 7
Mediator- und Moderatoranalysen

Lernziele

1. Die Leser können die Grundlagen der Mediation im Rahmen der PLS-SEM diskutieren.
2. Die Leser sind mit Hilfe von SmartPLS in der Lage, eine Mediatoranalyse durchzuführen.
3. Die Leser können die Grundlagen der Moderation im Rahmen der PLS-SEM diskutieren.
4. Die Leser sind mit Hilfe von SmartPLS in der Lage, eine Moderatoranalyse durchzuführen.
5. Die Leser können die Prinzipien einer moderierten Mediation erklären.

Kapitelüberblick

Ursache-Wirkungs-Beziehungen in PLS-Pfadmodellen implizieren, dass endogene Konstrukte direkt und ohne systematischen Einfluss von anderen Variablen durch exogene Konstrukte beeinflusst werden. Vielfach trifft diese Annahme allerdings nicht zu und die Integration einer weiteren Variablen verändert unter Umständen unser Verständnis der Modellbeziehungen. Die zwei bekanntesten Beispiele derartiger Erweiterungen stellen die Mediation und die Moderation dar.

Eine **Mediation** liegt vor, wenn eine **Mediatorkonstukt** zwischen zwei andere zusammenhängende Konstrukte tritt. In einer derartigen Konstellation führt eine Veränderung des exogenen Konstrukts zu einer Veränderung des Mediatorkonstrukts, was wiederum zu einer Veränderung des endogenen Konstrukts im Modell führt. Die Analyse der Stärke der Beziehung zwischen dem Mediatorkonstrukt und den anderen Konstrukten ermöglicht es, die Ursache-Wirkungs-Beziehung zwischen einem exogenen und einem endogenen Konstrukt genauer zu beleuchten. Im einfachsten Fall wird nur ein Mediatorkonstrukt in der Analyse berücksichtigt. Es können allerdings auch mehrere Mediatorkonstrukte gleichzeitig in ein PLS-Pfadmodell integriert werden.

Eine **Moderation** liegt vor, wenn die Stärke oder sogar die Richtung der Beziehung zwischen zwei Konstrukten von einem dritten Konstrukt (dem Moderator) abhängt. Mit anderen Worten verändert sich die Art der Beziehung zwischen zwei Konstrukten in Abhängigkeit von den Werten des Moderators. Beispielsweise kann die Beziehung zwischen Kundenzufriedenheit und Kundenloyalität nicht für alle Kunden gleich sein, sondern von Variablen wie dem Einkommen oder dem Alter abhängen. So kann etwa die Stärke der Beziehung zwischen Kundenzufriedenheit und Kundenloyalität bei älteren Kunden stärker ausgeprägt sein als bei jüngeren Kunden. In diesem Fall kann (und sollte) die Moderation als eine Möglichkeit dienen, die **Heterogenität** in den Daten zu erfassen.

Mediation und Moderation sind sich insofern ähnlich, als dass sie Situationen beschreiben, in denen die Beziehung zwischen zwei Konstrukten von einem dritten Konstrukt abhängt. Bezüglich ihrer theoretischen Fundierung, Modellierung und Interpretation gibt es allerdings weitreichende Unterschiede. In diesem Kapitel erklären wir die Mediation und die Moderation. Zudem veranschaulichen wir ihre Umsetzung anhand des PLS-Pfadmodells zur Unternehmensreputation.

Mediation

Einführung

Eine Mediation liegt vor, wenn eine Mediatorvariable zwischen zwei andere zusammenhängende Konstrukte tritt. Dies wird auch als Intervention bezeichnet. Eine Änderung des exogenen Konstrukts führt dabei zu einer Änderung der Mediatorvariablen, was wiederum zu einer Änderung des endogenen Konstrukts im PLS-Pfadmodell führt. Die Mediatorvariable bestimmt damit die Art der Beziehung zwischen den Konstrukten. Zur Erforschung aussagekräftiger **Mediatoreffekte** bedarf es einer fundierten, a priori aufgestellten theoretischen/konzeptionellen Untermauerung. Liegt diese vor, kann die Mediatoranalyse bei richtiger Anwendung neue Erkenntnisse hinsichtlich der Modellbeziehungen liefern.

Betrachten wir Abbildung 7.1 zur Veranschaulichung von mediierenden Effekten auf Grundlage von direkten und indirekten Effekten. **Direkte Effekte** verbinden zwei Konstrukte mit einem einzigen Pfeil. Indirekte Effekte beinhalten Sequenzen von Beziehungen mit mindestens einem intervenierenden Konstrukt. Ein **indirekter Effekt** ist somit eine Sequenz von zwei oder mehreren direkten Effekten und ist visuell durch mehrere Pfeile repräsentiert. Abbildung 7.1 zeigt sowohl einen direkten Effekt p_3 zwischen Y_1 und Y_3 als auch einen indirekten Effekt von Y_1 auf Y_3 in Form einer Sequenz von $Y_1 \rightarrow Y_2 \rightarrow Y_3$. Der indirekte Effekt von $p_1 \cdot p_2$ repräsentiert den Mediatoreffekt des Konstrukts Y_2 auf die Beziehung zwischen Y_1 und Y_3.

Zum besseren Verständnis der konzeptionellen Grundlagen der Mediation betrachten wir beispielhaft die Beziehung zwischen der Meerwassertemperatur und der Anzahl Rettungseinsätze (d. h. die Anzahl der zu rettenden Schwimmer). Wir nehmen Folgendes an (H_1): Je höher die Wassertemperatur (Y_1), desto geringer die Anzahl an Rettungseinsätzen (Y_3). Dies begründen wir damit, dass die Körpertemperatur in kaltem Wasser viel schneller sinkt und Schwimmer daher schneller erschöpft sind. Daher ist es wahrscheinlicher, dass Schwimmer beim Hinausschwimmen ihre Fähigkeit, sicher zurückzuschwimmen, überschätzen. In Übereinstimmung mit H_1 erwarten wir also, dass das Schwimmen in wärmerem Wasser weniger gefährlich ist. Die Logik dieser einfachen Ursache-Wirkungs-Beziehung ist in Abbildung 7.2 dargestellt.

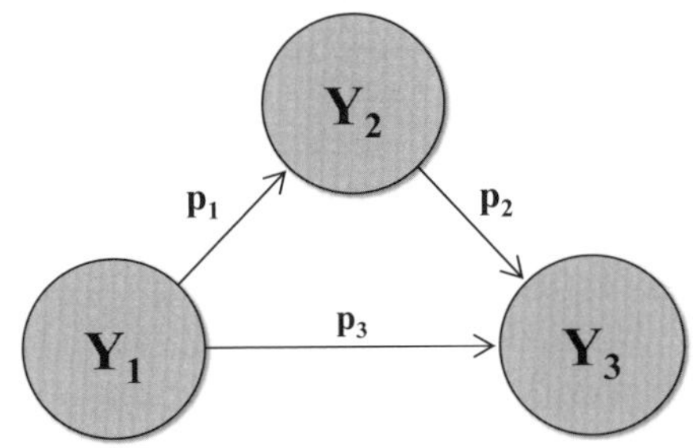

Abbildung 7.1 Generelles Mediatormodell

Abbildung 7.2 Einfache Ursache-Wirkungs-Beziehung

Viele Küstenstädte und Lebensrettungsorganisationen verfügen über Längsschnittdaten zur täglichen Wassertemperatur und der Anzahl Rettungseinsätze. Werden diese Daten zur Schätzung der angenommenen Beziehung verwendet (d. h. der Beziehung zwischen der Wassertemperatur und der Anzahl an Rettungseinsätzen), zeigt sich meist ein signifikant positiver Zusammenhang. Höhere Wassertemperaturen führen also in der Regel zu mehr Rettungseinsätzen. Daher würden wir schlussfolgern, dass das Schwimmen in wärmerem Wasser gefährlicher ist. Da unsere theoretische Annahme allerdings genau das Gegenteil vorhersagt, muss es einen Zusammenhang geben, den wir über das einfache Modell nicht abgebildet haben.

Dieses Ergebnis zeigt uns, dass die einfache Datenexploration zu fehlgeleiteten und falschen Schlussfolgerungen führen kann. A priori aufgestellte theoretische Annahmen und logische Schlussfolgerungen sind bei der Anwendung multivariater Analyseverfahren eine Grundvoraussetzung. Falls die Ergebnisse nicht mit den Erwartungen übereinstimmen, könnte dies an (1) den theoretischen/konzeptionellen Überlegungen, (2) bestimmten Problemen mit den Daten und/oder (3) den Besonderheiten des angewendeten statistischen Verfahrens liegen. In unserem Beispiel hilft eine Revision der theoretischen/konzeptionellen Überlegungen.

Zum besseren Verständnis der Beziehung zwischen der Wassertemperatur (Y_1) und der Anzahl Rettungseinsätze (Y_3) ist es zielführend, die Anzahl Schwimmer im ausgewählten Strandabschnitt (Y_2) in die Modellüberlegungen zu integrieren. Genauer gesagt können wir vermuten, dass die Anzahl Schwimmer in einem Strandabschnitt steigt, je höher die Wassertemperatur ist (H_2). Zudem wird mit zunehmender Anzahl Schwimmer auch die Wahrscheinlichkeit steigen, dass einzelne Schwimmer gerettet werden müssen (H_3). Abbildung 7.3 veranschaulicht diese erweiterte Ursache-Wirkungs-Beziehung.

Empirische Daten könnten die in Abbildung 7.3 dargestellten positiven Beziehungen bestätigen. Wird die erweiterte Ursache-Wirkungs-Beziehung untersucht, ist aber immer noch eine Schlussfolgerung dahingehend möglich, dass das Schwimmen in kälterem Wasser gefährlicher ist, da beide Beziehungen ein positives Vorzeichen haben. Daher verbinden wir die einfache mit der erweiterten Ursache-Wirkungs-Beziehung zu dem in Abbildung 7.4 dargestellten Mediatormodell, welches die Mediatorvariable (Y_2) enthält. Zusätzlich zu den Hypothesen H_1, H_2 und H_3 könnten wir zudem die folgende Hypothese aufstellen (H_4): Die direkte Beziehung zwischen der Wassertemperatur und der Anzahl Rettungseinsätze wird durch die Anzahl Schwimmer mediiert.

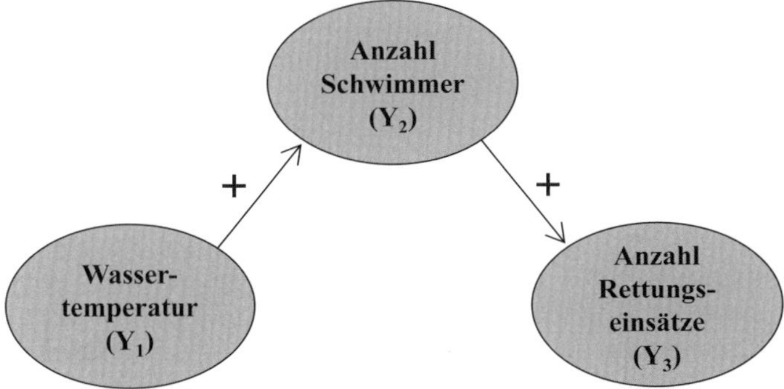

Abbildung 7.3 Erweiterte Ursache-Wirkungs-Beziehung

Wenn wir die verfügbaren Daten zur Schätzung des in Abbildung 7.4 dargestellten Modells verwenden, werden wir aller Voraussicht nach Ergebnisse mit den erwarteten Vorzeichen erhalten. Die kontraintuitive positive Beziehung zwischen der Wassertemperatur und der Anzahl Rettungseinsätze wird wie erwartet negativ, wenn das Modell durch die Anzahl der Schwimmer als Mediatorvariable erweitert wird. Die Anzahl Schwimmer stellt in diesem Mediatormodell einen Mechanismus zur Erklärung der Beziehung zwischen der Wassertemperatur und der Anzahl der Rettungseinsätze dar. Der positive indirekte Effekt über die Mediatorvariable lässt somit die „wahre" Beziehung zwischen der Wassertemperatur und der Anzahl an Rettungseinsätzen erkennen.

Die Mediation ist, wie dieses Beispiel zeigt, ein anspruchsvolles Thema. Eine geschätzte Ursache-Wirkungs-Beziehung muss nicht dem „wahren" Zusammenhang entsprechen, da ein systematischer Einflussfaktor – ein bestimmtes Phänomen (d.h. der Mediator) – im Pfadmodell nicht berücksichtigt wurde. Weitere Beispiele für Mediatoranalysen in PLS-SEM finden sich bei Cepeda-Carrión et al. (2017) sowie Nitzl et al. (2016).

Viele PLS-Pfadmodelle beinhalten Mediatoreffekte. Allerdings werden diese gewöhnlich nicht explizit hypothetisiert und getestet (Hair et al., 2012b). Nur

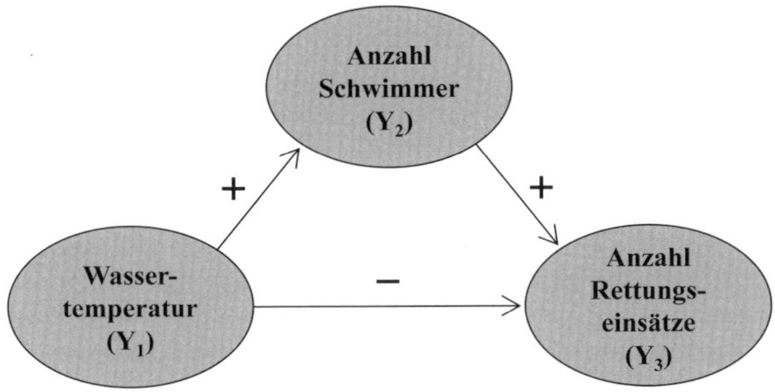

Abbildung 7.4 Mediatormodell

wenn die mögliche Mediation auch theoretisch untermauert und empirisch getestet wird, lässt sich die Art der Ursache-Wirkungs-Beziehung vollständig und genau verstehen. Eine solide Theorie ist stets die Basis für empirische Analysen (Memon et al., 2018).

Eine systematische Mediatoranalyse basiert auf dem theoretischen Modell und den hypothetischen Beziehungen, einschließlich der Mediationseffekte. Zunächst ist es wichtig, die Messmodelle und das Strukturmodell einschließlich aller Mediatorkonstrukte zu schätzen und zu bewerten. Danach werden die Ergebnisse der Mediatoranalyse charakterisiert und die Mediationseffekte geprüft. Diese Schritte werden in den folgenden Abschnitten behandelt, bevor auf die multiple Mediatoranalyse eingegangen und ein Fallbeispiel zur Veranschaulichung der Mediatoranalyse vorgestellt wird.

Mess- und Strukturmodellevaluation in Mediatoranalysen

Die Evaluation von Mediatormodellen setzt voraus, dass alle der in den Kapiteln 4 bis 6 diskutierten Qualitätskriterien für die Messmodelle und das Strukturmodell erfüllt sind. Die Analyse beginnt mit der Bewertung der reflektiven und formativen Messmodelle. Beispielsweise kann eine fehlende Reliabilität bei reflektiven Mediatorkonstrukten dazu führen, dass die indirekten Pfade deutlich kleiner ausfallen. Daher ist es wichtig, eine hohe Reliabilität der reflektiven Mediatorkonstrukte sicherzustellen.

Wenn reliable und valide Messmodelle sowohl für die Mediatorkonstrukte als auch für die exogenen und endogenen Konstrukte vorhanden sind, gilt es ferner, alle Evaluationskriterien für das Strukturmodell zu berücksichtigen. Beispielsweise müssen wir sicherstellen, dass kein kritisches Maß an Kollinearität vorliegt, da dies ansonsten zu substanziell verzerrten Pfadkoeffizienten führt. Infolge des Vorliegens eines kritischen Maßes an Kollinearität kann ein direkter Effekt nicht signifikant werden, was auf eine fehlende Mediation hinweist. Ebenso können hohe Niveaus an Kollinearität zu unerwarteten Vorzeichenwechseln führen, wodurch eine korrekte Unterscheidung zwischen verschiedenen Arten der Mediation schwierig wird. Darüber hinaus könnte ein Mangel an Diskriminanzvalidität des Mediatorkonstrukts mit dem exogenen oder endogenen Konstrukt zu einem starken und signifikanten, aber erheblich verzerrten indirekten Effekt führen, was falsche Implikationen hinsichtlich der Mediation zur Folge hätte. Nachdem die relevanten Beurteilungskriterien für die reflektiven und formativen Messmodelle sowie das Strukturmodell erfüllt sind, folgt die Mediatoranalyse.

Arten von Mediatoreffekten

Die Frage, wie Mediationen getestet werden, hat in den letzten Jahrzehnten eine hohe Aufmerksamkeit in der methodologischen Forschung erfahren. Vor rund vier Jahrzenten haben Baron und Kenny (1986) einen viel beachteten Ansatz zur Mediatoranalyse präsentiert, den viele Forscher noch heute routinemäßig anwenden. Die neuere Forschung verweist allerdings auf einige konzeptionelle und methodische Probleme, die mit dem Ansatz von Baron und Kenny (1986) verbundenen sind (z. B. Hayes, 2018). Daher beziehen wir uns im Folgenden auf Zhao et al. (2010), die eine Synthese früherer Forschung zu Mediatoranalysen sowie entsprechende Richtlinien für die zukünftige Forschung bieten (siehe auch Cepeda-Carrión et al., 2017; Nitzl et al., 2016). Die Autoren identifizieren verschiedene Arten der Mediation, sofern denn eine Mediation und nicht eine Konstellation ohne Mediation (Nicht-Mediation) vorliegt. Letztere kann zwei Formen annehmen und zwar:

- **Nicht-Mediation nur mit direktem Effekt:** Der direkte Effekt (p_3) ist signifikant, aber der indirekte Effekt ist nicht signifikant.
- **Nicht-Mediation ohne Effekte:** Weder der direkte noch der indirekte Effekt sind signifikant.

Wenn eine Mediation vorliegt, unterscheiden Zhao et al. (2010) drei Arten der Mediation:

- **Komplementäre Mediation:** Der indirekte Effekt ($p_1 \cdot p_2$) und der direkte Effekt (p_3) sind signifikant und haben gleiche Vorzeichen.
- **Kompetitive Mediation:** Der indirekte Effekt ($p_1 \cdot p_2$) und der direkte Effekt (p_3) sind signifikant, haben aber unterschiedliche Vorzeichen.
- **Ausschließlich indirekte Mediation:** Der indirekte Effekt ($p_1 \cdot p_2$) ist signifikant, während der direkte Effekt nicht signifikant ist.

Somit kann die Mediatoranalyse ergeben, dass keine Mediation vorliegt (d. h. Nicht-Mediation mit und ohne direkten Effekt). Im Fall einer vorhandenen Mediation kann das Mediatorkonstrukt die beobachtete Beziehung zwischen zwei Konstrukten teilweise (d. h. komplementäre und kompetitive Mediation) oder vollständig (d. h. ausschließlich indirekte Mediation) erklären. In dieser Hinsicht entsprechen die Arten der Mediation von Zhao et al. (2010) weitestgehend der Unterscheidung von **partieller Mediation** (komplementäre Mediation), **Suppressor-Variable** (kompetitive Mediation) und **vollständiger Mediation** (ausschließlich indirekte Mediation) von Baron und Kenny (1986).

Die Prüfung der in einem Modell enthaltenen Art der Mediation erfordert eine Reihe von Analysen, die in Abbildung 7.5 dargestellt sind. Der erste Schritt adressiert die Signifikanz des indirekten Effekts ($p_1 \cdot p_2$) über das Mediatorkonstrukt (Y_2). Ist der indirekte Effekt nicht signifikant (rechte Seite von Abbildung 7.5), schlussfolgern wir, dass Y_2 in der getesteten Beziehung nicht als Mediator wirkt. Auch wenn dieses Ergebnis auf den ersten Blick enttäuschend ist, da die angenommene Mediatorbeziehung nicht empirisch gestützt wird, können weitere Analysen des direkten Effekts p_3 noch unentdeckte Mediatoren aufzeigen (andere außer Y_2). Genau genommen können wir bei einem signifikanten direkten Effekt schlussfolgern, dass möglicherweise ein nicht berücksichtigter Mediator existiert, der die Beziehung zwischen Y_1 und Y_3 erklärt (Nicht-Mediation mit direktem Effekt). Ist der direkte Effekt dagegen ebenfalls nicht signifikant (Nicht-Mediation ohne Effekte), erweist sich unser theoretisches Modell als unzulänglich. In diesem Fall sollten wir den Aufbau des Pfadmodells auf Basis von Theorie und Logik überarbeiten.

Ein signifikanter indirekter Effekt bestätigt hingegen unsere angenommene Mediatorbeziehung (linke Seite der Abbildung 7.5). Wie zuvor prüfen wir im nächsten Schritt die Signifikanz des direkten Effekts p_3. Ist der direkte Effekt nicht signifikant, dann haben wir es mit einer ausschließlich indirekten Mediation zu tun. In diesem Fall erklärt der Mediator die Beziehung zwischen Y_1 und Y_3 vollständig.

Wenn sowohl der direkte als auch der indirekte Effekt signifikant sind, unterscheiden wir zwischen der komplementären und der kompetitiven Mediation. Die komplementäre Mediation beschreibt eine Situation, in welcher der direkte Effekt p_3 und der indirekte Effekt $p_1 \cdot p_2$ in die gleiche Richtung zeigen. In diesem Fall ist das Produkt aus dem direkten und dem indirekten Effekt (d. h. $p_1 \cdot p_2 \cdot p_3$) positiv (Abbildung 7.5). Ein derartiges Ergebnis stützt die angenommene Mediatorbeziehung. Dennoch weisen komplementäre Mediationen darauf hin, dass ein anderer Mediator, dessen indirekter Pfad in die gleiche Richtung wie der direkte Effekt zeigt, eventuell nicht berücksichtigt wurde.

Im Gegensatz dazu weisen bei einer **kompetitiven Mediation** – die auch als **inkonsistente Mediation** bezeichnet wird (MacKinnon et al., 2000) – der direkte Effekt p_3 und der indirekte Effekt p_1 oder p_2 entgegengesetzte Vorzeichen auf. In diesem Fall ist das Produkt aus dem direkten und dem indirekten Effekt (d. h. $p_1 \cdot p_2 \cdot p_3$) negativ (Abbildung 7.5). Analog zu der oben beschriebenen Situation unterstützt die kompetitive Mediation den angenommenen Mediatoreffekt, weist aber auch darauf hin, dass möglicherweise ein anderer Mediator existiert, bei dem das Vorzeichen des indirekten Effekts gleich dem Vorzeichen des direkten Effekts ist. Wir sollten hierbei beachten, dass der Mediator in der kompetitiven Mediation als Suppressor-Variable wirkt, wodurch die Stärke des totalen Effekts von Y_1 auf Y_3 verringert wird. Falls eine kompetitive Mediation auftritt, wären daher die theoretischen Begründungen aller involvierten Effekte genau zu prüfen. Unser einführendes Beispiel zur Beziehung zwischen der Wassertemperatur und der durch die Anzahl Schwimmer mediierten Anzahl Rettungseinsätze stellt eine kompetitive Mediation dar. Die

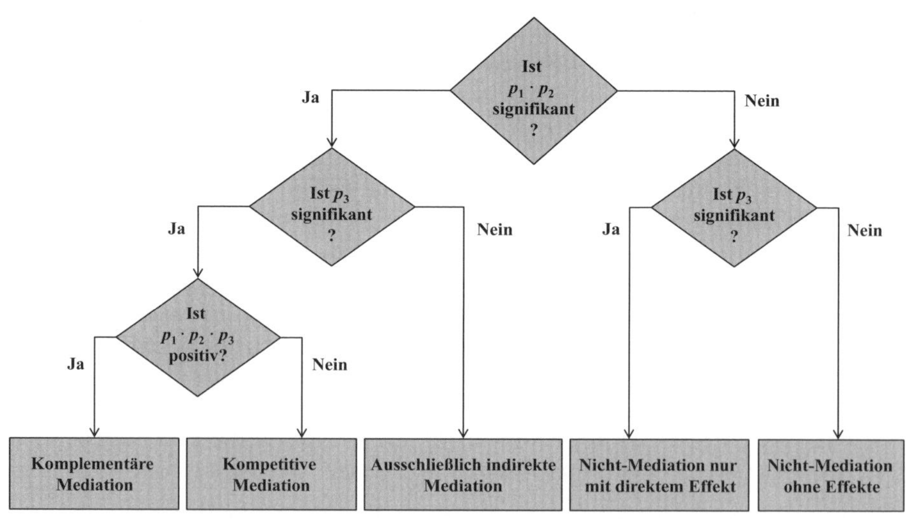

Abbildung 7.5 Ablauf einer Mediatoranalyse

entgegengesetzten Vorzeichen der direkten und indirekten Effekte können sich gegenseitig ausgleichen, so dass der totale Effekt der Wassertemperatur auf die Anzahl Rettungseinsätze relativ gering ist.

Prüfung mediierender Effekte

Die Prüfung der Signifikanz mediierender Effekte beruhte früher auf dem Sobel-Test (Sobel, 1982). Der **Sobel-Test** vergleicht die direkte Beziehung zwischen zwei Variablen mit der indirekten Beziehung über das mediierende Konstrukt (Helm et al., 2010). Der Sobel-Test geht von einer Normalverteilung der Daten aus, was dem nicht-parametrischen PLS-SEM-Verfahren entgegensteht. Zudem treffen die parametrischen Annahmen des Sobel-Tests für den indirekten Effekt $p_1 \cdot p_2$ nicht zu, da eine Multiplikation von zwei normalverteilten Koeffizienten im Ergebnis zu einer nicht-normalen Verteilung führt. Weiterhin benötigt der Sobel-Test nicht-standardisierte Pfadkoeffizienten als Input für die Teststatistiken und es fehlt ihm an Teststärke, insbesondere bei kleinen Stichprobengrößen. Daher lehnen Forscher den Sobel-Test zur Prüfung mediierender Effekte, insbesondere in PLS-SEM-Studien, inzwischen ab (z. B. Klarner et al., 2013; Sattler et al., 2010).

Statt den Sobel-Test zu verwenden, sollte die Stichprobenverteilung des indirekten Effekts mittels Bootstrapping ermittelt werden. Dieser Ansatz wurde auch im Kontext der Regressionsanalyse vorgeschlagen (Preacher & Hayes, 2004, Preacher & Hayes, 2008) und durch das für IBM SPSS Statistics entwickelte PROCESS-Makro von Hayes implementiert (http://www.processmacro.org/). Das Bootstrapping-Verfahren macht keine Annahmen über die Form der Variablenverteilung oder die Stichprobenverteilung der Statistiken. Zudem kann es mit größerer Zuverlässigkeit auch bei kleinen Stichproben angewendet werden. Der Ansatz ist somit sehr gut für das PLS-SEM-Verfahren geeignet und in der SmartPLS Software implementiert. Zudem führt das Bootstrapping der indirekten Effekte im Vergleich zum Sobel-Test zu einer höheren Teststärke. Darüber hinaus weisen wir darauf hin, dass die für Regressionsmodelle vorgeschlagene PROCESS-Routine nicht für die Analyse von Mediationseffekten in PLS-SEM verwendet werden sollte. Das Bootstrapping-Verfahren in PLS-SEM liefert alle relevanten Ergebnisse für die Analyse von Mediatoreffekten mit einer höheren Qualität als PROCESS (siehe Sarstedt et al., 2020a und die Diskussion in Abbildung 7.6).

PROCESS ist ein für IBM SPSS Statistics und SAS verfügbares Makro, das die Schätzung von Mediationseffekten im Rahmen einer gewöhnlichen OLS-Regression vereinfacht. Statt ein spezifisches Modell mit Hilfe der Syntaxsprache manuell zu erstellen, können Forscher bei Verwendung von PROCESS aus einer breiten Palette von Modellen auswählen, die in Hayes (2018) dokumentiert sind. Für jedes Modell müssen spezifische Argumente definiert werden, um die Rolle aller Variablen zu identifizieren (z. B. abhängig, unabhängig, Mediator). PROCESS verwendet dann Bootstrapping, um Inferenzstatistiken für die direkten und indirekten Effekte im spezifizierten Modell abzuleiten.

Da die Verwendung von PROCESS bei der Schätzung von Mediationseffekten in regressionsbasierten Modellen zum Standard geworden ist, haben einige Forscher das Makro auch zur Ergänzung ihrer PLS-SEM-Analyse verwendet. Wie Sarstedt et al. (2020a) jedoch zeigen, ist PROCESS für die Schätzung komplexer Ursache-Wirkungs-Modelle mit latenten Variablen weitgehend ungeeignet, da sich solche Analysen (1) auf die isolierte Schätzung singulärer Modellstrukturen beschränken und (2) den Effekt von Messfehlern ignorieren.

Was die erste Einschränkung betrifft, führt PROCESS für jede abhängige Variable separate Regressionen mit den entsprechenden unabhängigen Variablen durch. Diese separaten Regressionen berücksichtigen allerdings keine anderen Elemente des Modells, einschließlich potenzieller Vorgänger- oder Ergebnisvariablen der im PROCESS-Mediationsmodell enthaltenen Variablen. PLS-SEM hingegen ermittelt die Konstruktwerte, die als Input für die strukturellen Modellregressionen dienen, in einem iterativen Prozess, der die gesamte Modellstruktur berücksichtigt. Folglich berücksichtigt die iterative Natur der Parameterschätzungen in PLS-SEM den gegenseitigen Einfluss der Teilregressionen in den Parameterschätzungen.

Was die zweite Einschränkung betrifft, so erfordert die Schätzung von Mediationsmodellen mit PROCESS zunächst die Berechnung von Konstruktwerten. Dies geschieht in der Regel durch die Berechnung der Summe oder des Mittelwerts der Indikatoren, die zur Messung eines Konstrukts verwendet werden. Dieser Ansatz ist jedoch problematisch, da er die Effekte von Messfehlern nicht berücksichtigt. Zahlreiche Studien haben aber gezeigt, dass die Nichtkorrektur von Messfehlern zu einer Unter- oder Überschätzung der Werte im gesamten Strukturmodell führt (z. B. Cole & Preacher, 2014; Hair et al., 2017b; Yuan et al., 2020). Im Gegensatz dazu ermöglicht die PLS-SEM, Messfehler bei der Schätzung von Beziehungen zwischen latenten – im Gegensatz zu beobachteten – Variablen zu berücksichtigen. Dies ist ein Hauptvorteil dieser Methode der zweiten Generation gegenüber Techniken der ersten Generation wie der Regressionsanalyse, der Varianzanalyse und vielen anderen.

Natürlich können Forscher die Konstruktwerte aus ihrer PLS-SEM-Analyse extrahieren und als Input für PROCESS verwenden, aber eine solche kombinierte Analyse bietet nur sehr wenig zusätzlichen Erkenntnisgewinn, zumal moderne PLS-SEM-Softwareprogramme wie SmartPLS 4 (Ringle et al., 2022) oder R-Pakete wie seminr (Ray et al., 2020) alle relevanten Ergebnisse (wie Bootstrapping-Konfidenzintervalle) zur Interpretation komplexer Mediationseffekte enthalten.

Insgesamt können wir festhalten, dass eine Kombination von PLS-SEM und PROCESS nicht notwendig ist. Stattdessen sollte für die Analyse von Mediationsmodellen mit latenten Variablen nur PLS-SEM verwendet werden.

Abbildung 7.6 Mediatoranalysen mit PROCESS versus PLS-SEM

Multiple Mediation

Bisher haben wir eine Situation betrachtet, in der eine einzige Mediatorvariable zwischen ein exogenes und ein endogenes Konstrukt tritt. Die Analyse einer derartigen Modellspezifikation wird auch als **einfache Mediatoranalyse** bezeichnet. Häufig wirken sich exogene Konstrukte allerdings über mehr als eine Mediatorvariable auf ein endogenes Konstrukt aus. Eine derartige Situation erfordert die Durchführung einer **multiplen Mediatoranalyse** (Cepeda-Carrión et al., 2017; Nitzl et al., 2016). Ein Beispiel einer multiplen Mediation mit zwei Mediatoren ist in Abbildung 7.7 dargestellt. In diesem Modell stellt p_3 den direkten Effekt zwischen dem exogenen (Y_1) und dem endogenen Konstrukt (Y_3) dar. Der **spezifische indirekte Effekt** von Y_1 auf Y_3 über den Mediator Y_2 wird durch $p_1 \cdot p_2$ quantifiziert. Für den zweiten Mediator Y_4 ist der spezifische direkte Effekt dagegen durch $p_4 \cdot p_5$ gegeben. Zusätzlich können wir den spezifischen indirekten Effekt von Y_1 auf Y_3 über die beiden Mediatoren Y_2 und Y_4 berücksichtigen, der als $p_1 \cdot p_6 \cdot p_5$ quantifiziert wird. Der **totale indirekte Effekt** ergibt sich aus der Summe der spezifischen indirekten Effekte (d. h. $p_1 \cdot p_2 + p_4 \cdot p_5 + p_1 \cdot p_6 \cdot p_5$). Der **totale Effekt** von Y_1 auf Y_3 ergibt sich schließlich durch die Summe aus dem direkten Effekt und dem totalen indirekten Effekt (d. h. $p_3 + p_1 \cdot p_2 + p_4 \cdot p_5 + p_1 \cdot p_6 \cdot p_5$).

Um das in Abbildung 7.7 dargestellte Modell zu prüfen, könnten Forscher versucht sein, für jeden Mediator eine einfache Mediatoranalyse durchzuführen. Preacher und Hayes (2008a, 2008b) haben allerdings darauf hingewiesen, dass ein derartiges Vorgehen aus zwei Gründen problematisch ist. Erstens können die in verschiedenen einfachen Mediatoranalysen geschätzten indirekten Effekte nicht einfach zu einem totalen Effekt addiert werden, da die Mediatoren in multiplen Mediatoranalysen normalerweise korreliert sind. Daher sind die in mehreren einfachen Mediatoranalyen geschätzten spezifischen indirekten Effekte verzerrt und stimmen nicht mit dem in einer multiplen Mediatoranalyse geschätzten totalen Effekt überein. Zweitens können die für spezifische indirekte Effekte geschätzten Hypothesentests und Konfidenzintervalle nicht korrekt sein, da andere potenziell bedeutsame Mediatoren vernachlässigt wurden.

Durch die simultane Berücksichtigung aller Mediatoren in einem einzigen Modell erhalten wir ein aussagekräftigeres Bild über die indirekten Mechanismen, für die Wirkungsbeziehung zwischen zwei Konstrukten vorliegen. Wir empfehlen daher, alle relevanten Mediatoren in das Modell aufzunehmen, um ihre hypothetischen Effekte gleichzeitig analysieren zu können (Sarstedt et al., 2020a). In einem multiplen Mediationsmodell können Forscher verschiedene Arten von Mediatoreffekten evaluieren. Mit Bezug auf das multiple Mediationsmodell in Abbildung 7.7 berücksichtigt ein individueller Mediationseffekt die Wirkung von Y_1 auf Y_3 über einen Mediator (z. B. $p_1 \cdot p_2$ für Y_2). Ein serieller Mediationseffekt berücksichtigt den indirekten Effekt von Y_1 auf Y_3 über beide Mediatoren (d. h. $p_1 \cdot p_6 \cdot p_5$), während ein gemeinsamer Mediationseffekt den gesamten indirekten Effekt von Y_1 auf Y_3 berücksichtigt (d. h. $p_1 \cdot p_2 + p_4 \cdot p_5 + p_1 \cdot p_6 \cdot p_5$).

Die Analyse einer multiplen Mediation folgt den gleichen Schritten von Zhao et al. (2010), wie sie in Abbildung 7.5 dargestellt sind. Die Beurteilung der

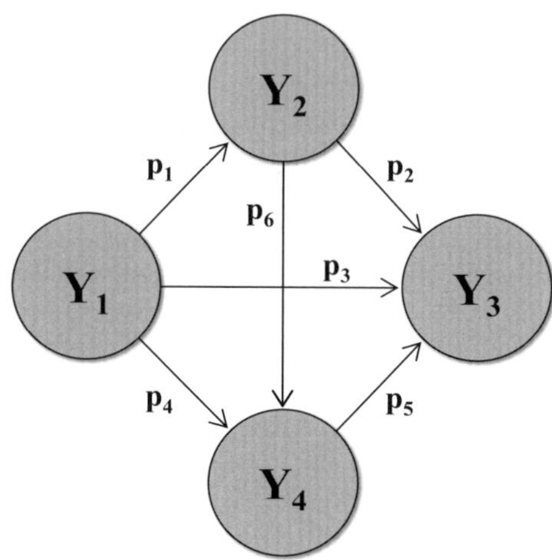

Abbildung 7.7 Multiples Mediatormodell

Signifikanz der spezifischen (einzelnen und seriellen) indirekten Effekte, des gesamten indirekten Effekts und des direkten Effekts kann sofort mit Hilfe der Bootstrapping-Ergebnisse von SmartPLS erfolgen. Wie beim Signifikanztest der Pfadkoeffizienten sollten 10.000 (oder mehr) Bootstrapping-Teilstichproben ausgewählt und die 95 %-Perzentil-Bootstrapping-Konfidenzintervalle angegeben werden. Auf dieser Grundlage erfolgt die Analyse und Interpretation der Ergebnisse einer multiplen Mediation nach dem gleichen Verfahren wie bei einer einfachen Mediatoranalyse. Nitzl et al. (2016) sowie Cepeda-Carrión et al. (2017) liefern weitere Erkenntnisse und Empfehlungen zur multiplen Mediatoranalyse in PLS-SEM.

Abbildung 7.8 fasst die Faustregeln zur Durchführung einer Mediatoranalyse zusammen.

- Für die Evaluation von Mediatormodellen werden die bekannten Standardevaluationskriterien für die Messmodelle und das Strukturmodell berücksichtigt (z. B. Konvergenzvalidiät, Diskriminanzvalidität, Reliabilität, Multikollinearität, Erklärungskraft und Vorhersagekraft).
- Die spezielle Durchführung einer Mediatoranalyse erfordert eine Beurteilung der Signifikanz der indirekten und direkten Effekte. Basierend auf diesen Ergebnissen wird zwischen verschiedenen Arten von Mediation und Nicht-Mediation unterschieden.
- Für die Prüfung von Mediatoreffekten wird das Bootstrapping anstelle des Sobel-Tests empfohlen.
- Die Anwendung von PLS-SEM zur Untersuchung aller Arten von Mediation liefert genauere Ergebnisse als der PROCESS-Ansatz.
- Für die Prüfung multipler Mediatormodelle werden alle Mediatoren simultan berücksichtigt. Dabei wird zwischen spezifischen (einzelnen und seriellen) indirekten Effekten und totalen indirekten Effekten unterschieden, die mit dem direkten Effekt verglichen werden.

Abbildung 7.8 Faustregeln für Mediatoranalysen in der PLS-SEM

Anwendungsbeispiel

Zur Veranschaulichung der Schätzung mediierender Effekte betrachten wir noch einmal das erweiterte Modell zur Unternehmensreputation in SmartPLS. Sollten Sie das entsprechende Pfadmodell noch nicht in SmartPLS zur Verfügung haben, können Sie es direkt in SmartPLS über die PLS-SEM-Beispielprojekte ins Arbeitsverzeichnis importieren. Alternativ können Sie es wie in Anhang 2 beschrieben herunterladen und anschließend in SmartPLS importieren (vgl. hierzu Kapitel 2 und 5). Öffnen Sie das Modell durch Doppelklick auf **Extended model**. Daraufhin erscheint das in Abbildung 7.9 dargestellte Modell im **Modellfenster**.

Im Folgenden wollen wir die Beziehungen zwischen den beiden Dimensionen der Unternehmensreputation (d. h. Sympathie und Kompetenz) und dem Zielkonstrukt Kundenloyalität weiter untersuchen. Nach Festingers (1957) Theorie der kognitiven Dissonanz werden Kunden, die einem Unternehmen eine positive Reputation zuschreiben, wahrscheinlich höhere Zufriedenheitswerte aufweisen, um eine kognitive Dissonanz zu vermeiden. Gleichzeitig hat die Forschung gezeigt, dass die Kundenzufriedenheit der primäre Treiber der Kundenloyalität ist. Daher erwarten wir, dass die Kundezufriedenheit sowohl die Beziehung zwischen Sympathie und Kundenloyalität als auch die Beziehung zwischen Kompetenz und Kundenloyalität mediiert. Um diese Annahme zu testen, wenden wir die in Abbildung 7.5 dargestellte Vorgehensweise an.

Zu Beginn der Mediatoranalyse prüfen wir die Signifikanz der indirekten Effekte. Der indirekte Effekt von *COMP* über *CUSA* auf *CUSL* ergibt sich aus dem Produkt der Pfadkoeffizienten zwischen *COMP* und *CUSA* sowie zwischen *CUSA* und *CUSL* (Mediationspfad 1). Gleichermaßen ergibt sich der indirekte Effekt von *LIKE* über *CUSA* auf *CUSL* als Produkt der Pfadkoeffi-

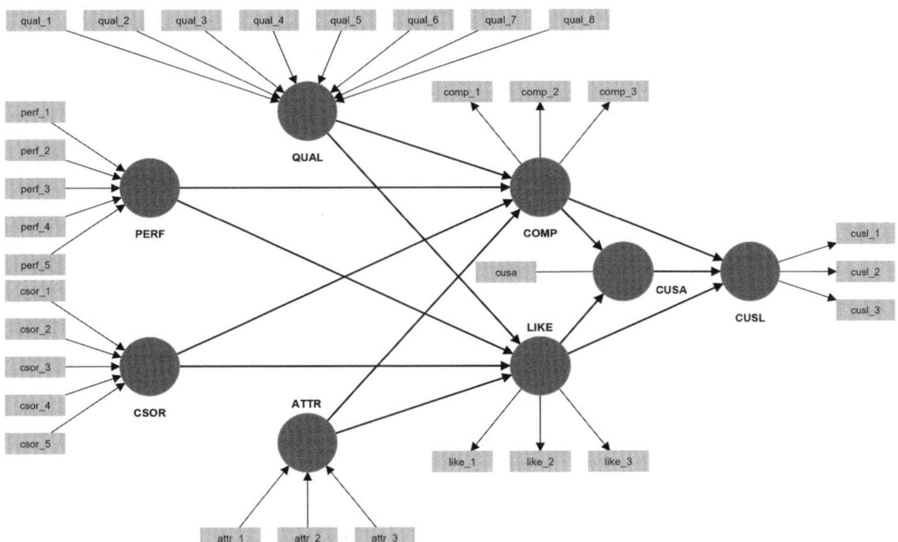

Abbildung 7.9 Erweitertes Modell in SmartPLS

zienten zwischen *LIKE* und *CUSA* sowie zwischen *CUSA* und *CUSL* (Mediationspfad 2). Um die Signifikanz dieser indirekten Effekte zu überprüfen, führen wir das Bootstrapping-Verfahren aus. Hierfür gehen wir im SmartPLS-Menü auf **Berechnen → Bootstrapping**. Wir behalten alle Einstellungen für den PLS-SEM-Algorithmus und die Behandlungen fehlender Werte bei und wählen **10.000** Bootstrapping-Teilstichproben. Bezüglich der weiteren Einstellungen benötigen wir nur den **wichtigsten Ergebnisumfang**. Zudem belassen wir die Einstellungen beim **Perzentil-Bootstrapping,** dem **Zweiseitigen Test** und dem Signifikanzniveau von **0,05**. Anschließend klicken wir auf **Berechnung starten**.

Nach dem Ausführen des Bootstrapping öffnet sich die Ergebnisübersicht. Die Tabelle unter **Endergebnisse → Spezifische Indirekte Effekte** liefert uns einen Überblick über die Ergebnisse inklusive des Stichprobenmittels, der Standardabweichung sowie der *t*- und *p*-Werte; die **Bias-korrigierte Konfidenzintervalle** erhalten wir durch das Klicken auf den entsprechenden Reiter im selben Untermenü des Ergebnisberichts. Die Tabelle unter **Endergebnisse → Pfadkoeffizienten** liefert uns die entsprechenden Ergebnisse für die direkten Effekte, die wir für die weiteren Analysen benötigen. Abbildung 7.10 fasst die Bootstrapping-Ergebnisse für die Beziehung zwischen *COMP* und *CUSL* sowie für *LIKE* und *CUSL* zusammen. Wenn Sie alternativ an den Ergebnissen für indirekte Effekte einer seriellen Mediation interessiert sind, öffnen Sie die Tabelle unter **Endergebnisse → Totale Indirekte Effekte**.

	Direkter Effekt	**95 % Konfidenzintervall des direkten Effekts**	**Signifikanz (p < 0,05)?**
COMP → CUSL	0,006	[–0,100; 0,114]	Nein
LIKE → CUSL	0,344	[0,236; 0,451]	Ja
	Indirekter Effekt	**95 % Konfidenzintervall des indirekten Effekts**	**Signifikanz (p < 0,05)?**
COMP → CUSL	0,074	[0,006; 0,145]	Ja
LIKE → CUSL	0,220	[0,153; 0,292]	Ja

Abbildung 7.10 Signifikanzanalyse der direkten und indirekten Effekte

Wir erkennen, dass die beiden indirekten Effekte *COMP → CUSL* und *LIKE → CUSL* signifikant sind, da keines der 95 % Konfidenzintervalle einen Wert von 0 enthält (vgl. Kapitel 5 für eine Erläuterung der Verwendung von Konfidenzintervallen zur Prüfung der Signifikanz). Wenn die Bootstrapping-Konfidenzintervalle berichtet werden, ist es nicht nötig die *t*-Werte und *p*-Werte zu berichten. Im nächsten Schritt konzentrieren wir uns auf die direkten Effekte von *COMP* auf *CUSL* und von *LIKE* auf *CUSL*. Wie wir bereits in Kapitel 6 festgestellt haben, ist die in Abbildung 7.9 gezeigte Beziehung zwischen *COMP* und *CUSL* schwach (0,006) und statistisch nicht signifikant. Entsprechend dem in Abbildung 7.5 dargestellten Vorgehen bei der Mediatoranalyse können wir schlussfolgern, dass *CUSA* die Beziehung von *COMP* auf *CUSL* vollständig mediiert. Im Gegensatz dazu übt *LIKE* einen starken (0,344) und signifikanten Effekt auf *CUSL* aus. Wir können daher schlussfolgern, dass *CUSA* die Beziehung partiell mediiert, da sowohl der direkte als auch der indirekte Effekt signifikant sind (Abbildung 7.5). Damit wir die Art der partiellen Mediation bestimmen können, berechnen wir als nächstes das Produkt aus dem direkten und dem indirekten Effekt. Da der direkte und der indirekte Effekt positiv sind, ist auch das Vorzeichen des Produkts positiv (d. h. 0,344 · 0,220 = 0,076). Daher können wir schlussfolgern, dass *CUSA* eine komplementäre Mediation der Beziehung von *LIKE* auf *CUSL* repräsentiert.

Unsere Ergebnisse stützen die mediierende Rolle der Kundenzufriedenheit im Modell zur Unternehmensreputation. Genauer gesagt wirkt die Kompetenz über die Kundenzufriedenheit auf die Kundenloyalität. In diesem Fall liegt eine vollständige Mediation vor, bei der Kompetenz zu Kundenzufriedenheit führt, die wiederum die Kundenloyalität beeinflusst. In der Beziehung zwischen Sympathie und Kundenloyalität stellt die Kundenzufriedenheit einen komplementären Mediator dar. Höhere Sympathiewerte erhöhen die Kundenloyalität direkt, führen aber auch zu höherer Kundenzufriedenheit, was ebenfalls die Kundenloyalität erhöht. Somit wird ein Teil des Effekts der Sympathie über die Kundenzufriedenheit erklärt.

Moderation

Einführung

Die Moderation beschreibt eine Situation, in der die Beziehung zwischen zwei Konstrukten nicht konstant ist, sondern von den Werten einer dritten, als **Moderatorvariable** bezeichneten Variablen abhängt. Die Moderatorvariable verändert die Stärke oder sogar die Richtung der Beziehung zwischen den beiden Konstrukten. Beispielweise hat die Forschung gezeigt, dass sich die Beziehung zwischen der Kundenzufriedenheit und der Kundenloyalität in Abhängigkeit vom Einkommen der Kunden (oder Alter; vgl. z. B. Homburg & Giering, 2001) verändert. Das Einkommen hat dabei einen negativen Effekt auf die Beziehung zwischen der Kundenzufriedenheit und der Kundenloyalität, d. h. je höher das Einkommen ist, desto schwächer ist die Beziehung. Damit ist die Beziehung nicht für alle Kunden gleich, sondern unterscheidet sich je nach Einkommen der Kunden. Mit anderen Worten ist das Einkommen eine Moderatorvariable, welche die Heterogenität in der Beziehung zwischen Kundenzufriedenheit und -loyalität erklärt. Die Moderation kann (und sollte) daher als eine Möglichkeit zur Berücksichtigung von **Heterogenität** gesehen werden.

Moderatorbeziehungen werden a priori angenommen und gezielt geprüft. Die Prüfung der Moderatorbeziehung hängt davon ab, ob wir vermuten, dass die Werte der Moderatorvariablen *eine* spezifische oder *alle* Modellbeziehungen beeinflussen. Im vorigen Beispiel haben wir angenommen, dass nur die Beziehung zwischen der Kundenzufriedenheit und der Kundenloyalität durch das Einkommen beeinflusst wird. Diese Überlegungen treffen ebenfalls für die Beziehung zwischen *CUSA* und *CUSL* in unserem Beispiel zur Unternehmensreputation zu. In diesem Fall würden wir analysieren, inwieweit das Einkommen der Befragten die Beziehung beeinflusst. Abbildung 7.11 veranschaulicht das konzeptionelle Modell einer derartigen Moderatorbeziehung, die nur auf die Beziehung zwischen Kundenzufriedenheit und -loyalität in unserem Beispiel zur Unternehmensreputation fokussiert.

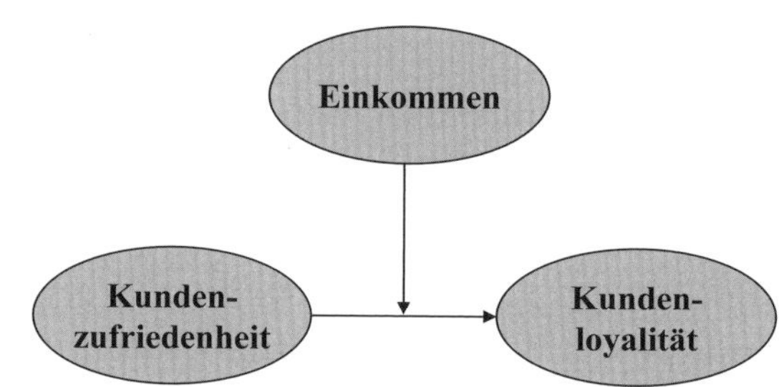

Abbildung 7.11 Moderation (konzeptionelles Modell)

Alternativ könnten wir auch annehmen, dass mehrere Beziehungen in unserem Unternehmensreputationsmodell von einzelnen Kundencharakteristika, wie zum Beispiel dem Geschlecht, abhängen. Beispielsweise könnten wir annehmen, dass sich der Einfluss der beiden Dimensionen der Unternehmensreputation (d. h. Sympathie und Kompetenz) auf die Zufriedenheit und Loyalität bei Frauen und Männern unterscheidet. Das Geschlecht würde in diesem Fall als Gruppierungsvariable dienen, anhand derer wir die Daten in zwei Gruppen einteilen (Abbildung 7.12). Das gleiche Modell wird dann für die jeweilige Gruppe geschätzt. Da Forscher meist daran interessiert sind, die signifikanten Unterschiede zwischen den Gruppen zu identifizieren, werden die Ergebnisse für die Gruppen normalerweise mit Hilfe einer **Multigruppenanalyse** (Kapitel 8) verglichen. Multigruppenanalysen ermöglichen die Prüfung

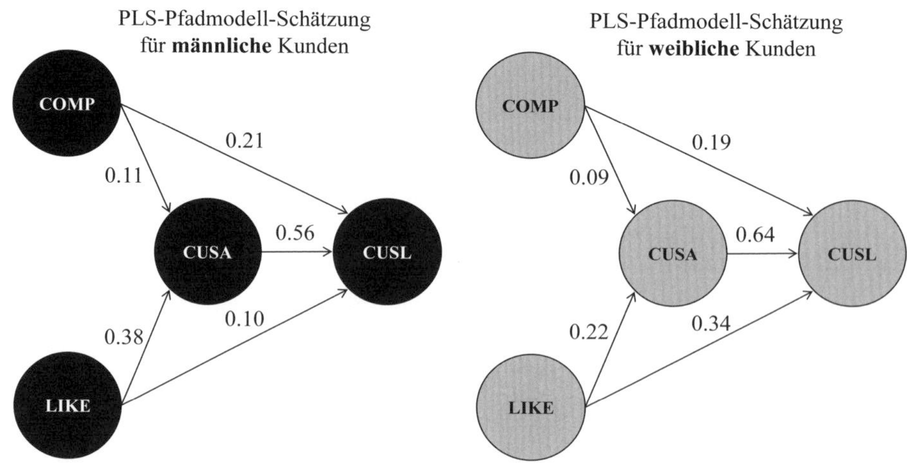

Abbildung 7.12 Multigruppenanalyse

von Unterschieden zwischen Koeffizienten (in der Regel Pfadkoeffizienten) in einem Modell, das separat für unterschiedliche Gruppen von Befragten (z. B. Frauen und Männer) geschätzt wird. Hierdurch sollen signifikante Unterschiede zwischen den jeweiligen Gruppen identifiziert werden. In Bezug auf das in Abbildung 7.12 dargestellte Modell könnte die Multigruppenanalyse beispielsweise prüfen, ob die Beziehung zwischen *LIKE* und *CUSL* bei weiblichen Kunden (0,34) signifikant höher ist als bei männlichen Kunden (0,10).

In diesem Abschnitt liegt unser Fokus auf der Modellierung und Interpretation von **Interaktionseffekten**. Interaktionseffekte treten auf, wenn der Einfluss einer Moderatorvariablen auf eine spezifische Beziehung vermutet wird. In Kapitel 8 liefern wir eine kurze Einführung in die Grundlagen der Multigruppenanalyse. Für eine ausführliche Diskussion siehe Hair et al. (2024).

Arten von Moderatorvariablen

Moderatorvariablen können in unterschiedlicher Form in Pfadmodellen vorliegen. Sie können beobachtbare Merkmale wie Geschlecht, Alter oder Einkommen repräsentieren. Sie können aber auch nicht beobachtbare Merkmale wie Risikoneigung, Einstellung gegenüber einer Marke oder einer Werbekampagne repräsentieren. Moderatorvariablen können mit einem Single-Item oder mit multiplen Items sowie mit reflektiven oder formativen Indikatoren gemessen werden. Die wichtigste Unterscheidung bezieht sich jedoch auf die Skalierung der Moderatorvariablen, d. h. die Unterscheidung zwischen kategorialen (typischerweise dichotomen) und kontinuierlichen Moderatorvariablen.

In unserem Anwendungsbeispiel zur Unternehmensreputation in der Mobilfunkindustrie könnten wir beispielsweise die Dienstleistungsart (Vertrag vs. Prepaid) als eine **kategoriale Moderatorvariable** verwenden. Kategoriale Moderatorvariablen sind normalerweise binär (dummy) mit 0 und 1 codiert, wobei 0 die Referenzkategorie repräsentiert. Kategoriale Moderatorvariablen können auch mehr als zwei Gruppen abbilden. Falls es drei Gruppen gibt (z. B. befristeter Vertrag, unbefristeter Vertrag und Prepaid), könnten wir den Moderator in zwei Dummy-Variablen teilen, die gleichzeitig in das Modell integriert werden. In diesem Fall würden beide Dummy-Variablen den Wert 0 für die Referenzkategorie annehmen (z. B. Prepaid). Die anderen beiden Kategorien würden durch die 1 in der korrespondierenden Dummy-Variablen angezeigt. Ähnlich wie bei der OLS-Regression können kategoriale Moderatorvariablen in ein PLS-Pfadmodell integriert werden, wenn die Vermutung besteht, dass sie eine spezifische Beziehung beeinflussen. In unserem Anwendungsbeispiel zur Unternehmensreputation könnten wir beispielsweise ermitteln, ob das Geschlecht der Kunden einen signifikanten Einfluss auf die Beziehung zwischen Kundenzufriedenheit und Kundenloyalität ausübt. In den meisten Fällen nutzen Forscher eine kategoriale Moderatorvariable aber, um den Datensatz in zwei oder mehrere Gruppen zu teilen und das Modell dann separat für jede Gruppe zu schätzen. Mit Hilfe einer Multigruppenanalyse kann dabei bestimmt werden, ob sich die Modellbeziehungen signifikant zwischen den Gruppen unterscheiden. Dieser Ansatz liefert ein vollständigeres Bild vom Einfluss des Moderators auf die Analyseergebnisse, da nicht nur der Einfluss auf eine spezifische Modellbeziehung, sondern der Einfluss auf alle Modellbeziehungen untersucht wird. Eine derartige Analyse muss auf theoretischen Überlegungen basieren.

In vielen Situationen soll der Einfluss einer **kontinuierlichen Moderatorvariablen** auf die Beziehung zwischen zwei Konstrukten analysiert werden. In unserem Anwendungsbeispiel zur Unternehmensreputation können wir beispielsweise unterstellen, dass die Beziehung zwischen Kundenzufriedenheit und -loyalität durch das Einkommen der Kunden beeinflusst wird. Konkret könnten wir annehmen, dass die Beziehung bei Kunden mit einem hohen Einkommen schwächer und bei Kunden mit einem geringeren Einkommen höher ist. Ein derartiger Moderatoreffekt würde bedeuten, dass sich die Beziehung zwischen der Kundenzufriedenheit und der Kundenloyalität in Abhängigkeit vom Einkommen verändert. Ist dieser Moderatoreffekt dagegen nicht vorhanden, würden wir von einer konstanten Beziehung zwischen Kundenzufriedenheit und -loyalität ausgehen.

Kontinuierliche Moderatorvariablen können durch ein Single-Item oder durch multiple Items gemessen werden. Falls die Moderatorvariable ein abstraktes Konstrukt repräsentiert (im Gegensatz zu direkt beobachtbaren Merkmalen wie Einkommen), raten wir dringend von der Verwendung von Single-Items ab, da sie im Vergleich zu multiplen Items eine deutlich geringere Prognosevalidität aufweisen (Diamantopoulos et al., 2012; Sarstedt et al., 2016a). Das kann insbesondere im Kontext der Moderation, die eher eine geringe Effektstärke hat (Aguinis et al., 2005), problematisch für die Ergebnisqualität sein. Jede Verringerung der Prognosefähigkeit erschwert daher die Identifikation signifikanter Beziehungen.

Modellierung von Moderatoreffekten

Zum besseren Verständnis der Modellierung von **Moderatoreffekten** werfen wir einen Blick auf das in Abbildung 7.13 dargestellte Modell. Dieses Modell veranschaulicht unser vorheriges Beispiel, in welchem das Einkommen als Moderatorvariable (M) die Beziehung zwischen der Kundenzufriedenheit (Y_1) und der Kundenloyalität (Y_2) beeinflusst. Im Gegensatz zum theoretischen Modell, das die angenommenen Beziehungen zwischen den drei Konzepten auf konzeptioneller Grundlage beschreibt, zeigt Abbildung 7.13, wie das theoretische Modell in der statistischen Analyse implementiert wird. Der Moderatoreffekt (p_3) wird durch einen Pfeil repräsentiert, der auf den Effekt p_1 zwischen Y_1 und Y_2 zeigt. Wird ein Moderatoreffekt in ein PLS-Pfadmodell integriert, gibt es zudem eine direkte Beziehung (p_2) vom Moderator auf das endogene Konstrukt. Dieser zusätzliche Pfad ist wichtig, da er den direkten Einfluss des Moderators auf das endogene Konstrukt kontrolliert. Würden wir den Pfad p_2 weglassen, dann wäre der Effekt von M auf die Beziehung zwischen Y_1 und Y_2 (d. h. p_3) überhöht.

Wie wir sehen, ist die Moderation der Mediation insofern ähnlich, als dass eine dritte Variable (d. h. eine Mediator- bzw. Moderatorvariable) die Stärke einer Beziehung zwischen zwei Konstrukten beeinflusst. Der grundlegende Unterschied zwischen beiden Konzepten liegt aber darin, dass Moderatorvariablen nicht von dem exogenen Konstrukt beeinflusst werden. Im Gegensatz

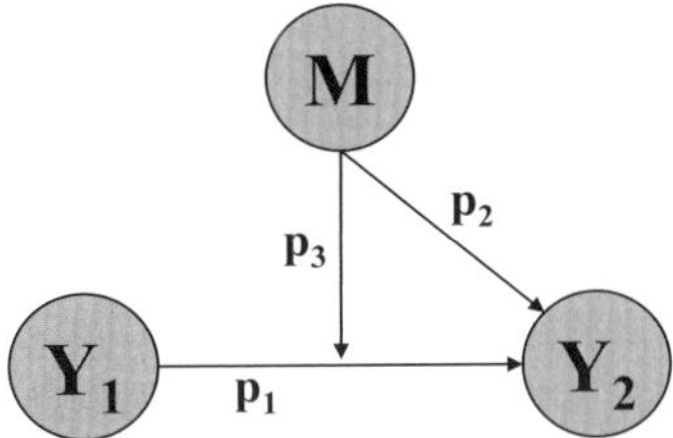

Abbildung 7.13 Beispiel eines Moderatoreffekts

dazu gibt es bei der Mediation immer einen direkten Effekt vom exogenen Konstrukt auf die Mediatorvariable (Memon et al., 2019).

Das Pfadmodell in Abbildung 7.13 lässt sich durch die folgende Formel mathematisch darstellen:

$$Y_2 = (p_1 + p_3 \cdot M) \cdot Y_1 + p_2 \cdot M.$$

Wie wir sehen, hängt der Einfluss von Y_1 auf Y_2 nicht nur von der Stärke des **einfachen Effekts** p_1 ab, sondern auch vom Produkt aus p_3 und M. Damit wir verstehen, wie eine Moderatorvariable in das Modell integriert werden kann, schreiben wir die Gleichung wie folgt um:

$$Y_2 = p_1 \cdot Y_1 + p_2 \cdot M + p_3 \cdot (Y_1 \cdot M).$$

Diese Gleichung zeigt, dass wir bei der Integration eines Moderatoreffekts drei Effekte spezifizieren: den Effekt des exogenen Konstrukts (d. h. $p_1 \cdot Y_1$), den Effekt der Moderatorvariablen (d. h. $p_2 \cdot M$) und den Produktterm $p_3 \cdot (Y_1 \cdot M)$. Letzterer wird auch als **Interaktionsterm** bezeichnet. Damit drückt der Koeffizient p_3 die Änderung des Effekts p_1 bei einer Änderung der Moderatorvariablen um eine Standardabweichung aus. Abbildung 7.14 veranschaulicht das Konzept eines Interaktionsterms. Wie wir sehen, ist der Interaktionsterm als ein zusätzliches Konstrukt im Modell enthalten. Dieses Konstrukt ergibt sich aus dem Produkt der exogenen latenten Variable Y_1 und dem Moderator M. Aufgrund dieses Interaktionsterms verwenden Forscher oft den Begriff des **Interaktionseffekts**, wenn sie Moderatorvariablen im Modell berücksichtigen. Wir weisen darauf hin, dass Abbildung 7.14 lediglich eine andere Darstellungsweise desselben in Abbildung 7.13 dargestellten Moderatormodells ist.

Bislang haben wir eine **zweifache Interaktion** betrachtet, da der Moderator mit einer anderen Variablen, dem exogenen Konstrukt Y_1, interagiert. Es ist

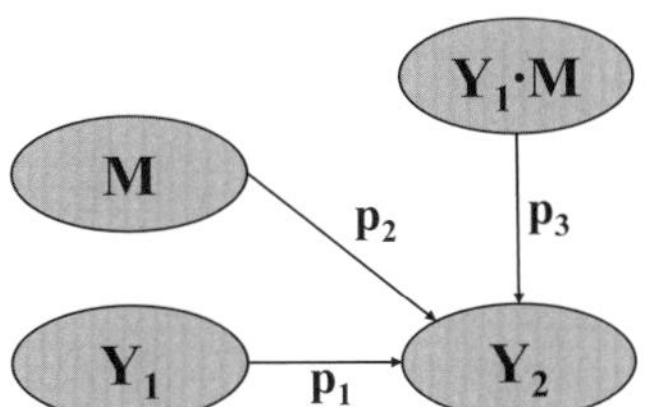

Abbildung 7.14 Interaktionsterm in der Moderation

aber auch möglich, ein Modell mit mehreren Moderatoren zu analysieren. In einem solchen Modell werden mehrere Interaktionsterme einbezogen, die die Wechselwirkung zwischen den einzelnen Moderatoren und dem exogenen Konstrukt sowie zwischen den Moderatoren untereinander beschreiben. Die häufigste Form multipler Moderationen ist die **dreifache Interaktion**. Beispielsweise könnten wir annehmen, dass der Moderatoreffekt des Einkommens selbst nicht konstant ist, sondern durch andere Variablen wie etwa das Alter (*N*) beeinflusst wird. Das Alter wäre dann eine zweite Moderatorvariable im Modell. In diesem Fall würde sich das Modell wie folgt darstellen:

$$Y_2 = p_1 \cdot Y_1 + p_2 \cdot M + p_3 \cdot N + p_4 \cdot (Y_1 \cdot M) + p_5 \cdot (Y_1 \cdot N) + p_6 \cdot (M \cdot N) + p_7 \cdot (Y_1 \cdot M \cdot N)$$

Erstellung eines Interaktionsterms

Im vorherigen Abschnitt haben wir das Konzept eines Interaktionsterms vorgestellt, um die Integration einer Moderatorvariablen in ein PLS-Pfadmodell zu vereinfachen. Eine grundlegende Frage bleibt bislang allerdings offen: Wie sollte der Interaktionsterm operationalisiert werden? Die Forschung hat verschiedene Verfahren zur Operationalisierung von Interaktionstermen vorgeschlagen (z. B. Becker et al., 2018; Henseler & Chin, 2010; Rigdon et al., 2010). Im Folgenden werden wir drei promiente Ansätze diskutieren: (1) den Produktindikatoransatz, (2) den Orthogonalisierungsansatz und (3) den Zwei-Stufen-Ansatz.

Produktindikatoransatz

Der **Produktindikatoransatz** ist in regressionsbasierten Analysen das Standardverfahren zur Erstellung von Interaktionstermen und ist auch in der PLS-SEM anwendbar. Wir werden allerdings später noch ausführen, dass seine Verwendung nicht generell für die PLS-SEM empfohlen werden kann. Im Zuge dieses Ansatzes erfolgt die Multiplikation eines jeden Indikators des exogenen Konstrukts mit allen Indikatoren der Moderatorvariablen (Chin et al., 2003). Die resultierenden **Produktindikatoren** werden dann als Indikatoren zur Messung des Interaktionsterms verwendet. Abbildung 7.15 veranschaulicht die Operationalisierung des Interaktionsterms für den Fall, dass Y_1 und *M* jeweils mit zwei Indikatoren gemessen werden. Der Interaktionsterm hat somit vier Produktindikatoren.

Der Produktindikatoransatz erfordert, dass die Indikatoren des exogenen Konstrukts und der Moderatorvariablen nochmals im Messmodell des Interaktionsterms verwendet werden. Dieses Vorgehen führt allerdings zwangsläufig zu einer erhöhten Kollinearität im Pfadmodell. Um diese Kollinearität zu verringern, werden die Indikatoren des Moderators üblicherweise vor Bildung des Interaktionsterms standardisiert. Durch die Standardisierung wird jede Variable linear transformiert, so dass sie einen Mittelwert von 0 und eine Standardabweichung von 1 aufweist. Dazu wird der Mittelwert der Variable von jeder Beobachtung abgezogen und das Ergebnis durch die Standardabweichung der Variable geteilt (Sarstedt & Mooi, 2019). Dieses Vorgehen verringert

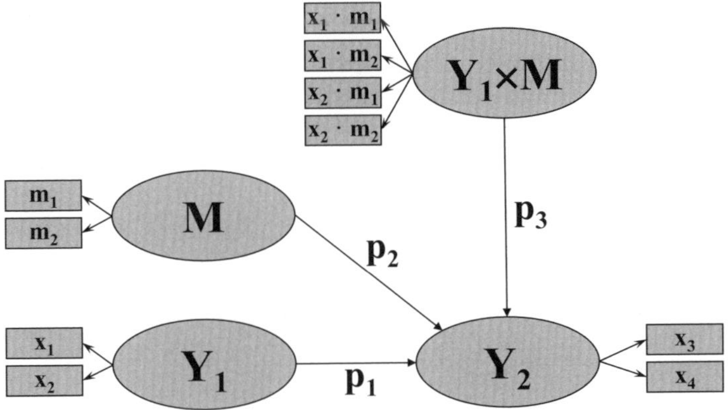

Abbildung 7.15 Produktindikatoransatz

nicht nur die durch die nochmalige Verwendung der Indikatoren entstandene Kollinearität, sondern erleichtert auch die Interpretation des Moderatoreffekts. Auf diesen Aspekt gehen wir im weiteren Verlauf noch genauer ein.

Orthogonalisierungsansatz

Der **Orthogonalisierungsansatz** stellt eine Erweiterung des Produktindikatoransatzes dar. Little et al. (2006) haben den Ansatz entwickelt, um zwei Probleme zu adressieren, die durch die Standardisierung der Variablen im Produktindikatoransatz entstehen. Erstens führt die Standardisierung zwar zu einer Reduktion des Kollinearitätsniveaus in einem PLS-Pfadmodell, allerdings wird die Kollinearität dadurch nicht völlig eliminiert. Somit kann die Kollinearität im PLS-Pfadmodell trotz der Standardisierung noch substanziell sein, was zu überhöhten Standardfehlern oder verzerrten Schätzungen der Pfadkoeffizienten führt. Zweitens können wir bei einer Standardisierung der Variablen den direkten Effekt zwischen Y_1 und Y_2 ohne Moderation (d. h. den **Haupteffekt**) nicht mit dem Effekt zwischen Y_1 und Y_2 unter Berücksichtigung einer Moderation (d. h. den **einfachen Effekt**) vergleichen. Wir werden die Unterscheidung zwischen Haupteffekt und einfachem Effekt noch genauer erläutern, wenn wir uns mit der Interpretation der Ergebnisse beschäftigen.

Der Orthogonalisierungsansatz baut auf dem Produktindikatoransatz auf und erfordert, dass zunächst alle Produktindikatoren des Interaktionsterms gebildet werden. Für das Modell in Abbildung 7.16 werden also vier Produktindikatoren gebildet: $x_1 \cdot m_1$, $x_1 \cdot m_2$, $x_2 \cdot m_1$ und $x_2 \cdot m_2$. Im nächsten Schritt werden alle Produktindikatoren auf alle Indikatoren des exogenen Konstrukts und des Moderators regressiert. Für das Beispiel in Abbildung 7.16 sind daher die folgenden vier Regressionsmodelle zu erstellen und zu schätzen:

$$
\begin{aligned}
x_1 \cdot m_1 &= b_{1,11} \cdot x_1 + b_{2,11} \cdot x_2 + b_{3,11} \cdot m_1 + b_{4,11} \cdot m_2 + e_{11} \\
x_1 \cdot m_2 &= b_{1,12} \cdot x_1 + b_{2,12} \cdot x_2 + b_{3,12} \cdot m_1 + b_{4,12} \cdot m_2 + e_{12} \\
x_2 \cdot m_1 &= b_{1,21} \cdot x_1 + b_{2,21} \cdot x_2 + b_{3,21} \cdot m_1 + b_{4,21} \cdot m_2 + e_{21} \\
x_2 \cdot m_2 &= b_{1,22} \cdot x_1 + b_{2,22} \cdot x_2 + b_{3,22} \cdot m_1 + b_{4,22} \cdot m_2 + e_{22}
\end{aligned}
$$

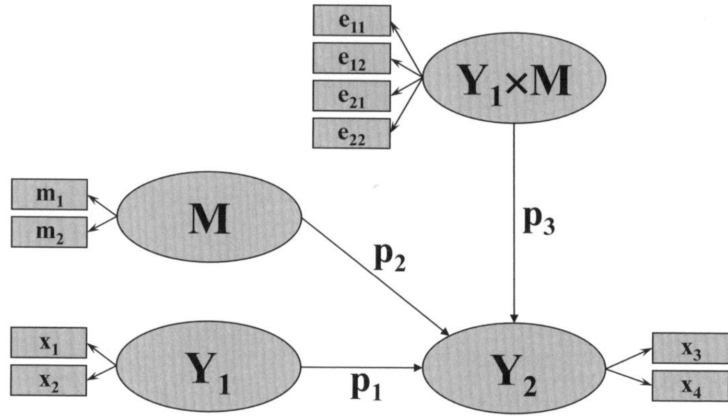

Abbildung 7.16 Der Orthogonalisierungsansatz

In jedem Regressionsmodell bildet ein Produktindikator (z. B. $x_1 \cdot m_1$) die abhängige Variable, während alle Indikatoren des exogenen Konstrukts (hier x_1 und x_2) und des Moderators (hier m_1 und m_2) als unabhängige Variablen dienen. Bei den Ergebnissen interessieren uns nicht die Regressionskoeffizienten *b*, vielmehr sind die Residuen *e* das eigentlich interessierende Element. Der Orthogonalisierungsansatz nutzt diese standardisierten Residuen *e* als Indikatoren für den Interaktionsterm, wie in Abbildung 7.16 dargestellt.

Dieses Vorgehen stellt sicher, dass die orthogonalen Indikatoren des Interaktionsterms keinerlei Varianz mit den Indikatoren der anderen beiden Konstrukte im Moderatormodell teilen. Dadurch werden Kollinearitätsprobleme zwischen dem Interaktionsterm und den anderen beiden Konstrukten vermieden. Eine weitere Konsequenz der Orthogonalität ist, dass die Schätzungen der Pfadkoeffizienten im Modell ohne Interaktionsterm identisch mit denen im Modell mit dem Interaktionsterm sind. Diese Eigenschaft erleichtert die Interpretation der Stärke des Moderatoreffekts im Vergleich zum Produktindikatoransatz erheblich. Allerdings ist der Orthogonalisierungsansatz durch seine Abhängigkeit von den Produktindikatoren nur dann anwendbar, wenn das exogene Konstrukt und die Moderatorvariable reflektiv gemessen werden.

Zwei-Stufen-Ansatz

Chin et al. (2003) haben den **Zwei-Stufen-Ansatz** zur Durchführung von Moderatoranalysen vorgeschlagen. Die generelle Anwendbarkeit des Zwei-Stufen-Ansatzes ist durch die in der PLS-SEM geschätzten Konstruktwerte gegeben (Becker et al., 2018; Henseler & Chin, 2010; Rigdon et al., 2010). Die zwei Stufen stellen sich wie folgt dar:

Stufe 1: Das Modell wird mit den Haupteffekten (d. h. ohne den Interaktionsterm) geschätzt, um die Konstruktwerte zu erhalten. Diese werden für die weitere Analyse in Stufe 2 gespeichert.

Stufe 2: Die Konstruktwerte der exogenen Konstrukte und des Moderators werden multipliziert. Das resultierende Single-Item wird dann zur Messung

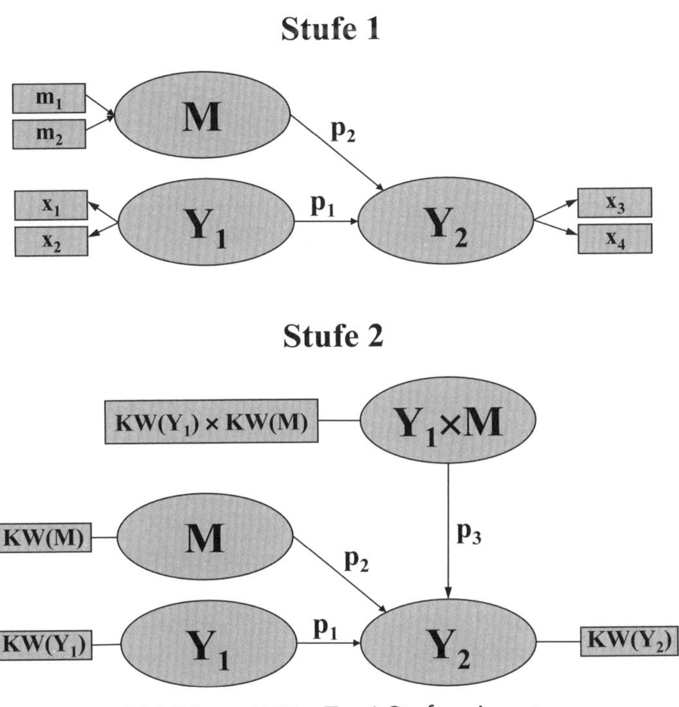

Abbildung 7.17 Zwei-Stufen-Ansatz

des Interaktionsterms verwendet. Alle anderen Konstrukte werden über Single-Items gemessen, welche die Konstruktwerte aus Stufe 1 beinhalten.

Abbildung 7.17 veranschaulicht den Zwei-Stufen-Ansatz für unser vorheriges Modell, wobei allerdings in Stufe 1 zwei formative Indikatoren zur Messung des Moderators verwendet werden. In Stufe 1 wird das Modell ohne Interaktionseffekt geschätzt, um die Konstruktwerte (KW) für Y_1, Y_2 und M (d. h. $KW(Y_1)$, $KW(Y_2)$ und $KW(M)$) zu erhalten. Die Konstruktwerte von Y_1 und M werden dann multipliziert, um das Single-Item zur Messung des Interaktionsterms $Y_1 \cdot M$ in Stufe 2 zu erhalten. Die Konstrukte Y_1, Y_2 und M werden in Stufe 2 jeweils durch ein Single-Item gemessen, welche die jeweiligen Konstruktwerte aus Stufe 1 beinhalten. Dabei ist wichtig, dass die Limitationen im Zusammenhang mit Single-Items in diesem Fall nicht zutreffen, da die Single-Items die Konstruktwerte repräsentieren, die in Stufe 1 durch eine Schätzung mit multiplen Items gewonnen wurden.

Richtlinien zur Erstellung von Interaktionstermen

Welcher Ansatz sollte für die Erstellung von Interaktionstermen bevorzugt werden? Für die Beantwortung dieser Frage ist es wichtig zu wissen, dass sowohl der Produktindikator- als auch der Orthogonalisierungsansatz nur auf reflektive Messmodelle anwendbar sind. Die Multiplikation der Indikatoren beruht auf der Annahme, dass die jeweiligen Indikatoren des exogenen Konstrukts und des Moderators aus einer bestimmten konzeptionellen Domäne stammen und im Prinzip austauschbar sind. Daher sind beide Ansätze nicht anwendbar, wenn das exogene Konstrukt oder der Moderator formativ gemessen werden. Da formative Indikatoren nicht notwendigerweise einem vordefinierten theoretischen Konzept entsprechen müssen (z. B. wenn sie zur Messung von Artefakten verwendet werden; Kapitel 2), führt ihre Multiplikation mit einem anderen Satz von Indikatoren zu einer Konfundierung des Interaktionsterms. Als Alternative ist der Zwei-Stufen-Ansatz anwendbar und zwar unabhängig davon, ob das exogene Konstrukt und das Moderatorkonstrukt reflektive oder formative Messmodelle haben.

Wir empfehlen die Verwendung des Zwei-Stufen-Ansatzes. Neben seiner allgemeinen Anwendbarkeit belegen Simulationsstudien seine vorteilhaften Eigenschaften. Henseler und Chin (2010) haben eine umfangreiche Simulationsstudie durchgeführt, in der die Ansätze hinsichtlich ihrer Teststärke, der Genauigkeit der Schätzungen und ihrer Prognosegüte verglichen wurden. Becker et al. (2018) haben diese Simulationsstudie repliziert und erweitert. Ihre Ergebnisse zeigen, dass der Zwei-Stufen-Ansatz den anderen Ansätzen überlegen ist. Darüber hinaus untersuchten Becker et al. (2018) die Auswirkungen verschiedener Datenverarbeitungsoptionen. Die Ergebnisse zeigen, dass der Ansatz am besten funktioniert, wenn die Indikatordaten und der Interaktionsterm standardisiert sind, statt mit unstandardisierten oder mittelwertzentrierten Daten zu arbeiten. Vor diesem Hintergrund empfehlen wir den Zwei-Stufen-Ansatz mit standardisierten Daten zur Durchführung von Moderatoranalysen zu verwenden.

Modellevaluation

Die in den Kapiteln 4 bis 6 diskutierten Evaluationskriterien für die Messmodelle und das Strukturmodell gelten auch bei Moderatormodellen. Werden reflektiv spezifizierte Messmodelle verwendet, muss der Moderator alle relevanten Kriterien in Bezug auf die Interne-Konsistenz-Reliabilität, die Konvergenzvalidität und die Diskriminanzvalidität erfüllen. Genauso gelten alle Kriterien für formativ spezifizierte Messmodelle auch für die Moderatorvariable. Für den Interaktionsterm gelten diese Anforderungen allerdings nicht, da dieser nur eine Hilfsmessung darstellt, welche die Wechselwirkung zwischen dem Moderator und dem exogenen Konstrukt im Pfadmodell erfasst. Durch diese Eigenschaft wird jegliche Messmodellevaluation bedeutungslos. Zudem führt die Wiederverwendung der Indikatoren des Moderators und des exogenen Konstrukts vom Ansatz her zu hohen Korrelationen zwischen den Konstrukten. Hierdurch werden die Standards der Diskriminanzvalidität verletzt. Ebenso greifen die üblichen Evaluationskriterien bei Verwendung des Zwei-Stufen-Ansatzes nicht, da der Interaktionsterm mit einem Single-Item gemessen wird. Daher wird der Interaktionsterm nicht anhand der Kriterien für Messmodelle evaluiert.

Schließlich gilt es, die Standardkriterien für die Evaluation des Strukturmodells zu berücksichtigen. Im Kontext der Moderation sollte der f^2-Effektstärke besondere Aufmerksamkeit geschenkt werden. Wie in Kapitel 6 erläutert, ermöglicht dieses Kriterium eine Bewertung der Veränderung in den R^2-Werten, wenn ein exogenes Konstrukt von dem Modell ausgeschlossen wird. Im

Fall von Interaktionseffekten gibt die f^2-Effektstärke an, welchen Anteil die Moderation an der Erklärung des endogenen Konstrukts hat. Wir erinnern uns, dass sich die Effektstärke wie folgt berechnet:

$$f^2 = \frac{R^2_{eingeschlossen} - R^2_{ausgeschlossen}}{1 - R^2_{eingeschlossen}},$$

wobei $R^2_{eingeschlossen}$ und $R^2_{ausgeschlossen}$ die R^2-Werte des endogenen Konstrukts sind, wenn der Interaktionsterm im PLS-Pfadmodell berücksichtigt bzw. vom Modell ausgeschlossen wird. Generelle Richtlinien zur Beurteilung der f^2-Werte besagen, dass 0,02, 0,15 und 0,35 kleine, mittlere und große Effektstärken repräsentieren (Cohen, 1988). Allerdings haben Aguinis et al. (2005) gezeigt, dass die durchschnittliche Effektstärke bei Moderationen nur 0,009 beträgt. Vor diesem Hintergrund schlägt Kenny (2016) vor, dass 0,005, 0,01 und 0,025 realistischere Standards für kleine, mittlere und große Effektstärken darstellen. Zugleich weist er darauf hin, dass selbst diese Werte in Anbetracht gängiger Effektstärken in empirischen Studien sehr optimistisch sind (siehe Aguinis et al., 2005).

Ergebnisinterpretation

Bei der Interpretation der Ergebnisse einer Moderatoranalyse liegt das primäre Interesse in der Signifikanz des Interaktionsterms, welche auf Basis des Bootstrapping-Verfahrens (vgl. Kapitel 5 und 6) ermittelt wird. Sofern der Interaktionsterm einen signifikanten Effekt auf das endogene Konstrukt hat, können wir schlussfolgern, dass der Moderator M einen signifikanten Effekt auf die Beziehung zwischen Y_1 und Y_2 hat. Im Fall einer signifikanten Moderation besteht der nächste Schritt darin, die Stärke des Moderatoreffekts zu bestimmen.

In einem Modell ohne Moderation (d.h. ohne die Moderatorvariable M), in dem es nur einen Pfeil als Verbindung zwischen Y_1 und Y_2 gibt, wird der Effekt p_1 als **direkter Effekt** oder **Haupteffekt** bezeichnet. Bei dem Zwei-Stufen-Ansatz unterscheiden sich die Haupteffekte allerdings von der korrespondierenden Beziehung in einem Moderatormodell, wie sie in Abbildung 7.17 dargestellt ist. Hier wird p_1 als **einfacher Effekt** bezeichnet, wodurch ausgedrückt wird, dass der Effekt von Y_1 auf Y_2 durch M moderiert wird. Der geschätzte Wert von p_1 repräsentiert dabei die Stärke der Beziehung zwischen Y_1 und Y_2, wenn die Moderatorvariable den Wert 0 hat. Erhöht oder verringert sich das Niveau der Moderatorvariablen um eine Standardabweichung, dann ändert sich der einfache Effekt p_1 um die Größe von p_3. Ist der einfache Effekt p_1 beispielsweise gleich 0,30 und der Moderatoreffekt p_3 gleich –0,10, würden wir erwarten, dass die Beziehung zwischen Y_1 und Y_2 auf 0,20 sinkt (0,30 + (–0,10)), falls (ceteris paribus) der Wert der Moderatorvariable M um eine Standardabweichung ansteigt (Henseler & Fassott, 2010).

In vielen Modellspezifikationen ist die 0 in der Skala von M nicht enthalten oder stellt, wie in unserem Beispiel zum Einfluss des Einkommens, keinen sinnvollen Wert für den Moderator dar. In diesem Fall wird die Interpretation des einfachen Effekts schwierig. Aus diesem Grund werden die Indikatoren des Moderators standardisiert. Diese Standardisierung verschiebt den Referenzpunkt des Einkommens von 0 auf das durchschnittliche Einkommen und erleichtert somit die Interpretation. Zudem verringert die Standardisierung die Kollinearität zwischen dem Interaktionsterm, dem Moderator und dem exogenen Konstrukt, die beim Produktindikatoransatz durch die Wiederverwendung der Indikatoren entsteht.

Bei der Anwendung des Zwei-Stufen-Ansatzes unterscheidet sich die Art des Effekts zwischen Y_1 und Y_2 (d. h. p_1) in den Modellen mit und ohne Moderator. Daher sollte die PLS-SEM-Analyse zunächst ohne den Moderator ausgeführt werden, sofern es gilt, die Signifikanz des Haupteffekts p_1 zwischen Y_1 und Y_2 zu prüfen. Die Evaluation und Interpretation der Ergebnisse sollte dem in Kapitel 6 dargestellten Vorgehen folgen. Erst danach wird die Moderatoranalyse als komplementäre Analyse für die spezifische Moderatorbeziehung durchgeführt. Dies ist wichtig, da der direkte Effekt im Moderatormodell zu einem einfachen Effekt wird, der sich hinsichtlich seiner geschätzten Größe, Bedeutung und Interpretation unterscheidet. Der einfache Effekt repräsentiert die Beziehung zwischen einem exogenen und einem endogenen Konstrukt, wenn die Moderatorvariable den Mittelwert annimmt (sofern eine Standardisierung vorgenommen wurde). Damit kann die Interpretation des einfachen Effekts als direkten Effekt (z. B. wenn die Hypothese getestet werden soll, ob die Beziehung p_1 zwischen Y_1 und Y_2 signifikant ist) in einem Moderatormodell fehlgeleitet sein und zu falschen Schlussfolgerungen führen (Henseler & Fassott, 2010).

Über das Verständnis dieser Aspekte hinaus ist die Interpretation der Ergebnisse einer Moderatoranalyse häufig eine Herausforderung. Grafische Darstellungen unterstützen das Verständnis der Ergebnisse und erleichtern Schlussfolgerungen. Eine gängige Methode zur Illustration der Ergebnisse einer Moderatoranalyse sind Liniendiagramme. Internetseiten wie die von Jeremy Dawson (http://www.jeremydawson.co.uk/slopes.htm) oder Kristopher Preacher (https://quantpsy.org/interact/mlr2.htm) bieten Online-Tools für die entsprechenden Berechnungen und die Erstellung einfacher Liniendiagramme. Für unser Beispiel einer zweifachen Interaktion (Abbildung 7.7) nehmen wir an, dass die Beziehung zwischen Y_1 und Y_2 einen Koeffizienten von 0,50, die Beziehung zwischen M und Y_2 einen Koeffizienten von 0,10 und der Interaktionsterm ($Y_1 \cdot M$) einen Koeffizienten von 0,25 mit Y_2 hat. Abbildung 7.18 zeigt das Liniendiagramm für eine derartige Situation, wobei die x-Achse das exogene Konstrukt (Y_1) und die y-Achse das endogene Konstrukt (Y_2) repräsentiert.

Die beiden Linien in Abbildung 7.18 veranschaulichen die Beziehung zwischen Y_1 und Y_2 für hohe und niedrige Werte des Moderators M. Normalerweise definieren wir einen niedrigen Wert für M als einen Wert, der eine Standardabweichung unter dem Mittelwert liegt (durchgezogene Linie in Abbildung 7.18), wohingegen Werte, die eine Standardabweichung über dem Mittelwert liegen, hohe Werte für M markieren (gestrichelte Linie in Abbildung 7.18). Durch den positiven Moderatoreffekt von 0,25 ist der Anstieg

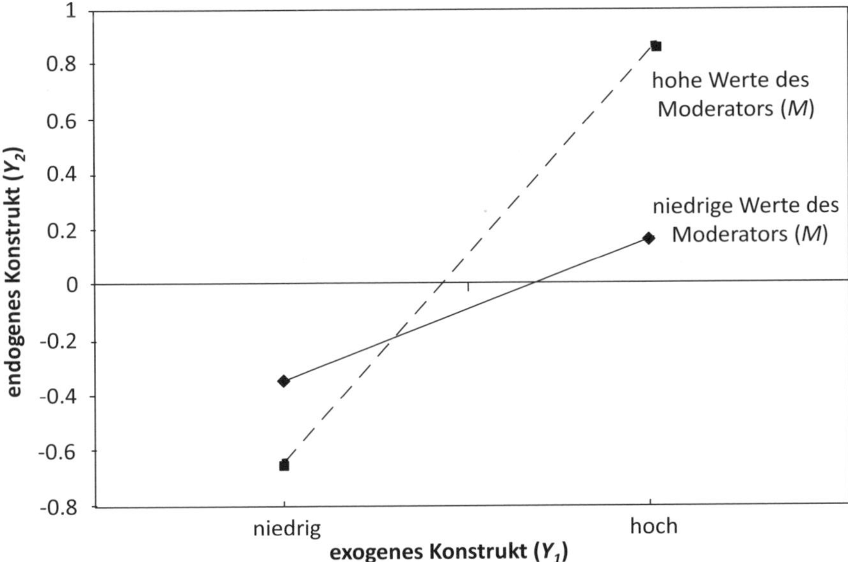

Abbildung 7.18 Liniendiagramm eines Interaktionseffektes

bei einem hohen Wert des Moderators steiler. Das heißt, dass die Beziehung zwischen Y_1 und Y_2 mit zunehmenden Werten von *M* stärker wird. Für geringe Werte von *M* ist der Anstieg flacher. Somit führen geringe Werte von *M* dazu, dass die Beziehung zwischen Y_1 und Y_2 schwächer wird.

Moderierte Mediation und mediierte Moderation

Mit dem Aufkommen von Mediator- und Moderatoranalysen wurde zunehmend diskutiert, wie sich diese beiden Analysestrategien in sogenannten konditionellen Prozessmodellen (Hayes & Rockwood, 2020) kombinieren lassen. Derartige Analysen werden als moderierte Mediation oder mediierte Moderation bezeichnet, je nachdem, wie der Einfluss der Moderator- bzw. der Mediatorvariable definiert wird.

Moderierte Mediation tritt auf, wenn eine Moderatorvariable mit einer Mediatorvariablen interagiert, so dass sich der Wert des indirekten Effekts in Abhängigkeit des Wertes der Moderatorvariablen ändert. Eine solche Situation wird auch als **bedingter indirekter Effekt** bezeichnet, da der Wert des indirekten Effekts vom Wert der Moderatorvariablen bestimmt wird (Hayes, 2015). Anders ausgedrückt: Falls der mediierende Mechanismus zwischen einem exogenen Konstrukt und einem endogenen Konstrukt eine Funktion einer anderen Variable ist, wird er durch diese Variable moderiert. Abbildung 7.19 zeigt ein Beispiel einer moderierten Mediation. Dieses Modell geht davon aus, dass die Beziehung zwischen dem exogenen Konstrukt Y_1 und dem Mediator Y_2 durch *M* moderiert wird.

Gemäß dem Standardvorgehen zur Prüfung von Moderationen in einem Pfadmodell würden wir wie in Abbildung 7.20 dargestellt einen Interaktions-

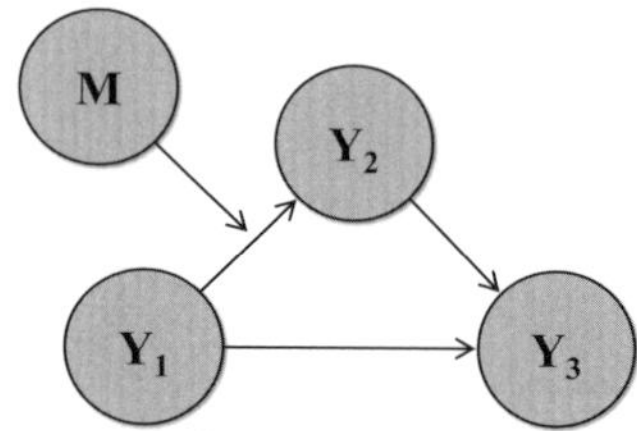

Abbildung 7.19 Moderierte Mediation (konzeptionelles Modell)

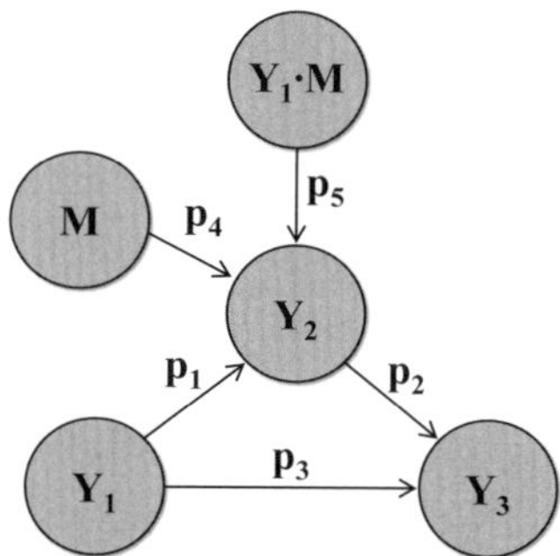

Abbildung 7.20 Interaktionsterm in einem moderierten Mediatormodell

term bilden, der sich aus dem Moderator *M* und dem exogenen Konstrukt Y_1 zusammensetzt. Der resultierende bedingte indirekte Effekt von Y_1 auf Y_3 wird dabei ausgedrückt als $(p_1 + p_5 \cdot M) \cdot p_2 = p_1 \cdot p_2 + p_2 \cdot p_5 \cdot M$, wobei sich *M* auf die latenten Variablenwerte der Moderatorvariable bezieht.

Forscher nehmen in der Regel an, es müsse eine signifikante Moderation des Pfades zwischen Y_1 mit Y_2 vorliegen, damit von einer moderierten Mediation ausgegangen werden kann (z. B. Muller et al., 2005; Preacher et al., 2007). Dies entspricht einem signifikanten Pfad p_5 in Abbildung 7.20. Hayes (2015) weist allerdings darauf hin, dass eine nicht signifikante Moderation nicht zwingend impliziert, dass der indirekte Effekt von Y_1 auf Y_3 nicht durch *M* moderiert wird. Vielmehr zeigt er auf, dass wir den gesamten Einfluss des Moderators auf den indirekten Effekt berücksichtigen müssen, statt uns auf ein isoliertes Element des mediierenden Effekts (in diesem Fall der Pfad p_2) zu konzentrieren. Um so einen Einfluss zu prüfen, schlägt Hayes (2015) den **Index der moderierten Mediation** vor, der den Effekt des Moderators *M* auf den indirekten Effekt von Y_1 auf Y_3 über den Mediator Y_2 quantifiziert. Für den in Abbildung 7.20 dargestellten bedingten indirekten Effekt (d. h. $p_1 \cdot p_2 + p_2 \cdot p_5 \cdot M$) ist der Index der moderierten Mediation gleich dem Produktterm von M:

$$w = p_2 \cdot p_5.$$

Unterscheidet sich der Index *w* signifikant von 0, können wir schlussfolgern, dass der indirekte Effekt von Y_1 auf Y_3 durch Y_2 von *M* nicht unabhängig, sondern abhängig ist. Dies können wir prüfen, indem wir ein Bootstrapping durchführen und w für jede Bootstrapping-Teilstichprobe berechnen (z. B. durch Kopieren der SmartPLS-Ergebnisse für die Pfadkoeffizienten pro Bootstrapping-Teilstichprobe in Microsoft Excel). Der Standardfehler von w für alle Bootstrapping-Teilstichproben ermöglicht die Berechnung des t-Werts (d. h. durch Division von w durch seinen Bootstrapping-Standardfehler) und des entsprechenden p-Wertes. Alternativ kann die aufsteigende Reihenfolge von w pro Bootstrapping-Teilstichprobe verwendet werden, um das 95 %-Konfidenzintervall gemäß dem Perzentil-Verfahren (Kapitel 5) zu bestimmen.

Neben der hier dargestellten moderierten Mediation können auch andere Formen auftreten, etwa wenn die Beziehung zwischen dem Mediator Y_2 und dem endogenen Konstrukt Y_3 durch M moderiert wird. In dieser Alternative ist der bedingte indirekte Effekt $p_1 \cdot (p_2 + p_5 \cdot M) \cdot p_2 = p_1 \cdot p_2 + p_1 \cdot p_5 \cdot M$, und der Index der moderierten Mediation ist gegeben durch

$$w = p_1 \cdot p_5.$$

In ähnlicher Weise kann der Moderator M beide Elemente der indirekten Beziehung gleichzeitig beeinflussen (d. h. p_1 und p_2 in Abbildung 7.20) sowie den einfachen Effekt p_3 zwischen Y_1 und Y_3. Darüber hinaus kann Moderation auch in multiplen Mediationsmodellen auftreten und sich auf eine oder mehrere Modellbeziehungen auswirken (siehe Hayes (2015) und Hayes und Rockwood (2020) für weitere Details sowie Ng et al. (2022) für ein Beispiel eines moderierten Mediationsmodells).

Die zweite Möglichkeit zur Kombination von Mediation und Moderation stellt die **mediierte Moderation** dar. Betrachten wir wieder das Moderatormodell in Abbildung 7.13. Im Fall einer mediierten Moderation wird der Moderatoreffekt p_3 von dem Interaktionsterm $Y_1 \cdot M$ auf das abhängige Konstrukt Y_3 durch ein anderes Konstrukt mediiert. Die Mediatorvariable beeinflusst den Moderatoreffekt also dahingehend, dass eine Änderung des Interaktionsterms zu einer Änderung des Mediators führt, was wiederum eine Änderung des abhängigen Konstrukts zur Folge hat. Mit anderen Worten bestimmt die Mediatorvariable die Art (d. h. den zugrundeliegenden Mechanismus bzw. Prozess) des Moderatoreffekts. In Bezug auf diese Überlegungen empfehlen Preacher et al. (2007) die mediierte Moderation nicht explizit zu prüfen, da die entsprechende Analyse keine zusätzlichen Erkenntnisse zu den Effekten des Pfadmodells liefert. Genau genommen hat der Interaktionsterm in einem mediierten Moderatormodell keine inhaltliche Grundlage im Messprozess. Daher hat die Quantifizierung des Interaktionsterms keinen substantiellen Wert für die Interpretation. Zudem ist es normalerweise sehr schwer bzw. mitunter gar unmöglich, theoretische Überlegungen für ein mediiertes Moderatormodell aufzustellen. Vor diesem Hintergrund schließen wir uns Hayes (2018) an und empfehlen, das Konzept der mediierten Moderation nicht weiter zu verfolgen. Stattdessen sollten Forscher sich auf die moderierte Mediation konzentrieren.

Abbildung 7.21 fasst die Faustregeln zur Durchführung von Moderatoranalysen in der PLS-SEM zusammen.

- Für die Bildung des Interaktionsterms sollte der Zwei-Stufen-Ansatz mit standardisierten Daten verwendet werden.
- Die Moderatorvariable muss entsprechend dem Standardvorgehen zur Evaluierung von reflektiv und formativ spezifizierten Messungen hinsichtlich ihrer Reliabilität und Validität geprüft werden. Dies trifft allerdings nicht für den Interaktionsterm zu, der eine Hilfsmessung darstellt, für welche die Indikatoren des exogenen Konstrukts und des Moderators wiederverwendet werden.
- Ein signifikanter Interaktionsterm weist auf das Vorhandensein eines Moderatoreffekts hin.
- Um die Stärke des Moderatoreffekts zu beurteilen, wird die Effektgröße f^2 interpretiert. Effektgrößen von 0,005, 0,010 und 0,025 zeigen kleine, mittlere bzw. große Effekte an.
- Im Rahmen der Ergebnisinterpretation und der Prüfung der Hypothesen muss zwischen dem direkten Effekt (oder Haupteffekt) auf der einen und dem einfachen Effekt im Moderatormodell auf der anderen Seite unterschieden werden. Der direkte Effekt drückt die Beziehung zwischen zwei Konstrukten aus, wenn kein Moderator einbezogen wird. Im Gegensatz dazu beschreibt der einfache Effekt die Beziehung zwischen zwei Konstrukten, wenn diese durch eine dritte Variable moderiert wird und die Moderatorvariable den Mittelwert annimmt (vorausgesetzt die Daten wurden standardisiert).
- PLS-SEM ist dem PROCESS-Ansatz überlegen, wenn es um die Bewertung von konditionellen Prozessmodellen geht, welche die Mediations- und Moderationsanalyse kombinieren (Sarstedt et al., 2020a).
- Bei der Prüfung von moderierten Mediatormodellen sollte der von Hayes (2015) vorgeschlagene Index für moderierte Mediation verwendet werden.
- Mediierte Moderatormodelle sollten nicht zum Einsatz kommen.

Abbildung 7.21 Faustregeln für Moderatoranalysen in der PLS-SEM

Anwendungsbeispiel

Zur Veranschaulichung der Schätzung von Moderatoreffekten beziehen wir uns wieder auf das erweiterte Modell zur Unternehmensreputation (Abbildung 7.9). Für unsere Analysen konzentrieren wir uns auf die Beziehung zwischen Kundenzufriedenheit und Kundenloyalität. Dabei führen wir das Konstrukt der Wechselkosten als eine Moderatorvariable ein. Es kann davon ausgegangen werden, dass die Wechselkosten die Beziehung zwischen Zufriedenheit und Loyalität negativ beeinflussen. Konkret nehmen wir an, dass die Beziehung zwischen diesen Konstrukten umso geringer sein sollte, je höher die Wechselkosten sind. Hierbei verwenden wir die Skala von Jones et al. (2000) und messen das Wechselkostenkonstrukt reflektiv mit vier Indikatoren (*switch_1* bis *switch_4;* siehe Abbildung 7.22), die jeweils auf einer 5-Punkte-Likert-Skala (1 = *stimme überhaupt nicht zu,* 5 = *stimme voll und ganz zu*) abgefragt wurden.

Als erstes erweitern wir das Originalmodell, indem wir das Moderatorkonstrukt im Modellfenster integrieren. Hierfür fügen wir ein neues Konstrukt in das Modell ein, und benennen es als *SC* (für Switching Costs). Dann verbinden wir das neu hinzugefügte Moderatorkonstrukt mit dem Konstrukt *CUSL*.

switch_1	Ein Anbieterwechsel nimmt viel Zeit in Anspruch.
switch_2	Ein Anbieterwechsel ist mir zu aufwendig.
switch_3	Es ist ein hoher Aufwand nötig, um sich an einen neuen Anbieter mit seinen spezifischen Anforderungen und Abläufen zu gewöhnen.
switch_4	Insgesamt wäre es sehr mühsam, zu einem anderen Anbieter zu wechseln.

Abbildung 7.22 Indikatoren zur Messung der Wechselkosten

Danach weisen wir dem Konstrukt *SC* die Indikatoren *switch_1, switch_2, switch_3* und *switch_4* zu. Bitte beachten Sie, dass Sie im Falle von nur einer Moderatorvariablen, wie z. B. Einkommen oder Alter, ein Single-Item-Konstrukt verwenden würden (d. h. ein Konstrukt mit nur einer Indikatorvariablen, das als Moderator dient; Kapitel 2 und 4). Als Nächstes fügen wir einen moderierenden Effekt hinzu. Hierfür klicken wir im Menü auf **Mod. Eff** und verbinden das neue Konstrukt *SC* mit dem Pfad (also dem Pfeil) zwischen *CUSA* und CUSL. Abbildung 7.23 zeigt das um den Moderatoreffekt erweiterte Modell im SmartPLS-Modellfenster.

Nun können wir mit der Analyse fortfahren, indem wir den PLS-SEM-Algorithmus (unter Verwendung des Pfadgewichtungsschemas und der Mittelwertersetzung für fehlende Werte, wie in den vorherigen Kapiteln beschrieben) ausführen. Bei der Berechnung der Ergebnisse fügt SmartPLS automatisch

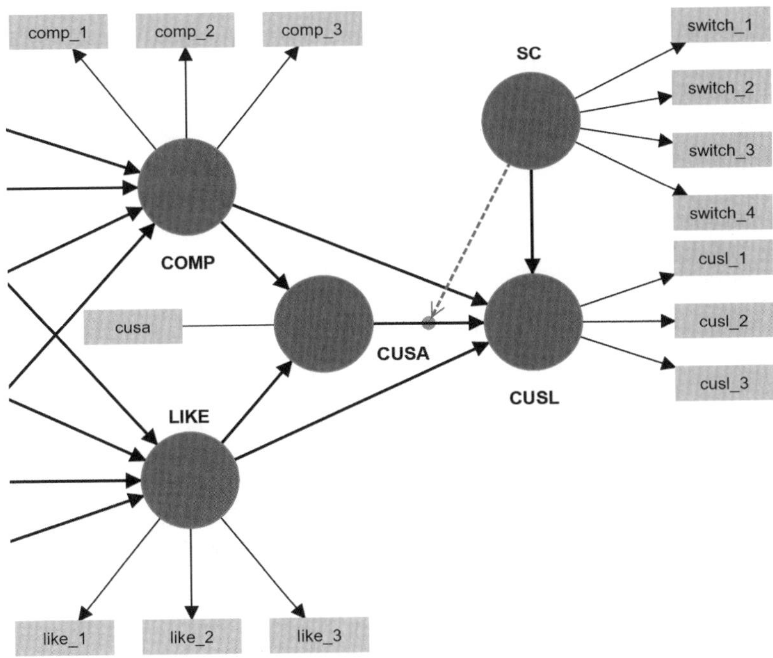

Abbildung 7.23 Moderationseffekt

eine Beziehung des Moderators zum abhängigen Konstrukt der moderierten Beziehung hinzu, unabhängig davon, ob die Beziehung im Modell enthalten ist oder nicht. Dies ist eine statistische Anforderung, um korrekte Ergebnisse für die Moderation zu erhalten. Zur Berechnung der Moderationsergebnisse verwendet SmartPLS den Zwei-Stufen–Ansatz (siehe auch Becker et al., 2018 sowie Becker et al., 2023). Dieser ermittelt (automatisch) die Konstruktwerte der latenten Prädiktorvariablen und der latenten Moderatorvariablen aus dem Modell ohne den Interaktionsterm, speichert diese und nutzt sie zur Berechnung des Interaktionsterms für die zweite Analysestufe. SmartPLS liefert uns direkt die Ergebnisse dieser zweiten Analysestufe. Abbildung 7.24 zeigt die im **Modellfenster** dargestellten Ergebnisse.

Die Evaluation des Messmodells zeigt, dass die Messungen des Moderatorkonstrukts reliabel und valide sind. Alle Ladungen liegen über 0,70 und die AVE beträgt 0,705, was die Konvergenzvalidität des Moderators *SC* stützt. Die Composite-Reliabilität ρ_A hat einen Wert von 0.858, was auf eine ausreichende Interne-Konsistenz-Reliabilität hinweist. In Bezug auf die Diskriminanzvalidität zeigt sich, dass *SC* nur mit *COMP* (0,850) und *LIKE* (0,802) erhöhte HTMT-Werte aufweist. Eine weitere Analyse dieser HTMT-Werte erfolgt mittels Bootstrapping (Perzentil-Bootstrapping, 10.000 Teilstichproben, kompletter Ergebnisumfang, einseitiges Testen mit einem Signifikanzniveau von 0,05 und Standardeinstellungen für den PLS-SEM-Algorithmus und die Behandlung fehlender Werte). Wie in Kapitel 4 diskutiert, nehmen wir für alle relevanten Konstruktkombinationen außer COMP und LIKE sowie CUSA und CUSL den konservativeren HTMT-Wert von 0,85 an. Für diese Konstruktpaare nehmen wir aufgrund ihrer konzeptionellen Ähnlichkeit den höheren Schwellenwert von 0,90 an. Für das zusätzliche Konstrukt SC berücksichtigen wir ebenfalls die konzeptuelle Ähnlichkeit zu LIKE, COMP und CUSA und wenden den höheren HTMT-Schwellenwert von 0,90 an. Die Ergebnisse zeigen, dass die HTMT-Werte signifikant niedriger sind ($p < 0,05$) als die kritischen Schwellenwerte von 0,85 und 0,90. Allerdings liegt die Obergrenze des 95%-Konfidenzintervalls für die HTMT-Werte von *COMP* und *SC* bei knapp über 0.90, was mit Blick auf die konzeptionelle Ähnlichkeit der beiden Konstrukte vernachlässigbar ist. Wir schließen daraus, dass die Einbeziehung des Moderators SC in das Modell keine Probleme hinsichtlich der Diskriminanzvalidität aufwirft.

Durch die Integration zusätzlicher Konstrukte in das Pfadmodell (d.h. *SC* und der Interaktionsterm) verändern sich die Messeigenschaften der anderen Konstrukte im Pfadmodell (auch wenn die Veränderungen wahrscheinlich marginal sind). Die erneute Evaluation aller Messmodelle unterstützt die Reliabilität und Validität der Messungen. Es ist zu beachten, dass die im Modellfenster dargestellten Ergebnisse der Messmodelle aus der ersten Stufe des Zwei-Stufen-Ansatzes stammen, die Ergebnisse des Strukturmodells hingegen aus der zweiten Stufe des Zwei-Stufen-Ansatzes, in der alle Konstrukte mit einem Single-Item gemessen werden.

Als nächstes interessiert uns die Größe des Moderatoreffekts. Wie aus Abbildung 7.24 deutlich wird, ist der Moderatoreffekt negativ (–0,071), wohingegen der einfache Effekt von *CUSA* auf *CUSL* positiv ist (0,467). Diese Ergebnisse

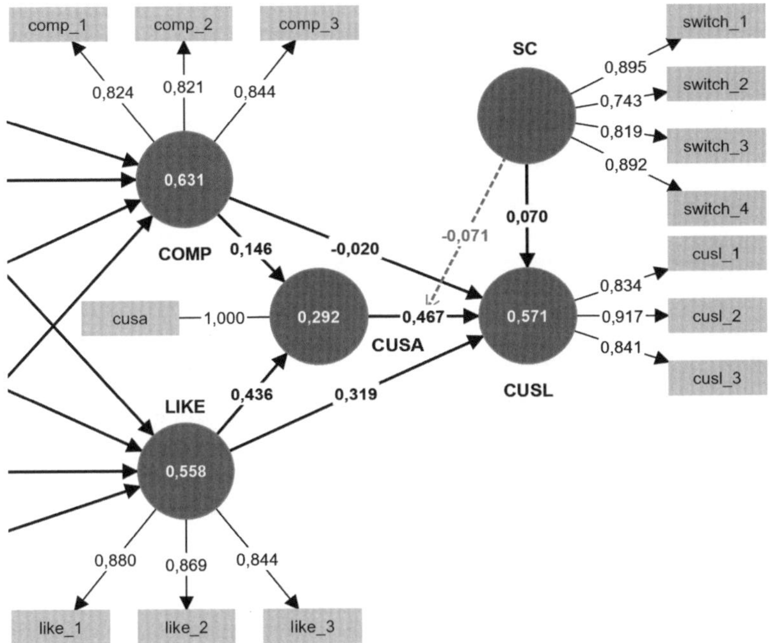

Abbildung 7.24 Ergebnisse der Moderatoranalyse in SmartPLS

deuten darauf hin, dass die Beziehung zwischen *CUSA* und *CUSL* bei durchschnittlichen Wechselkosten 0,467 beträgt. Für höhere Wechselkosten (d. h. Wechselkosten, die eine Standardabweichung über dem Mittelwert liegen) verringert sich die Beziehung zwischen *CUSA* und *CUSL* in Höhe des Interaktionsterms (d. h. 0,467 – 0,071 = 0,396). Bei geringeren Wechselkosten (d. h. Wechselkosten, die eine Standardabweichung unter dem Mittelwert liegen) wird die Beziehung zwischen *CUSA* und *CUSL* stärker (0,467 + 0,071 = 0,538). Zum besseren Verständnis dieser Zusammenhänge gehen wir im Ergebnisbericht des PLS-SEM-Algorithmus auf **Endergebnisse → Simple-Slope-Analyse**. Das anschließend dargestellte Liniendiagramm, ein sogenannter **Slope-Plot**, verdeutlicht den Interaktionseffekt (Abbildung 7.25).

Die drei Linien in Abbildung 7.25 stellen die Beziehung zwischen *CUSA* (x-Achse) und *CUSL* (y-Achse) dar. Die mittlere Linie repräsentiert die Beziehung für einen durchschnittlichen Wert des Moderatorkonstrukts *SC*. Die beiden anderen Linien kennzeichnen die Beziehung zwischen *CUSA* und *CUSL* für höhere (d. h. Mittelwert von *SC* plus eine Standardabweichung) und geringere (d. h. Mittelwert von *SC* minus eine Standardabweichung) Werte des Moderatorkonstrukts *SC*. Anhand der positiven Steigung der drei Geraden können wir sehen, dass die Beziehung zwischen *CUSA* und *CUSL* jeweils positiv ist. Höhere Niveaus an Kundenzufriedenheit gehen somit Hand in Hand mit höheren Niveaus an Kundenloyalität.

Wir können die Steigung des Moderatoreffekts noch genauer untersuchen. Die obere Linie, die ein hohes Niveau des Moderatorkonstrukts *SC* repräsen-

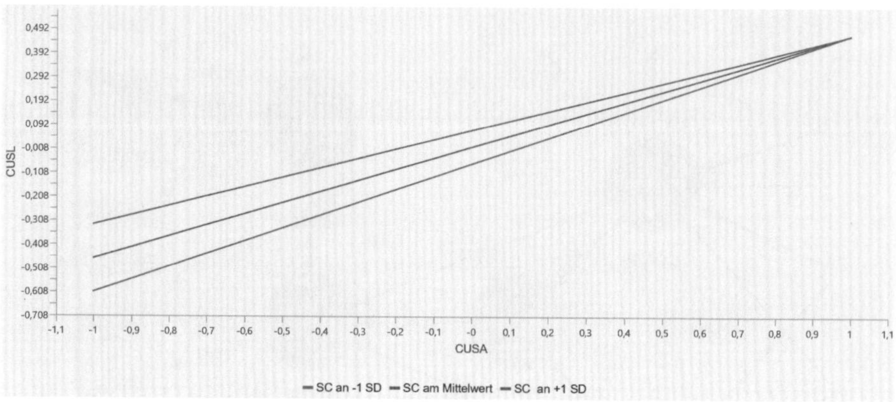

Abbildung 7.25 Slope-Plot in SmartPLS

tiert, hat eine flachere Steigung. Dagegen hat die untere Linie, die ein geringeres Niveau des Moderatorkonstrukts *SC* darstellt, eine steilere Steigung. Dies ist einleuchtend, da der Interaktionseffekt negativ ist. Als Faustregel und Approximation können wir sagen, dass sich die Steigung bei einem hohen Wert des Moderatorkonstrukts *SC* aus dem einfachen Effekt (d. h. 0,467) plus dem Interaktionseffekt (–0,071) ergibt, während sich die Steigung bei einem geringen Wert des Moderatorkonstrukts *SC* aus dem einfachen Effekt (d. h. 0,467) minus dem Interaktionseffekt (–0,071) ergibt. Das einfache Liniendiagramm unterstützt somit unsere vorherige Diskussion des negativen Interaktionsterms: Höhere Werte des Konstrukts *SC* resultieren in einer schwächeren Beziehung zwischen *CUSA* und *CUSL*, wohingegen geringe Werte des Konstrukts *SC* zu einer stärkeren Beziehung zwischen *CUSA* und *CUSL* führen.

Als nächstes bestimmen wir, ob der Interaktionsterm signifikant ist. Hierfür führen wir erneut das Bootstrapping (mit folgenden Einstellungen: Perzentil-Bootstrapping, 10.000 Teilstichproben, kompletter Ergebnisumfang, zweiseitiges Testen mit einem Signifikanzniveau von 0,05 und Standardeinstellungen für den PLS-SEM-Algorithmus und die Behandlung fehlender Werte) durch. Die Analyse liefert einen *p*-Wert von 0,024 für den Pfad zwischen dem Interaktionsterm und *CUSL*. Das 95 % Bias-korrigierte Perzentil-Bootstrapping-Konfidenzintervall des Interaktionsterms beträgt [–0,134; –0,010]. Da das Konfidenzintervall keine 0 enthält, schlussfolgern wir, dass der Effekt signifikant ist. Insgesamt zeigen diese Ergebnisse, dass *SC* einen signifikanten negativen Effekt auf die Beziehung zwischen *CUSA* und *CUSL* ausübt. Je höher die Wechselkosten, desto schwächer ist die Beziehung zwischen Kundenzufriedenheit und Kundenloyalität oder anders ausgedrückt: Je niedriger die Wechselkosten, desto wichtiger ist eine hohe Kundenzufriedenheit für eine hohe Kundenloyalität. Um unsere Ergebnisdarstellung zu komplettieren, adressieren wir in einem letzten Schritt die f^2-Effektstärke des Moderators. Der SmartPLS-Ergebnisbericht zeigt unter **Qualitätskriterien → f Quadrat** die f^2-Effektstärke des Interaktionsterms in Höhe von 0,014. Nach Kenny (2016) verweist dies auf einen mittelstarken Effekt.

Zum Abschluss zeigen wir einen Fall der moderierten Mediation, für den sich der zugehörige Index direkt aus dem SmartPLS-Ergebnisbericht ermitteln lässt. Abbildung 7.26 zeigt die indirekte Beziehung von *COMP* über *CUSA* auf *CUSL*, wobei *SC* als Moderator auf den ersten Teil der indirekten Beziehung von *COMP* auf *CUSA* wirkt. Für dieses Beispiel und den bedingten indirekten Effekt ermitteln wir den Index der moderierten Mediation als Produkt der Beziehungen zwischen *CUSA* und *CUSL* sowie des (in Abbildung 7.26 nicht dargestellten) Effekts des Interaktionsterms auf *CUSA*. Dafür führen wir das **Bootstrapping**-Verfahren mit unseren Standardeinstellungen durch (10.000 Teilstichproben, Perzentil-Verfahren, zweiseitiger Test mit einem Signifikanzniveau von 0.05). Im Ergebnisbericht navigieren wir zu **Spezifische indirekte Effekte** und **Bias-korrigierte Konfidenzintervalle**. In unserem Beispiel (Abbildung 7.26) entspricht der Index der moderierten Mediation dem spezifischen indirekten Effekt SC x COMP → CUSA → CUSL im SmartPLS-Ergebnisbericht. Dieser spezifische indirekte Effekt hat einen Wert von 0.029 und ist mit Blick auf das 95 % Bias-korrigierte Perzentil-Konfidenzintervall von [–0.026;0.087] nicht signifikant. Demzufolge können wir diesen Index und damit für dieses Beispiel der moderierten Mediation keinen signifikanten Einfluss nachweisen. Im alternativen Beispiel einer moderierten Mediation, in dem der Moderator *SC* den zweiten Teil der Mediatorbeziehung von *COMP* über *CUSA* auf *CUSL* (d. h. die Beziehung zwischen *CUSA* und *CUSL)* beeinflusst, wird das Ergebnis für den Index der moderierten Mediation nicht automatisch berechnet. Das Ergebnis für dieses alternative Beispiel muss manuell berechnet werden. Eine Microsoft Excel-Datei, die auf https://www.pls-sem.

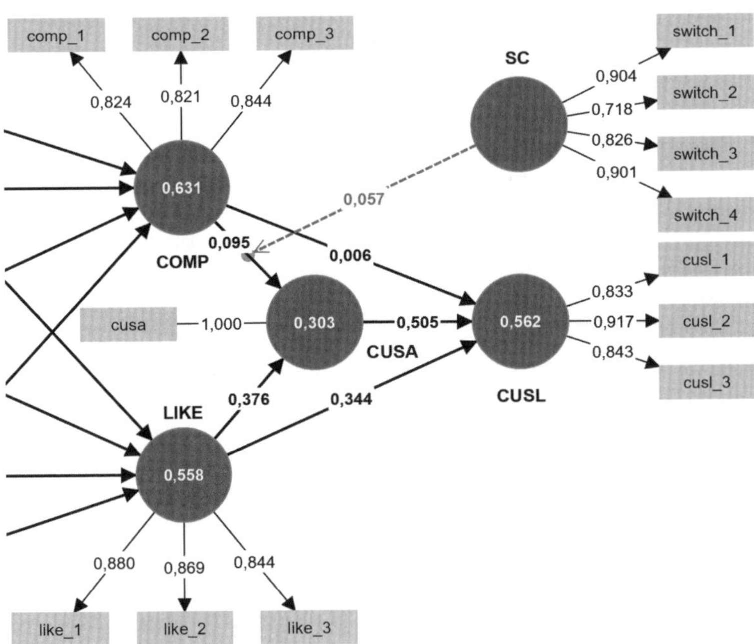

Abbildung 7.26 Beispiel einer moderierten Mediation

net/downloads/additional-useful-downloads/ herunterladbar ist, zeigt Schritt für Schritt die dafür erforderlichen Berechnungen.

Zusammenfassung

- **Die Leser können die Grundlagen der Mediation im Rahmen der PLS-SEM diskutieren.** Eine Mediation liegt vor, wenn eine als Mediatorvariable bezeichnete dritte Variable zwischen zwei andere zusammenhängende Konstrukte tritt. In einer derartigen Konstellation führt eine Veränderung des exogenen Konstrukts zu einer Veränderung des Mediatorkonstrukts, was wiederum zu einer Veränderung des endogenen Konstrukts im Modell führt. Die Analyse der Beziehungsstärke zwischen der Mediatorvariablen und den anderen Konstrukten ermöglicht es, die Ursache-Wirkungs-Beziehung zwischen einem exogenen und einem endogenen Konstrukt genauer zu charakterisieren. Im einfachsten Fall wird nur eine Mediatorvariable berücksichtigt, allerdings kann ein PLS-Pfadmodell auch mehrere Mediatoren enthalten, welche simultan analysiert werden.
- **Die Leser sind mit Hilfe von SmartPLS in der Lage, eine Mediatoranalyse durchzuführen.** Mediatoreffekte bedürfen einer a priori aufgestellten theoretischen Untermauerung. Die Analyse konzentriert sich anschließend auf die empirische Überprüfung der angenommenen Beziehungen. Wir können zwischen fünf Arten von Mediatoreffekten unterscheiden: Nicht-Mediation mit direktem Effekt, Nicht-Mediation ohne direkten Effekt, komplementäre Mediation, kompetitive Mediation sowie ausschließlich indirekte Mediation. Die Unterscheidung zwischen diesen Mediationsarten erfordert eine Reihe von Analysen, bei denen geprüft wird, ob der indirekte Effekt und/oder der direkte Effekt signifikant sind.
- **Die Leser können die Grundlagen der Moderation im Rahmen der PLS-SEM diskutieren.** Eine Moderation liegt vor, wenn die Stärke oder sogar die Richtung der Beziehung zwischen zwei Konstrukten von einer dritten Variablen abhängt. Mit anderen Worten ist die Beziehung zwischen zwei Konstrukten somit nicht für alle Befragten gleich, sondern wird von einer Moderatorvariablen beeinflusst (z. B. Einkommen, Alter, Geschlecht etc.). Moderation stellt damit eine Möglichkeit dar, Heterogenität in den Daten zu erfassen.
- **Die Leser sind mit Hilfe von SmartPLS in der Lage, eine Moderatoranalyse durchzuführen.** Für die Modellierung von Moderatorvariablen in der PLS-SEM müssen Interaktionsterme gebildet werden, welche die Wechselwirkungen zwischen dem exogenen Konstrukt und dem Moderator erfassen. Für die Bildung des Interaktionsterms gibt es verschiedene Ansätze (wie den Produktindikatoransatz, den Orthogonalisierungsansatz und den Zwei-Stufen-Ansatz). Wir empfehlen generell die Anwendung des Zwei-Stufen-Ansatzes mit standardisierten Daten.
- **Die Leser können die Prinzipien einer moderierten Mediation erklären.** Moderierte Mediation liegt vor, wenn eine Moderatorvariable mit einem Mediatorkonstrukt interagiert, so dass sich der Wert des indirekten Effekts

in Abhängigkeit vom Wert der Moderatorvariablen ändert. Um den Einfluss des Moderators auf den gesamten indirekten Effekt und nicht nur auf ein isoliertes Element des Mediationseffekts zu analysieren, sollten Forscher den Index der moderierten Mediation von Hayes (2015) verwenden. Dieser Index existiert in verschiedenen Formen, je nach Art der betrachteten moderierten Mediation.

Wiederholungsfragen

1. Was bedeutet Mediation?
2. Welche Bedingungen müssen erfüllt sein, um eine ausschließlich indirekte Mediation nachzuweisen?
3. Worin besteht der Unterschied zwischen komplementärer und kompetitiver Mediation?
4. Was ist ein Interaktionsterm in einer Moderatoranalyse und was bedeutet sein Wert?
5. Welcher ist mit Blick auf die Messmodelle der exogenen Konstrukte und der Moderatorvariablen der vielseitigste Ansatz zur Bildung eines Interaktionsterms?
6. Was sind konditionelle Prozessmodelle?
7. Was ist ein Slope-Plot?

Weiterführende Fragen

1. Überlegen Sie sich ein Beispiel eines Mediatormodells und stellen Sie die dazugehörigen Hypothesen auf.
2. Wie würden Sie eine Analyse mit multiplen Mediatoren durchführen?
3. Warum ist PLS-SEM der PROCESS-Routine bei der Analyse von Pfadmodellen mit latenten Variablen überlegen?
4. Wieso ist es notwendig, eine direkte Beziehung zwischen dem Moderator und dem endogenen Konstrukt in das Modell einzubinden?
5. Erklären Sie, was die Pfadkoeffizienten in einem Moderatormodell bedeuten.
6. Erklären Sie die Gemeinsamkeiten und Unterschiede zwischen Mediation und Moderation.
7. Warum ist eine mediierte Moderation aus konzeptioneller Sicht problematisch?

Empfohlene Literatur

Becker, J.-M., Ringle, C. M., Sarstedt, M., 2018: Estimating Moderating effects in PLS-SEM and PLSc-SEM: Interaction term generation*data treatment, Journal of Applied Structural Equation Modeling, 2, 1–21.

Cepeda-Carrión, G., Nitzl, C., Roldán, J. L., 2017: Mediation analyses in partial least squares structural equation modeling: Guidelines and empirical examples, in H. Latan, R. Noonan (Hrsg.), Partial least squares path modeling: Basic concepts, methodological issues and applications, Cham: Springer, 173–195.

Cheah, J.-H., Nitzl, C., Roldán, J. L., Cepeda-Carrion, G., Gudergan, S. P. 2021: A primer on the conditional mediation analysis in PLS-SEM, *ACM SIGMIS Database: the DATABASE for Advanced in Information Systems*, 52, 43–100.

Hayes, A. F., 2015: An index and test of linear moderated mediation, Multivariate Behavioral Research, 50, 1–22.

Hayes, A. F., 2018: Introduction to mediation, moderation, and conditional process analysis: A regression-based approach (2. Aufl.), New York, NY: Guilford.

Hayes, A. F., Rockwood, N. J., 2020: Conditional Process Analysis: Concepts, Computation, and Advances in the Modeling of the Contingencies of Mechanisms, American Behavioral Scientist, 64, 19–54.

Memon, M. A., Cheah, J.-H., Ramayah, T., Ting, H., Chuah, F., 2018: Mediation analysis: Issues and recommendations, Journal of Applied Structural Equation Modeling, 2, i–ix.

Memon, M. A., Cheah, J.-H., Ramayah, T., Ting, H., Chuah, F., Cham, T. H., 2019: Moderation analysis: Issues and guidelines, Journal of Applied Structural Equation Modeling, 3, i–ix.

Nitzl, C., Roldán, J. L., Cepeda, G., 2016: Mediation analyses in partial least squares structural equation modeling: Helping researchers discuss more sophisticated models, Industrial Management & Data Systems, 116, 1849–1864.

Preacher, K. J., Hayes, A. F., 2008: Asymptotic and resampling strategies for assessing and comparing indirect effects in multiple mediator models, Behavior Research Methods, 40, 879–891.

Preacher, K. J., Rucker, D. D., Hayes, A. F., 2007: Addressing moderated mediation hypotheses: Theory, methods, and prescriptions, Multivariate Behavioral Research, 42, 185–227.

Sarstedt, M., Hair, J. F., Nitzl, C., Ringle, C. M., Howard, M. C., 2020: Beyond a tandem analysis of SEM and PROCESS: Use of PLS-SEM for mediation analyses, International Journal of Market Research, 62, 288–299.

Zhao, X., Lynch, J. G., Chen, Q., 2010: Reconsidering Baron and Kenny: Myths and truths about mediation analysis, Journal of Consumer Research, 37, 197–206.

Kapitel 8

Ausblick auf weiterführende Verfahren

Lernziele

1. Die Leser können die Importance-Performance-Analyse beschreiben und ihren Nutzen diskutieren.
2. Die Leser können die Analyse notwendiger Bedingungen in der PLS-SEM beschreiben.
3. Die Leser können den Aufbau hierarchischer Komponentenmodelle und ihre Anwendung in der PLS-SEM beschreiben.
4. Die Leser können die Prüfung der Messmodellspezifikation mit Hilfe der konfirmatorischen Tetrad Analyse in der PLS-SEM beschreiben.
5. Die Leser können das Konzept und die Behandlung von Endogenität in der PLS-SEM beschreiben.
6. Die Leser können den Ansatz der Multigruppenanalyse in der PLS-SEM beschreiben.
7. Die Leser können Techniken zur Identifikation und Behandlung von unbeobachteter Heterogenität beschreiben.
8. Die Leser können das Konzept der Messmodellinvarianz und die Prüfung von Messmodellinvarianz in der PLS-SEM beschreiben.
9. Die Leser können die Grundzüge des konsistenten PLS-SEM-Verfahrens beschreiben.

Kapitelüberblick

Dieses Buch konzentriert sich auf die Grundlagen der PLS-SEM. Mit dem in den Kapiteln 1 bis 6 erarbeiteten Wissen haben wir das notwendige Verständnis, um weiterführende Verfahren und Ansätze kennenzulernen und anzuwenden. Während wir in Kapitel 7 die oft verwendeten Mediator- und Moderatoranalysen eingeführt haben, bietet dieses Schlusskapitel einen prägnanten Überblick über einige nützliche, aber seltener angewendete weiterführende Analysen.

Zunächst widmen wir uns der Importance-Performance-Analyse, die als wertvolles Werkzeug zur Erweiterung der regulären PLS-SEM-Ergebnisdarstellung dient. Im Rahmen dieser Analyse werden die totalen Effekte von Konstrukten auf bestimmte Zielkonstrukte ihren Konstruktwerten gegenübergestellt. Die grafische Darstellung dieser Ergebnisse erleichtert die Identifikation kritischer Bereiche, denen besondere Aufmerksamkeit bei der Ableitung von Handlungsempfehlungen geschenkt werden sollte. Der nächste Abschnitt widmet sich der Anreicherung der PLS-SEM um die Analyse notwendiger Bedingungen im Strukturmodell. Diese ermöglicht ein Erkenntnisgewinn darüber, ob bestimmte exogene Konstrukte für die Existenz des Zielkonstrukts notwendig sind (sogenannte Must-haves). Die Analyse erlaubt zudem die Ermittlung des Niveaus, die ein notwendiges exogenes Konstrukt mindestens erreichen muss, um ein bestimmtes Niveau des Zielkonstrukts zu erreichen. Der darauffolgende Abschnitt konzentriert sich auf hierarchische Komponentenmodelle, welche eine Einbindung von Konstrukten in PLS-Pfadmodelle ermöglichen, die auf verschiedenen Abstraktionsniveaus gemessen werden. Konzeptionell ist der Einsatz hierarchischer Komponentenmodelle oft angemessener als die Verwendung eindimensionaler Konstrukte. Ihre Verwendung reduziert typischerweise die Anzahl der Beziehungen im Strukturmodell, was das PLS-Pfadmodell sparsamer und leichter erfassbar macht. Anschließend wird die konfirmatorische Tetrad Analyse erläutert, die ein nützliches Werkzeug zur Bestimmung der Messmodellspezifikation (also formativ oder reflektiv) ist. Die Anwendung der konfirmatorischen Tetrad Analyse kann dabei helfen, fehlerhafte Spezifikationen von Messmodellen zu vermeiden. Im darauffolgenden Abschnitt greifen wir das Thema der Endogenität auf. Endogenität tritt dann auf, wenn der Fehlerterm des abhängigen Konstrukts mit seinem exogenen Treiberkonstrukt korreliert. Dies ist insbesondere bei erklärenden Analysen problematisch, da die Endogenität zu einer Verzerrung der Parameterschätzung sowie zu Fehlern 1. Art und 2. Art (Typ I und Typ II-Fehlern) führen kann. Forscher haben verschiedene Ansätze zur Identifikation und Behandlung von Endogenität vorgeschlagen, die auch in die PLS-SEM übertragen werden können. Die nächsten Abschnitte beschäftigten sich mit Möglichkeiten, um mit Heterogenität in den Daten umzugehen. Wir diskutieren zunächst die Multigruppenanalyse, die es erlaubt, signifikante Unterschiede zwischen den Pfadkoeffizienten für – typischerweise zwei – unterschiedliche Gruppen zu prüfen. Zudem beschäftigen wir uns mit unbeobachteter Heterogenität, die, sofern vernachlässigt, eine Bedrohung für die Validität der PLS-SEM-Ergebnisse darstellt. Daher führen wir die latente Klassenanalyse für die Aufdeckung unbeobachteter Heterogenität ein und geben Empfehlungen für ihre Anwendung. Vergleiche von PLS-SEM-Ergebnissen zwischen verschiedenen Gruppen sind nur dann sinnvoll, wenn Messinvarianz vorliegt. Vor diesem Hintergrund ist der Ansatz zur Prüfung auf Messinvarianz für Composite-Modelle ein nützliches Werkzeug in der PLS-SEM. Schließlich führen wir das konsistente PLS-SEM-Verfahren ein, das eine Attenuationskorrektur auf die PLS-Pfadkoeffizienten anwendet. Bei der Anwendung dieses Verfahrens liefern PLS-Pfadmodelle mit reflektiv spezifizierten Konstrukten Schätzungen, die in ihrer Genauigkeit mit der CB-SEM vergleichbar sind; zugleich werden aber viele der bekannten PLS-SEM Vorteile beibehalten.

Importance-Performance-Analyse

Die **Importance-Performance-Analyse (Importance-Performance-Map-Analysis, IPMA)** erweitert den regulären PLS-SEM-Ergebnisbericht um eine Analysedimension, in der die durchschnittlichen Konstruktwerte betrachtet werden (Slack, 1994; Kristensen et al., 2000; Völckner et al., 2010). Genauer gesagt kontrastiert die IPMA die totalen Effekte für ein spezifisches Zielkonstrukt im Strukturmodell (d. h. für eine spezifische endogene latente Variable in dem PLS-Pfadmodell; z. B. Y_4 in Abbildung 8.1) mit den durchschnittlichen Konstruktwerten der Vorgänger des Konstrukts (z. B. Y_1, Y_2 und Y_3 in Abbildung 8.1). Die totalen Effekte repräsentieren die **Importance (Wichtigkeit)** der Vorgängerkonstrukte zur Prognose des Zielkonstrukts (Y_4); die durchschnittlichen Konstruktwerte stehen für ihre **Performance (Leistung)**. Das Ziel besteht darin, die Vorgängerkonstrukte zu identifizieren, die eine relativ hohe Wichtigkeit für das Zielkonstrukt haben (d. h. einen starken totalen Effekt ausüben), aber ebenso eine relativ geringe Leistung aufweisen (d. h. einen geringen durchschnittlichen Konstruktwert haben). Die diesen Konstrukten unterliegenden Aspekte (die durch unsere Messmodelle repräsentiert werden) zeigen potenzielle Anknüpfungspunkte für Verbesserungen auf, die eine hohe Aufmerksamkeit bei der Ableitung von Handlungsempfehlungen erhalten sollten. Wir werden hier nicht alle technischen Details der IPMA beschreiben, sondern verweisen den interessierten Leser auf die umfassenden Erläuterungen in beispielsweise Ringle und Sarstedt (2016).

Die IPMA basiert auf totalen Effekten und reskalierten Konstruktwerten, beide in unstandardisierter Form. Die **Reskalierung** der Konstruktwerte ist wichtig, um den Vergleich der auf unterschiedlichen Skalenniveaus gemessenen latenten Variablen zu erleichtern. So ist eine Reskalierung beispielsweise relevant,

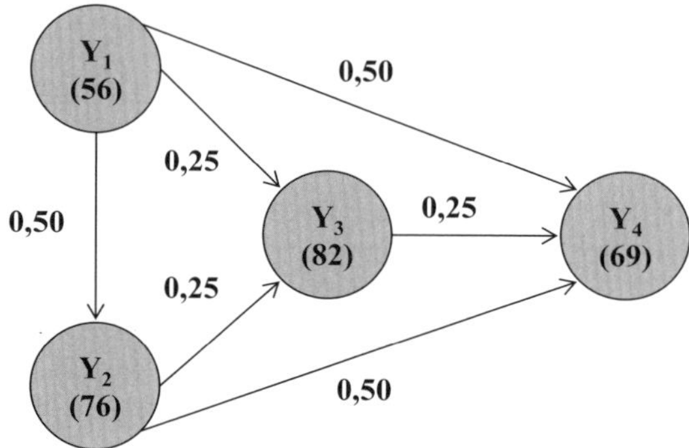

Abbildung 8.1 IPMA-Modell

wenn die Indikatoren eines Konstrukts auf einer 5er-Skala skaliert sind (z.B. Y_1), wohingegen die Indikatoren eines anderen Konstrukts (z.B. Y_2) auf einer 7er-Skala skaliert sind. Durch die Reskalierung nehmen die Konstrukte Werte zwischen 0 und 100 an (siehe z.B. Kristensen et al., 2000; Höck et al., 2010). Im Mittel zeigen diese Werte die Performance eines Konstrukts an, wobei 0 die kleinste und 100 die höchste Performance anzeigt. Da die meisten Forscher mit der Interpretation von Prozentwerten vertraut sind, ist diese Art der Performance-Skalierung leicht verständlich. In unserem Beispiel hat Y_1 eine Performance von 56, Y_2 von 76, Y_3 von 82 und Y_4 von 69. Damit haben die Konstrukte Y_2 und Y_3 also eine relativ hohe Performance, wohingegen Y_4 und Y_1 eine eher mittlere bzw. kleine Performance aufweisen.

Als nächstes gilt es die Importance jedes Vorgängerkonstrukts anhand seines **totalen Effektes** auf das Zielkonstrukt zu bestimmen. Wir erinnern uns, dass sich der totale Effekt einer Beziehung zwischen zwei Konstrukten aus der Summe des **direkten** und der **indirekten Effekte** im Strukturmodell ergibt. Um beispielsweise den totalen Effekt von Y_1 auf Y_4 (Abbildung 8.1) zu bestimmen, betrachten wir den direkten Effekt zwischen diesen beiden Konstrukten (0,50) und die folgenden drei indirekten Effekte via Y_2 bzw. Y_3:

$$Y_1 \rightarrow Y_2 \rightarrow Y_4 \quad = 0{,}50 \cdot 0{,}50 \quad = 0{,}25,$$

$$Y_1 \rightarrow Y_2 \rightarrow Y_3 \rightarrow Y_4 \quad = 0{,}50 \cdot 0{,}25 \cdot 0{,}25 \quad = 0{,}03125 \text{ und}$$

$$Y_1 \rightarrow Y_3 \rightarrow Y_4 \quad = 0{,}25 \cdot 0{,}25 \quad = 0{,}0625.$$

Ein Aufsummieren der individuellen indirekten Effekte ergibt den totalen indirekten Effekt von Y_1 auf Y_4, welcher rund 0,34 ist. Damit ergibt sich ein totaler Effekt von Y_1 auf Y_4 von 0,84 (0,50 + 0,34). Dieser totale Effekt drückt die Wichtigkeit von Y_1 bei der Prognose des Zielkonstrukts Y_4 aus. Abbildung 8.2 fasst die direkten, indirekten und totalen Effekte der Konstrukte Y_1, Y_2 und Y_3 auf das Zielkonstrukt Y_4 zusammen. Wir weisen darauf hin, dass in einer IPMA die direkten, indirekten und totalen Effekte (genau wie die Konstruktwerte) in unstandardisierter Form eingehen und Werte deutlich über 1 annehmen können. Die Verwendung von unstandardisierten totalen Effekten erlaubt folgende Interpretation der IPMA: Eine Verbesserung der Performance in den Vorgängerkonstrukten um eine Einheit steigert die Performance des Zielkonstrukts in Höhe des totalen Effektes, den das Vorgängerkonstrukt auf das Zielkonstrukt hat – wenn alles andere gleich bleibt (ceteris paribus).

Vorgänger-konstrukt	Direkter Effekt auf Y_4	Indirekter Effekt auf Y_4	Totaler Effekt auf Y_4
Y_1	0,50	0,34	0,84
Y_2	0,50	0,06	0,56
Y_3	0,25	—	0,25

Abbildung 8.2 Direkte, indirekte und totale Effekte in der IPMA

In einem letzten Schritt kombinieren wir die Daten zur Importance und Performance; Abbildung 8.3 fasst die Ergebnisse zusammen.

	Importance	Performance
Y_1	0,84	56
Y_2	0,56	76
Y_3	0,25	82

Abbildung 8.3 Zusammenfassung der IPMA-Daten

Die Anwendung der IPMA-Daten erlaubt die Entwicklung einer Importance-Performance-Grafik, wie sie in Abbildung 8.4 dargestellt ist. Auf der x-Achse sind die (unstandardisierten) totalen Effekte von Y_1, Y_2 und Y_3 auf das Zielkonstrukt Y_4 (d.h. ihre Importance) abgetragen. Auf der y-Achse finden sich die durchschnittlichen reskalierten (und unstandardisierten) Konstruktwerte für Y_1, Y_2 und Y_3 (d.h. ihre Performance).

Wie wir sehen, haben Konstrukte im unteren rechten Bereich der Grafik eine hohe Importance für das Zielkonstrukt, zeigen aber eine nur geringe Performance. Daher liegt insbesondere hier ein hohes Potenzial zur Steigerung des Zielkonstrukts, indem eine Verbesserung bei den Konstrukten, die in diesem Bereich positioniert sind, angestoßen wird. Konstrukte mit einer in Relation zu den anderen dargestellten Konstrukten geringeren Importance haben eine kleinere Priorität mit Blick auf Verbesserungsmaßnahmen. Tatsächlich wäre eine Investition in die Performance-Verbesserung eines Konstrukts, das nur eine kleine Importance für das Zielkonstrukt hat, nicht logisch, da es damit auch nur einen kleinen Effekt auf die Veränderung (oder Verbesserung) des Zielkonstrukts bewirkt. In unserem Beispiel ist Y_1 besonders wichtig für die Prognose des Zielkonstrukts Y_4. In einer ceteris paribus Situation wird eine Verbesserung der Performance von Y_1 um eine Einheit, die Performance von

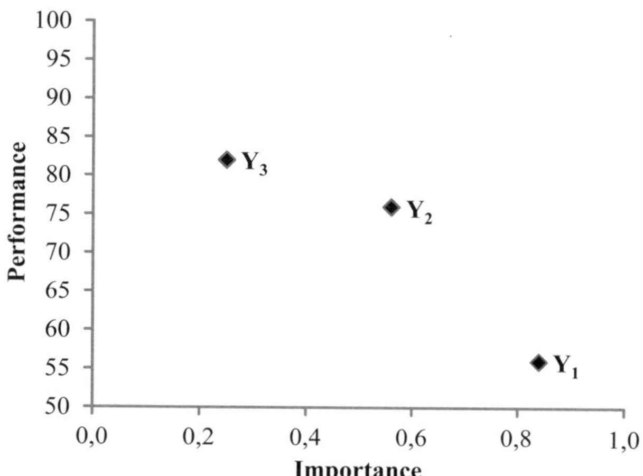

Abbildung 8.4 Importance-Performance-Analyse für das Zielkonstrukt Y_4

Y_4 um den Wert des totalen Effektes (hier 0,84) erhöhen. In dem Fall, dass die Performance von Y_1 relativ klein ist, gibt es hier substanziellen Spielraum für Verbesserungen. Konsequenterweise ist das Konstrukt Y_1 in unserem Pfadmodellbeispiel das Wichtigste für Aktionen seitens des Managements.

Die IPMA ist nicht auf die Konstruktebene limitiert. Wir können eine IPMA auch auf Indikatorebene ausführen und so sogar spezifischere relevante Anknüpfungspunkte für Verbesserungsmaßnahmen identifizieren. Genauer gesagt können wir die unstandardisierten (äußeren) Gewichte als die relative Wichtigkeit eines Indikators im Vergleich zu den anderen Indikatoren des Messmodells interpretieren, unabhängig davon, ob das Messmodell reflektiv oder formativ spezifiziert ist. In unserem Beispiel wäre eine solche Analyse insbesondere für die Indikatoren des Konstrukts Y_1 sinnvoll, da dies einen hohen totalen Effekt auf Y_4 hat.

Für die Anwendung der IPMA müssen zwei Bedingungen erfüllt sein: Zunächst müssen alle Indikatoren in dieselbe Richtung kodiert sein (d.h. ein kleiner Wert repräsentiert ein negatives Ergebnis und ein hoher Wert ein positives Ergebnis). Andernfalls können wir nicht schlussfolgern, dass ein höherer Konstruktwert eine bessere Performance anzeigt. Ist dies nicht der Fall, so muss die Skalenkodierung invertiert werden (z.B. wird bei einer 5er-Skala aus einer 1 eine 5 und aus einer 5 eine 1, 2 wird zu 4 und 4 wird zu 2 und 3 bleibt unverändert). Zweitens dürfen die (äußeren) Gewichte, egal ob das Messmodell formativ oder reflektiv spezifiziert ist, nicht negativ sein. Wenn die Gewichte positiv sind, wird die Performance auf einer Skala von 0 bis 100 abgetragen. Falls die Gewichte aber negativ und signifikant sind, liegen die Performance-Werte nicht in diesem Intervall, sondern beispielsweise zwischen –5 und 95. Signifikante negative Gewichte können ein Ergebnis der Kollinearität der Indikatoren sein. In diesem Fall sollte der Forscher die Elimination eines Indikators sehr sorgfältig abwägen (siehe Kapitel 5).

Die IPMA kann mit anderen Analysen kombiniert werden. Rigdon et al. (2011) haben die IPMA beispielsweise eingesetzt, um die Ergebnisse einer PLS-SEM-Multigruppenanalyse besser zu vergleichen. Hauff et al. (2024) schlagen zudem eine Kombination der IPMA mit der Analyse notwendiger Bedingungen vor und illustrieren das Vorgehen anhand eines Beispiels.

Analyse notwendiger Bedingungen (Necessary Condition Analysis) in PLS-SEM

Die Beziehung zwischen einem exogenen und einem endogenen Konstrukt kann der Logik notwendiger und/oder hinreichender Bedingungen folgen (in der englischsprachigen Literatur als Necessity Logic bzw. Sufficiency Logic bezeichnet). Die übliche Ergebnisinterpretation von PLS-SEM folgt der Logik **hinreichender Bedingungen**. Betrachten wir beispielsweise die Ergebnisse unserer Unternehmensreputationsfallstudie, dann haben wir die Beziehung zwischen Qualitäts- und Kompetenzwahrnehmung wie folgt interpretiert: Eine höhere Qualitätswahrnehmung führt zu einer höheren Kompetenzwahrnehmung des Unternehmens. Formal ausgedrückt können wir schreiben: Wenn X steigt, dann steigt auch Y, oder X erhöht Y. Dieser Logik einer hinreichenden Bedingung folgend, hat eine höhere Qualitätswahrnehmung also eine höhere Kompetenzwahrnehmung zur Folge, was aber nicht heißt, dass eine hohe Kompetenzwahrnehmung nicht auch ohne Qualitätswahrnehmung auftreten kann. Das exogene Konstrukt Qualitätswahrnehmung ist hinreichend, aber nicht notwendig. Eine mangelnde Qualitätswahrnehmung kann durch andere exogene Konstrukte (z. B. durch die Wahrnehmung einer hohen Corporate Social Responsibility) kompensiert werden. Dies spiegelt sich in dem multivariaten Charakter der PLS-SEM wider, bei dem der Einfluss mehrerer exogener Konstrukte auf ein Zielkonstrukt geschätzt werden kann. Diese Schätzung berücksichtigt alle im Modell abgebildeten Beziehungen.

Im Gegensatz dazu impliziert das Vorhandensein einer **notwendigen Bedingung**, dass diese zwingend befriedigt werden muss, damit das Ergebnis überhaupt zu Stande kommen kann. Wenn wir für das Beispiel oben annehmen würden, dass die Qualitätswahrnehmung eine notwendige Bedingung für die Kompetenzwahrnehmung von Unternehmen ist, würde dies bedeuten, dass ein Unternehmen nicht als kompetent wahrgenommen werden kann, wenn es nicht eine bestimmte Qualitätswahrnehmung erreicht. Formal können wir schreiben: X ist notwendig für Y, oder Y existiert nicht ohne X. Hieraus kann auch resultieren, dass die Kompetenzwahrnehmung für ein Unternehmen nicht auch ausbleiben kann, wenn eine Qualitätswahrnehmung vorhanden ist – die Bedingung (Qualitätswahrnehmung) ist notwendig, aber nicht hinreichend. Die Analyse notwendiger Bedingungen erfolgt bivariat, da die Abwesenheit einer notwendigen Bedingung nicht durch andere exogene Konstrukte kompensiert werden kann. Es können zwar mehrere bivariate Analysen simultan vorgenommen werden; die Ergebnisse für die einzelnen Beziehungen sind aber voneinander unabhängig (Richter & Hauff, 2022; Richter et al., 2023b).

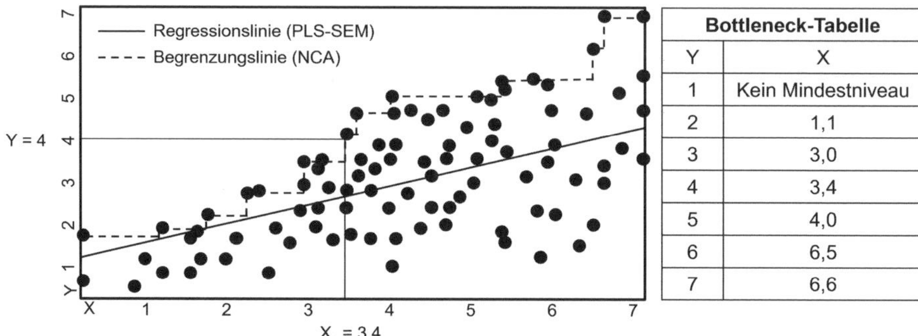

Bottleneck-Tabelle	
Y	X
1	Kein Mindestniveau
2	1,1
3	3,0
4	3,4
5	4,0
6	6,5
7	6,6

Abbildung 8.5 Visualisierung einer notwendigen und hinreichenden Bedingung

Abbildung 8.5 illustriert wie eine notwendige und hinreichende Bedingung in einem Datensatz mit Hilfe einer **Necessary Condition Analysis** (NCA; Dul, 2016) bzw. mit einer, auch der PLS-SEM zugrunde liegenden, Regressionslinie identifiziert werden kann. Die PLS-SEM nutzt eine lineare Funktion, um den Einfluss des exogenen Konstrukts X auf ein endogenes Konstrukt Y zu schätzen, in Abbildung 8.5 als Regressionslinie bezeichnet. Die Regressionslinie wird so in die Daten platziert, dass sie die nicht über die Linie erklärte Varianz in der endogenen Variable minimiert. Die Steigung dieser Linie repräsentiert den durchschnittlichen Einfluss von X auf Y.

Die NCA nutzt hingegen verschiedene Arten von Begrenzungslinien (Ceiling Lines), die so platziert werden, dass sie den Bereich mit Datenkombinationen zwischen dem exogenen und endogenen Konstrukt von dem Bereich ohne Datenkombinationen zwischen den Konstrukten trennt. Eine gängige Begrenzungslinie ist die stufenweise Begrenzungslinie, die in Abbildung 8.5 dargestellt ist. Die Begrenzungslinie zeigt damit das Niveau von X an, dass mindestens erreicht werden muss, um ein bestimmtes Niveau an Y zu erreichen. Wir können diese Linie in eine Tabelle überführen, die als Bottleneck-Tabelle bezeichnet wird. In der ersten Spalte der Bottleneck-Tabelle werden verschiedene Niveaus von Y abgetragen, und in der Folgespalte (oder den Folgespalten, bei mehreren bivariaten Analysen) das Niveau der Bedingung X, welches mindestens erreicht werden muss, um das in derselben Zeile abgetragene Niveau von Y zu erreichen. In Abbildung 8.5 muss X also beispielsweise mindestens einen Wert von 3,4 haben, um ein Niveau von 4 für Y zu erreichen. Die Begrenzungslinie ist zudem der Ausgangspunkt für die Berechnung relevanter Parameter in der NCA. Im Wesentlichen ist hier die Effektstärke *d* zu nennen. Diese zeigt die Relevanz der notwendigen Bedingung an und ergibt sich aus der Division der Fläche ohne Datenkombination durch die Gesamtfläche möglicher Datenkombinationen. Neben Faustegeln zur Größenordnung dieser Effektstärke gibt es auch ein Testverfahren, das die Ermittlung der statistischen Signifikanz der Effektstärke und damit der notwendigen Bedingung ermöglicht (siehe Dul, 2016; Dul et al., 2018; Dul, 2020).

Die Identifikation notwendiger Bedingungen ist für Managementfragestellungen von besonderem Interesse, da sie das Augenmerk auf die kritischen Faktoren lenkt, an denen mit erster Priorität gearbeitet werden muss, um ein bestimmtes Ergebnis erreichen zu können. Notwendige Bedingungen werden in der Praxis und Literatur oft mit folgenden Ausdrücken beschrieben: „Um Y zu erreichen, muss X vorhanden sein", „X ist ein kritischer Faktor für Y", „X ist ein Muss, um Y zu erreichen" (siehe Dul, 2020 für eine Übersicht). Mit Blick auf letztere Formulierung sprechen wir auch von notwendigen Must-have-Konstrukten (im Vergleich zu Should-have-Konstrukten), also von Konstrukten die vorhanden sein müssen, um ein Ergebnis oder Zielkonstrukt zu erreichen. Diese Klassifikation von Einflussfaktoren ist in praktischen Fragestellungen zahlreich anzutreffen.

Schritt	Fragestellungen, die es zu beantworten gilt	Beispiel: Politische Stabilität ist eine notwendige Bedingung für Direktinvestitionen in ein Land
1	Warum wird Y nicht vorhanden sein, wenn X nicht vorhanden ist?	Argumentation, warum es keine direkten Unternehmensinvestitionen in Länder gibt, die keine politische Stabilität aufweisen.
2	Warum wird X immer vorhanden sein, wenn Y vorhanden ist?	Argumentation, warum wir immer politische Stabilität in Ländern finden, die Direktinvestitionen von Unternehmen empfangen.
3	Warum können andere Konzepte die Abwesenheit von X nicht kompensieren?	Argumentation, warum andere institutionelle Rahmenbedingungen in einem Land die Abwesenheit politischer Stabilität nicht kompensieren können.

Abbildung 8.6 Relevante Argumentationsketten zur theoretischen Fundierung notwendiger Bedingungen

Quelle: Richter & Hauff, 2022.

Generell gilt, dass die Prüfung von notwendigen Bedingungen immer auch eine theoretische Argumentation beinhalten sollte. In vielen Disziplinen gibt es theoretische Modelle, die eine solche Notwendigkeit in den Fokus stellen. Es gibt eine Reihe von Literaturauswertungen, die diese theoretischen Argumente zu notwendigen Bedingungen in ihren Felder zusammenfassen (z. B. Dul et al., 2021; Hauff et al., 2021; Richter & Hauff, 2022). Hinweise zur eigenen Entwicklung einer theoretischen Fundierung zu notwendigen Bedingungen finden sich insbesondere in Bokrantz und Dul (2023). Ferner schlagen Richter und Hauff (2022) drei Schritte bzw. zu beantwortende Fragestellungen zum Aufbau eines theoretischen Arguments vor, die in Abbildung 8.6 dargestellt sind. Es gilt zunächst zu argumentieren, warum ein Ergebnis oder Zielkonstrukt nicht existieren kann, wenn die Bedingung nicht vorhanden ist. Wenn wir beispielsweise eine theoretische Argumentationskette aufbauen wollen, die die politische Stabilität eines Landes als eine notwendige Bedingung für Direktinvestitionen von Unternehmen (z. B. Aufbau einer Produktionsstätte) beinhaltet, gilt es zu argumentieren: warum es keine Direktinvestitionen von Unternehmen in ein Land gibt, wenn dieses keine politische Stabilität aufweist. Dann gilt es zu argumentieren, warum die Bedingung immer vorhanden ist, wenn das Ergebnis vorhanden ist, also warum wir im Fall von Ländern mit Direktinvestitionen immer auch politische Stabilität feststellen. Schließlich gilt es zu argumentieren, warum andere Konzepte die Abwesenheit der Bedingung nicht ausgleichen können; also warum ein Mangel an politischer Stabilität nicht durch beispielsweise Steuererleichterungen für Unternehmen ausgeglichen werden kann, um Direktinvestitionen (z. B. in Form von in Produktionsanlagen oder Tochtergesellschaften) ins Land zu holen. Über die Beantwortung dieser Fragen können Forscher eine Argumentationskette aufbauen, die die Herleitung einer Hypothese zu einer notwendigen Bedingung erlaubt (z. B. politische Stabilität ist eine notwendige Bedingung für Direktinvestitionen in ein Land).

Gibt es für ein Modell Argumente, die sowohl für notwendige als auch für hinreichende Bedingungen sprechen, ist eine Integration der Logik notwendiger

Szenario	PLS-SEM-Ergebnisse	NCA-Ergebnisse	Interpretation
1. Ein exogenes Konstrukt ist…	Signifikant (positiv) mit dem endogenen Konstrukt verbunden	und eine notwendige Bedingung.	Eine Erhöhung des exogenen Konstrukts erhöht das endogene Konstrukt; aber es ist zunächst ein bestimmtes Niveau des exogenen Konstrukts zu erreichen, um ein bestimmtes Niveau des endogenen Konstrukts zu ermöglichen (welches der Bottleneck-Tabelle entnommen werden kann).
2. Ein exogenes Konstrukt ist…	signifikant (positiv) mit dem endogenen Konstrukt verbunden	aber keine notwendige Bedingung.	Eine Erhöhung des exogenen Konstrukts erhöht das endogene Konstrukt.
3. Ein exogenes Konstrukt ist…	nicht signifikant mit dem endogenen Konstrukt verbunden	und eine notwendige Bedingung.	Es ist ein bestimmtes Niveau des exogenen Konstrukts zu erreichen, um das endogene Konstrukt zu ermöglichen (welches der Bottleneck-Tabelle entnommen werden kann). Eine weitere Erhöhung des exogenen Konstrukts wird aber das endogene Konstrukt nicht erhöhen.

Abbildung 8.7 Interpretation möglicher Ergebniskombinationen aus der kombinierten PLS-SEM und NCA

Quelle: Richter et al., 2020

Bedingungen in PLS-SEM nützlich. So können nicht signifikante Beziehungen zwischen Konstrukten in Strukturmodellen notwendige Bedingungen sein, was für die Interpretation der Ergebnisse von hoher Relevanz ist. Ein eventuell als irrelevant erkanntes Konstrukt in der PLS-SEM bekommt darüber eine ganz neue Bedeutung. Um die Einbindung der Analyse notwendiger Bedingungen in der PLS-SEM zu verankern, haben Richter et al. (2020) einen Leitfaden zur Verwendung von Konstruktwerten aus der PLS-SEM in der NCA vorgeschlagen und anhand eines Beispiels illustriert. Diese Routine ist inzwischen in SmartPLS inklusive des Beispieldatensatzes und Erläuterungen zur Umsetzung in der Software implementiert (Richter et al., 2023a; Richter et al., 2023b) – siehe Hair et al. (2024). Die Autoren liefern zudem eine Übersicht über mögliche Szenarien zur Ergebnisinterpretation (siehe Abbildung 8.7) bei einer Verwendung beider Verfahren, die den Erkenntnisgewinn bei der Kombination der PLS-SEM mit der NCA illustriert.

Hierarchische Komponentenmodelle

In den vorhergehenden Kapiteln haben wir uns mit Modellen erster Ordnung beschäftigt, d. h. mit Modellen, die eine einzige Ebene von Konstrukten beinhalten. In anderen Situationen gilt es jedoch sehr komplexe Konstrukte zu analysieren, die einer Operationalisierung auf einem höheren Abstraktionsniveau bedürfen. Solche Modelle höherer Ordnung werden im Kontext der PLS-SEM als **hierarchische Komponentenmodelle** (Hierarchical Component Models, HCM) bezeichnet (Lohmöller, 1989).

Betrachten wir beispielsweise das Konstrukt Kundenzufriedenheit, das aus verschiedenen spezifischeren Konstrukten bestehen kann, die verschiedene Attribute von Zufriedenheit erfassen. Im Kontext von Dienstleistungen können dies die Zufriedenheit mit der Qualität der Dienstleistung, dem Personal, der Geschwindigkeit der Dienstleistungserbringung oder der jeweiligen Umgebung und Ausstattung (Servicescape) sein. In einem solchen Fall ist es möglich, Zufriedenheit auf zwei Abstraktionsniveaus zu definieren. Die spezifischeren Komponenten auf dem ersten Abstraktionsniveau (erste Ordnung) formen die abstraktere Zufriedenheitskomponente höherer Ordnung (zweite Ordnung).

Es gibt drei wesentliche Gründe dafür, ein HCM in ein PLS-Pfadmodell einzubinden. Zunächst können wir über die Entwicklung eines HCMs die Anzahl an Beziehungen im Strukturmodell reduzieren, wodurch das PLS-Pfadmodell sparsamer und einfacher zu erfassen ist. HCM sind ferner von Wert, wenn die Konstrukte erster Ordnung hoch korreliert sind. In solchen Situationen könnte die Kollinearitätsproblematik zu einer Verzerrung der Schätzung der Beziehungen im Strukturmodell sowie zu einem Diskriminanzvaliditätsproblem führen. Schließlich kann der Aufbau von HCM wertvoll sein, wenn eine hohe Kollinearität zwischen einem Set von formativen Indikatoren vorliegt. Sofern dieser Schritt durch die entsprechende Theorie gestützt wird, können wir die Indikatoren aufteilen und einzelne Konstrukte erster Ordnung erstellen, die dann gemeinsam ein Konstrukt höherer Ordnung bilden.

Ein HCM besteht aus zwei Elementen: aus der **Komponente höherer Ordnung (Higher-Order Component, HOC)**, welche die abstraktere Ebene erfasst und aus den **Komponenten niedrigerer Ordnung (Lower-Order Components, LOC)**, welche die Subdimensionen der höheren Komponente erfassen. Jede Art von HCM kann durch die verschiedenen Beziehungen zwischen (1) der HOC und den LOC sowie (2) den Konstrukten und ihren Indikatoren charakterisiert werden. Ein **reflektiv-reflektives HCM** beinhaltet beispielsweise eine reflektive Beziehung zwischen der HOC und den LOC und alle Konstrukte erster Ordnung sind durch reflektive Messmodelle spezifiziert. Umgekehrt indiziert ein **reflektiv-formatives HCM** formative Beziehungen zwischen den LOC und der HOC und alle Konstrukte erster Ordnung sind durch reflektive Messmodelle spezifiziert. Zwei weitere alternative HCM, die wir anwenden könnten, sind **formativ-reflektive** und **formativ-formative HCM**. Abbildung 8.8 stellt diese vier wesentlichen Arten von HCM dar. In der Forschung werden typischerweise nur Modelle mit zwei Abstraktionsniveaus eingesetzt (d. h. eine HOC-Ebene und die Ebene der zugehörigen LOC Sarstedt et al., 2019), wenngleich die Modellierung theoretisch auf mehrere Ebenen ausgeweitet werden kann (Patel et al., 2016). Dementsprechend beziehen sich Forscher in Abhängigkeit der betrachteten Ebenen oder Abstraktionsniveaus auf eine Komponente zweiter Ordnung (Kocyigit & Ringle, 2011), oder dritter Ordnung (Wetzels et al., 2009).

Eine wichtige Eigenschaft der Komponenten höherer Ordnung ist, dass die Beziehungen zwischen der HOC und den LOC als das Messmodell der HOC angesehen werden. Obwohl also die Beziehungen zwischen der HOC und den LOC im Strukturmodell auftauchen (da sie im PLS-Pfadmodell als Konstrukte implementiert sind), werden sie wie Messmodellbeziehungen interpretiert. In reflektiv-reflektiven und formativ-reflektiven HCM repräsentierten die Beziehungen daher Indikatorladungen, wohingegen sie in reflektiv-formativen und formativ-formativen HCM die Indikatorgewichte repräsentieren. Diese Eigenschaft bringt ein Problem bei der Spezifikation von HCM in PLS-Pfadmodellen mit sich. Wenn die LOC konzeptionell als Indikatoren der HOC angesehen werden, stellt sich die Frage, wie die HOC statistisch identifiziert werden können. Wir erinnern uns, dass wir für jedes Konstrukt im PLS-Pfadmodell Indikatoren brauchen, um den PLS-SEM-Algorithmus anzuwenden. Um dieses Problem zu beseitigen haben Forscher verschiedene Ansätze zur Spezifikation der HOC vorgeschlagen.

Ein Standardeinsatz, der in Abbildung 8.8 dargestellt ist, besteht darin, dass Forscher der HOC alle Indikatoren der LOC in Form einer Wiederverwendung der Indikatoren zuordnen, um das Messmodell der HOC zu bilden (auch als **Repeated-Indikator-Ansatz** bezeichnet). In den Beispielen für HCM in Abbildung 8.8 werden die Indikatoren x_1 bis x_9 der Komponenten LOC_1, LOC_2 und LOC_3 in dem Messmodell für die HOC verwendet.

Die Wiederverwendung der Indikatoren hat bei der Modellierung von formativ-formativen und reflektiv-formativen HCM verschiedene Implikationen: In solchen Designs wird nahezu die gesamte Varianz der HOC durch die LOC erklärt, was einen R^2-Wert (nahe) 1,0 zur Folge hat. Folglich werden auch alle weiteren Pfadkoeffizienten (d. h. andere Koeffizienten als die der LOC) der

Beziehungen auf die HOC Werte nahe 0 annehmen und nicht signifikant sein (Ringle et al., 2012). Um diese Problematik anzugehen haben Becker et al. (2012) den erweiterten Repeated-Indikator-Ansatz vorgeschlagen, der die Bildung weiterer Beziehungen zwischen dem exogenen Konstrukt auf alle LOC beinhaltet. Anstelle der Interpretation des direkten Effektes des exogenen Konstrukts auf die HOC, müssen Forscher dann den totalen Effekt auf die HOC über die LOC des HCM für die Interpretation heranziehen. Alternativ können wir eine Kombination der Wiederverwendung von Indikatoren und der Verwendung von Konstruktwerten in einer **zweistufigen HCM-Analyse** anwenden. In der ersten Stufe wird die Wiederverwendung der Indikatoren genutzt, um die Konstruktwerte für die LOC zu erhalten. In der zweiten Stufe fungieren die Werte der LOC als Indikatorvariablen in dem Messmodell der

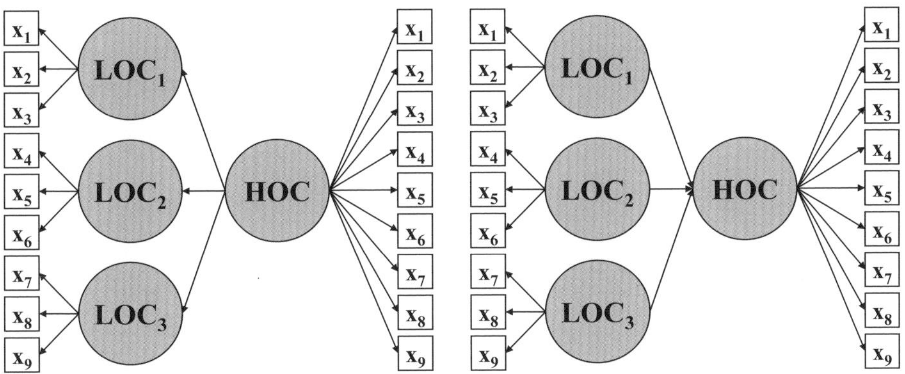

Reflektiv-reflektives HCM **Reflektiv-formatives HCM**

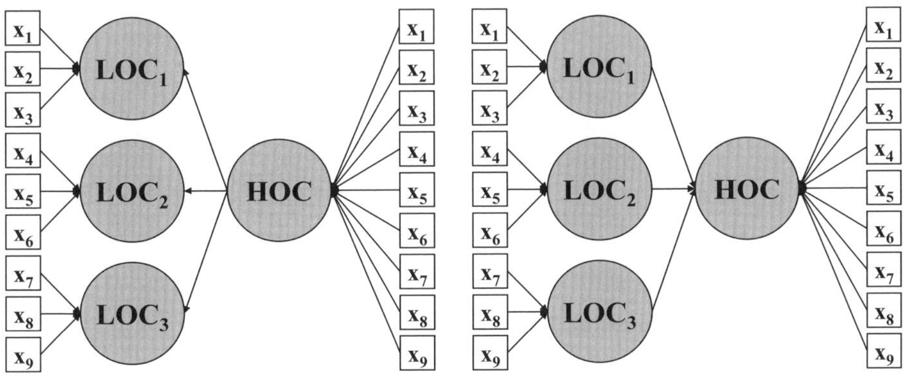

Formativ-reflektives HCM **Formativ-formatives HCM**

Abbildung 8.8 Arten von hierarchischen Komponentenmodellen

Legende: LOC = Komponente niedrigerer Ordnung; HOC = Komponente höherer Ordnung.

Quelle: Ringle et al., 2012. Copyright 2012, Regents of the University of Minnesota. Nachdruck mit freundlicher Genehmigung.

HOC (Abbildung 8.9). In Abhängigkeit davon, ob die erste Stufe nur die LOC oder das gesamte über die Wiederverwendung der Indikatoren spezifizierte HCM beinhaltet, unterscheiden Forscher zwischen einem disjunkten oder eingebetteten zweistufigen Ansatz. Sarstedt et al. (2019) liefern eine Diskussion

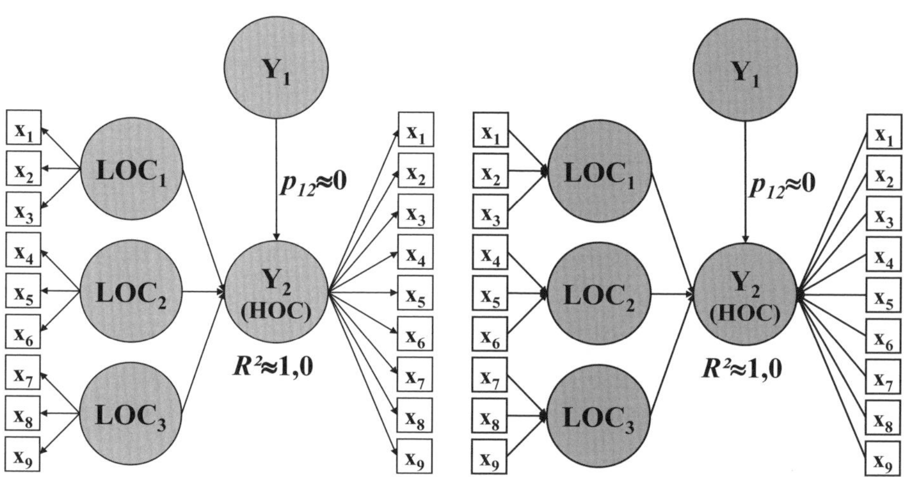

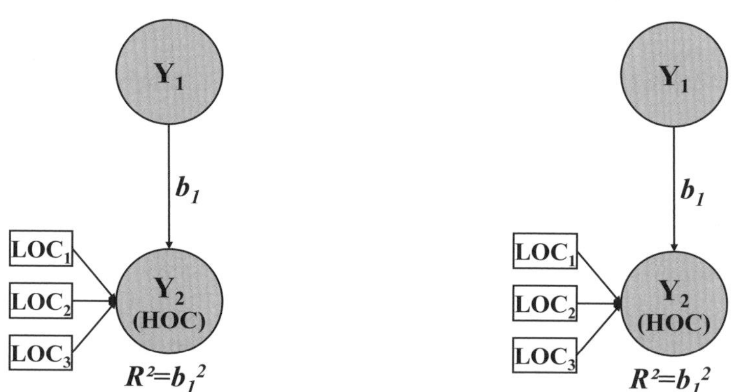

Abbildung 8.9 Zweistufige HCM-Analyse

Legende: LOC = Komponente niedrigerer Ordnung;
HOC = Komponente höherer Ordnung;
Y_1 = exogene latente Variable im Strukturmodell (das dazugehörige Messmodell ist in dieser Illustration nicht näher spezifiziert);
Y_2 = endogene latente Variable im Strukturmodell;
p_{12} = standardisierter Pfadkoeffizient für die Beziehung zwischen den latenten Variablen Y_1 und Y_2 im Strukturmodell.
Quelle: Ringle et al., 2012. Copyright 2012, Regents of the University of Minnesota. Nachdruck mit freundlicher Genehmigung.

und Illustration der verschiedenen Ansätze zur Spezifikation von Komponenten höherer Ordnung.

Eine wesentliche Herausforderung bei der Anwendung von HCM ist schließlich die Evaluation der Messmodelle. Zusätzlich zu der Prüfung der Messmodellqualität der LOC, müssen Forscher auch das HCM insgesamt prüfen. Da die Beziehungen zwischen der HOC und den LOC entweder als Indikatorladungen oder als Indikatorgewichte betrachtet werden, müssen wir die entsprechenden Statistiken zur Evaluation der HOC manuell berechnen. Im Fall von reflektiv-reflektiven und formativ-reflektiven HCM-Modellen erfordert dies zum Beispiel, dass die Indikatorladungen für die manuelle Berechnung der AVE und der Reliabilitätskoeffizienten herangezogen werden. Für diese Arten von HCM gilt es zudem die Diskriminanzvalidität sicherzustellen und die HTMT-Werte der HOC zu berechnen. Bei dieser Prüfung entsprechen die Heterotrait-Heteromethod-Korrelationen den Kreuzladungen der Indikatoren eines Konstrukts mit den LOC des HOC. Umgekehrt entsprechen die Monotrait-Heteromethod-Korrelationen den Korrelationen der LOC. Weitere Informationen zu der Evaluation von HCM finden sich in Sarstedt et al. (2019) sowie in Hair et al. (2024). Die Webseite https://www.pls-sem.net bietet zudem Microsoft Excel-Vorlagen mit Beispielen zur manuellen Berechnung der Evaluationskriterien für HCM und des HTMT-Kriteriums an.

Konfirmatorische Tetrad Analyse

Die **Fehlspezifikation von Messmodellen** gefährdet die Validität von SEM-Ergebnissen (Jarvis et al., 2003). Wird ein Messmodell reflektiv spezifiziert, obwohl eigentlich ein formatives Messmodell vorliegt, kann die Schätzung zu erheblichen Verzerrungen in den Ergebnissen führen. Der Grund dafür liegt darin, dass formative Indikatoren nicht notwendigerweise korreliert sind. Zudem ziehen formative Indikatoren geringe Ladungen nach sich, wenn sie über ein reflektiv spezifiziertes Messmodell abgebildet werden. Indikatoren mit einer geringen Ladung (unter 0,40) sollten in reflektiv gemessenen Konstrukten eliminiert werden (siehe Kapitel 4). Aus diesem Grund kann die Fehlspezifikation eines Messmodells als reflektiv, obwohl es formativ sein sollte, zu einer Elimination von Indikatoren führen, die eigentlich für die Bestimmung des Konstrukts einbezogen werden müssten. Jeder Versuch, ein Set formativer Indikatoren auf Basis ihrer Korrelationen zu bereinigen, kann sich negativ auf die Inhaltsvalidität des Konstrukts auswirken. In empirischen Studien können sich die Ergebnisse der Messmodelle und des Strukturmodells durch die Elimination von Indikatoren signifikant verändern. Aus diesem Grund sollten wir jede Fehlspezifikation der Messmodelle vermeiden, um die Validität der Ergebnisse sicherzustellen.

Die Entscheidung, ob ein Messmodell reflektiv oder formativ zu spezifizieren ist, sollte primär auf Basis theoretischer Überlegungen erfolgen. In diesem Zusammenhang haben sich die von Jarvis et al. (2003) formulierten Richtlinien, die wir in Kapitel 2 zusammengefasst haben, als sehr nützlich erwiesen. Die Forscher haben zudem einen PLS-SEM-basierten statistischen Test entwickelt, der eine zusätzliche empirische Substantiierung und Bestätigung der qualitativen Entscheidung liefert. Genauer gesagt ermöglicht die **konfirmatorische Tetrad Analyse** in der PLS-SEM (Confirmatory Tetrad Analysis, CTA-PLS) eine empirische Evaluation der Messmodellspezifikation einer latenten Variablen (siehe Gudergan et al., 2008).

Die CTA-PLS basiert auf dem Konzept von **Tetraden** (τ), welche die Beziehung zwischen Paaren als Kovarianzen beschreiben. Um besser zu verstehen, was eine Tetrade ist, betrachten wir ein reflektiv gemessenes Konstrukt mit vier Indikatoren. Für dieses Konstrukt erhalten wir sechs Kovarianzen (σ) zwischen allen möglichen Paaren der vier Indikatoren (siehe Abbildung 8.10).

	x_1	x_2	x_3	x_4
x_1		σ_{21}	σ_{31}	σ_{41}
x_2	σ_{12}		σ_{32}	σ_{42}
x_3	σ_{13}	σ_{23}		σ_{43}
x_4	σ_{14}	σ_{24}	σ_{34}	

Abbildung 8.10 Kovarianzen zwischen vier Indikatoren in einem reflektiv spezifizierten Messmodell

Eine Tetrade ist die Differenz zwischen jeweils zwei Produkten von Kovarianzpaaren. Die sechs Kovarianzen der vier Indikatorvariablen ergeben sechs einzigartige Paarungen, die drei Tetraden formen:

$$\tau_{1234} = \sigma_{12} \cdot \sigma_{34} - \sigma_{13} \cdot \sigma_{24},$$

$$\tau_{1342} = \sigma_{13} \cdot \sigma_{42} - \sigma_{14} \cdot \sigma_{32} \text{ und}$$

$$\tau_{1432} = \sigma_{14} \cdot \sigma_{23} - \sigma_{12} \cdot \sigma_{43}.$$

In reflektiv spezifizierten Messmodellen erwarten wir, dass jeder Indikator ein spezifisches Konzept oder Attribut jeweils gleich gut repräsentiert. In diesem Fall sollte jede Tetrade einen Wert von 0 haben und verschwindet damit. Jedoch sind Tetraden selten exakt 0, sondern haben einen Residualwert. Nur wenn der Residualwert einer Tetrade signifikant von 0 abweicht, können wir die Annahme einer reflektiven Spezifikation des Messmodells verwerfen und stattdessen von einer formativen Messmodellspezifikation ausgehen. Mit anderen Worten ist die CTA ein statistischer Test, der als Nullhypothese für ein reflektives Messmodell annimmt, dass die Tetraden gleich 0 sind und damit verschwinden (H_0: $\tau = 0$); die Alternativhypothese einer Tetrade ungleich 0 (H_1: $\tau \neq 0$) unterstellt ein formatives Messmodell. Kann also H_0 nicht abgelehnt werden, so bedeutet dies, dass alle Tetraden verschwinden, was eine reflektive Messmodellspezifikation impliziert. Sobald wir jedoch für mindestens eine der Tetraden eines Messmodells aufgrund einer signifikanten Teststatistik die

Nullhypothese ablehnen, entscheiden wir uns für die alternative Hypothese und gehen von einem formativen Messmodell aus.

Bollen und Ting (2000) liefern verschiedene Beispiele zur Verwendung der CTA im Kontext der CB-SEM. Obwohl sich die Verfahren unterscheiden, ist die systematische Anwendung der CTA für eine Prüfung der Messmodelle in der PLS-SEM durchaus vergleichbar (Bollen & Ting, 2000). Die CTA-PLS umfasst folgende Schritte:

1. Bildung und Berechnung aller Tetraden für das Messmodell einer latenten Variablen.
2. Identifikation und Elimination aller durch das Modell implizierten redundanten Tetraden.
3. Anwendung eines statistischen Signifikanztests zur Prüfung, ob die Tetraden verschwinden.
4. Prüfung, ob alle durch das Modell implizierten, nicht redundanten Tetraden verschwinden.

In Schritt 1 werden alle Tetraden der Messmodelle der latenten Variablen ermittelt. Dabei ist zu beachten, dass die Ermittlung der Tetraden mindestens vier Indikatoren pro Messmodell erfordert. Andernfalls wird die CTA-PLS keine Ergebnisse für die Konstrukte liefern (Bollen & Ting, 2000 und Gudergan et al., 2008 liefern weitere Hinweise zu dem Umgang mit Situationen, in denen weniger als vier Indikatoren pro Messmodell vorliegen). Schritt 2 konzentriert sich auf die Identifikation der durch das Modell implizierten redundanten Tetraden. Redundanz ist dann gegeben, wenn eine ausgewählte durch das Modell implizierte Tetrade durch zwei andere durch das Modell implizierte Tetraden repräsentiert werden kann. In diesem Fall ist die Tetrade redundant und kann von der weiteren Analyse ausgeschlossen werden.

Während sich die ersten zwei Schritte der CTA-PLS mit der Generation und Auswahl der durch das Modell implizierten nicht redundanten Tetraden pro Messmodell befassen, geht es in den Schritten 3 und 4 um die Prüfung der Signifikanz. Bei der Prüfung, ob die Residualwerte der Tetraden in Schritt 3 signifikant von 0 abweichen, greift die CTA-PLS auf das Bootstrapping-Verfahren zurück. Die zur Entscheidungsfindung notwendige Analyse jeder Tetrade bedingt die Durchführung einer Vielzahl von Einzeltests. Je größer die Anzahl der durch das Modell implizierten nicht redundanten Tetraden in einem speziellen Messmodell ist, desto höher ist die Wahrscheinlichkeit, dass es per Zufall zu einer Ablehnung der Nullhypothese (d. h. zu signifikant von 0 abweichenden Residualwerten der Tetrade) kommt. Aus diesem Grund wird in Schritt 4 der CTA-PLS die Bonferroni-Korrektur angewendet. In diesem Schritt werden die Bonferroni-korrigierten und bias-adjustierten Konfidenzintervalle der Tetraden für eine vorher spezifizierte Irrtumswahrscheinlichkeit ermittelt. Eine durch das Modell implizierte nicht redundante Tetrade ist signifikant von 0 verschieden, wenn ihr Konfidenzintervall die 0 nicht enthält. In diesem Fall können wir die Nullhypothese nicht ablehnen und gehen davon aus, dass das Messmodell als reflektiv zu spezifizieren ist. Weicht allerdings nur eine der durch das Modell implizierten nicht redundanten Tetraden eines spezifischen Messmodells signifikant von 0 ab, sollte eine formative Spezifikation des

Messmodells in Betracht gezogen werden. Allerdings ist es wichtig darauf hinzuweisen, dass es sich bei dem statistischen Test lediglich um eine empirische Überprüfung der theoretischen/konzeptionellen Überlegungen einer Messmodelloperationalisierung handelt. Letztere bilden immer die Grundlage für den Test und jede abschließende Entscheidung. Mit anderen Worten erlaubt der statistische Test eine Substantiierung der theoretischen/konzeptionellen Überlegungen bzw. bildet den Ausgangspunkt für deren kritische Prüfung und eventuelle Korrektur.

In Abbildung 8.11 ist ein Beispiel für zwei über fünf bzw. vier Indikatoren reflektiv gemessene latente Variablen Y_1 und Y_2 gegeben. Das Messmodell von Y_1 mit fünf Indikatoren erfordert, dass fünf Tetraden analysiert werden; das Messmodell von Y_2 mit vier Indikatoren erfordert hingegen, dass zwei Tetraden betrachtet werden. Abbildung 8.12 zeigt die resultierenden Tetraden und gibt ein Beispiel für ihre Residualwerte sowie die Bootstrapping-Ergebnisse auf Basis von 10.000 Teilstichproben (Bootstrapping-Standardfehler und Bootstrapping-*t*-Werte für jede einzelne Tetrade).

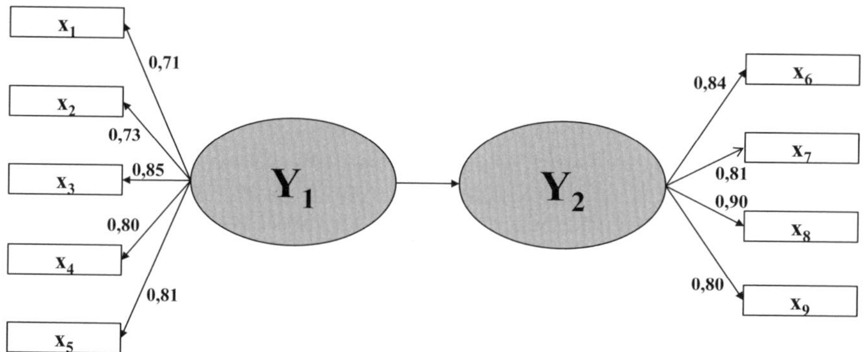

Abbildung 8.11 CTA-PLS-Modell

Die Residuen zweier Tetraden (τ_{1235}, τ_{1352}) unterscheiden sich signifikant von 0. Jedoch wird bei diesen Ergebnissen nicht berücksichtigt, dass eine Vielzahl von Einzeltests durchgeführt wurden. Aus diesem Grund zeigt die letzte Spalte in Abbildung 8.12 die 90 % Bonferroni-korrigierten und Bias-korrigierten Konfidenzintervalle. Auf Basis dieser Ergebnisse stellen wir ebenso fest, dass sich die Residualwerte zweier Tetraden von Y_1 (τ_{1235}, τ_{1352}) signifikant von 0 unterscheiden. Da die CTA-PLS damit die Nullhypothese eines reflektiv spezifizierten Messmodells für Y_1 ablehnt, wird die alternative formative Spezifikation des Messmodells gestützt. Wir sollten anhand dieses Ergebnisses allerdings nicht automatisch auf eine formative Spezifikation des Messmodells wechseln. Jede Änderung der Messperspektive ist durch theoretische/konzeptionelle Überlegungen und damit messtheoretisch zu substantiieren. Im Gegensatz zu Y_1 sind alle Tetraden der Messmodelle von Y_2 nicht signifikant unterschiedlich von 0, was die reflektive Spezifikation des Messmodells empirisch untermauert.

Y_1	Residualwert	Bootstrapping-Standardfehler	Bootstrapping-t-Wert	p-Wert	CI*
τ_{1234}	0,159	0,139	1,140	0,254	[–0,165; 0,483]
τ_{1243}	0,223	0,145	1,538	0,124	[–0,116; 0,558]
τ_{1235}	0,483	0,142	3,408	0,001	[0,151; 0,811]
τ_{1352}	–0,346	0,121	2,856	0,004	[–0,626; –0,062]
τ_{1345}	–0,089	0,136	0,656	0,512	[–0,404; 0,230]
Y_2					
τ_{6789}	0,194	0,150	1,298	0,194	[–0,099; 0,488]
τ_{6798}	–0,115	0,182	0,632	0,527	[–0,469; 0,245]

***90 % Bonferroni-korrigierte und Bias-korrigierte Konfidenzintervalle**

Abbildung 8.12 Beispiel für CTA-PLS-Ergebnisse

Gudergan et al. (2008) bieten eine umfassende Einführung in die CTA-PLS und ihre Anwendung. Die CTA-PLS ist in SmartPLS implementiert (Hair et al., 2024), was ihren Einsatz sehr erleichtert. Wir weisen darauf hin, dass SmartPLS die Anwendung der CTA-PLS sowohl für reflektiv als auch für formativ spezifizierte latente Variablen ermöglicht. In beiden Fällen unterstellt die Nullhypothese ein reflektiv spezifiziertes Messmodell bei der Durchführung des statistischen Tests. Das Ergebnis der CTA-PLS bestätigt oder verwirft das gewählte reflektiv oder formativ spezifizierte Messmodell.

Prüfung und Umgang mit Endogenität

Endogenität tritt auf, wenn der Fehlerterm eines abhängigen Konstrukts mit dem ihm zugeordneten Vorgängerkonstrukt korreliert ist. Da das Vorgängerkonstrukt damit nicht nur das abhängige Konstrukt, sondern auch seinen Fehlerterm erklärt, kann dies zu einer Verzerrug der Pfadkoeffizientenschätzung sowie zu Fehlern 1. oder 2. Art (Typ I oder Typ II-Fehlern) führen (Papies et al., 2016). Damit stellt das Vorhandensein von Endogenität ein Problem in Analysen dar, bei denen die genaue Schätzung von Koffizienten von Relevanz ist, z. B. in Studien bei denen das Testen von Theorien im Vordergund steht. Wenn die Zielsetzung einer Studie hingegen in der Prognose besteht, ist Endogenität unproblematisch. Da die PLS-SEM ein kausal-vorhersagender Ansatz ist, sollten Forscher generell sicherstellen, dass ihre Ergebnisse nicht substantiell durch das Vorhandensein von Endogenität beeinflusst sind (Hult et al., 2018). Wenngleich Endogenität viele Ursachen haben kann, entsteht sie oft durch das Fehlen von Konstrukten im Strukturmodell, also dadurch, dass es dem Forscher nicht gelungen ist, alle relevanten erklärenden Konstrukte für ihre Zielkonstrukte zu identifizieren. Um derartig verursachte Endogenitätsprobleme anzugehen, können Forscher verschiedene Ansätze im Anschluss an ihre Analysen verfolgen. Die bekanntesten Ansätze sind die Verwendung von Kontroll- und Instrumentalvariablen (Ebbes et al., 2022). Es ist jedoch oft schwierig, theoretisch plausible Kontroll- und Instrumentalvariablen zu identifizieren. Meist sind diese oft schlicht auch nicht verfügbar. Dies ist problematisch, da die Verwendung ungeeigneter Instrumentalvariablen zu einer größeren Verzerrung der Schätungen führen kann, womit das vermeintliche Heilmittel die Situation eher verschlechtert. Park und Gupta (2012) haben einen neueren Ansatz zur Behandlung von Endogenitätsproblemen vorgeschlagen. Ihr Gauß-Copula-Ansatz modelliert die Korrelation zwischen dem Vorgängerkonstrukt und dem Fehlerterm des abhängigen Konstrukts. Wenn der Ansatz das Vorhandensein von Endogenität anzeigt, sollten Forscher Kontroll- oder Instrumentalvariablen einbinden. Die Instrumentalvariablen sollten dabei zwar hoch mit dem Vorgängerkonstrukt, nicht aber mit dem Fehlerterm des abhängigen Konstrukts korreliert sein (Bascle, 2008). Sollten solche geeigneten Kontroll- oder Instumentalvariablen nicht zur Verfügung stehen, können Forscher direkt auf die Ergbnisse des Gauß-Copula-Ansatzes zurückgreifen und diese präsentieren. Die skizzierten Ansätze werden in Hult et al. (2018) näher diskutiert. Die Autoren liefern auch Richtlinien für ihren Einsatz in der PLS-SEM.

Umgang mit beobachteter und unbeobachteter Heterogenität

In Standardanwendungen der PLS-SEM analysieren wir in der Regel den gesamten Datensatz und gehen damit implizit davon aus, dass die Daten einer einzigen homogenen Population entstammen. Diese Annahme relativ homogener Daten ist oft unrealistisch. Individuen oder Firmen sind (beispielsweise in ihrem Verhalten bzw. in ihrer Struktur) unterschiedlich, so dass die Bündelung aller Beobachtungen in einem Datensatz zu fehlerhaften Analyseergebnissen und damit zu falschen Schlussfolgerungen führen kann (Becker et al., 2013b). Daher ist es wichtig, Heterogenität in den Daten zu identifizieren, zu prüfen und, sofern vorhanden, zu behandeln.

Heterogenität kann zwei Formen annehmen. Zum einen kann sie in Form von **beobachteten** Unterschieden zwischen zwei oder mehr Gruppen, die anhand von beobachtbaren Eigenschaften wie Geschlecht, Alter oder Herkunftsland gebildet werden, entstehen. Wir können den Datensatz anhand dieser beobachtbaren Charakteristika in einzelne Gruppen einteilen und spezifische PLS-SEM-Analysen für die einzelnen Gruppen durchführen. Meist unterscheiden sich dabei die Schätzungen der Pfadkoeffizienten für die einzelnen gruppenspezifischen Modelle. Die entscheidende Frage ist jedoch, ob diese Unterschiede statistisch signifikant sind. Zur Beantwortung dieser Frage können wir **Multigruppenanalysen** durchführen. Zum anderen kann Heterogenität aber auch **unbeobachtet** sein. In diesem Fall hängt die Heterogenität nicht von a priori bekannten beobachtbaren Charakteristika oder Kombinationen von Charakteristika ab. Zur Identifikation und zum Umgang mit unbeobachteter Heterogenität wurden in der Forschung eine Vielzahl von Ansätzen vorgeschlagen, die wir unter der Bezeichnung **latente Klassenanalysen** in der Literatur finden. Diese Methoden haben sich als sehr nützlich erwiesen, wenn es darum geht, unbeobachtete Heterogenität zu identifizieren und den Datensatz in die entsprechenden Gruppen einzuteilen. Diese Gruppen können dann über eine Multigruppenanalyse direkt auf signifikante Unterschiede untersucht werden. Alternativ kann eine latente Klassenanalyse sicherstellen, dass die Ergebnisse nicht durch unbeobachtete Heterogenität beeinflusst werden, was die Analyse eines einzigen Modells auf Basis von aggregierten Daten stützt. Daher empfehlen einige Forscher die grundsätzliche Anwendung von latenten Klassenanalysen zur Untermauerung der Robustheit der Analysen auf Basis der aggregierten Daten (Sarstedt et al., 2020b).

Multigruppenanalyse

Um das Konzept der **Multigruppenanalyse** zu verstehen, betrachten wir das Beispiel in Abbildung 8.13. Die Kundenzufriedenheit mit einem Produkt (Y_3) hängt hier von zwei Dimensionen ab: von der wahrgenommenen Qualität (Y_1) und dem wahrgenommenen Preis (Y_2). Wir nehmen an, dass es zwei Segmente mit ähnlicher Stichprobengröße gibt. Das erste Segment oder die erste Gruppe ist qualitätsbewusst, wohingegen die zweite Gruppe preisbewusst ist, was über die angegebenen segment-spezifischen Pfadkoeffizienten zum Ausdruck kommt. Genauer gesagt ist der Effekt der wahrgenommenen Qualität (Y_1) auf die Kundenzufriedenheit (Y_3) in der ersten Gruppe ($p_{13}^{(1)} = 0{,}50$; die hochgestell-

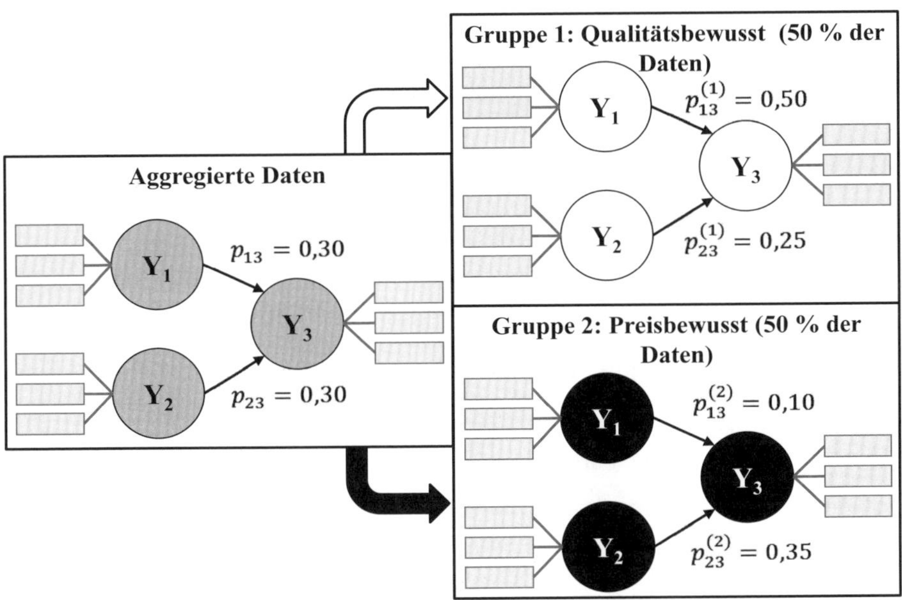

Abbildung 8.13 Heterogenität in PLS-Pfadmodellen

te (1) zeigt dabei die Gruppe an) stärker als in der zweiten Gruppe ($p_{13}^{(2)} = 0{,}10$). Im Gegensatz dazu hat der wahrgenommene Preis (Y_2) in der zweiten Gruppe ($p_{23}^{(2)} = 0{,}35$) einen etwas stärkeren Einfluss auf die Kundenzufriedenheit (Y_3) als in der ersten Gruppe ($p_{23}^{(1)} = 0{,}25$). Wenn wir die Daten auf aggregiertem Niveau analysieren (d. h. wir ignorieren die Segmentierung der Daten in qualitäts- und preisbewusste Kunden), erhalten wir für die wahrgenommene Qualität und den wahrgenommenen Preis den gleichen Einfluss (0,30) auf die Kundenzufriedenheit. Wie wir sehen, führt die Vernachlässigung der heterogenen Datenstruktur in diesem Beispiel zu falschen Schlussfolgerungen für die Beziehungen im PLS-Pfadmodell. Ein noch stärkerer Einfluss kann sich bei vorhandener Heterogenität ergeben, wenn sich signifikante negative und positive gruppenspezifische Effekte bei einer Analyse der aggregierten Daten gegeneinander aufheben und damit eine nicht signifikante Beziehung im Modell suggeriert wird.

Die Pfadkoeffizienten, die wir für unterschiedliche Stichproben ermitteln, sind nahezu immer unterschiedlich hoch. Fraglich ist aber, ob diese Unterschiede statistisch signifikant sind. Die Multigruppenanalyse hilft bei der Beantwortung dieser Frage. Technisch testen wir in der Multigruppenanalyse die Nullhypothese H_0, dass die Pfadkoeffizienten sich nicht signifikant voneinander unterscheiden (z. B. $p_{13}^{(1)} = p_{13}^{(2)}$), was der Aussage gleichkommt, dass die absolute Differenz zwischen den Pfadkoeffizienten gleich 0 ist (d. h. H_0: $\left|p_{13}^{(1)} - p_{13}^{(2)}\right| = 0$). Die entsprechende Alternativhypothese H_1 besagt, dass die Pfadkoeffizienten sich unterscheiden (d. h. $p_{13}^{(1)} \neq p_{13}^{(2)}$, oder anders ausgedrückt H_1: $\left|p_{13}^{(1)} - p_{13}^{(2)}\right| > 0$).

Die Forschung hat verschiedene Ansätze für Multigruppenanalysen mit zwei Gruppen vorgeschlagen. Wir unterscheiden zwischen einem parametrischen Ansatz und verschiedenen nicht-parametrischen Ansätzen (Matthews, 2017; Sarstedt et al., 2011b). Der **parametrische Ansatz** (Keil et al., 2000) stellt den ersten Ansatz zur Multigruppenanalyse dar und hat in der Forschung eine weite Verbreitung erfahren. Der Ansatz ist eine modifizierte Version eines Standard *t*-Tests für zwei unabhängige Stichproben, der auf den Standardfehlern, die wir aus dem Bootstrapping erhalten, basiert. Genau wie bei dem einfachen *t*-Test gibt es zwei Varianten des parametrischen Ansatzes (Sarstedt & Mooi, 2019). Diese hängen davon ab, ob die Varianzen in der Grundgesamtheit als gleich (Homoskedastizität oder Varianzhomogenität) oder als ungleich (Heteroskedastizität oder Varianzheterogenität) angenommen werden können. Die bisherige Forschung geht davon aus, dass der parametrische Ansatz eher liberal ist und tendenziell zu Fehlern 1. Art (oder Typ I-Fehlern) führt (Klesel et al., 2020; Sarstedt et al., 2011b). Ferner hat der parametrische Ansatz aus konzeptioneller Sicht seine Grenzen, da er auf Verteilungsannahmen aufsetzt, die mit der Verteilungsfreiheit der PLS-SEM nicht im Einklang stehen.

Vor diesem Hintergrund haben Forscher verschiedene nicht-parametrische Alternativen der Multigruppenanalyse vorgeschlagen. Ein Beispiel ist der **Permutationstest** (Chin & Dibbern, 2010). Dieser Test tauscht zufällig Beobachtungen zwischen Gruppen aus (d. h. permutiert) und schätzt das Modell erneut für jede Permutation. Die Ermittlung der Unterschiede zwischen den gruppenspezifischen Pfadkoeffizienten pro Permutation ermöglicht eine Prüfung, ob diese auch in der Population voneinander abweichen. Henseler et al. (2009) haben einen anderen nicht-parametrischen Ansatz zur Multigruppenanalyse vorgeschlagen, der auf den Ergebnissen des Bootstrapping-Verfahrens aufsetzt. Der PLS-Multigruppenanalyseansatz **(PLS-MGA)** vergleicht jede Bootstrapping-Schätzung einer Gruppe mit allen anderen Bootstrapping-Schätzungen des gleichen Parameters in der anderen Gruppe. Durch die Auszählung der Fälle, in denen die Bootstrapping-Schätzung der ersten Gruppe größer als die für die zweite Gruppe ist, ermittelt der Ansatz einen Wahrscheinlichkeitswert für einen einseitigen Test. Die PLS-MGA umfasst eine große Anzahl an Vergleichen von Bootstrapping-Schätzungen (im Fall von 10.000 Bootstrapping-Teilstichproben kommt es beispielsweise zu 100.000.000 Vergleichen für jeden Parameter) und Reliabilitätstests für Gruppenunterschiede. Zudem ist der Test auf einseitige Hypothesentests ausgerichtet. Die Software SmartPLS ermöglicht die Anwendung des parametrischen Ansatzes, des Permutationstests und der PLS-MGA (Ringle et al., 2011).

Die Simulationsstudie von Klesel et al. (2020) zeigt, dass der Permutationstest und die PLS-MGA eine sehr ähnliche Leistung mit Blick auf Fehlerraten 1. Art (Typ I-Fehlerraten) erreichen. Zudem zeigen beide Ansätze bei Stichproben von 600 Beobachtungen Gruppenunterscheide in den Pfadkoeffizienten von 0,2 oder mehr an; die Identifikation kleinerer Gruppenunterschiede erfordert größere Stichproben. Der Permutationstest ist bei der Identifikation von Gruppenunterschieden jedoch noch etwas leistungsfähiger als die PLS-MGA, so dass wir diesen für den Vergleich von zwei Gruppen empfehlen. Eine Problematik bei der Anwendung des Permutationstests bezieht sich auf stark ungleiche Gruppengrößen (Matthews, 2017; Sarstedt et al., 2011b). Neuere Forschungserkenntnisse zeigen aber, dass der Einfluss stark ungleicher Gruppengrößen (d. h. ein Drittel der Beobachtungen in einer, zwei Drittel in der anderen; Klesel et al., 2020) auf die Leistungsfähigkeit des Permutationstests sehr gering ist (insbesondere bei den in der angewendeten Forschung typischerweise eingesetzten Stichprobengrößen). Dennoch sollten Forscher nach Möglichkeit ähnliche Gruppengrößen für den Permutationstest nutzen. Des weiteren haben Klesel et al. (2019) einen Test vorschlagen, mit dem das gesamte Modell auf Gruppenunterschiede zwischen zwei (oder mehr) Gruppen geprüft werden kann. Der Test wendet den Permutationsansatz an und vergleicht die durchschnittliche (Euklidische oder geodätische) Distanz zwischen den Gruppen auf Basis der durch das Modell implizierten Korrelationsmatrix. Die Folgestudien von Klesel et al. (2020) stützen die Effektivität des Tests, wenn das Ziel im Gruppenvergleich des gesamten Modells besteht (ein zugegebenermaßen seltenes Ziel in der angewandten Forschung).

Ermittlung unbeobachteter Heterogenität

Wenn Forscher die Daten auf Basis beobachtbarer Eigenschaften in Gruppen einteilen und gruppenspezifische Modelle schätzen, tragen sie beobachteter Heterogenität Rechnung. Die Quellen von Heterogenität in den Daten sind jedoch selten vollständig a priori bekannt. Vielmehr ist Heterogenität oftmals unbeobachtet und kann nicht durch eine oder mehrere beobachtbare Variablen erklärt werden. Wird diese Heterogenität vernachlässigt, so kann es ebenso wie bei der beobachteten Heterogenität zu Verzerrungen kommen, wenn das Modell auf Basis aggregierter Daten geschätzt wird (Becker et al., 2013b). Nur wenn unbeobachtete Heterogenität die Ergebnisse nicht beeinflusst, können die Daten auf aggregierter Ebene analysiert werden. Daher ist die Identifikation und – sofern notwendig – Behandlung unbeobachteter Heterogenität von enormer Wichtigkeit bei der Anwendung der PLS-SEM. Folglich fordern Forscher den standardmäßigen Einsatz von Techniken, die diese Analysen ermöglichen (Hair et al., 2011b; Hair et al., 2012b; Hair et al., 2013).

Standard **Clusteranalysen** wie das k-means Verfahren (Sarstedt & Mooi, 2019) konzentrieren sich nur auf die Indikatorvariablen zur Ermittlung von (Daten-)Gruppen. Solche Verfahren können jedoch die latenten Variablen und ihre Beziehungen im Strukturmodell nicht berücksichtigen. Zudem werden über die Identifikation unterschiedlicher (Daten-)Gruppen für die Indikatorvariablen oder die Konstruktwerte nicht notwendigerweise auch signifikante Unterschiede in den Beziehungen im Pfadmodell ermittelt. Damit sind Standard-Clusteranalyseverfahren, die sich nur auf die Indikatorvariablen oder Konstruktwerte konzentrieren, im Kontext der PLS-SEM ungeeignet (Sarstedt & Ringle, 2010; Fordellone & Vichi, 2020). Aus diesem Grund hat die Forschung eine ganze Reihe von Ansätzen für latente Klassenanalysen vorgeschlagen, die beispielsweise finite Mischverteilungen oder genetische Algorithmen im Kontext der PLS-SEM verwenden (Sarstedt, 2008; Hair et al., 2016; Sarstedt et al., 2017a). Abbildung 8.14 zeigt die wichtigsten Ansätze zur Identifikation von Segmenten in der PLS-SEM.

Der erste und wohl bekannteste Ansatz der latenten Klassenanalyse ist der **Finite-Mixture-PLS-Ansatz (FIMIX-PLS)** (Hahn et al., 2002). Auf Basis des Konzeptes von Mixture-Regressionsmodellen schätzt der FIMIX-PLS-Ansatz simultan die Pfadkoeffizienten sowie die Aufteilung der Beobachtungen in eine vordefinierte Anzahl von Gruppen (Ringle et al., 2010b; Sarstedt et al., 2016c). Simulationsstudien zeigen, dass der FIMIX-PLS-Ansatz das Vorhandensein

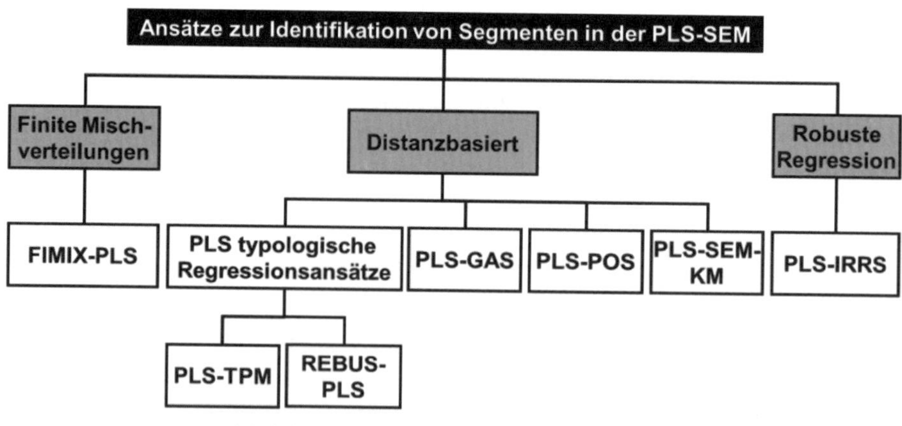

Abbildung 8.14 Latente Klassenanalysen

unbeobachteter Heterogenität in PLS-Pfadmodellen zuverlässig anzeigt und Hinweise auf die korrekte Anzahl der Gruppen liefert (Sarstedt et al., 2011a; Ringle et al., 2014). Es ist jedoch wichtig anzumerken, dass der FIMIX-PLS-Ansatz bei der Identifikation der Gruppenstrukturen, die für die unterschiedlichen Pfadkoeffizienten verantwortlich zeichnen an seine Grenzen stößt (Ringle et al., 2013; Ringle et al., 2014). Dies gilt insbesondere dann, wenn das Pfadmodell formative Messmodelle enthält (Becker et al., 2013b). Der FIMIX-PLS-Ansatz ist in der Software SmartPLS verfügbar und kann darüber einfach angewendet werden (Ringle et al., 2010a; Wilden & Gudergan, 2015).

Seit der Einführung des FIMIX-PLS-Ansatzes wurden in der Forschung eine Reihe von Alternativen vorgeschlagen, welche die Beobachtungen auf Basis von Distanzkriterien zu Gruppen zuordnen. Squillacciotti (2005, 2010) hat den **PLS-Typological-Path-Modeling-Ansatz** (**PLS-TPM**) entwickelt, der durch Esposito Vinzi et al. (2008) in Form des **Response-Based-Procedure-for-Detecting-Unit-Segments-in-PLS-Path-Modeling-Ansatzes** (**REBUS-PLS**) erweitert wurde. Der REBUS-PLS-Ansatz verteilt die Beobachtungen schrittweise von einem in ein anderes Segment, um die Modellresiduen zu minimieren. Dabei berücksichtigt der REBUS-PLS-Ansatz auch die Messmodelle, wobei sich der Ansatz auf reflektiv gemessene Konstrukte beschränkt. Des Weiteren ist zu beachten, dass der PLS-TPM-Ansatz und der REBUS-PLS-Ansatz mehrere Beobachtungen pro Iteration umverteilen und einen Zufallsprozess durchlaufen, ohne das Zielkriterium systematisch zu verfolgen (Ringle et al., 2013; Ringle et al., 2014). Becker et al. (2013b) haben dies erkannt und daher den **Prediction-Oriented-Segmentation-Ansatz** (**PLS-POS**) entwickelt, der auf alle Arten von PLS-Pfadmodellen, unabhängig von der (reflektiven oder formativen) Messmodellspezifikation der latenten Variablen, anwendbar ist. Ihre Simulationsstudie zeigt, dass der PLS-POS-Ansatz Segmentstrukturen sehr gut reproduzieren kann. Dank seiner Implementierung in SmartPLS kann der PLS-POS-Ansatz zudem leicht angewendet werden. Der **Genetic-Algorithm-Segmentation-Ansatz** (**PLS-GAS**) (Ringle et al., 2013; Ringle et al., 2014) ist ein weiterer Ansatz der latenten Klassenanalyse, welcher die Identifikation und Behandlung unbeobachteter Heterogenität in PLS-Pfadmodellen ermöglicht. Dieser Ansatz beinhaltet zwei Schritte. In einem ersten Schritt kommt ein genetischer Algorithmus zum Einsatz, der das Ziel hat, eine Partition zu finden, welche die unerklärte Varianz der endogenen latenten Variablen minimiert. Dies ist von Vorteil, da der Einsatz eines genetischen Algorithmus es ermöglicht, eine große Anzahl möglicher Lösungen zu erfassen und lokale Optima zu vermeiden. In einem zweiten Schritt kommt ein deterministischer Verbesserungsalgorithmus zum Einsatz, der darauf abzielt, die Lösung in jeder Iteration zu verbessern. Der PLS-GAS-Ansatz liefert exzellente Ergebnisse, die in der Regel die Lösungen alternativer Segmentierungsansätze übertreffen; jedoch ist der Ansatz auch sehr rechenintensiv.

Aus dem letztgenannten Grund wurde der **Iterative-Reweighted-Regressions-Segmentation-Ansatz (PLS-IRRS)** als weiterer Ansatz der latenten Klassenanalyse vorgeschlagen (Schlittgen et al., 2016). Der PLS-IRRS-Ansatz basiert auf Schlittgens (2011) Clusterwise Robust Regression-Ansatz, welcher die

Gewichte so bestimmt, dass Beobachtungen mit extremen Werten geringer gewichtet und damit der Einfluss von Ausreißern in den Daten gemildert werden. Bei der Anpassung dieses Konzeptes auf die PLS-SEM-basierte Segmentierung werden Ausreißer nicht als solche betrachtet, sondern formen ein eigenes Segment. Wenn der PLS-IRRS-Ansatz eine Gruppe ähnlicher Ausreißer identifiziert, können diese eine eigene Gruppe und damit eine segmentspezifische PLS-SEM-Lösung bilden. Zudem betont der PLS-IRRS-Ansatz den Einfluss nicht homogener Beobachtungen bei der Berechnung der segment-spezifischen PLS-SEM Ergebnisse. Genau wie die PLS-POS- und PLS-GAS-Ansätze ist der PLS-IRRS-Ansatz generell auf alle Arten von PLS-Pfadmodellen anwendbar. Zudem liefert der Ansatz exzellente Ergebnisse bei der Reproduktion latenter Segmentstrukturen, insbesondere hinsichtlich deren Prognosefähigkeit, die mit den Ergebnissen des PLS-GAS vollständig mithalten können (Schlittgen et al., 2016). Der Kernvorteil des PLS-IRRS-Ansatzes ist aber seine Geschwindigkeit – er ist mehr als 1.000 Mal schneller als der PLS-GAS-Ansatz und liefert dabei nahezu identische Ergebnisse.

Aufgrund der in verschiedenen Simulationsstudien nachgewiesenen Leistungsfähigkeit und der vorhandenen Umsetzung in SmartPLS schlagen Sarstedt et al. (2017a) die kombinierte Anwendung des FIMIX-PLS- und PLS-POS-Ansatzes vor. Zu Beginn sollte der FIMIX-PLS-Ansatz angewendet werden, um zu prüfen, ob ein kritisches Niveau an Heterogenität vorliegt. Ist dies der Fall, ermöglichen die FIMIX-PLS-Ergebnisse die Bestimmung der optimalen Segmentzahl. Sarstedt et al. (2011a) haben die Kriterien zur Bestimmung der Segmentzahl erforscht und fassen Empfehlungen für deren Anwendung zusammen. Die FIMIX-PLS-Lösung (d. h. die Segmentierung auf Basis der maximalen Wahrscheinlichkeiten der Gruppenzugehörigkeit) dient dann als Startlösung für die nachfolgende Ausführung des PLS-POS-Ansatzes. Der PLS-POS-Ansatz verbessert die FIMIX-PLS-Lösung und erlaubt es, die Heterogenität in den formativ spezifizierten Messmodellen der latenten Variablen zu berücksichtigen. Sarstedt et al. (2017a) liefern Richtlinien zur gemeinsamen Anwendung des FIMIX-PLS und PLS-POS-Ansatzes. Zudem illustrieren Hair et al. (2024) sowie Matthews et al. (2016) die Anwendung des FIMIX-PLS-Ansatzes anhand des auch in diesem Buch verwendeten Datensatzes zur Unternehmensreputation. Sarstedt et al. (2021) geben eine Reihe von Empfehlungen für die Durchführung von latenten Klassenanalysen in der PLS-SEM.

Die bisher dargestellten Ansätze der latenten Klassenanalyse identifizieren homogene Segmente in Bezug auf die in den Segmenten vorhandenen Beziehungen im Struktur- und in den Messmodellen. Die dabei zwischen den Segmenten auftretenden Unterschiede in eben diesen Beziehungen resultieren aber nicht notwendigerweise in signifikant unterschiedlichen Konstruktwerten für die latenten Variablen. Vor diesem Hintergrund haben Fordellone und Vichi (2020) den PLS-SEM-k-means-Ansatz (PLS-SEM-KM) vorgeschlagen. Dieser identifiziert Gruppen in den Daten so, dass die Unterschiede in den Konstruktwerten maximiert werden. Die Unterschiede im Strukturmodell und den Messmodellen werden dabei simultan berücksichtigt. Der Ansatz basiert auf einem reduzierten k-means Clusteranalyseverfahren (De Soete & Carroll, 1994). Es werden Euklidische Distanzen verwendet, um Beobachtungen iterativ in eine vordefinierte Anzahl von Gruppen einzuteilen, die homogene Beziehungen in den Struktur- und in den Messmodellen aufweisen.

Messmodellinvarianz

Eine der wesentlichen Herausforderungen in der Multigruppenanalyse besteht in der Sicherstellung von **Messinvarianz** oder **Messäquivalenz.** Durch die Prüfung von Messinvarianz können wir sicherstellen, dass Gruppenunterschiede in Modellschätzungen nicht aufgrund von Unterschieden in der Wahrnehmung der inhaltlichen Bedeutung von latenten Variablen zwischen den Gruppen entstanden sind. So könnten Unterschiede in den Strukturbeziehungen zwischen den latenten Variablen eher durch unterschiedliche Bedeutungen verursacht worden sein, welche die Befragten den gemessenen Phänomenen beimessen, als durch die wahren Unterschiede zwischen den Beziehungen im Strukturmodell. Hult et al. (2008) beschreiben dieses Problem und schlussfolgern, dass ein Mangel an Messinvarianz eine potenzielle Quelle für Messfehler (also für ein Abweichen zwischen dem, was wir intendierten zu messen und dem, was wir tatsächlich messen) darstellt. Wenn Messinvarianz nicht gegeben ist, kann dies die Teststärke reduzieren, die Genauigkeit von Schätzern beeinflussen und damit fehlerhafte Ergebnisse liefern. Kurz gesagt, wenn Messinvarianz nicht gegeben ist, sind alle Schlussfolgerungen über die Unterschiede in Modellbeziehungen fraglich.

Forscher haben eine Reihe von Ansätzen vorgeschlagen, um die Messinvarianz in der CB-SEM zu prüfen. Üblicherweise verwenden sie eine Reihe von Analysen im Rahmen einer konfirmatorischen Faktorenanalyse – siehe Steenkamp und Baumgartner (1998) sowie Vandenberg und Lance (2000). Die gut etablierten Ansätze zur Prüfung der Messinvarianz in den Faktormodellen der CB-SEM können allerdings nicht direkt auf die Composite-Modelle in der PLS-SEM übertragen werden. Aus diesem Grund haben Henseler et al. (2016b) eine Prozedur zur Prüfung der **Messinvarianz für Composite-Modelle** (Measurement Invariance of Composite Models, MICOM) entwickelt, die drei Schritte umfasst: (1) die **konfigurale Invarianz** (d. h. eine gleiche Parametrisierung und Art der Schätzung), (2) die **kompositionelle Invarianz** (d. h. gleiche Generierung der Komponentenwerte) und (3) die **Gleichheit der Mittelwerte und Varianzen der Composite-Variablen**. Die drei Schritte bauen hierarchisch aufeinander auf, wie in Abbildung 8.15 illustriert. Die Software SmartPLS unterstützt die Ausführung dieser drei Schritte der MICOM-Prozedur.

Schritt 1 bezieht sich auf die konfigurale Invarianz, die sicherstellen soll, dass die Composite-Variablen für alle Gruppen gleich konfiguriert wurden. Eine erste qualitative Prüfung der Spezifikation der Composite-Variablen über alle Gruppen muss (1) die Verwendung identischer Indikatoren pro Messmodell, (2) die identische Behandlung der Daten und (3) identische Algorithmuseinstellungen sicherstellen. Die konfigurale Invarianz ist die Voraussetzung für

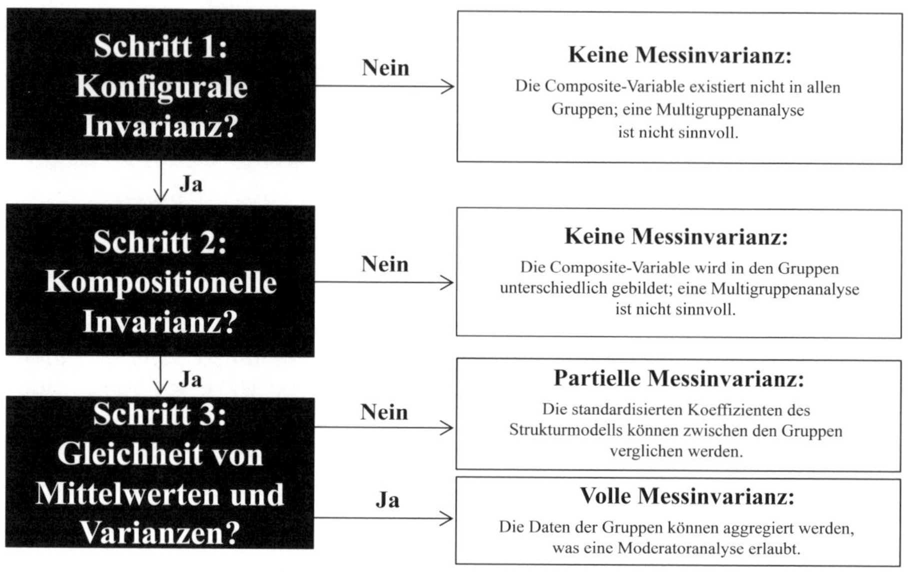

Abbildung 8.15 MICOM-Prozedur

die kompositionelle Invarianz (Schritt 2), die untersucht, ob die Composite-Variablen über alle Gruppen gleich gebildet oder ermittelt wurden. Bei der Schätzung der Indikatorgewichte für jede Gruppe muss sichergestellt werden, dass die Werte einer Composite-Variablen – trotz möglicher Unterschiede in den Gewichten – ähnlich sind. Die MICOM-Prozedur wendet einen statistischen Test an, der prüft, ob sich die Werte der Composite-Variablen zwischen den Gruppen signifikant unterscheiden. Die Prüfung der Messinvarianz sollte nur dann mit Schritt 3, der Prüfung der Gleichheit der Mittelwerte und Varianzen der Composite-Variablen, fortgesetzt werden, wenn die Ergebnisse der vorangegangenen Schritte (die partielle) Messinvarianz stützten. Im Fall von gleichen Mittelwerten und Varianzen der Composite-Variablen liegt volle Messinvarianz vor und wir können unsere Analysen auf Basis der aggregierten Daten durchführen. Wenngleich eine Aggregation der Daten aus Sicht der statistischen Teststärke vorteilhaft ist, müssen Forscher möglicher Heterogenität im Strukturmodell durch den Einbezug von Interaktionseffekten, die als Moderatoren dienen, Rechnung tragen (siehe Kapitel 7).

Zusammengefasst erfordert die Anwendung einer Multigruppenanalyse die Sicherstellung von konfiguraler (Schritt 1) und kompositioneller (Schritt 2) Invarianz. Wenn diese beiden Schritte die Messinvarianz nicht stützen, sind die Ergebnisse und die in der Multigruppenanalyse ermittelten Unterschiede nicht valide. Ist aber die konfigurale und kompositionelle Invarianz bestätigt, liegt **partielle Messinvarianz** vor, was uns den Vergleich der Pfadkoeffizientenschätzungen zwischen den Gruppen erlaubt. Wenn partielle Messinvarianz gegeben ist und die Composite-Variablen gleiche Mittelwerte und Varianzen über die Gruppen aufweisen, ist **volle Messinvarianz** gegeben, was die Analyse der aggregierten Daten ermöglicht. Henseler et al. (2016b) liefern mehr

Details zu der MICOM-Prozedur, inklusive einer Simulationsstudie. Schlägel und Sarstedt (2016) präsentieren eine empirische Anwendung der Prozedur und Hair et al. (2024) illustrieren ihre Verwendung auf Basis von SmartPLS.

Konsistentes PLS-SEM-Verfahren (PLSc-SEM)

In Kapitel 1 haben wir einen Vergleich zwischen der CB-SEM und der PLS-SEM vorgenommen und festgestellt, dass die PLS-SEM im Vergleich zu der CB-SEM zu etwas kleineren Beziehungen im Strukturmodell und etwas stärkeren Beziehungen in den Messmodellen führt. Forscher werden niemals genau die gleichen Ergebnisse mit Hilfe der PLS-SEM und der CB-SEM erhalten und sollten diese Erwartungshaltung auch nicht haben. Die statistische Zielsetzung und die Messphilosophie der beiden SEM-Verfahren sind unterschiedlich, weshalb sich die Ergebnisse in aller Regel unterscheiden werden. In neueren Forschungsansätzen wurde versucht, die beiden SEM-Verfahren zu kombinieren, um die Flexibilität der PLS-SEM in Bezug auf die Verteilungsannahmen und den Umgang mit komplexen Modellen zu erhalten und gleichzeitig ähnliche Ergebnisse wie in der CB-SEM zu erzielen. In diesem Zusammenhang wurden beispielsweise: die Cronbachs Alpha basierte Anpassung (Yuan et al., 2020), das konsistente und effiziente **PLSe2-Verfahren** (Bentler & Huang, 2014) und das **konsistente PLS-SEM-Verfahren (PLSc-SEM)** (Dijkstra, 2014; Dijkstra & Henseler, 2015b) vorgeschlagen. Wir diskutieren hier das letztgenannte Verfahren, da dieses bereits in Simulationsstudien analysiert wurde (siehe z. B. Dijkstra & Henseler, 2015a) und zudem in SmartPLS implementiert ist. Wir weisen darauf hin, dass wir nicht andeuten wollen, diese Verfahren seien besser als der klassische PLS-SEM-Algorithmus. Sie sind aber stärker auf die Situationen ausgelegt, in denen wir in unserer Forschung Ergebnisse erzielen möchten, die möglichst denen der Faktormodell-basierten CB-SEM-Schätzungen ähneln (was aber in der Regel nicht die Intention bei der Anwendung der composite basierten PLS-SEM ist; Sarstedt et al., 2016b). Gleichzeitig stellt sich die Frage, weshalb in solchen Situationen nicht von vornherein eine CB-SEM-Analyse durchgeführt wird.

Die Zielsetzung des PLSc-SEM-Verfahrens besteht darin, die Korrelation zwischen zwei latenten Variablen Y_1 und Y_2 (r_{Y_1,Y_2}) um den Messfehler zu korrigieren. Genauer gesagt korrigiert das PLSc-SEM-Verfahren die ursprüngliche Schätzung, indem die Korrelation der latenten Variablen durch das geometrische Mittel der Reliabilitäten der latenten Variablen dividiert wird, um die messfehlerfreie (d. h. die konsistente oder im Englischen disattenuated) Korrelation $r^c_{Y_1,Y_2}$ im Sinne eines Faktormodells zu erhalten. Zur Messung der Reliabilität können wir den Reliabilitätskoeffizienten ρ_A verwenden.

Das PLSc-SEM-Verfahren durchläuft vier Prozessschritte. In Schritt 1 wird der klassische PLS-SEM-Algorithmus ausgeführt. Die gewonnenen Ergebnisse werden in Schritt 2 dazu genutzt, die Reliabilitäten ρ_A aller reflektiv spezifizierten latenten Variablen im PLS-Pfadmodell zu ermitteln (Dijkstra, 2014; Dijkstra & Henseler, 2015a). Für die formativ spezifizierten und die Single-Item-Konstrukte wird die ρ_A auf 1 gesetzt. In Schritt 3 werden die konsistenten Reliabilitäten aller latenten Variablen aus Schritt 2 verwendet, um die inkonsistente

Korrelationsmatrix der latenten Variablen, die in Schritt 1 ermittelt wurde, zu korrigieren. Genauer gesagt erhalten wir die konsistente Korrelation zwischen zwei Konstrukten, indem wir ihre Korrelation aus Schritt 1 durch das geometrische Mittel (d. h. die Quadratwurzel des Produktes) ihrer Reliabilitäten ρ_A dividieren. Diese Korrektur wird auf alle Korrelationen der reflektiv spezifizierten Konstrukte angewendet. Die Korrelation zweier formativ spezifizierter oder Single-Item-Konstrukte bleibt unverändert. Die Attenuationskorrektur wird nur dann angewendet, wenn das PLS-Pfadmodell mindestens eine reflektiv spezifizierte latente Variable mit einer konsistenten Reliabilität ρ_A unter 1 enthält. In Schritt 4 erfolgt die erneute Schätzung aller Beziehungen im Modell auf Basis der konsistenten Korrelationsmatrix der latenten Variablen, was zu konsistenten Pfadkoeffizienten, entsprechenden R^2-Werten und (äußeren) Ladungen führt. Wir weisen darauf hin, dass die Prüfung der Signifikanz beim PLSc-SEM-Verfahren die Ausführung eines konsistenten Bootstrapping-Verfahrens erfordert, welches ebenso in SmartPLS implementiert ist.

In praktischen Anwendungen können die PLSc-SEM-Ergebnisse substanziell durch geringe Reliabilitätsniveaus der Konstrukte beeinflusst werden. In der Folge können die mit dem PLSc-SEM ermittelten standardisierten Pfadkoeffizienten sehr hoch werden (in einigen Situationen sogar deutlich größer als 1). Zudem kann Kollinearität zwischen den latenten Variablen in komplexeren PLS-Pfadmodellen einen starken negativen Einfluss auf die PLSc-SEM-Ergebnisse haben. In einigen Situationen werden die Beziehungen im Strukturmodell sehr klein. Zudem kann das Bootstrapping zu extremen Ergebnissen führen, welche zu hohen Standardfehlern für einige Beziehungen führen, die den Anteil an Fehlern 2. Art (Typ II-Fehlern) erhöhen.

Vor dem Hintergrund dieser Limitationen entsteht die Frage, wann wir das PLSc-SEM-Verfahren anwenden sollten. Das PLSc-SEM-Verfahren ist geeignet, wenn wir wie bei der SEM-Analyse von Faktormodellen ausgehen (Bollen, 2011; Bollen & Bauldry, 2011). In diesem Fall liegt die Intention in der Generierung von Ergebnissen, die den CB-SEM-Ergebnissen entsprechen, unter der Annahme, dass ein Konstrukt durch die Kovarianz seiner assoziierten Indikatoren repräsentiert werden kann. Simulationsstudien für solche Modelle offenbaren, dass die CB-SEM und das PLSc-SEM-Verfahren nahezu identische Ergebnisse für die Koeffizientenschätzungen liefern (Dijkstra & Henseler, 2015a). Während die CB-SEM und das PLSc-SEM-Verfahren nahezu die gleiche Genauigkeit der geschätzten Parameter und statistische Teststärke aufweisen, behält das PLSc-SEM-Verfahren zudem die meisten der vorteilhaften Eigenschaften der PLS-SEM bei (siehe Kapitel 2). Unter anderem unterliegt das PLSc-SEM-Verfahren keinen Verteilungsannahmen, kann mit komplexen Modellen umgehen, ist weniger von fehlerhaften Spezifikationen (in Teilen) des Modells betroffen und nicht durch Konvergenzprobleme limitiert. Gleichzeitig führt die im dritten Schritt durchgeführte Attenuationskorrektur aber zu einer Änderung in den Pfadkoeffizienten gegenüber der PLS-SEM-Schätzung, die auf die Maximierung der erklärten Varianz der endogenen Konstrukte und der Indikatoren im Modell abzielt. Damit ist auch die Evaluation der Vorhersagequalität (Kapitel 6) des Modells auf Basis der über das PLSc-SEM-Verfahren ermittelten Konstruktwerte nicht mehr mit der PLS-SEM-Schätzung konsistent. Vor dem Hintergrund, dass die Forschung die kausal-vorhersagende Natur der PLS-SEM als eine integrale Eigenschaft der PLS-SEM in Abgrenzung zur CB-SEM versteht, ist dies jedoch problematisch. Zudem zeigen Sarstedt et al. (2016b), dass bei der fälschlichen Anwendung des PLSc-SEM-Verfahrens und der CB-SEM auf Daten, die einem Composite-Modell entstammen, das PLSc-SEM-Verfahren einen vergleichsweise höheren Bias produziert. Vor diesem Hintergrund kommen Hair et al. (2019d) zu dem Schluss, dass das PLSc-SEM-Verfahren nur einen sehr geringen Mehrwert im Vergleich zu dem weit akzeptierten CB-SEM-Ansatz bei der Schätzung von Faktormodellen liefert. Nichtsdestotrotz kann das PLSc-SEM-Verfahren eine Alternative zum CB-SEM Ansatz bei der Schätzung unteridentifizierter Modelle oder bei dem Auftreten von Konvergenzproblemen sein.

Die gleichen Limitationen lassen sich für das PLSe2-Verfahren (Bentler & Huang, 2014) anführen, da dieses auf den Ergebnissen des PLSc-SEM-Verfahrens aufsetzt aber eine generalisierte Kleinste-Quadrate-Schätzung (generalized least squares) auf die Kovarianzstruktur der modifizierten Korrelationsmatrix anwendet. Damit vereint das Verfahren nicht die einzigartigen Vorteile der PLS-SEM und CB-SEM, wie von einigen Forschern behauptet (Ghasemy et al., 2021).

Zusammenfassung

- **Die Leser können die Importance-Performance-Analyse beschreiben und ihren Nutzen diskutieren.** Die IPMA erweitert den regulären PLS-SEM-Ergebnisbericht der Pfadkoeffizientenschätzungen um eine Analysedimension, in der die durchschnittlichen Konstruktwerte betrachtet werden. Die Analyse kontrastiert die totalen Effekte der latenten Variablen auf ein spezifisches Zielkonstrukt (Importance) mit den reskalierten durchschnittlichen Konstruktwerten (Performance). Die grafische Darstellung der Ergebnisse ermöglicht es, kritische Bereiche zu identifizieren, die besonderer Aufmerksamkeit (seitens des Managements) bei der Ableitung von Handlungsempfehlungen bedürfen (also die Identifikation von Konstrukten mit hoher Importance, aber nur geringer Performance). Die IPMA kann ebenso auf Indikatorebene ausgeführt werden.
- **Die Leser können notwendige Bedingungen im PLS-SEM-Kontext beschreiben.** Die Interpretation von Ergebnissen in der PLS-SEM setzt auf der Logik hinreichender Bedingungen auf. Diese Logik kann über die zusätzliche Analyse notwendiger Bedingungen mit Hilfe der NCA angereichert werden. Die NCA ermittelt, ob für das Erreichen eines Ergebnisses das Vorhandensein einer Bedingung (oder eines bestimmten Niveaus einer Bedingung) notwendig ist. Forscher können die Konstruktwerte der PLS-SEM in einer NCA anwenden und so notwendige und hinreichende Bedingungen in ihren Pfadmodellen schätzen.
- **Die Leser können den Aufbau hierarchischer Komponentenmodelle beschreiben.** HCM erfassen Konstrukte simultan auf einer abstrakteren Ebene (HOC) sowie auf mehreren konkreteren Ebenen (LOC). Es werden vier wesentliche Arten von HCM differenziert, die unterschiedliche Beziehungen

zwischen der HOC und den LOC sowie verschiedene Messmodelle zur Operationalisierung der Konstrukte abbilden: reflektiv-reflektive, reflektiv-formative, formativ-reflektive und formativ-formative. Im Allgemeinen repräsentiert die HOC reflektiv-reflektiver und reflektiv-formativer HCM ein allgemeineres Konstrukt, das alle darunterliegenden LOC erklärt (ähnlich wie bei reflektiven Messmodellen). Umgekehrt wird die HOC in formativ-reflektiven und formativ-formativen HCM durch die LOC geformt (ähnlich wie bei formativen Messmodellen). Die Forschung hat verschiedene Ansätze zur Spezifikation und Schätzung von HCM in der PLS-SEM vorgeschlagen. Die Spezifikation von endogenen HOC in reflektiv-formativen und formativ-formativen HCM bedarf besonderer Aufmerksamkeit, da der Standard Repeated-Indikator-Ansatz in diesem Fall nicht anwendbar ist. Hier sollten Forscher den erweiterten Repeated-Indikator-Ansatz oder den zweistufigen Ansatz zur Spezifikation der HOC verfolgen. Für die Beurteilung der Messmodellqualität der HOC müssen Forscher die Beziehungen zwischen den LOC und der HOC als Messmodellbeziehungen ansehen und entsprechend behandeln. HCM werden in der Forschung immer beliebter, da sie ein geeignetes Hilfsmittel zur Reduzierung von Modellkomplexität sind.

- **Die Leser können die Prüfung der Messmodellspezifikation mit Hilfe der konfirmatorischen Tetrad Analyse in der PLS-SEM beschreiben.** Die CTA-PLS ist ein nützliches Werkzeug, um die Messmodellspezifikation (also formativ oder reflektiv) einer latenten Variablen zu evaluieren und eine Fehlspezifikation von Messmodellen zu vermeiden. Der Test erfordert ein Minimum von vier Indikatoren pro Messmodell. Im Fall von reflektiv spezifizierten Messmodellen haben alle modellimplizierten nicht redundanten Tetraden einen Residualwert, der sich nicht signifikant von 0 unterscheidet. Wenn jedoch mindestens eine der modellimplizierten nicht redundanten Tetraden signifikant von 0 abweicht, sollte eine formative Spezifikation in Betracht gezogen werden. Die Evaluation der Messmodellspezifikation sollte neben der empirischen Prüfung mit Hilfe der CTA-PLS theoretische, konzeptionelle und praktische Überlegungen umfassen.
- **Die Leser können das Konzept und die Behandlung von Endogenität in der PLS-SEM beschreiben.** Endogenität tritt auf, wenn der Fehlerterm eines endogenen Konstrukts mit dem vorhergehenden Konstrukt korreliert ist. Sofern das Ziel der Modellschätzung in der reinen Vorhersage besteht, ist Endogenität nicht problematisch. Liegt das Ziel aber in der Bestätigung theoretischer kausaler Beziehungen, ist die exakte Koeffizientenschätzung erwünscht und Forscher sollten sicherstellen, dass ihre Ergebnisse nicht substanziell von Endogenität betroffen sind. Da die PLS-SEM ein kausal-vorhersagendes Verfahren ist, sollten Forscher generell sicherstellen, dass ihre Ergebnisse nicht substanziell von Endogenität betroffen sind. Zur Prüfung auf Endogenität sollte der Gauß-Copula-Ansatz verwendet werden. Der wesentliche Vorteil dieses Ansatzes ist, dass er keiner Identifikation geeigneter Kontroll- oder Instrumentalvariablen bedarf, sondern eine direkte Behandlung der Endogenität ermöglicht.
- **Die Leser können den Ansatz der Multigruppenanalyse in der PLS-SEM beschreiben.** Die Multigruppenanalyse ermöglicht eine Prüfung, ob sich grup-

penspezifische Pfadkoeffizienten statistisch signifikant voneinander unterscheiden. Forscher haben verschiedene Ansätze der Multigruppenanalyse vorgeschlagen, welche in den parametrischen Ansatz und verschiedene nicht-parametrische Ansätze eingeteilt werden können. Simulationsstudien stützen die Überlegenheit des nicht-parametrischen Permutationstests, welcher daher bevorzugt verwendet werden sollte. Wenngleich sich dieser Ansatz als robust gegenüber sehr ungleichen Gruppengrößen gezeigt hat, sollten Forscher versuchen ähnliche gruppenspezifische Stichprobengrößen zu realisieren, da der Test unter diesen Bedingungen am leistungsfähigsten ist.

- **Die Leser können Techniken zur Identifikation und Behandlung von unbeobachteter Heterogenität beschreiben.** Unbeobachtete Heterogenität stellt eine ernsthafte Bedrohung der Validität von PLS-SEM-Ergebnissen dar. In der Forschung wurden daher verschiedene Ansätze zur Identifikation von Heterogenität vorgeschlagen, welche beispielsweise finite Mischverteilungen oder genetische Algorithmen im Kontext der PLS-SEM einsetzen. Während der FIMIX-PLS-Ansatz den am stärksten angewendeten Ansatz darstellt, sind die neueren Methoden wie der PLS-POS-, PLS-IRRS und PLS-GAS-Ansatz vielseitiger und zeigen eine bessere Performance. Wir empfehlen die Anwendung des FIMIX-PLS-Ansatzes, um zu überprüfen, ob ein kritisches Niveau an Heterogenität vorliegt und gegebenenfalls die Anzahl von zu extrahierenden Segmenten zu bestimmen. Die FIMIX-PLS-Lösung dient dann als Startlösung für die nachfolgende Ausführung des PLS-POS-Ansatzes. Beide Ansätze sind in SmartPLS implementiert.
- **Die Leser können das Konzept der Messmodellinvarianz und die Prüfung von Messmodellinvarianz in der PLS-SEM beschreiben.** Vergleiche zwischen verschiedenen Gruppen sind nur dann valide, wenn Messinvarianz gegeben ist. Wir stellen über die Prüfung der Messinvarianz sicher, dass Gruppenunterschiede in Modellschätzungen nicht durch einen anderen Inhalt oder eine andere Bedeutung entstanden sind, die den latenten Variablen in verschiedenen Gruppen zugeschrieben werden. Wenn Messinvarianz nicht gegeben ist, sind alle Schlussfolgerungen über die Beziehungen im Modell fraglich. Die Prozedur zur Prüfung der Messinvarianz für Composite-Modelle ist ein nützliches Werkzeug in der PLS-SEM. Die Prozedur umfasst drei Schritte, in denen verschiedene Facetten von Messinvarianz geprüft werden: (1) die konfigurale Invarianz (d. h. gleiche Parametrisierung und Art der Schätzung), (2) die kompositionelle Invarianz (d. h. gleiche Generierung der Komponentenwerte) und (3) die Gleichheit der Mittelwerte und Varianzen der Composite-Variablen.
- **Die Leser können die Grundzüge des konsistenten PLS-SEM-Verfahrens beschreiben.** Die PLS-SEM ermöglicht eine zuverlässige Schätzung von Composite-Modellen. Entstammen die Daten aber einem Faktormodell, sind die PLS-SEM-Schätzungen leicht verzerrt. Um Faktormodelle zuverlässig zu schätzen, können Forscher das PLSc-SEM-Verfahren anwenden. Das PLSc-SEM-Verfahren erlaubt eine Attenuationskorrektur der PLS-Pfadkoeffizienten. Die PLSc-SEM-Ergebnisse sind daher denen der CB-SEM sehr ähnlich. Gleichzeitig ist diese Korrektur der PLS-SEM-Schätzungen

aber mit der kausal-vorhersagenden Natur des Verfahrens inkonsistent und erzeugt beträchtliche Verzerrungen, wenn die Daten einem Composite-Modell entstammen. Vor dem Hintergrund dieser Limitationen sollte die Anwendung des PLSc-SEM-Verfahrens auf die Situationen begrenzt werden, in denen die Funktionsweise der CB-SEM gestört ist, z. B. wenn Konvergenzprobleme auftreten.

Wiederholungsfragen

1. Welche Art von praktischen Handlungsempfehlungen können mit Hilfe einer Importance-Performance-Analyse (IPMA) hergeleitet werden?
2. Worin besteht die Zielsetzung einer Analyse notwendiger Bedingungen?
3. Was ist ein hierarchisches Komponentenmodell (HCM)? Visualisieren Sie jede der in diesem Kapitel eingeführten Arten von HCM.
4. Wofür wird eine CTA angewendet?
5. Was ist der Unterschied zwischen beobachteter und unbeobachteter Heterogenität? Warum ist die Berücksichtigung von Heterogenität bei der Analyse von PLS-Pfadmodellen so wichtig?
6. Wie kann der FIMIX-PLS-Ansatz die Validität von Ergebnissen stützen?
7. Warum würden Sie eine Multigruppenanalyse in der PLS-SEM ausführen?

Weiterführende Fragen

1. Erklären Sie die wesentlichen Schritte einer IPMA und ihre Ergebnisinterpretation.
2. Inwiefern ergänzt der Fokus auf notwendige Bedingungen der NCA die Ergebnisse einer PLS-SEM?
3. Erklären Sie, warum der Repeated-Indikator-Ansatz bei reflektiv-formativ oder formativ-formativen HCM problematisch ist und welche Lösungsansätze es gibt?
4. Liefern Sie praktische Beispiele für die vier wesentlichen Arten von HCM.
5. In welchen Situationen ist die Berücksichtigung möglicher Endogenität von besonderer Bedeutung?
6. Kommentieren Sie die folgende Aussage kritisch: „Messinvarianz ist kein Thema in der PLS-SEM, da sich das Verfahren auf die Prognose und Exploration konzentriert".
7. Erklären Sie, wie und wann das PLSc-SEM-Verfahren die PLS-SEM ergänzen und erweitern kann.

Empfohlene Literatur

Becker, J.-M., Rai, A., Ringle, C. M., Völckner, F., 2013: Discovering unobserved heterogeneity in structural equation models to avert validity threats, MIS Quarterly, 37, 665–694.

Bollen, K. A., Ting, K.-F., 2000: A tetrad test for causal indicators, Psychological Methods, 5, 3–22.

Cheah, J.-H., Ting, H., Ramayah, T., Memon, M. A., Cham, T.-H., Ciavolino, E. (2019). A comparison of five reflective–formative estimation approaches: reconsideration and recommendations for tourism research. Quality & Quantity, 53, 1421–1458.

Dijkstra, T. K., Henseler, J. 2015: Consistent partial least squares path modeling, MIS Quarterly, 39, 297–316.

Dul, J., 2020: Conducting Necessary Condition Analysis, London: Sage.

Gudergan, S. P., Ringle, C. M., Wende, S., Will, A., 2008: Confirmatory tetrad analysis in PLS path modeling, Journal of Business Research, 61, 1238–1249.

Hair, J. F., Binz Astrachan, C., Moisescu, O. I., Radomir, L., Sarstedt, M., Vaithilingam, S., Ringle, C. 2021: Executing and interpreting applications of PLS-SEM: Updates for family business researchers. Journal of Family Business Strategy, 12, 100392.

Henseler, J., Ringle, C. M., Sarstedt, M., 2016: Testing measurement invariance of composites using partial least squares, International Marketing Review, 33, 405–431.

Hult, G. T. M., Hair, J. F., Dorian, P., Ringle, C. M., Sarstedt, M., Pinkwart, A., 2018: Addressing endogeneity in marketing applications of partial least squares structural equation modeling, Journal of International Marketing, 26, 1–21.

Matthews, L., 2017: Applying multigroup analysis in PLS-SEM: A step-by-step process, in H. Latan, R. Noonan (Hrsg.), Partial least squares structural equation modeling: Basic concepts, methodological issues and applications, Cham: Springer, 219–243.

Richter, N. F., Hauff, S., 2022: Necessary conditions in international business research: advancing the field with a new perspective on causality and data analysis, Journal of World Business, 57, 101310.

Richter, N. F., Hauff, S., Ringle, C. M., Sarstedt, M., Kolev, A. E., Schubring, S., 2023: How to apply necessary condition analysis in PLS-SEM, in H. Latan, J. F. Hair, R. Noonan (Hrsg.), Partial Least Squares Path Modeling: Basic Concepts, Methodological Issues and Applications: Springer.

Richter, N. F., Schubring, S., Hauff, S., Ringle, C. M., Sarstedt, M. 2020: When predictors of outcomes are necessary: Guidelines for the combined use of PLS-SEM and NCA. Industrial Management & Data Systems, 120, 2243–2267.

Ringle, C. M., Sarstedt, M. 2016: Gain more insight from your PLS-SEM results: The importance-performance map analysis. Industrial Management & Data Systems, 116, 1865–1886.

Sarstedt, M., Hair, J. F., Cheah, J.-H., Becker, J.-M., and Ringle, C. M. 2019: How to specify, estimate, and validate higher-order models. Australasian Marketing Journal, 27, 197–211.

Sarstedt, M., Radomir, L., Moisescu, O. I., Ringle, C. M. 2022: Latent class analysis in PLS-SEM: A review and recommendations for future applications. Journal of Business Research, 138, 398–407.

Sarstedt, M., Ringle, C. M., Cheah, J.-H., Ting, H., Moisescu, O. I., Radomir, L., 2020: Structural model robustness checks in PLS-SEM, Tourism Economics, 26, 531–554.

Sarstedt, M., Ringle, C. M., Hair, J. F., 2017: Treating unobserved heterogeneity in PLS-SEM: A multi-method approach, in R. Noonan, H. Latan (Hrsg.), Partial least squares structural equation modeling: Basic concepts, methodological issues and applications, Cham: Springer, 197–217.

Literatur

Abdi, H., 2010: Partial least squares regression and projection on latent structure regression (PLS-Regression), Wiley Interdisciplinary Reviews: Computational Statistics, 2, 97–106.

Aguinis, H., Beaty, J. C., Boik, R. J., Pierce, C. A., 2005: Effect size and power in assessing moderating effects of categorical variables using multiple regression: A 30-year review, Journal of Applied Psychology, 90, 94–107.

Aguirre-Urreta, M. I., Rönkkö, M., Marakas, G. M., 2016: Omission of causal Indicators: Consequences and implications for measurement, Measurement: Interdisciplinary Research and Perspectives, 14, 75–97.

Aguirre-Urreta, M. I., Rönkkö, M., 2018: Statistical inference with PLSc using bootstrap confidence intervals, MIS Quarterly, 42, 1001–1020.

Ahrholdt, D. C., Gudergan, S. P., Ringle, C. M., 2019: Enhancing loyalty: When improving consumer satisfaction and delight matters, Journal of Business Research, 94, 18–27.

Albers, S., 2010: PLS and success factor studies in marketing, in V. Esposito Vinzi, W. W. Chin, J. Henseler, H. Wang (Hrsg.), Handbook of partial least squares: Concepts, methods and applications, Berlin: Springer, 409–425.

Ali, F., Rasoolimanesh, S. M., Sarstedt, M., Ringle, C. M., Ryu, K., 2018: An assessment of the use of partial least squares structural equation modeling (PLS-SEM) in hospitality research, The International Journal of Contemporary Hospitality Management, 30, 514–538.

Avkiran, N. K., Ringle, C. M. (Hrsg.), 2018: Partial least squares structural equation modeling: Recent advances in banking and finance, Cham: Springer.

Bagozzi, R. P., Yi, Y., Phillips, L. W., 1991: Assessing construct validity in organizational research, Administrative Science Quarterly, 36, 421–458.

Bagozzi, R. P., 2007: On the meaning of formative measurement and how it differs from reflective measurement: Comment on Howell, Breivik, and Wilcox (2007), Psychological Methods, 12, 229–237.

Barclay, D. W., Higgins, C. A., Thompson, R., 1995: The partial least squares approach to causal modeling: Personal computer adoption and use as illustration, Technology Studies, 2, 285–309.

Baron, R. M., Kenny, D. A., 1986: The moderator–mediator variable distinction in social psychological research: Conceptual, strategic, and statistical considerations, Journal of Personality and Social Psychology, 51, 1173–1182.

Bascle, G., 2008: Controlling for endogeneity with instrumental variables in strategic management research, Strategic Organization, 6, 285–327.

Bayonne, E., Marin-Garcia, J. A., Alfalla-Luque, R., 2020: Partial least squares (PLS) in operations management research: Insights from a systematic literature review, Journal of Industrial Engineering and Management, 13, 565–597.

Bearden, W. O., Netemeyer, R. G., Haws, K. L., 2011: Handbook of marketing scales: Multi-item measures of marketing and consumer behavior research, Thousand Oaks, CA: Sage.

Becker, J.-M., Klein, K., Wetzels, M., 2012: Formative hierarchical latent variable models in PLS-SEM: Recommendations and guidelines, Long Range Planning, 45, 359–394.

Becker, J.-M., Rai, A., Rigdon, E. E., 2013a: Predictive validity and formative measurement in structural equation modeling: Embracing practical relevance, Proceedings of the 34th International Conference on Information Systems, Milan, Italy.

Becker, J.-M., Rai, A., Ringle, C. M., Völckner, F., 2013b: Discovering unobserved heterogeneity in structural equation models to avert validity threats, MIS Quarterly, 37, 665–694.

Becker, J.-M., Ringle, C. M., Sarstedt, M., Völckner, F., 2015: How collinearity affects mixture regression results, Marketing Letters, 26, 643–659.

Becker, J.-M., Ismail, I. R., 2016: Accounting for sampling weights in PLS path modeling: Simulations and empirical examples, European Management Journal, 34, 606–617.

Becker, J.-M., Ringle, C. M., Sarstedt, M., 2018: Estimating Moderating effects in PLS-SEM and PLSc-SEM: Interaction term generation*data treatment, Journal of Applied Structural Equation Modeling, 2, 1–21.

Becker, J.-M., Cheah, J.-H., Gholamzade, R., Ringle, C. M., Sarstedt, M., 2023: PLS-SEM's most wanted guidance, International Journal of Contemporary Hospitality Management, 35, 321–346.

Bentler, P. M., Bonett, D. G., 1980: Significance tests and goodness of fit in the analysis of covariance structures, Psychological Bulletin, 88, 588–606.

Bentler, P. M., Huang, W., 2014: On components, latent variables, PLS and simple methods: Reactions to Rigdon's rethinking of PLS, Long Range Planning, 47, 138–145.

Bernerth, J. B., Aguinis, H., 2016: A Critical Review and Best-Practice Recommendations for Control Variable Usage, Personnel Psychology, 69, 229–283.

Binz Astrachan, C., Patel, V. K., Wanzenried, G., 2014: A comparative study of CB-SEM and PLS-SEM for theory development in family firm research, Journal of Family Business Strategy, 5, 116–128.

Bokrantz, J., Dul, J., 2023: Building and testing necessity theories in supply chain management, Journal of Supply Chain Management, 59, 48–65.

Bollen, K. A., Lennox, R., 1991: Conventional wisdom on measurement: A structural equation perspective, Psychological Bulletin, 110, 305–314.

Bollen, K. A., Ting, K.-F., 2000: A tetrad test for causal indicators, Psychological Methods, 5, 3–22.

Bollen, K. A., Davies, W. R., 2009: Causal indicator models: Identification, estimation, and testing, Structural Equation Modeling, 16, 498–522.

Bollen, K. A., 2011: Evaluating effect, composite, and causal indicators in structural equation models, MIS Quarterly, 35, 359–372.

Bollen, K. A., Bauldry, S., 2011: Three Cs in measurement models: Causal indicators, composite indicators, and covariates, Psychological Methods, 16, 265–284.

Bollen, K. A., Diamantopoulos, A., 2017: In defense of causal-formative indicators: A minority report, Psychological Methods, 22, 571–596.

Bruner, G. C., James, K. E., Hensel, P. J. (Hrsg.), 2001: Marketing scales handbook: A compilation of multi-item measures, Oxford: American Marketing Association.

Bruner, G. C., 2019: Marketing scales handbook: Multi-item measures for consumer insight research, Fort Worth, TX: CreateSpace Independent Publishing Platform.

Burnham, K. P., Anderson, D. R., 2002: Model selection and multimodel inference: A practical information-theoretic approach, Heidelberg: Springer.

Cadogan, J. W., Lee, N., 2013: Improper use of endogenous formative variables, Journal of Business Research, 66, 233–241.

Cassel, C., Hackl, P., Westlund, A. H., 1999: Robustness of partial least-squares method for estimating latent variable quality structures, Journal of Applied Statistics, 26, 435–446.

Cenfetelli, R. T., Bassellier, G., 2009: Interpretation of formative measurement in information systems research, MIS Quarterly, 33, 689–708.

Cepeda-Carrión, G., Nitzl, C., Roldán, J. L., 2017: Mediation analyses in partial least squares structural equation modeling: Guidelines and empirical examples, in H. Latan, R. Noonan (Hrsg.), Partial least squares path modeling: Basic concepts, methodological issues and applications, Cham: Springer, 173–195.

Cepeda-Carrión, G., Cegarra-Navarro, J.-G., Cillo, V., 2019: Tips to use partial least squares structural equation modelling (PLS-SEM) in knowledge management, Journal of Knowledge Management, 23, 67–89.

Cheah, J.-H., Sarstedt, M., Ringle, C. M., Ramayah, T., Ting, H., 2018: Convergent validity assessment of formatively measured constructs in PLS-SEM, International Journal of Contemporary Hospitality Management, 30, 3192–3210.

Cheah, J.-H., Ting, H., Ramayah, T., Memon, M. A., Cham, T.-H., Ciavolino, E., 2019: A comparison of five reflective–formative estimation approaches: Reconsideration and recommendations for tourism research, Quality & Quantity, 53, 1421–1458.

Cheah, J.-H., Roldán, J. L., Ciavolino, E., Ting, H., Ramayah, T., 2021: Sampling weight adjustments in partial least squares structural equation modeling: Guidelines and illustrations, Total Quality Management & Business Excellence, 32, 1594–1613.

Cheah, J.-H., Magno, F., & Cassia, F. (2023). Reviewing the SmartPLS 4 Software: The Latest Features and Enhancements. *Journal of Marketing Analytics*. https://doi.org/10.1057/s41270-023-00266-y

Chernick, M. R., 2008: Bootstrap methods: A guide for practitioners and researchers (2. Aufl.), Hoboken, NJ: Wiley-Interscience.

Chin, W. W., 1998: The partial least squares approach to structural equation modeling, in G. A. Marcoulides (Hrsg.), Modern methods for business research, Mahwah, NJ: Lawrence Erlbaum, 295–358.

Chin, W. W., Newsted, P. R., 1999: Structural equation modeling analysis with small samples using partial least squares, in R. H. Hoyle (Hrsg.), Statistical strategies for small sample research, Thousand Oaks, CA: Sage, 307–314.

Chin, W. W., 2003: PLS Graph 3.0, Houston, TX: Soft Modeling, Inc.

Chin, W. W., Marcolin, B. L., Newsted, P. R., 2003: A partial least squares latent variable modeling approach for measuring interaction effects: Results from a Monte Carlo simulation study and an electronic-mail emotion/adoption study, Information Systems Research, 14, 189–217.

Chin, W. W., 2010: How to write up and report PLS analyses, in V. Esposito Vinzi, W. W. Chin, J. Henseler, H. Wang (Hrsg.), Handbook of partial least squares: Concepts, methods and applications, Berlin: Springer, 655–690.

Chin, W. W., Dibbern, J., 2010: An introduction to a permutation based procedure for multi-group PLS analysis: Results of tests of differences on simulated data and a cross cultural analysis of the sourcing of information system services between Germany and the USA, in V. Esposito Vinzi, W. W. Chin, J. Henseler, H. Wang (Hrsg.), Handbook of partial least squares: Concepts, methods and applications, Berlin: Springer, 171–193.

Chin, W. W., Cheah, J.-H., Liu, Z., Ting, H., Lim, X.-J., H., C. T., 2020: Demystifying the role of causal-predictive modeling using partial least squares structural equation modeling in information systems research, Industrial Management & Data Systems, 120, 2161–2209.

Cho, G., Hwang, H., Sarstedt, M., Ringle, C. M., 2020: Cutoff criteria for overall model fit indexes in generalized structured component analysis, Journal of Marketing Analytics, 8, 189–202.

Ciavolino, E., Aria, M., Cheah, J.-H., Roldán, J. L., 2022: A tale of PLS Structural Equation Modelling: Episode I— A Bibliometrix Citation Analysis, Social Indicators Research, 164, 1323–1348.

Cochran, W. G., 1977: Sampling techniques, New York, NY: Wiley.

Cohen, J., 1988: Statistical power analysis for the behavioral sciences, Mahwah, NJ: Lawrence Erlbaum.

Cohen, J., 1992: A power primer, Psychological Bulletin, 112, 155–159.

Cole, D. A., Preacher, K. J., 2014: Manifest variable path analysis: Potentially serious and misleading consequences due to uncorrected measurement error, Psychological Methods, 19, 300–315.

Cook, R. D., Forzani, L., 2023: On the role of partial least squares in path analysis for the social sciences, Journal of Business Research, 167, 114132.

Crittenden, V., Astrachan, C., Sarstedt, M., Lourenco, C., Hair, J. F., 2020: Guest editorial: Measurement and scaling methodologies on brand management, Journal of Product & Brand Management, 29, 409–414.

Danks, N., Ray, S., 2018: Predictions from partial least squares models, in F. Ali, S. M. Rasoolimanesh, C. Cobanoglu (Hrsg.), Applying partial least squares in tourism and hospitality research, Bingley: Emerald, 35–52.

Danks, N. P., Sharma, P. N., Sarstedt, M., 2020: Model selection uncertainty and multimodel inference in partial least squares structural equation moeling (PLS-SEM), Journal of Business Research, 113, 13–24.

Danks, N. P., 2021: The Piggy in the Middle: The Role of Mediators in PLS-SEM-based Prediction: A Research Note, ACM SIGMIS Database: The DATABASE for Advances in Information Systems, 52, 24–42.

Davis, F. D., 1989: Perceived usefulness, perceived ease of use, and user acceptance of information technology, MIS Quarterly, 13, 319–340.

Davison, A. C., Hinkley, D. V., 1997: Bootstrap methods and their application, Cambridge: Cambridge University Press.

De Soete, G., Carroll, J. D., 1994: K-means clustering in a low-dimensional Euclidean space, in E. Diday, Y. Lechevallier, M. Schader, P. Bertrand, B. Burtschy (Hrsg.), New approaches in classification and data analysis (Studies in classification data analysis, and knowledge organization book series), Berlin: Springer, 212–219.

DeVellis, R. F., 2011: Scale development, Thousand Oaks, CA: Sage.

DeVellis, R. F., 2017: Scale development: Theory and applications (4. Aufl.), Thousand Oaks, CA: Sage.

Diamantopoulos, A., Winklhofer, H. M., 2001: Index construction with formative indicators: An alternative to scale development, Journal of Marketing Research, 38, 269–277.

Diamantopoulos, A., 2006: The error term in formative measurement models: Interpretation and modeling implications, Journal of Modelling in Management, 1, 7–17.

Diamantopoulos, A., Siguaw, J. A., 2006: Formative vs. reflective indicators in measure development: Does the choice of indicators matter?, British Journal of Management, 13, 263–282.

Diamantopoulos, A., Riefler, P., Roth, K. P., 2008: Advancing formative measurement models, Journal of Business Research, 61, 1203–1218.

Diamantopoulos, A., Riefler, P., 2011: Using formative measures in international marketing models: A cautionary tale using consumer animosity as an example, Advances in International Marketing, 22, 11–30.

Diamantopoulos, A., Sarstedt, M., Fuchs, C., Wilczynski, P., Kaiser, S., 2012: Guidelines for choosing between multi-item and single-item scales for construct measurement: A predictive validity perspective, Journal of the Academy of Marketing Science, 40, 434–449.

Dijkstra, T. K., 2010: Latent variables and indices: Herman Wold's basic design and partial least squares, in V. Esposito Vinzi, W. W. Chin, J. Henseler, H. Wang (Hrsg.), Handbook of partial least squares: Concepts, methods and applications, Berlin: Springer, 23–46.

Dijkstra, T. K., 2014: PLS' janus face – Response to professor Rigdon's ,Rethinking partial least squares modeling: In praise of simple methods', Long Range Planning, 47, 146–153.

Dijkstra, T. K., & Schermelleh-Engel, K. (2014). Consistent Partial Least Squares for Nonlinear Structural Equation Models. *Psychometrika, 79*(4), 585-604.

Dijkstra, T. K., Henseler, J., 2015a: Consistent partial least squares path modeling, MIS Quarterly, 39, 297–316.

Dijkstra, T. K., Henseler, J., 2015b: Consistent and asymptotically normal PLS estimators for linear structural equations, Computational Statistics & Data Analysis, 81, 10–23.

do Valle, P. O., Assaker, G., 2015: Using partial least squares structural equation modeling in tourism research: A review of past research and recommendations for future applications, Journal of Travel Research, 55, 695–708.

Drolet, A. L., Morrison, D. G., 2001: Do we really need multiple-item measures in service research?, Journal of Service Research, 3, 196–204.

Dul, J., 2016: Necessary condition analysis (NCA): Logic and methodology of „Necessary but Not Sufficient" causality, Organizational Research Methods, 19, 10–52.

Dul, J., van der Laan, E., Kuik, R., 2018: A statistical significance test for necessary condition analysis, Organizational Research Methods, 23, 385–395.

Dul, J., 2020: Conducting necessary condition analysis, London: Sage.

Dul, J., Hauff, S., Tóth, Z., 2021: Necessary condition analysis in marketing research, in R. Nunkoo, V. Teeroovengadum, C. M. Ringle (Hrsg.), Handbook of research methods for marketing management, Cheltenham, UK: Edward Elgar, 51–72.

Ebbes, P., Papies, D., van Heerde, H. J., 2022: Dealing with endogeneity: A nontechnical guide for marketing researchers, in C. Homburg, M. Klarmann, A. Vomberg (Hrsg.), Handbook of market research, Cham: Springer, 181–217.

Eberl, M., Schwaiger, M., 2005: Corporate reputation: Disentangling the effects on financial performance, European Journal of Marketing, 39, 838–854.

Eberl, M., 2010: An application of PLS in multi-group analysis: The need for differentiated corporate-level marketing in the mobile communications industry, in V. Esposito Vinzi, W. W. Chin, J. Henseler, H. Wang (Hrsg.), Handbook of partial least squares: Concepts, methods and applications, Berlin: Springer, 487–514.

Edwards, J. R., Bagozzi, R. P., 2000: On the nature and direction of relationships between constructs and measures, Psychological Methods, 5, 155–174.

Efron, B., Tibshirani, R., 1986: Bootstrap methods for standard errors, confidence intervals, and other measures of statistical accuracy, Statistical Science, 1, 54–75.

Efron, B., 1987: Better bootstrap confidence intervals, Journal of the American Statistical Association, 82, 171–185.

Esposito Vinzi, V., Trinchera, L., Squillacciotti, S., Tenenhaus, M., 2008: REBUS-PLS: A response-based procedure for detecting unit segments in PLS path modelling, Applied Stochastic Models in Business and Industry, 24, 439–458.

Esposito Vinzi, V., Chin, W. W., Henseler, J., Wang, H. (Hrsg.), 2010: Handbook of partial least squares: Concepts, methods and applications, Berlin: Springer.

Evermann, J., Tate, M., 2016: Assessing the predictive performance of structural equation model estimators, Journal of Business Research, 69, 4565–4582.

Falk, R. F., Miller, N. B., 1992: A primer for soft modeling, Akron, Ohio: University of Akron Press.

Faul, F., Erdfelder, E., Buchner, A., Lang, A.-G., 2009: Statistical power analyses using G*Power 3.1: Tests for correlation and regression analyses, Behavior Research Methods, 41, 1149–1160.

Festinger, L., 1957: A theory of cognitive dissonance, Stanford: Stanford Univ. Press.

Fordellone, M., Vichi, M., 2020: Finding groups in structural equation modeling through the partial least squares algorithm, Computational Statistics & Data Analysis, 147, 106957.

Fornell, C. G., Bookstein, F. L., 1982: Two structural equation models: LISREL and PLS applied to consumer exit-voice theory, Journal of Marketing Research, 19, 440–452.

Franke, G., Sarstedt, M., 2019: Heuristics versus statistics in discriminant validity testing: A comparison of four procedures, Internet Research, 29, 430–447.

Fu, J.-R., 2006: VisualPLS. An enhanced GUI for LVPLS (PLS 1.8 PC) version 1.04 [Software].

Fuchs, C., Diamantopoulos, A., 2009: Using single-item measures for construct measurement in management research: Conceptual issues and application guidelines, Die Betriebswirtschaft, 69, 197–212.

Garson, G. G., 2016: Partial Least Squares Regression and Structural Equation Models, Asheboro: Statistical Associates.

Gefen, D., Rigdon, E. E., Straub, D. W., 2011: Editor's comment: An update and extension to SEM guidelines for administrative and social science research, MIS Quarterly, 35, iii–xiv.

George, D., Mallery, P., 2019: IBM SPSS Statistics 25 step by step: A simple guide and reference (15. Aufl.), New York, NY: Routledge.

Ghasemy, M., Teeroovengadum, V., Becker, J.-M., Ringle, C. M., 2020: This fast car can move faster: A review of PLS-SEM application in higher education research, Higher Education, 80, 1121–1152.

Ghasemy, M., Jamil, H., Gaskin, J. E., 2021: Have your cake and eat it too: PLSe2 = ML + PLS, Quality & Quantity, 55, 497–541.

Goodhue, D. L., Lewis, W., Thompson, R., 2012: Does PLS have advantages for small sample size or non-normal data?, MIS Quarterly, 36, 891–1001.

Götz, O., Liehr-Gobbers, K., Krafft, M., 2010: Evaluation of structural equation models using the partial least squares (PLS) approach, in V. Esposito Vinzi, W. W. Chin, J. Henseler, H. Wang (Hrsg.), Handbook of partial least squares: Concepts, methods and applications, Berlin: Springer, 691–711.

Gregor, S., 2006: The nature of theory in information systems, MIS Quarterly, 30, 611–642.

Grimm, M. S., Wagner, R., 2020: The Impact of Missing Values on PLS, ML and FIML Model Fit, Archives of Data Science, Series A, 6, 1–17.

Gudergan, S. P., Ringle, C. M., Wende, S., Will, A., 2008: Confirmatory tetrad analysis in PLS path modeling, Journal of Business Research, 61, 1238–1249.

Guenther, P., Guenther, M., Ringle, C. M., Zaefarian, G., Cartwright, S., 2023: Improving PLS-SEM use for business marketing research, Industrial Marketing Management, 111, 127–142.

Guttman, L., 1955: The determinacy of factor score matrices with implications for five other basic problems of common-factor theory, British Journal of Statistical Psychology, 8, 65–81.

Haenlein, M., Kaplan, A. M., 2004: A beginner's guide to partial least squares analysis, Understanding Statistics, 3, 283–297.

Hahn, C., Johnson, M., Herrmann, A., Huber, F., 2002: Capturing customer heterogeneity using a finite mixture PLS approach, Schmalenbach Business Review, 54, 243–269.

Hair, J. F., C., W., Money, A. H., Samouel, P., Page, M. J., 2011a: Essentials of business research methods (2. Aufl.), Armonk, NY: M.E. Sharpe.

Hair, J. F., Ringle, C. M., Sarstedt, M., 2011b: PLS-SEM: Indeed a silver bullet, Journal of Marketing Theory and Practice, 19, 139–151.

Hair, J. F., Sarstedt, M., Pieper, T. M., Ringle, C. M., 2012a: The use of partial least squares structural equation modeling in strategic management research: A review of past practices and recommendations for future applications, Long Range Planning, 45, 320–340.

Hair, J. F., Sarstedt, M., Ringle, C. M., Mena, J. A., 2012b: An assessment of the use of partial least squares structural equation modeling in marketing research, Journal of the Academy of Marketing Science, 40, 414–433.

Hair, J. F., Ringle, C. M., Sarstedt, M., 2013: Partial least squares structural equation modeling: Rigorous applications, better results and higher acceptance, Long Range Planning, 46, 1–12.

Hair, J. F., Sarstedt, M., Matthews, L. M., Ringle, C., 2016: Identifying and treating unobserved heterogeneity with FIMIX-PLS: Part I – method, European Business Review, 28, 63–76.

Hair, J. F., Hollingsworth, C. L., Randolph, A. B., Chong, A. Y. L., 2017a: An updated and expanded assessment of PLS-SEM in information systems research, Industrial Management & Data Systems, 117, 442–458.

Hair, J. F., Hult, G. T. M., Ringle, C. M., Sarstedt, M., Thiele, K. O., 2017b: Mirror, mirror on the wall: A comparative evaluation of composite-based structural equation modeling methods, Journal of the Academy of Marketing Science, 45, 616–632.

Hair, J. F., Matthews, L., Matthews, R., Sarstedt, M., 2017c: PLS-SEM or CB-SEM: Updated guidelines on which method to use, International Journal of Multivariate Data Analysis, 1, 107–123.

Hair, J. F., Black, W. C., Babin, B. J., Anderson, R. E., 2019a: Multivariate data analysis (8. Aufl.), London: Cengage Learning.

Hair, J. F., Ringle, C. M., Gudergan, S. P., Fischer, A., Nitzl, C., Menictas, C., 2019b: Partial least squares structural equation modeling-based discrete choice modeling: An illustration in modeling retailer choice, Business Research, 12, 115–142.

Hair, J. F., Risher, J. J., Sarstedt, M., Ringle, C. M., 2019c: When to use and how to report the results of PLS-SEM, European Business Review, 31, 2–24.

Hair, J. F., Sarstedt, M., 2019: Composites vs. factors: Implications for choosing the Right SEM method, Project Management Journal, 50, 1–6.

Hair, J. F., Sarstedt, M., Ringle, C. M., 2019d: Rethinking some of the rethinking of partial least squares, European Journal of Marketing, 53, 566–584.

Hair, J. F., 2020: Next generation prediction metrics for composite-based PLS-SEM, Industrial Management & Data Systems, 121, 5–11.

Hair, J. F., Howard, M. C., Nitzl, C., 2020a: Assessing measurement model quality in PLS-SEM using confirmatory composite analysis, Journal of Business Research, 109, 101–110.

Hair, J. F., Page, M. J., Brundsveld, N., 2020b: Essentials of business research methods, New York, NY: Routledge.

Hair, J. F., Binz Astrachan, C., Moisescu, O. I., Radomir, L., Sarstedt, M., Vaithilingam, S., Ringle, C., 2021: Executing and interpreting applications of PLS-SEM: Updates for family business researchers, Journal of Family Business Strategy, 12, 100392.

Hair, J. F., Sarstedt, M., 2021a: Explanation plus prediction—the logical focus of project management research, Project Management Journal, 52, 319–322.

Hair, J. F., Sarstedt, M., 2021b: Data, measurement, and causal inferences in machine learning: Opportunities and challenges for marketing, Journal of Marketing Theory & Practice, 29, 65–77.

Hair, J. F., Hult, G. T. M., Ringle, C. M., Sarstedt, M., 2022a: A primer on partial least squares structural equation modeling (PLS-SEM) (3. Aufl.), Los Angeles: Sage.

Hair, J. F., Hult, G. T. M., Ringle, C. M., Sarstedt, M., Dank, N., Ray, S., 2022b: Partial least squares structural equation modeling (PLS-SEM) using R, Cham: Springer.

Hair, J. F., Sarstedt, M., Ringle, C. M., Gudergan, S. P., 2024: Advanced issues in partial least squares structural equation modeling (2. Aufl.), Thousand Oaks, CA: Sage.

Hanafi, M., 2007: PLS Path modelling: computation of latent variables with the estimation mode B, Computational Statistics, 22, 275–292.

Hanafi, M., Dolce, P., El Hadri, Z., 2021: Generalized properties for Hanafi-Wold's procedure in partial least squares path modeling, Computational Statistics, 36, 603–614.

Hauff, S., Guerci, M., Dul, J., van Rhee, H., 2021: Exploring necessary conditions in HRM research: Fundamental issues and methodological implications, Human Resource Management Journal, 31, 18–36.

Hauff, S., Richter, N.F., Ringle, C., Sarstedt, M., Schubring, S., 2023: Importance and Performance in PLS-SEM and NCA: Introducing the combined Importance Performance Map Analysis (cIPMA), Journal of Retailing and Consumer Services.

Hayduk, L. A., Littvay, L., 2012: Should researchers use single indicators, best indicators, or multiple indicators in structural equation models?, BMC Medical Research Methodology, 12, 12–159.

Hayes, A. F., 2015: An index and test of linear moderated mediation, Multivariate Behavioral Research, 50, 1–22.

Hayes, A. F., 2018: Introduction to mediation, moderation, and conditional process analysis: A regression-based approach (2. Aufl.), New York, NY: Guilford.

Hayes, A. F., Rockwood, N. J., 2020: Conditional Process Analysis: Concepts, Computation, and Advances in the Modeling of the Contingencies of Mechanisms, American Behavioral Scientist, 64, 19–54.

Helm, S., Eggert, A., Garnefeld, I., 2010: Modeling the impact of corporate reputation on customer satisfaction and loyalty using partial least squares, in V. Esposito Vinzi, W. W. Chin, J. Henseler, H. Wang (Hrsg.), Handbook of partial least squares: Concepts, methods and applications, Berlin: Springer, 515–534.

Henseler, J., Ringle, C. M., Sinkovics, R. R., 2009: The use of partial least squares path modeling in international marketing, Advances in International Marketing, 20, 277–320.

Henseler, J., 2010: On the convergence of the partial least squares path modeling algorithm, Computational Statistics, 25, 107–120.

Henseler, J., Chin, W. W., 2010: A comparison of approaches for the analysis of interaction effects between latent variables using partial least squares path modeling, Structural Equation Modeling: A Multidisciplinary Journal, 17, 82–109.

Henseler, J., Fassott, G., 2010: Testing moderating effects in PLS path models: An illustration of available procedures, in V. Esposito Vinzi, W. W. Chin, J. Henseler, H. Wang (Hrsg.), Handbook of partial least squares: Concepts, methods and applications, Berlin: Springer, 713–735.

Henseler, J., Ringle, C. M., Sarstedt, M., 2012: Using partial least squares path modeling in international advertising research: Basic concepts and recent issues, in S. Okazaki (Hrsg.), Handbook of research in international advertising, Cheltenham, UK: Edward Elgar, 252–276.

Henseler, J., Sarstedt, M., 2013: Goodness-of-fit indices for partial least squares path modeling, Computational Statistics, 28, 565–580.

Henseler, J., Dijkstra, T. K., Sarstedt, M., Ringle, C. M., Diamantopoulos, A., Straub, D. W., Ketchen, D. J., Hair, J. F., Hult, G. T. M., Calantone, R. J., 2014: Common beliefs and reality about PLS: Comments on Rönkkö and Evermann (2013), Organizational Research Methods, 17, 182–209.

Henseler, J., Ringle, C. M., Sarstedt, M., 2015: A new criterion for assessing discriminant validity in variance-based structural equation modeling, Journal of the Academy of Marketing Science, 43, 115–135.

Henseler, J., Hubona, G., Ray, P. A., 2016a: Using PLS path modeling in new technology research: updated guidelines, Industrial Management & Data Systems, 116, 2–20.

Henseler, J., Ringle, C. M., Sarstedt, M., 2016b: Testing measurement invariance of composites using partial least squares, International Marketing Review, 33, 405–431.

Henseler, J., 2017a: ADANCO 2.0.1 user manual, Kleve: Composite Modeling.

Henseler, J., 2017b: Bridging design and behavioral research with variance-based structural equation modeling, Journal of Advertising, 46, 178–192.

Henseler, J., 2020: Composite-based structural equation modeling: Analyzing latent and emergent variables, New York, NZ: Guilford Press.

Henseler, J., Schuberth, F., 2020: Using confirmatory composite analysis to assess emergent variables in business research, Journal of Business Research, 120, 147–156.

Höck, C., Ringle, C. M., Sarstedt, M., 2010: Management of multi-purpose stadiums: Importance and performance measurement of service interfaces, International Journal of Services Technology and Management, 14, 188–207.

Homburg, C., Giering, A., 2001: Personal characteristics as moderators of the relationship between customer satisfaction and loyalty. An empirical analysis, Psychology and Marketing, 18, 43–66.

Hu, L.-T., Bentler, P. M., 1998: Fit indices in covariance structure modeling: Sensitivity to underparameterized model misspecification, Psychological Methods, 3, 424–453.

Huang, W. (2023). *PLSe: Efficient Estimators and Tests for Partial Least Square (Dissertation).* University of California Los Angeles.

Hui, B. S., Wold, H. O. A., 1982: Consistency and consistency at large of partial least squares estimates, in K. G. Jöreskog, H. O. A. Wold (Hrsg.), Systems under indirect observation, Amsterdam: North-Holland, 119–130.

Hulland, J., 1999: Use of partial least squares (PLS) in strategic management research: A review of four recent studies, Strategic Management Journal, 20, 195–204.

Hulland, J., Baumgartner, H., Smith, K. M., 2018: Marketing survey research best practices: evidence and recommendations from a review of JAMS articles, Journal of the Academy of Marketing Science, 46, 92–108.

Hult, G. T. M., Ketchen, D. J., Griffith, D. A., Finnegan, C. A., Gonzalez-Padron, T., Harmancioglu, N., Huang, Y., Talay, M. B., Cavusgil, S. T., 2008: Data equivalence in cross-cultural international business research: Assessment and guidelines, Journal of International Business Studies, 39, 1027–1044.

Hult, G. T. M., Hair, J. F., Dorian, P., Ringle, C. M., Sarstedt, M., Pinkwart, A., 2018: Addressing endogeneity in marketing applications of partial least squares structural equation modeling, Journal of International Marketing, 26, 1–21.

Hwang, H., Takane, Y., 2004: Generalized structured component analysis, Psychometrika, 69, 81–99.

Hwang, H., Sarstedt, M., Cheah, J.-H., Ringle, C. M., 2020: A concept analysis of methodological research on composite-based structural equation modeling: Bridging PLSPM and GSCA, Behaviormetrika, 47, 219–241.

Jarvis, C. B., MacKenzie, S. B., Podsakoff, P. M., 2003: A critical review of construct indicators and measurement model misspecification in marketing and consumer research, Journal of Consumer Research, 30, 199–218.

JCGM/WG1, 2008: Joint Committee for Guides in Metrology/Working Group on the Expression of Uncertainty in Measurement (JCGM/WG1): Evaluation of measurement data—Guide to the expression of uncertainty in measurement, abrufbar unter: https://www.bipm.org/utils/common/documents/jcgm/JCGM_100_2008_E.pdf.

Jones, M. A., Mothersbaugh, D. L., Beatty, S. E., 2000: Switching barriers and repurchase intentions in services, Journal of Retailing, 76, 259–274.

Jöreskog, K. G., 1973: A general method for estimating a linear structural equation system, in A. S. Goldberger, O. D. Duncan (Hrsg.), Structural equation models in the social sciences, New York, NY: Seminar Press, 255–284.

Jöreskog, K. G., Sörbom, D., 1982: Recent developments in structural equation modelling, Journal of Marketing Research, 19, 404–416.

Jöreskog, K. G., Wold, H. O. A., 1982: The ML and PLS techniques for modeling with latent variables: Historical and comparative aspects, in K. G. Jöreskog, H. O. A. Wold (Hrsg.), Systems under indirect observation, Amsterdam: North-Holland, 263–270.

Kamakura, W. A., 2015: Measure twice and cut once: The carpenter's rule still applies, Marketing Letters, 26, 237–243.

Kaufmann, L., Gaeckler, J., 2015: A structured review of partial least squares in supply chain management research, Journal of Purchasing and Supply Management, 21, 259–272.

Keil, M., Tan, B. C. Y., Wei, K.-K., Saarinen, T., Tuunainen, V., Wassenaar, A., 2000: A cross-cultural study on escalation of commitment behavior in software projects, MIS Quarterly, 24, 299–325.

Kenny, D. A., 2016: Moderation, abrufbar unter: http://davidakenny.net/cm/moderation.htm.

Khan, G. F., Sarstedt, M., Shiau, W.-L., Hair., J. F., Ringle, C. M., Fritze, M. P., 2019: Methodological research on partial least squares structural equation modeling (PLS-SEM): An analysis based on social network approaches, Internet Research, 29, 407–429.

Kim, G., Shin, B., Grover, V., 2010: Investigating two contradictory views of formative measurement in information systems research, MIS Quarterly, 34, 345–365.

Klarmann, M., Feurer, S., 2018: Control variables in marketing research, Marketing ZFP – Journal of Research and Management, 40, 26–40.

Klarner, P., Sarstedt, M., Hoeck, M., Ringle, C. M., 2013: Disentangling the effects of team competences, team adaptability, and client communication on the performance of management consulting teams, Long Range Planning, 46, 258–286.

Klesel, M., Schuberth, F., Henseler, J., Niehaves, B., 2019: A test for multigroup comparison using partial least squares path modeling, Internet Research, 29, 3.

Klesel, M., Schuberth, F., Niehaves, B., Henseler, J., 2020: Multigroup analysis in Information Systems research using PLS-PM: A systematic investigation of approaches, Working Paper.

Kock, N., Hadaya, P., 2018: Minimum sample size estimation in PLS-SEM: The inverse square root and gamma-exponential methods, Information Systems Journal, 28, 227–261.

Kock, N., 2020: WarpPLS 7.0 user manual, Laredo, TX: ScriptWarp Systems.

Kocyigit, O., Ringle, C. M., 2011: The impact of brand confusion on sustainable brand satisfaction and private label proneness: A subtle decay of brand equity, Journal of Brand Management, 19, 195–212.

Kristensen, K., Martensen, A., Gronholdt, L., 2000: Customer satisfaction measurement at Post Denmark: Results of application of the European customer satisfaction index methodology, Total Quality Management, 11, 1007–1015.

Latan, H., Hair, J. F., Noonan, R. (Hrsg.), 2023: Partial least squares path modeling: Basic concepts, methodological issues and applications, Basel: Springer.

Lee, L., Petter, S., Fayard, D., Robinson, S., 2011: On the use of partial least squares path modeling in accounting research, International Journal of Accounting Information Systems, 12, 305–328.

Legate, A. E., Ringle, C. M., & Hair, J. F. (2023). PLS-SEM: A method Demonstration in the R Statistical Environment. Human Resource Development Quarterly, forthcoming. https://doi.org/https://doi.org/10.1002/hrdq.21517

Liengaard, B., Sharma, P. N., Hult, G. T. M., Jensen, M. B., Sarstedt, M., Hair, J. F., Ringle, C. M., 2021: Prediction: Coveted, yet forsaken? Introducing a cross-validated predictive ability test in partial least squares path modeling, Decision Sciences, 52, 362–392.

Lin, H. M., Lee, M. H., Liang, J. C., Chang, H. Y., Huang, P., Tsai, C. C., 2020: A Review of Using Partial Least Square Structural Equation Modeling in E-Learning Research, British Journal of Educational Technology, 5, 1354–1372.

Little, R. J. A., Rubin, D. B. (Hrsg.), 2002: Statistical analysis with missing data, Hoboken, NJ: Wiley.

Little, T. D., Bovaird, J. A., Widaman, K. F., 2006: On the merits of orthogonalizing powered and product terms: Implications for modeling interactions among latent variables, Structural Equation Modeling: A Multidisciplinary Journal, 13, 497–519.

Lohmöller, J.-B., 1987: LVPLS 1.8 [Software], Köln: Zentralarchiv für Empirische Sozialforschung.

Lohmöller, J.-B., 1989: Latent variable path modeling with partial least squares, Heidelberg: Physica.

Loo, R., 2002: A caveat on using single-item versus multiple-item scales, Journal of Managerial Psychology, 17, 68–75.

MacKenzie, S. B., Podsakoff, P. M., Podsakoff, N. P., 2011: Construct measurement and validation procedures in MIS and behavioral research: Integrating new and existing techniques, MIS Quarterly, 35, 293–295.

MacKinnon, D. P., Krull, J. L., M., L. C., 2000: Equivalence of the mediation, confounding and suppression effect, Prevention Science, 1, 173–181.

Magno, F., Cassia, F., Ringle, C. M., 2022: A brief review of partial least squares structural equation modeling (PLS-SEM) use in quality management studies, The TQM Journal, ahead of print, https://doi.org/10.1108/TQM-1106-2022-0197.

Manley, S. C., Hair, J. F., Williams, R. I., McDowell, W. C., 2020: Essential new PLS-SEM analysis methods for your entrepreneurship analytical toolbox, International Entrepreneurship and Management Journal, 17, 1805–1825.

Marcoulides, G. A., Saunders, C., 2006: PLS: A silver bullet?, MIS Quarterly, 30, iii–ix.

Marcoulides, G. A., Chin, W. W., 2013: You write, but others read: Common methodological misunderstandings in PLS and related methods, in H. Abdi, W. W. Chin, V. Esposito Vinzi, G. Russolillo, L. Trinchera (Hrsg.), New perspectives in partial least squares and related methods, New York: Springer, 31–64.

Mason, C. H., Perreault, W. D., 1991: Collinearity, power, and interpretation of multiple regression analysis, Journal of Marketing Research, 28, 268–280.

Mateos-Aparicio, G., 2011: Partial least squares (PLS) methods: Origins, evolution, and application to social sciences, Communications in Statistics – Theory and Methods, 40, 2305–2317.

Matthews, L., 2017: Applying multigroup analysis in PLS-SEM: A step-by-step process, in H. Latan, R. Noonan (Hrsg.), Partial least squares structural equation modeling: Basic concepts, methodological issues and applications, Cham: Springer, 219–243.

Matthews, L. M., Sarstedt, M., Hair, J. F., Ringle, C. M., 2016: Identifying and treating unobserved heterogeneity with FIMIX-PLS: Part II – a case study, European Business Review, 28, 208–224.

McDonald, R. P., 1996: Path analysis with composite variables, Multivariate Behavioral Research, 31, 239–270.

Memon, M. A., Cheah, J.-H., Ramayah, T., Ting, H., Chuah, F., 2018: Mediation analysis: Issues and recommendations, Journal of Applied Structural Equation Modeling, 2, i–ix.

Memon, M. A., Cheah, J.-H., Ramayah, T., Ting, H., Chuah, F., Cham, T. H., 2019: Moderation analysis: Issues and guidelines, Journal of Applied Structural Equation Modeling, 3, i–ix.

Memon, M. A., Ramayah, T., Cheah, J.-H., Ting, H., Chuah, F., & Cham, T. H. (2021). PLS-SEM Statistical Program: A Review. *Journal of Applied Structural Equation Modeling*, *5*(1), i-xiii.

Monecke, A., Leisch, F., 2012: semPLS: Structural equation modeling using partial least squares, Journal of Statistical Software, 48, 1–32.

Monecke, A., Leisch, F., 2013: package semPLS: Structural equation modeling using partial least squares version 1.0–10.

Muller, D., Judd, C. M., Yzerbyt, V. Y., 2005: When moderation is mediated and mediation is moderated, Journal of Personality and Social Psychology, 89, 852–863.

Ng, S. I., Lim, Q. H., Cheah, J.-H., Ho, J. A., Tee, K. K., 2022: A moderated-mediation model of career adaptability and life satisfaction among working adults in Malaysia, Current Psychology, 41, 3078–3092.

Nitzl, C., 2016: The use of partial least squares structural equation modelling (PLS-SEM) in management accounting research: Directions for future theory development, Journal of Accounting Literature, 37, 19–35.

Nitzl, C., Roldán, J. L., Cepeda, G., 2016: Mediation analyses in partial least squares structural equation modeling: Helping researchers discuss more sophisticated models, Industrial Management & Data Systems, 116, 1849–1864.

Nunally, J. C., Bernstein, I., 1994: Psychometric theory, New York: McGraw-Hill.

Oliver, R. L., 1980: A cognitive model for the antecedents and consequences of satisfaction, Journal of Marketing Research, 17, 460–469.

Papies, D., I., E. P., van Heerde, H. J., 2016: Adressing endogeinity in marketing models, in P. S. H. Leeflang, J. E. Wieringa, T. H. A. Bijmolt, K. H. Pauwels (Hrsg.), Advanced methods in modeling markets, Cham: Springer, 581–627.

Park, S., Gupta, S., 2012: Handling endogenous regressors by joint estimation using copulas, Marketing Science, 31, 567–586.

Patel, V. K., Manley, S. C., Hair, J. F., Ferrell, O. C., Pieper, T. M., 2016: Is stakeholder theory relevant for European firms?, European Management Journal, 36, 650–660.

Peng, D. X., Lai, F., 2012: Using partial least squares in operations management research: A practical guideline and summary of past research, Journal of Operations Management, 30, 467–480.

Petter, S., 2018: „Haters gonna hate": PLS and information systems research, ACM SIGMIS Database: The DATABASE for Advances in Information Systems, 49, 10–13.

Preacher, K. J., Hayes, A. F., 2004: SPSS and SAS procedures for estimating indirect effects in simple mediation models, Behavior Research Methods, Instruments, and Computers, 36, 717–731.

Preacher, K. J., Rucker, D. D., Hayes, A. F., 2007: Addressing moderated mediation hypotheses: Theory, methods, and prescriptions, Multivariate Behavioral Research, 42, 185–227.

Preacher, K. J., Hayes, A. F., 2008: Asymptotic and resampling strategies for assessing and comparing indirect effects in multiple mediator models, Behavior Research Methods, 40, 879–891.

Purwanto, A., 2021: Partial Least Squares Structural Equation Modeling (PLS-SEM) Analysis for Social and Management Research: A Literature Review, Journal of Industrial Engineering and Management, 2, 114–123.

Rademaker, M. E., Schuberth, F., Schamberger, T., Klesel, M., Dijkstra, T. K., Henseler, J., 2020: R package cSEM: Composite-based structural equation modeling version 0.3.0.

Radomir, L., Wilson, A., 2018: Corporate reputation: The importance of service quality and relationship investment, in N. Avkiran, C. M. Ringle (Hrsg.), Partial least squares structural equation modeling, Cham: Springer, 77–123.

Radomir, L., Moisescu, O. I., 2019: Discriminant validity of the customer-based corporate reputation scale: Some causes for concern, Journal of Product & Brand Management, 29, 457–469.

Raithel, S., Wilczynski, P., Schloderer, M. P., Schwaiger, M., 2010: The value-relevance of corporate reputation during the financial crisis, Journal of Product & Brand Management, 19, 389–400.

Raithel, S., Sarstedt, M., Scharf, S., Schwaiger, M., 2012: On the value relevance of customer satisfaction. Multiple drivers and multiple markets, Journal of the Academy of Marketing Science, 40, 509–525.

Raithel, S., Schwaiger, M., 2015: The effects of corporate reputation perceptions of the general public on shareholder value, Strategic Management Journal, 36, 945–956.

Ramayah, T., Cheah, J.-H., Chuah, F., Ting, H., Memon, M. A., 2016: Partial Least Squares Structural Equation Modeling (PLS-SEM) Using SmartPLS 3.0: An Updated and Practical Guide to Statistical Analysis, Singapore: Pearson.

Ramirez, E., David, M. E., Brusco, M. J., 2013: Marketing's SEM based nomological network: Constructs and research streams in 1987–1997 and in 1998–2008, Journal of Business Research, 66, 1255–1269.

Ray, S., Danks, N. P., Velasquez Estrada, J. M., Uanhoro, J., Bejar, A. H. C., 2020: R package seminr: Domain-specific language for building and estimating structural equation models version 1.1.0.

Reinartz, W., Haenlein, M., Henseler, J., 2009: An empirical comparison of the efficacy of covariance-based and variance-based SEM, International Journal of Research in Marketing, 26, 332–344.

Rhemtulla, M., van Bork, R., Borsboom, D., 2020: Worse than measurement error: Consequences of inappropriate latent variable measurement models, Psychological Methods, 25, 30–45.

Richter, N. F., Cepeda-Carrión, G., Roldán, J. L., Ringle, C. M., 2016a: European management research using partial least squares structural equation modeling (PLS-SEM), European Management Journal, 34, 589–597.

Richter, N. F., Sinkovics, R., Ringle, C. M., Schlägel, C., 2016b: A critical look at the use of SEM in international business research, International Marketing Review, 33, 376–404.

Richter, N. F., Schubring, S., Hauff, S., Ringle, C. M., Sarstedt, M., 2020: When predictors of outcomes are necessary: Guidelines for the combined use of PLS-SEM and NCA, Industrial Management & Data Systems, 120, 2243–2267.

Richter, N. F., Hauff, S., 2022: Necessary conditions in international business research: Advancing the field with a new perspective on causality and data analysis, Journal of World Business, 57, 101310.

Richter, N. F., Hauff, S., Gudergan, S. P., Ringle, C. M., 2022: The Use of Partial Least Squares Structural Equation Modeling and Complementary Methods in International Management Research, Management International Review, 62, 449–470.

Richter, N. F., Hauff, S., Kolev, A. E., Schubring, S., 2023a: Dataset on an extended technology acceptance model: A combined application of PLS-SEM and NCA, Data in Brief, 48, 109190.

Richter, N. F., Hauff, S., Ringle, C. M., Sarstedt, M., Kolev, A. E., Schubring, S., 2023b: How to apply necessary condition analysis in PLS-SEM, in H. Latan, J. F. Hair, R. Noonan (Hrsg.), Partial Least Squares Path Modeling: Basic Concepts, Methodological Issues and Applications, Basel: Springer.

Richter, N. F., Tudoran, A. A., 2024: Elevating theoretical insight and predictive accuracy in business research: Combining PLS-SEM and machine learning, Journal of Business Research, 173, 114453.

Rigdon, E. E., Ringle, C. M., Sarstedt, M., 2010: Structural modeling of heterogeneous data with partial least squares, in N. K. Malhotra (Hrsg.), Review of marketing research, Armonk, NY: Sharpe, 255–296.

Rigdon, E. E., Ringle, C. M., Sarstedt, M., Gudergan, S. P., 2011: Assessing heterogeneity in customer satisfaction studies: Across industry similarities and within industry differences, Advances in International Marketing, 22, 169–194.

Rigdon, E. E., 2012: Rethinking partial least squares path modeling: In praise of simple methods, Long Range Planning, 45, 341–358.

Rigdon, E. E., 2013: Partial least squares path modeling, in G. R. Hancock, R. O. Mueller (Hrsg.), Structural Equation Modeling, Charlotte, NC: Information Age, 81–116.

Rigdon, E. E., 2014: Comment on „Improper use of endogenous formative variables", Journal of Business Research, 67, 2800–2802.

Rigdon, E. E., Becker, J.-M., Rai, A., Ringle, C. M., Diamantopoulos, A., Karahanna, E., Straub, D. W., Dijkstra, T. K., 2014: Conflating antecedents and formative indicators: A comment on Aguirre-Urreta and Marakas, Information Systems Research, 25, 780–784.

Rigdon, E. E., 2016: Choosing PLS path modeling as analytical method in European management research: A realist perspective, European Management Journal, 34, 598–605.

Rigdon, E. E., Sarstedt, M., Ringle, C. M., 2017: On comparing results from CB-SEM and PLS-SEM: Five perspectives and five recommendations, Marketing ZFP, 39, 4–16.

Rigdon, E. E., Becker, J.-M., Sarstedt, M., 2019: Factor indeterminacy as metrological uncertainty: Implications for advancing psychological measurement, Multivariate Behavioral Research, 54, 429–443.

Rigdon, E. E., Sarstedt, M., Becker, J.-M., 2020: Quantify uncertainty in behavioral research, Nature Human Behaviour, 4, 329–331.

Ringle, C. M., Wende, S., Will, A., 2005: SmartPLS 2 [Software].

Ringle, C. M., Sarstedt, M., Mooi, E. A., 2010a: Response-based segmentation using finite mixture partial least squares, in R. Stahlbock, S. F. Crone, S. Lessmann (Hrsg.), Annals of Information Systems, Boston, MA: Springer Science+Business Media LLC, 19–49.

Ringle, C. M., Wende, S., Will, A., 2010b: Finite mixture partial least squares analysis: Methodology and numerical examples, in V. Esposito Vinzi, W. W. Chin, J. Henseler, H. Wang (Hrsg.), Handbook of partial least squares: Concepts, methods and applications, Berlin: Springer, 195–218.

Ringle, C. M., Sarstedt, M., Zimmermann, L., 2011: Customer satisfaction with commercial airlines: The role of perceived safety and purpose of travel, Journal of Marketing Theory and Practice, 19, 459–472.

Ringle, C. M., Sarstedt, M., Straub, D. W., 2012: A critical look at the use of PLS-SEM in MIS Quarterly, MIS Quarterly, 36, iii–xiv.

Ringle, C. M., Sarstedt, M., Schlittgen, R., Taylor, C. R., 2013: PLS path modeling and evolutionary segmentation, Journal of Business Research, 66, 1318–1324.

Ringle, C. M., Sarstedt, M., Schlittgen, R., 2014: Genetic algorithm segmentation in partial least squares structural equation modeling, OR Spectrum, 36, 251–276.

Ringle, C. M., Wende, S., Becker, J.-M., 2015: SmartPLS 3 [Software].

Ringle, C. M., Sarstedt, M., 2016: Gain more insight from your PLS-SEM results: The importance-performance map analysis, Industrial Management & Data Systems, 116, 1865–1886.

Ringle, C. M., Sarstedt, M., Mitchell, R., Gudergan, S., 2020: Partial least squares structural equation modeling in HRM research, International Journal of Human Resource Management, 31, 1617–1643.

Ringle, C. M., Wende, S., Becker, J.-M., 2022: SmartPLS 4, Oststeinbek: SmartPLS GmbH.

Ringle, C. M., Sarstedt, M., Sinkovics, N., Sinkovics, R. R., 2023: A perspective on using partial least squares structural equation modelling in data articles, Data in Brief, 48, 109074.

Roldán, J. L., Sánchez-Franco, M. J., 2012: Variance-based structural equation modeling: Guidelines for using partial least squares in information systems research, in M. Mora, O. Gelman, A. L. Steenkamp, M. Raisinghani (Hrsg.), Research methodologies, innovations, and philosophies in software systems engineering and information systems, Hershey, PA: IGI Global, 193–221.

Rönkkö, M., Evermann, J., 2013: A critical examination of common beliefs about partial least squares path modeling, Organizational Research Methods, 16, 425–448.

Rönkkö, M., McIntosh, C. N., Antonakis, J., 2015: On the adoption of partial least squares in psychological research: Caveat emptor, Personality and Individual Differences, 87, 76–84.

Rönkkö, M., McIntosh, C. N., Antonakis, J., Edwards, J. R., 2016: Partial least squares path modeling: Time for some serious thoughts, Journal of Operations Management, 47–48, 9–27.

Rossiter, J. R., 2002: The C-OAR-SE procedure for scale development in marketing, International Journal of Research in Marketing, 19, 305–335.

Rossiter, J. R., 2011: Measurement for the social sciences: The C-OAR-SE method and why it must replace psychometrics, Berlin: Springer.

Rossiter, J. R., 2016: How to use C-OAR-SE to design optimal standard measures, European Journal of Marketing, 50, 1924–1941.

Russo, D., Stol, K.-J., 2021: PLS-SEM for software engineering research: An introduction and survey, ACM Computing Surveys, 54, 1–38.

Sabol, M., Hair, J. F., Cepeda-Carrion, G. A., Roldán, J. L., Chong, A. 2023: PLS-SEM in information systems: Seizing the opportunity and marching ahead full speed to adopt methodological updates, Industrial Management & Data Systems, 132, 2997–3017.

Sarstedt, M., 2008: A review of recent approaches for capturing heterogeneity in partial least squares path modelling, Journal of Modelling in Management, 3, 140–161.

Sarstedt, M., Wilczynski, P., 2009: More for less? A comparison of single-item and multi-item measures, Business Administration Review, 69, 211–227.

Sarstedt, M., Ringle, C. M., 2010: Treating unobserved heterogeneity in PLS path modeling: A comparison of FIMIX-PLS with different data analysis strategies, Journal of Applied Statistics, 37, 1299–1318.

Sarstedt, M., Schloderer, M. P., 2010: Developing a measurement approach for reputation of non-profit organizations, International Journal of Nonprofit and Voluntary Sector Marketing, 15, 276–299.

Sarstedt, M., Becker, J.-M., Ringle, C. M., Schwaiger, M., 2011a: Uncovering and treating unobserved heterogeneity with FIMIX-PLS: Which model selection criterion provides an appropriate number of segments?, Schmalenbach Business Review, 34–62.

Sarstedt, M., Henseler, J., Ringle, C. M., 2011b: Multigroup analysis in partial least squares (PLS) path modeling: Alternative methods and empirical results, Advances in International Marketing, 22, 195–218.

Sarstedt, M., Wilczynski, P., Melewar, T., 2013: Measuring reputation in global markets. A comparison of reputation measures' convergent and criterion validities, Journal of World Business, 48, 329–339.

Sarstedt, M., Ringle, C. M., Henseler, J., Hair, J. F., 2014a: On the emancipation of PLS-SEM: A Commentary on Rigdon (2012), Long Range Planning, 47, 154–160.

Sarstedt, M., Ringle, C. M., Smith, D., Reams, R., Hair, J. F., 2014b: Partial least squares structural equation modeling (PLS-SEM): A useful tool for family business researchers, Journal of Family Business Strategy, 5, 105–115.

Sarstedt, M., Diamantopoulos, A., Salzberger, T., Baumgartner, P., 2016a: Selecting single items to measure doubly-concrete constructs: A cautionary tale, Journal of Business Research, 69, 3159–3167.

Sarstedt, M., Hair, J. F., Ringle, C. M., Thiele, K. O., Gudergan, S. P., 2016b: Estimation issues with PLS and CBSEM: Where the bias lies!, Journal of Business Research, 69, 3998–4010.

Sarstedt, M., Ringle, C. M., Gudergan, S. P., 2016c: Guidelines for treating unobserved heterogeneity in tourism research: A comment on Marques and Reis (2015), Annals of Tourism Research, 57, 279–284.

Sarstedt, M., Ringle, C. M., Hair, J. F., 2017a: Treating unobserved heterogeneity in PLS-SEM: A multi-method approach, in R. Noonan, H. Latan (Hrsg.), Partial least squares structural equation modeling: Basic concepts, methodological issues and applications, Cham: Springer, 197–217.

Sarstedt, M., Ringle, C. M., Hair, J. F., 2017b: Partial least squares structural equation modeling, in C. Homburg, M. Klarmann, A. Vomberg (Hrsg.), Handbook of Market Research, Cham: Springer, 1–40.

Sarstedt, M., Bengart, P., Shaltoni, A.M., Lehmann, S., 2018: The use of sampling methods in advertising research: A gap between theory and practice, International Journal of Advertising, 37, 650–663.

Sarstedt, M., Cheah, J.-H., 2019: Partial least squares structural equation modeling using SmartPLS: A software review, Journal of Marketing Analytics, 7, 196–202.

Sarstedt, M., Hair, J. F., Cheah, J.-H., Becker, J.-M., Ringle, C. M., 2019: How to specify, estimate, and validate higher-order models, Australasian Marketing Journal, 27, 197–211.

Sarstedt, M., Mooi, E., 2019: A concise guide to market research: The process, data, and methods using IBM SPSS statistics (3. Aufl.), Berlin, Heidelberg: Springer-Verlag.

Sarstedt, M., Hair, J. F., Nitzl, C., Ringle, C. M., Howard, M. C., 2020a: Beyond a tandem analysis of SEM and PROCESS: Use of PLS-SEM for mediation analyses, International Journal of Market Research, 62, 288–299.

Sarstedt, M., Radomir, L., Moisescu, O. I., Ringle, C. M., 2021: Latent class analysis in PLS-SEM: A review and recommendations for future applications, Journal of Business Research, 138, 298–407.

Sarstedt, M., Ringle, C. M., Cheah, J.-H., Ting, H., Moisescu, O. I., Radomir, L., 2020b: Structural model robustness checks in PLS-SEM, Tourism Economics, 26, 531–554.

Sarstedt, M., Danks, N. P., 2022: Prediction in HRM Research – A Gap Between Rhetoric and Reality, Human Resource Management Journal, 32, 485–513.

Sarstedt, M., Hair, J. F., Pick, M., Liengaard, B. D., Radomir, L., Ringle, C. M., 2022: Progress in Partial Least Squares Structural Equation Modeling Use in Marketing Research in the Last Decade, Psychology & Marketing, 39, 1035–1064.

Sattler, H., Völckner, F., Riediger, C., Ringle, C. M., 2010: The impact of brand extension success factors on brand extension price premium, International Journal of Research in Marketing, 27, 319–328.

Schafer, J. L., Graham, J. W., 2002: Missing data: Our view of the state of the art, Psychological Methods, 7, 147–177.

Schlägel, C., Sarstedt, M., 2016: Assessing the measurement invariance of the four-dimensional cultural intelligence scale across countries: A composite model approach, European Management Journal, 34, 633–649.

Schlittgen, R., 2011: A weighted least-squares approach to clusterwise regression, Advances in Statistical Analysis, 95, 205–217.

Schlittgen, R., Ringle, C. M., Sarstedt, M., Becker, J.-M., 2016: Segmentation of PLS path models by iterative reweighted regressions, Journal of Business Research, 69, 4583–4592.

Schlittgen, R., Sarstedt, M., Ringle, C. M., 2020: Data generation for composite-based structural equation modeling methods, Advances in Data Analysis and Classification, 14, 747–757.

Schloderer, M. P., Sarstedt, M., Ringle, C. M., 2014: The relevance of reputation in the nonprofit sector: The moderating effect of socio-demographic characteristics, International Journal of Nonprofit and Voluntary Sector Marketing, 19, 110–126.

Schneeweiß, H., 1991: Models with latent variables: LISREL versus PLS, Statistica Neerlandica, 45, 145–157.

Schuberth, F., Henseler, J., Dijkstra, T. K., 2018: Confirmatory composite analysis, Frontiers in Psychology, 9, 2541.

Schuberth, F., Rademaker, M. E., Henseler, J., 2023: Assessing the overall fit of composite models estimated by partial least squares path modeling, European Journal of Marketing, 57, 1678–1702.

Schubring, S., Lorscheid, I., Meyer, M., Ringle, C. M., 2016: The PLS agent: Predictive modeling with PLS-SEM and agent-based simulation, Journal of Business Research, 69, 4604–4612.

Schwaiger, M., 2004: Components and parameters of corporate reputation: An empirical study, Schmalenbach Business Review, 56, 47–71.

Schwaiger, M., Raithel, S., Schloderer, M., 2009: Recognition or rejection – How a company's reputation influences stakeholder behaviour, in J. Klewes, R. Wreschniok (Hrsg.), Reputation Capital, Berlin: Springer, 39–55.

Schwaiger, M., Sarstedt, M., Taylor, C. R., 2010: Art for the sake of the corporation: Audi, BMW Group, DaimlerChrysler, Montblanc, Siemens, and Volkswagen help explore the effect of sponsorship on corporate reputations, Journal of Advertising Research, 50, 77–90.

Schwarz, G., 1978: Estimating the dimensions of a model, The Annals of Statistic, 6, 461–464.

Sharma, P. N., Sarstedt, M., Shmueli, G., Kim, K. H., Thiele, K. O., 2019: PLS-Based Model Selection: The Role of Alternative Explanations in Information Systems Research, Journal of the Association for Information Systems, 40, 346–397.

Sharma, P. N., Shmueli, G., Sarstedt, M., Danks, N., Ray, S., 2021: Prediction-Oriented Model Selection in Partial Least Squares Path Modeling, Decision Sciences, 52, 567–607.

Sharma, P. N., Liengaard, B. D., Hair, J. F., Sarstedt, M., Ringle, C. M., 2023: Predictive model assessment and selection in composite-based modeling using PLS-SEM: extensions and guidelines for using CVPAT, European Journal of Marketing, 57, 1662–1677.

Shmueli, G., 2010: To explain or to predict?, Statistical Science, 25, 289–310.

Shmueli, G., Koppius, O. R., 2011: Predictive analytics in information systems research, MIS Quarterly, 35, 553–572.

Shmueli, G., Ray, S., Velasquez Estrada, J. M., Chatla, S. B., 2016: The elephant in the room: Predictive performance of PLS models, Journal of Business Research, 69, 4552–4564.

Shmueli, G., Sarstedt, M., Hair, J. F., Cheah, J.-H., Ting, H., Vaithilingam, S., Ringle, C. M., 2019: Predictive model assessment in PLS-SEM: guidelines for using PLSpredict, European Journal of Marketing, 53, 2322–2347.

Slack, N., 1994: The importance-performance matrix as a determinant of improvement priority, International Journal of Operations & Production Management, 14, 59–75.

Sobel, M. E., 1982: Asymptotic confidence intervals for indirect effects in structural equation models, Sociological Methodology, 13, 290–312.

Spector, P. E., Brannick, M. T., 2011: Methodological Urban Legends: The Misuse of Statistical Control Variables, Organizational Research Methods, 14, 287–305.

Squillacciotti, S., 2005: Prediction-oriented classification in PLS path modeling, in T. Aluja, J. Casanovas, V. Esposito Vinzi, M. Tenenhaus (Hrsg.), PLS & marketing: Proceedings of the 4th international symposium on PLS and related methods, Paris: DECISIA, 499–506.

Squillacciotti, S., 2010: Prediction oriented classification in PLS path modeling, in V. Esposito Vinzi, W. W. Chin, J. Henseler, H. Wang (Hrsg.), Handbook of partial least squares: Concepts, methods and applications, Berlin: Springer, 219–233.

Steenkamp, J. B. E. M., Baumgartner, H., 1998: Assessing measurement invariance in cross-national consumer research, Journal of Consumer Research, 25, 78–107.

Streukens, S., Leroi-Werelds, S., 2016: Bootstrapping and PLS-SEM: A step-by-step guide to get more out of your bootstrapping results, European Management Journal, 34, 618–632.

Svensson, G., Ferro, C., Hogevold, N., Padin, C., Varela, J. C. S., Sarstedt, M., 2018: Framing the triple bottom line approach: Direct and mediation effects between economic, social, and environmental elements, Journal of Cleaner Production, 197, 972–991.

Temme, D., Kreis, H., Hildebrandt, L., 2010: A comparison of current PLS path modeling software: Features, ease-of-use, and performance, in V. Esposito Vinzi, W. W. Chin, J. Henseler, H. Wang (Hrsg.), Handbook of partial least squares: Concepts, methods and applications, Berlin: Springer, 737–756.

Tenenhaus, A., Tenenhaus, M., 2011: Regularized Generalized Canonical Correlation Analysis, Psychometrika, 76, 257–284.

Tenenhaus, M., Amato, S., Esposito Vinzi, V., 2004: A global goodness-of-fit index for PLS structural equation modeling, Proceedings of the XLII SIS Scientific Meeting, Padova, Italy: CLEUP, 739–742.

Tenenhaus, M., Esposito Vinzi, V., Chatelin, Y.-M., Lauro, C., 2005: PLS path modeling, Computational Statistics & Data Analysis, 48, 159–205.

Test&Go, 2006: SPAD-PLS version 6.0.0 [Software], Paris.

Usakli, A., Kucukergin, K. G., 2018: Using partial least squares structural equation modeling in hospitality and tourism: Do researchers follow practical guidelines?, The International Journal of Contemporary Hospitality Management, 30, 3462–3512.

Vandenberg, R. J., Lance, C. E., 2000: A review and synthesis of the measurement invariance literature: Suggestions, practices, and recommendations for organizational research, Organizational Research Methods, 3, 4–70.

Venkatesh, V., Morris, M. G., Davis, G. B., Davis, F. D., 2003: User acceptance of information technology: Toward a unified view, MIS Quarterly, 27, 425–478.

Völckner, F., Sattler, H., Hennig-Thurau, T., Ringle, C. M., 2010: The role of parent brand quality for service brand extension success, Journal of Service Research, 13, 359–361.

Walsh, G., Mitchell, V.-W., Jackson, P. R., Beatty, S. E., 2009: Examining the antecedents and consequences of corporate reputation: A customer perspective, British Journal of Management, 20, 187–203.

Wanous, J. P., Reichers, A., Hudy, M. J., 1997: Overall job satisfaction: How good are single-item measures?, Journal of Applied Psychology, 82, 247–252.

Weiber, R., Sarstedt, M., 2021: Strukturgleichungsmodellierung: Eine anwendungsorientierte Einführung in die Kausalanalyse mit Hilfe von AMOS, SmartPLS und SPSS (3. Aufl.), Heidelberg: Springer.

Weijters, B., Baumgartner, H., 2012: Misresponse to Reversed and Negated Items in Surveys: A Review, Journal of Marketing Research, 49, 737–747.

Wetzels, M., Odekerken-Schroder, G., Van Oppen, C., 2009: Using PLS path modeling for assessing hierarchical construct models: Guidelines and empirical illustration, MIS Quarterly, 33, 177–195.

Wilden, R., Gudergan, S., 2015: The impact of dynamic capabilities on operational marketing and technological capabilities: Investigating the role of environmental turbulence, Journal of the Academy of Marketing Science, 43, 181–199.

Willaby, H., Costa, D., Burns, B., MacCann, C., Roberts, R., 2015: Testing complex models with small sample sizes: A historical overview and empirical demonstration of what partial least squares (PLS) can offer differential psychology, Personality and Individual Differences, 84, 73–78.

Wold, H., Sjöström, M., Eriksson, L., 2001: PLS-regression: A basic tool of chemometrics, Chemometrics and Intelligent Laboratory Systems, 58, 109–130.

Wold, H. O. A., 1975: Path models with latent variables: The NIPALS approach, in H.M. Blalock, A. Aganbegian, F. M. Borodkin, R. Boudon, V. Capecchi (Hrsg.), Quantitative sociology: International perspectives on mathematical and statistical modeling, New York: Academic Press, 307–357.

Wold, H. O. A., 1982: Soft modeling: The basic design and some extensions, in K. G. Jöreskog, H. Wold (Hrsg.), Systems under indirect observations: Part II, Amsterdam: North-Holland, 1–54.

Wold, H. O. A., 1985: Partial least squares, in S. Kotz, N. L. Johnson (Hrsg.), Encyclopedia of statistical sciences, New York: John Wiley, 581–591.

Wong, K. K.-K., 2019: Mastering partial least squares structural equation modeling (PLS-SEM) with SmartPLS in 38 hours, Bloomington, IN: iUniverse.

Yuan, K.-H., Wen, Y., Tang, J., 2020: Regression Analysis with Latent Variables by Partial Least Squares and Four Other Composite Scores: Consistency, Bias and Correction, Structural Equation Modeling: A Multidisciplinary Journal, 27, 333–350.

Yun, L., Kim, K., Cheong, Y., 2020: Sports sponsorship and the risks of ambush marketing: the moderating role of corporate reputation in the effects of disclosure of ambush marketers on attitudes and beliefs towards corporations, International Journal of Advertising, 39, 921–942.

Zarantonella, L., Pauwels-Delassus, V., 2015: The handbook of brand management scales, London: Taylor & Francis.

Zeng, N., Liu, Y., Gong, P., Hertogh, M., König, M., 2021: Do right PLS and do PLS right: A critical review of the application on PLS in construction management research, Frontiers of Engineering Management, 8, 356–369.

Zhang, Y., Schwaiger, M., 2012: A comparative study of corporate reputation between China and developed Western countries, in S. Okazaki (Hrsg.), Handbook of research on international advertising, Cheltenham: Edward Elgar, 353–375.

Zhao, X., Lynch, J. G., Chen, Q., 2010: Reconsidering Baron and Kenny: Myths and truths about mediation analysis, Journal of Consumer Research, 37, 197–206.

Glossar

10-fach-Regel (10 times rule): ist eine Möglichkeit, um die minimal benötigte Stichprobengröße zur Schätzung eines spezifischen PLS-Pfadmodells zu bestimmen. Die 10-fach-Regel besagt, dass die Stichprobengröße so groß sein sollte wie das 10-fache der höchsten Anzahl formativer Indikatoren, die zur Messung eines einzelnen Konstrukts verwendet werden *oder* das 10-fache der höchsten Anzahl Strukturpfade, die auf ein bestimmtes Konstrukt im Strukturmodell gerichtet sind. Die 10-fach-Regel ist kein zuverlässiger Anhaltspunkt für den erforderlichen Stichprobenumfang und sollte bestenfalls als grobe Schätzung betrachtet werden. Während statistische Poweranalysen zuverlässigere Schätzungen des minimalen Stichprobenumfangs liefern, sollten Forscher in erster Linie das *Inverse Quadratwurzelverfahren* verwenden, welches sich durch Genauigkeit und einfache Anwendung auszeichnet.

Absolute Relevanz (absolute importance): siehe *absoluter Beitrag.*

Absoluter Beitrag (absolute contribution): ist die Information, die ein formativer Indikator ohne Berücksichtigung der anderen Indikatoren zur Messung eines Konstrukts beiträgt. Der absolute Beitrag ergibt sich aus der Ladung des formativen Indikators (d.h. aus seiner bivariaten Korrelation mit dem formativ gemessenen Konstrukt).

Akaike-Gewichte (Akaike weights): drücken die relative Wahrscheinlichkeit von Modellen in einem Set von Alternativmodellen aus. In der PLS-SEM werden die Akaike-Gewichte auf die BIC-Werte angewendet, um die Modellauswahl auf Basis des Vergleichs von BIC-Werten zu unterstützen.

Algorithmuseinstellungen (algorithmic options): umfassen verschiedene Optionen zur Durchführung des PLS-SEM-Algorithmus. Diese umfassen beispielsweise die Wahl zwischen alternativen Startwerten und Gewichtungsschemata.

Alternierende Extremantworten (alternating extreme pole responses): ist ein Umfrageantwortmuster, bei dem der Befragte zur Beantwortung der Fragen nur die Extrempunkte der Skala (z.B. nur die 1 und 7 auf einer 7-Punkte Skala) in alternierender Reihenfolge verwendet.

Analyse notwendiger Bedingungen (NCA) (necessary condition analysis): eine Methode, mit deren Hilfe notwendige Bedingungen in Datensätzen identifiziert werden können.

Äquidistanz (equidistance): ist gegeben, wenn die Distanz zwischen den Datenpunkten einer Skala identisch ist.

Artefakte (artifcats): stellen von Menschen konstruierte Konzepte dar. Beispiele für solche Artefakte im Marketing sind der Einzelhandelspreisindex oder der Marketing-Mix.

Ausreißer (outlier): sind Beobachtungen, deren Variablenausprägungen deutlich außerhalb der Norm liegen.

Ausschließlich indirekte Mediation (indirect-only mediation): beschreibt ein Ergebnis der Mediatoranalyse, bei dem der indirekte Effekt signifikant ist, der direkte Effekt allerdings nicht signifikant ist. Der Mediator erklärt somit die Beziehung zwischen einem exogenen Konstrukt und einem endogenen

Konstrukt vollständig. Dieser Fall wird auch als vollständige Mediation bezeichnet.

Äußere Modelle (outer models): siehe *Messmodell.*

AVE: siehe *durchschnittlich erfasste Varianz.*

Bayes Information Criterion (BIC): ist eine Metrik für Modellvergleiche die darauf abzielt, eine Balance zwischen Modellkomplexität und -güte unter Berücksichtigung der Prognosekraft des Modells zu finden. Das BIC ist so skaliert, dass ein geringerer Wert ein besseres Modell anzeigt.

Bedingter indirekter Effekt (conditional indirect effect): siehe *moderierte Mediation.*

Beobachtete Heterogenität (observed heterogeneity): siehe *Heterogenität.*

Bestimmtheitsmaß (R^2) (coefficient of determination): zeigt den Anteil der Varianz eines endogenen Konstrukts an, der durch alle mit dem endogenen Konstrukt verbundenen Vorgängerkonstrukte erklärt wird. Je höher der R^2-Wert, desto besser wird das Konstrukt durch die latenten Variablen im Strukturmodell, die über strukturelle Pfadmodellbeziehungen auf das Konstrukt zeigen, erklärt.

Bias-korrigierte und accelerated-(BCa)-Bootstrapping-Konfidenzintervalle (bias-corrected and accelerated (BCa) bootstrap confidence intervals): nehmen bei der Ermittlung der Konfidenzintervalle eine Korrektur anhand des Bias und der Schiefe der Bootstrapping-Verteilung vor und stellen damit eine Verbesserung des *Perzentil-Verfahrens* dar.

BIC: siehe *Bayes Information Criterion.*

Blindfolding: ist ein Verfahren zur Bestimmung der Prognosestärke eines Modells. Hierfür werden einzelne Datenpunkte der Datenmatrix von endogenen Konstrukten ausgelassen und auf Basis der resultierenden Ergebnisse geschätzt. Über den Vergleich der Originalwerte mit den geschätzten Werten ergibt sich der Prognosefehler des Pfadmodells für das betrachtete endogene Konstrukt. Die auf dem Blindfolding-Verfahren basierende Metrik zur Beurteilung der Prognosekraft eines PLS-SEM wird inzwischen nicht mehr empfohlen.

Bootstrapping-Fälle (bootstrap cases): sind die Anzahl der Fälle aus der Originalstichprobe, die für den jeweiligen Durchlauf des Bootstrapping-Verfahrens genutzt werden. Die Anzahl der Bootstrapping-Fälle entspricht der Anzahl der gültigen Fälle aus der Originalstichprobe.

Bootstrapping-Konfidenzintervall (bootstrap confidence interval): ist das geschätzte Intervall, in das der wahre Parameter einer Population mit einer gewissen Vertrauenswahrscheinlichkeit fallen wird. Das Bootstrapping-Konfidenzintervall wird durch einen unteren und einen oberen Wert definiert, die von einer vorab festgelegten Vertrauens- bzw. Irrtumswahrscheinlichkeit sowie von dem Standardfehler der Schätzung mit den jeweiligen Daten abhängen. Wenn ein Konfidenzintervall nicht den Wert 0 enthält, dann kann angenommen werden, dass der geschätzte Parameter sich – bei der festgelegten Irrtumswahrscheinlichkeit (z. B. 5 %) – signifikant von 0 unterscheidet.

Bootstrapping-Teilstichprobe (bootstrap samples): ist die Anzahl der Stichproben, die im Rahmen des Bootstrapping-Verfahrens aus der Originalstichprobe gezogen werden. Im Regelfall werden 10.000 Bootstrapping-Teilstichproben empfohlen.

Bootstrapping-Verfahren (bootstrapping): Beim Bootstrapping-Verfahren werden zufällig Teilstichproben aus dem Originaldatensatz (mit Zurücklegen) gezogen. Jede Teilstichprobe wird dann zur Schätzung des Modells verwendet. Das Verfahren wird zur Bestimmung von Standardfehlern sowie zur Prüfung der statistischen Signifikanz von Koeffizienten verwendet, ohne auf Verteilungsannahmen zu beruhen.

CB-SEM: siehe *kovarianzbasierte Strukturgleichungsmodellierung*.

Clusteranalysen (cluster analysis, clustering): eine Gruppe von Verfahren, die Objekte so in Gruppen einteilt, dass die Ähnlichkeit innerhalb der Gruppen minimiert und die Unähnlichkeit zwischen den Gruppen maximiert werden.

Composite-basierte SEM (composite-based SEM): siehe *Komponentenbasierte SEM*.

Composite-Indikatoren (composite indicators): stellen einen Indikatortyp zur Messung latenter Variablen dar. Composite-Indikatoren formen ein Konstrukt vollständig durch Linearkombinationen. Sie werden häufig zur Zusammenfassung einzelner Indikatoren zu Indizes verwendet, können aber genauso gut zur Messung latenter Phänomene wie Einstellungen, Wahrnehmungen und Intentionen eingesetzt werden.

Composite-Reliabilität (ρ_A) (composite reliability ρ_A): ist ein Maß der *Internen-Konsistenz-Reliabilität*, das als guter Kompromiss zwischen dem konservativen *Cronbachs Alpha* und der liberalen *Composite-Reliabilität (ρ_C)* gilt. Die Composite-Reliabilität ist zwischen 0 und 1 definiert, wobei höhere Werte eine höhere Reliabilität anzeigen. Sie sollte über 0,70 liegen (in explorativen Forschungsdesigns werden auch Werte zwischen 0,60 und 0,70 als akzeptabel angesehen).

Composite-Reliabilität (ρ_C) (composite reliability ρ_C): ist ein Maß der *Internen-Konsistenz-Reliabilität*, welches, anders als Cronbachs Alpha, unterschiedliche Ladungen der Indikatorvariablen berücksichtigt. Die Composite-Reliabilität ist zwischen 0 und 1 definiert, wobei höhere Werte eine höhere Reliabilität anzeigen. Sie sollte über 0,70 liegen (in explorativen Forschungsdesigns werden auch Werte zwischen 0,60 und 0,70 als akzeptabel angesehen).

Composite-Variable (composite variable, variate): ist eine Linearkombination aus mehreren Indikatorvariablen.

Consistency at Large: beschreibt eine Eigenschaft der PLS-SEM, wonach sich die Schätzergebnisse denen der CB-SEM annähern, wenn die Anzahl der Indikatoren pro Messmodell und die Zahl der Fälle steigen, gegeben dass die Daten einem Faktormodell entstammen.

Coverage-Fehler (coverage error): tritt dann auf, wenn das Bootstrapping-Konfidenzintervall eines Parameters nicht seinem empirischen Konfidenzintervall entspricht.

Cramér-von-Mises-Test: ist ein statistischer Test, um zu prüfen, ob Daten normalverteilt sind.

Cronbachs Alpha: ist ein Maß der *Internen-Konsistenz-Reliabilität*, das von gleichen Indikatorladungen ausgeht und damit eine konservative Schätzung der Reliabilität darstellt. Im Kontext der PLS-SEM gilt die Composite-Reliabilität als geeigneteres Reliabilitätskriterium.

Cross-Validated Predictive Ability-Test (CVPAT): ist ein statistischer Test der die Prognosekraft eines PLS-Pfadmodells mit der verschiedener Benchmark-Modelle (*Indikatordurchschnitt* oder *LM Benchmark*) vergleicht.

CTA-PLS: siehe *Konfirmatorische Tetrad Analyse für die PLS-SEM.*

CVPAT: siehe *Cross-Validated Predictive Ability-Test.*

Datenmatrix (data matrix): beinhaltet die zur Schätzung des PLS-Pfadmodells nötigen empirischen Daten. Die Datenmatrix hat für jeden Indikator im PLS-Pfadmodell eine Spalte. Die Zeilen repräsentieren die Fälle mit ihren Antworten zu jedem Indikator im PLS-Pfadmodell.

Diagonal-Lining (diagonal lining): ist ein Antwortmuster, bei dem Befragte die zur Verfügung stehenden Punkte einer Skala (z. B. einer 7-Punkte Skala) verwenden, um ihre Antworten zu verschiedenen Fragen auf einer Diagonale zu platzieren.

Direkter Effekt (direct effect): beschreibt die unmittelbare Beziehung zwischen zwei Konstrukten. Ein direkter Effekt wird durch einen Pfeil zwischen zwei Konstrukten angezeigt.

Diskriminanzvalidität (discriminant validity): liegt vor, wenn zwei Konstrukte, die zwei unterschiedliche Konzepte messen, sich auch empirisch hinreichend unterscheiden.

Dreifache Interaktion (three-way interaction): eine Erweiterung der zweifachen Interaktion, wobei der Moderatoreffekt nochmals durch eine weitere Moderatorvariable moderiert wird.

Durchschnittlich erfasste Varianz (average variance extracted, AVE): ist ein Gütekriterium der Konvergenzvalidität für reflektiv spezifizierte Messmodelle. Sie beschreibt das Ausmaß, in dem ein latentes Konstrukt die Varianz seiner Indikatoren erklärt; sie entspricht der Kommunalität eines Konstrukts. Die durchschnittlich erfasste Varianz eines reflektiv gemessenen Konstrukts sollte mindestens 0,50 betragen.

Effekt-Indikatoren (effect indicators): siehe *reflektive Messung.*

Einfache Mediatoranalyse (simple mediation analysis): ist eine Mediatoranalyse bei der nur eine Mediatorvariable in das PLS-Pfadmodell integriert wird.

Einfacher Effekt (simple effect): eine Ursache-Wirkungs-Beziehung in einem Moderatormodell. Er repräsentiert die Stärke der Beziehung zwischen einem exogenen und einem endogenen Konstrukt, wenn ein Moderator in das Pfadmodell integriert ist. Der einfache Effekt muss vom *Haupteffekt* unterschieden werden, welcher die Stärke der Beziehung ohne Moderator beschreibt.

Empirischer *t*-Wert (empirical *t* value): ist eine Teststatistik zur Ermittlung der Signifikanz eines geschätzten Parameters; im PLS-SEM-Kontext wird der empirische *t*-Wert über das *Bootstrapping-Verfahren* ermittelt. Siehe *Signifikanzprüfung.*

Endogene Konstrukte (endogenous constructs): siehe *endogene latente Variablen.*

Endogene latente Variablen (endogenous latent variables): sind latente Variablen innerhalb eines Strukturmodells, welche nur als abhängige oder zugleich als abhängige und unabhängige Variablen dienen.

Endogenität (endogeneity): tritt auf, wenn der Fehlerterm eines abhängigen Konstrukts mit dem ihm zugeordneten Vorgängerkonstrukt korreliert ist.

Erklärte Varianz (explained variance): siehe *Bestimmtheitsmaß.*

Erklärungskraft (explanatory power): bezeichnet die Fähigkeit eines Modells, die Daten, welche zur Modellschätzung verwendet wurden, zu reproduzieren. Das zentrale Maß für die Erklärungskraft ist das *Bestimmtheitsmaß.*

Evaluationskriterien (evaluation criteria): werden zur Evaluation der Qualität der Messmodelle und des Strukturmodells genutzt; im PLS-SEM Kontext werden nichtparametrische Evaluationskriterien und Verfahren wie das Bootstrapping eingesetzt.

Exact-Fit-Test: ist ein Test zur Beurteilung des Modellfits, bei dem eine dem Bootstrapping ähnliche Simulation angewendet wird, um *p*-Werte für die (euklidischen oder geodätischen) Differenzen zwischen den beobachteten Korrelationen und den durch das Modell implizierten Korrelationen zu ermitteln.

Exogene Konstrukte (exogenous constructs): siehe *exogene latente Variablen.*

Exogene latente Variablen (exogenous latent variables): sind latente Variablen innerhalb eines Strukturmodells, welche nur als unabhängige Variablen dienen.

Explorativ (exploratory): ist ein Forschungsdesign, welches auf die Erforschung von Mustern in Daten und die Identifikation von Beziehungen fokussiert.

F^2-Effektstärke (f^2 effect size): ist eine Kennzahl zur Beurteilung des relativen Effektes eines exogenen Konstrukts auf ein endogenes Konstrukt.

Faktoren (factors): ist ein Ansatz, um theoretische Konzepte in Strukturgleichungsmodellen zu repräsentieren. Im faktor-basierten Ansatz wird angenommen, dass Konstrukte die Kovariation zwischen den dazugehörigen Indikatoren erklären.

Faktor-Gewichtungsschema (factor weighting scheme): siehe *Gewichtungsschema.*

Faktormodell (common factor model): geht davon aus, dass die Kovariation von Indikatoren durch einen gemeinsamen Faktor erklärt wird. Drei wesentliche Analyseverfahren, die auf Faktormodellen aufsetzen, sind die explorative Faktoranalyse, die konfirmatorische Faktoranalyse und die kovarianzbasierte Strukturgleichungsmodellierung.

Fallweiser Ausschluss (casewise deletion; auch listenweiser Ausschluss): ist eine Methode zur Behandlung fehlender Werte bei der eine gesamte Beobachtung (d. h. ein Fall oder ein Befragter) aufgrund fehlender Werte aus dem Datensatz entfernt wird. Der fallweise Ausschluss sollte verwendet werden, wenn Indikatoren mehr als 5 % fehlende Werte aufweisen.

Fehler 1. Art: siehe *Typ I-Fehler.*

Fehler 2. Art: siehe *Typ II-Fehler.*

Fehlerterme (error terms): erfassen im Rahmen der Schätzung von Pfadmodellen die unerklärte Varianz in Konstrukten und Indikatoren.

FIMIX-PLS: siehe *Finite mixture partial least squares.*

Finite-Mixture-PLS-Ansatz (FIMIX-PLS) (finite mixture partial least squares): ist ein Ansatz der latenten Klassenanalyse, welcher die Identifikation und Behandlung unbeobachteter Heterogenität in PLS-Pfadmodellen ermöglicht. Auf Basis des Konzeptes von Mixture-Regressionsmodellen schätzt der FIMIX-PLS-Ansatz die Pfadkoeffizienten sowie die Aufteilung der Beobachtungen in eine vordefinierte Anzahl Gruppen.

Folds: bezeichnet die Teilmengen, die im Rahmen der *Kreuzvalidierung* generiert werden.

Formativ spezifiziertes Messmodell (formatively specified measurement model): siehe *Formatives Messmodell.*

Formative Messung (formative measurement): siehe *formatives Messmodell.*

Formatives Messmodell (formative measurement model): ist eine Messmodellspezifikation, bei der die Indikatoren das Konstrukt formen (siehe *Composite-Indikatoren*) oder verursachen (siehe *kausale Indikatoren*) und die Pfeile von den Indikatoren auf das Konstrukt zeigen.

Formativ-formatives HCM (formative-formative HCM): weist formativ spezifizierte Messmodelle für alle Konstrukte erster Ordnung eines HCM auf und ist durch formative Beziehungen zwischen den LOC und der HOC gekennzeichnet (d. h. die LOC formen die HOC).

Formativ-reflektives HCM (formative-reflective HCM): weist formativ spezifizierte Messmodelle für alle Konstrukte erster Ordnung eines HCM auf und ist durch reflektive Beziehungen zwischen der HOC und den LOC gekennzeichnet (d. h. die LOC repräsentieren Effekte der HOC).

Fornell-Larcker-Kriterium (Fornell-Larcker criterion): ist ein Gütekriterium der Diskriminanzvalidität; es vergleicht die Quadratwurzel der durchschnittlich erfassten Varianz (AVE) jedes Konstrukts mit seiner jeweiligen Korrelation mit den anderen Konstrukten im Modell. Das Fornell-Larcker-Kriterium ist weitgehend ungeeignet, um Probleme der Diskriminanzvalidität aufzudecken.

Freiheitsgrade (df) (degrees of freedom): ist die Anzahl der Werte, die in der finalen Berechnung der Teststatistik frei variieren können.

Gauß-Copula-Ansatz (Gaussian copula): ist ein Ansatz zur Behandlung von Endogenitätsproblemen. Der Gauß-Copula-Ansatz modelliert die Korrelation zwischen dem Vorgängerkonstrukt und dem Fehlerterm des abhängigen Konstrukts. Wenn der Ansatz das Vorhandensein von Endogenität anzeigt, sollten Forscher Kontroll- oder Instrumentalvariablen einbinden

Genetic-Algorithm-Segmentation-Ansatz (PLS-GAS): ist ein Ansatz der latenten Klassenanalyse, welcher die Identifikation und Behandlung unbeobachteter Heterogenität in PLS-Pfadmodellen ermöglicht. Bei diesem Ansatz kommt in einem ersten Schritt ein genetischer Algorithmus zum Einsatz, der das Ziel hat, eine Partition zu finden, welche die unerklärte Varianz der endogenen latenten Variablen minimiert. In einem zweiten Schritt kommt ein deterministischer Verbesserungsalgorithmus zum Einsatz, der darauf abzielt, die Lösung in jeder Iteration zu verbessern.

Gewichte, äußere (outer weights): sind das Ergebnis einer multiplen Regression eines Konstrukts auf seine Indikatoren. Gewichte sind das primäre Kriterium, um die relative Wichtigkeit eines jeden Indikators in einem formativ spezifizierten Messmodell zu bestimmen.

Gewichteter PLS-SEM-Algorithmus (WPLS) (weighted PLS-SEM): ist eine modifizierte Version des PLS-SEM-Algorithmus, der es ermöglicht, Stichprobengewichte einzubeziehen.

Gewichtungsschema (weighting scheme): beschreibt ein Verfahren zur Bestimmung der Beziehungen im Strukturmodell im Rahmen des *PLS-SEM-Algorithmus*. Standardoptionen sind das Zentroid-Gewichtungsschema, das Faktor-Gewichtungsschema und das Pfad-Gewichtungsschema, wobei sich die Ergebnisse dieser Optionen nur geringfügig unterscheiden. Das Pfad-Gewichtungsschema sollte als Standardoption verwendet werden, da es die R^2-Werte der PLS-Pfadschätzung maximiert.

GFI: siehe *Goodness-of-Fit-Index.*

Gleichheit der Mittelwerte und Varianzen der Composite-Variablen (equality of composite mean values and variances): ist die letzte von drei Anforderungen zur Sicherstellung voller Messinvarianz.

GoF: siehe *Goodness-of-Fit-Index.*

Goodness-of-Fit-Index (GoF): ist ein Maß zur Beurteilung des Modellfits in der PLS-SEM. Die Forschung zeigt jedoch, dass der GoF nicht in der Lage ist, valide von nicht validen Modellen zu trennen. Da seine Anwendung zudem auf bestimmte Modelldesigns beschränkt ist, sollte dieses Gütekriterium nicht angewendet werden.

Haupteffekt (main effect): bezieht sich auf den direkten Effekt zwischen einem exogenen und einem endogenen Konstrukt in einem Pfadmodell, in dem kein moderierender Effekt enthalten ist. Nach der Integration eines Moderators in das Pfadmodell verändert sich normalerweise die Stärke des Haupteffekts. Daher wird dieser im Kontext eines Moderatormodells üblicherweise als *einfacher Effekt* bezeichnet.

HCM: siehe *Hierarchisches Komponentenmodell.*

Heterogenität (heterogeneity): liegt vor, wenn in Daten unterschiedliche Gruppen enthalten sind, für die sich signifikante Unterschiede in den Modellparametern ergeben. Heterogenität kann beobachtet oder unbeobachtet sein, je nachdem ob ihre Ursache auf bestimmte beobachtbare Charakteristika (z.B. demographische Variablen) zurückgeführt werden kann oder ob die Ursache der Heterogenität nicht vollständig bekannt ist.

Heterotrait-Heteromethod-Korrelationen (heterotrait-heteromethod correlation): sind die Korrelationen der Indikatoren, die unterschiedliche Konstrukte messen.

Heterotrait-Monotrait-Verhältnis (HTMT) (heterotrait-monotrait-ratio): ist ein Gütekriterium der Diskriminanzvalitität. Es entspricht der Relation zwischen dem Mittelwert aller Indikatorkorrelationen, die jeweils unterschiedliche Konstrukte messen (d.h. die Heterotrait-Heteromethod-Korrelationen) und dem (geometrischen) Mittel der durchschnittlichen Indikatorkorrelationen, die jeweils ihr eigenes Konstrukt messen (d.h. die Monotrait-Heteromethod-Korrelationen).

Hierarchisches Komponentenmodell (hierarchical component model, HCM): ist ein Modell höherer Ordnung (normalerweise zweiter Ordnung), das ein Konstrukt simultan auf verschiedenen Abstraktionsniveaus erfasst. HCM beinhalten eine abstraktere *Komponente höherer Ordnung* (higher-order component, HOC), die mit zwei oder mehreren *Komponenten niedrigerer Ordnung* (lower-order components, LOC) entweder reflektiv oder formativ verbunden ist.

Hinreichende Bedingung (sufficient condition): siehe *Logik hinreichender Bedingungen.*

HOC: siehe *Komponente höherer Ordnung.*

HTMT: siehe *Heterotrait-Monotrait-Verhältnis.*

Importance: ist ein Begriff, der im Kontext der IPMA verwendet wird. Die Importance ist der unstandardisierte totale Effekt eines Konstrukts auf ein Zielkonstrukt und repräsentiert damit die Wichtigkeit der jeweiligen Vorgängerkonstrukte zur Prognose eines Zielkonstrukts.

Importance-Performance-Analyse (Importance-Performance-Map-Analysis, IPMA): erweitert den regulären PLS-SEM-Ergebnisbericht der Pfadkoeffizientenschätzungen um eine Analysedimension, in der die durchschnittlichen Konstruktwerte betrachtet werden. Die Analyse stellt die totalen Effekte der latenten Variablen auf ein spezifisches Zielkonstrukt (Importance) den reskalierten durchschnittlichen Konstruktwerten (Performance) gegenüber. Die grafische Darstellung der Ergebnisse ermöglicht die Identifikation von Konstrukten mit hoher Importance aber nur geringer Performance.

Index der moderierten Mediation (index of moderated mediation): quantifiziert den Einfluss eines Moderators auf den indirekten Effekt zwischen einem exogenen Konstrukt und einem endogenen Konstrukt über einen Mediator.

Index: ist ein Set formativer Indikatoren, die zur Messung eines Konstrukts verwendet werden.

Indikatordurchschnitt (IA) (indicator avarage): ist ein Benchmark der im Rahmen des *Cross-Validated Predictive Ability-Tests (CVPAT)* verwendet wird, um die *Prognosekraft* eines PLS-Pfadmodells zu beurteilen.

Indikatoren (indicators): werden zur Messung von Attributen von Objekten (z. B. Personen oder Unternehmen) verwendet. Sie werden auch als *Items* oder *manifeste Variablen* bezeichnet.

Indikatorreliabilität (indicator reliability): entspricht dem Quadrat der standardisierten Indikatorladung und drückt aus, wieviel Varianz eines Indikators durch das zugehörige Konstrukt erklärt wird. Sie wird auch als die erfasste Varianz eines Indikators bezeichnet und entspricht der Kommunalität eines Indikators.

Indirekter Effekt (indirect effect): repräsentiert eine Beziehung zwischen zwei latenten Variablen über ein Konstrukt oder mehrere Konstrukte im PLS-Pfadmodell. Wenn p_1 die Beziehung zwischen der exogenen latenten Variablen und einem dritten Konstrukt und p_2 die Beziehung zwischen dem dritten Konstrukt und der endogenen latenten Variablen ist, dann ergibt sich der indirekte Effekt als Produkt aus den Pfaden p_1 und p_2.

Inhaltsvalidität (content validity): ist eine subjektive, aber systematische Evaluation, wie gut der Inhaltsbereich eines Konstrukts durch seine Indikatoren erfasst wird.

Inkonsistente Mediation (inconsistent mediation): siehe *kompetitive Mediation*.

Inneres Modell (inner model): siehe *Strukturmodell*.

In-Sample-Prognosefähigkeit (in-sample predictive power): bezeichnet die Fähigkeit eines Modells, die Daten, welche zur Modellschätzung verwendet wurden, zu reproduzieren. Sie zeigt damit die *Erklärungskraft* eines Modells an. Das zentrale Maß für die In-Sample-Prognosefähigkeit ist das *Bestimmtheitsmaß*.

Interaktionseffekt (interaction effect): siehe *Moderation*.

Interaktionsterm (interaction term): ist eine Hilfsvariable, die in das PLS-Pfadmodell eingefügt wird, um die Interaktion zwischen der Moderatorvariablen und dem exogenen Konstrukt abzubilden.

Interne-Konsistenz-Reliabilität (internal consistency reliability): ist eine Form der Reliabilitätsprüfung, die evaluiert, inwieweit die Ergebnisse, die mit verschiedenen Items eines Tests erhoben wurden, konsistent sind. Anhand der Korrelationen prüft sie, ob die Items, die einem Konstrukt zugeordnet sind, dasselbe Konzept messen.

Interpretational Confounding: ist eine Situation, in der sich die empirisch beobachtete Bedeutung des Konstrukts bzw. seiner Messgrößen von der theoretisch eingeführten Bedeutung unterscheidet.

Intervallskala (interval scale): liefert präzise Informationen über die Rangfolge von Merkmalsausprägungen; sie hat konstante Messeinheiten, so dass die Distanzen zwischen den Skalenpunkten gleich sind.

Inverse Quadratwurzelverfahren (inverse square root method): ein Verfahren zur Berechnung der minimalen Stichprobengröße.

IPMA: siehe *Importance-Performance-Analyse.*

Items: siehe *Indikatoren.*

Iterative-Reweighted-Regressions-Segmentation-Ansatz (PLS-IRRS): ist ein Ansatz der latenten Klassenanalyse, welcher die Identifikation und Behandlung unbeobachteter Heterogenität in PLS-Pfadmodellen ermöglicht. Der Ansatz ist sehr leistungsfähig und effizient im Vergleich zu anderen Verfahren der latenten Klassenanalyse.

Kategoriale Moderatorvariable (categorical moderator variable): siehe *Multigruppenanalyse.*

Kausale Beziehungen (causal links): können angenommen werden, wenn zwei Konstrukte miteinander korreliert sind, diese Korrelation durch theoretische Überlegungen belegt ist und andere Einflussvariablen ausgeschlossen werden können.

Kausale Indikatoren (causal indicators): ist ein in formativen Messmodellen verwendeter Indikatortyp. Im Gegensatz zu Composite-Indikatoren formen kausale Indikatoren die latente Variable nicht vollständig. Die latente Variable weist daher einen Fehlerterm auf, welcher alle nicht berücksichtigten Einflussgrößen erfasst.

***k*-fache Kreuzvalidierung** (k-fold cross-validation): siehe *Kreuzvalidierung.*

Kodierung (coding): beschreibt die Zuordnung von Nummern zu Skalen, um die Messung von Attributen zu ermöglichen.

Kollinearität (collinearity): entsteht, wenn zwei Indikatoren hoch korreliert sind. Bei ausgeprägter Kollinearität kommt es zu Verzerrungen der Parameterschätzungen in formativen Messmodellen (z. B. Vorzeichenwechsel der Gewichte oder erhöhte Standardfehler).

Kommunalität (Item) (communality (item)): siehe *Indikatorreliabilität.*

Kommunalität (Konstrukt) (communality (construct)): siehe *durchschnittlich erfasste Varianz.*

Kompetitive Mediation (competitive mediation): beschreibt ein Ergebnis der Mediatoranalyse, bei dem der indirekte Effekt und der direkte Effekt signifikant sind, aber unterschiedliche Vorzeichen haben.

Komplementäre Mediation (complementary mediation): beschreibt ein Ergebnis der Mediatoranalyse, bei dem der indirekte Effekt und der direkte Effekt signifikant sind und gleiche Vorzeichen haben.

Komponente höherer Ordnung (higher-order component, HOC): ist ein Element eines hierarchischen Komponentenmodells, das eine abstraktere Ebene erfasst und alle zugrundeliegenden *Komponenten niedrigerer Ordnung* (also die Subdimensionen) repräsentiert.

Komponenten niedrigerer Ordnung (lower-order components, LOC): sind Elemente eines hierarchischen Komponentenmodells, welche die Subdimensionen der Komponente höherer Ordnung in einem hierarchischen Komponentenmodell erfassen.

Komponentenbasierte SEM (composite-based SEM): ist ein Ansatz der SEM bei dem die theoretischen Konzepte durch *Composite-Variablen* repräsentiert werden.

Kompositionelle Invarianz (compositional invariance): ist eine Form der Messinvarianz, bei der die Indikatorgewichte über die betrachteten Gruppen ähnliche Komponentenwerte generieren.

Konditionelle Prozessmodelle (conditional process models): siehe *moderierte Mediation* oder *mediierte Moderation.*

Konfidenzintervall (confidence interval): siehe *Bootstrapping-Konfidenzintervall.*

Konfigurale Invarianz (configural invariance): ist eine Form der Messinvarianz. Sie ist gegeben, wenn Gruppen mit gleicher Parametrisierung geschätzt wurden.

Konfirmatorisch (confirmatory): ist ein Forschungsdesign, welches auf die empirische Prüfung theoretisch entwickelter Modelle abzielt.

Konfirmatorische Tetrad Analyse in der PLS-SEM (CTA-PLS) (confirmatory tetrad analysis for PLS-SEM): ist ein statistisches Verfahren, um die Messmodellspezifikation (also formativ oder reflektiv) einer latenten Variablen zu evaluieren.

Konfirmatorische Composite-Analyse) (confirmatory composite analysis): ist eine Sammlung von Analysen, um die Qualität der Composite-Messung eines theoretisch etablierten Konzepts zu überprüfen.

Konsistentes PLS-SEM-Verfahren (PLSc-SEM) (consistent PLS-SEM): ist eine Variante des PLS-SEM-Algorithmus, der konsistente Schätzungen im Sinne eines Faktormodells liefert, indem die Korrelationen zwischen je zwei latenten Variablen um den Messfehler korrigiert werden.

Konstrukte (constructs): sind die (unbeobachteten) theoretischen oder konzeptionellen Elemente im Strukturmodell. Ein Konstrukt, welches ausschließlich andere Variablen erklärt (und damit nur ausgehende Beziehungen im Strukturmodell hat) wird exogenes Konstrukt genannt; dagegen werden Konstrukte, die mindestens eine eingehende Beziehung haben, als endogene Konstrukte bezeichnet. Konstrukte werden auch als latente Variablen bezeichnet. Konstrukte sind in Pfadmodellen als Kreise oder Ellipsen dargestellt.

Konstrukte höherer Ordnung (higher-order constructs): siehe *Hierarchisches Komponentenmodell (HCM).*

Konstrukte zweiter Ordnung (second-order constructs): sind Konstrukte höherer Ordnung mit zwei Abstraktionsebenen.

Konstruktwerte (construct scores): sind die Ausprägungen der latenten Variablen; das PLS-SEM-Verfahren generiert für jede Beobachtung jeweils einen Konstruktwert.

Kontinuierliche Moderatorvariablen (continuous moderator variable): sind Variablen, welche die Richtung und/oder Stärke der Beziehung zwischen zwei direkt verbundenen Konstrukten beeinflussen.

Kontrollvariablen (control variables): werden verwendet, um für den Einfluss von unabhängigen Variablen zu kontrollieren, die nicht Teil des primären theoretischen Modells sind.

Konvergenz (convergence): ist erreicht, wenn sich die Ergebnisse des PLS-SEM-Algorithmus von einer Iteration zur nächsten Iteration kaum verändern. Der PLS-SEM-Algorithmus stoppt, wenn ein vordefiniertes Stopp-Kriterium (d. h. eine sehr kleine Zahl wie beispielsweise 0,00001), welches die Summe der minimalen Veränderungen der PLS-SEM-Berechnungen angibt, erreicht ist. Konvergenz wird somit erreicht, wenn der PLS-SEM stoppt, weil das vordefinierte Stopp-Kriterium und nicht die maximale Anzahl Iterationen erreicht ist.

Konvergenzvalidität (convergent validity): ist das Ausmaß, in dem ein formativ gemessenes Konstrukt mit einer alternativen Messung (reflektiv oder per Single-Item) desselben Konzepts korreliert ist; siehe *Redundanzanalyse*.

Korrelationsgewichte (correlation weights): siehe *Modus A*.

Kovarianzbasierte Strukturgleichungsmodellierung (CB-SEM) (covariance-based structural equation modeling): ist ein Verfahren zur Schätzung von Strukturgleichungsmodellen. Die Parameter werden hierbei so geschätzt, dass die Differenz der empirischen und der modellimplizierten Kovarianzmatrix minimiert wird.

Kreuzladungen (cross-loadings): sind die Korrelation eines Indikators mit anderen (als dem ihm zugeordneten) Konstrukt im Modell.

Kreuzvalidierung (cross-validation): ist ein Verfahren zur Bestimmung der Prognosekraft eines Modells bei dem der Datensatz in *k* etwa gleichgroße Teilmengen (*Folds*) untergliedert wird. Die Teilmengen werden dann sukzessive als *Trainingsstichproben* und *Validierungsstichproben* verwendet, um den *Prognosefehler* des Modells zu berechnen. Aufgrund der Aufteilung in *k* Teilmengen wird das Verfahren auch als *k*-fache Kreuzvalidierung bezeichnet.

Kritischer *t*-Wert (critical *t* value): ist das Kriterium, das zur Prüfung der Signifikanz eines Koeffizienten herangezogen wird. Wenn der empirische *t*-Wert größer als der kritische *t*-Wert ist, wird die Nullhypothese (die keinen Effekt annimmt) abgelehnt. Typische kritische *t*-Werte sind 2,57, 1,96 und 1,65 für Signifikanzniveaus von 1 %, 5 % und 10 % (bei einem zweiseitigen Test).

Kurtosis (kurtosis): ist ein Maß für die Wölbung einer Verteilung; mit ihm wird gemessen, ob die Verteilung zu spitz (d. h. eine sehr enge Verteilung mit den meisten Antworten in der Mitte) ist.

Ladungen, äußere (outer loadings): sind die geschätzten Beziehungen in reflektiven Messmodellen und entsprechen der bivariaten Korrelation zwischen Indikator und Konstrukt. Sie bestimmen den absoluten Beitrag, den ein Item zu seinem zugeordneten Konstrukt liefert. Ladungen sind insbesondere bei der Bewertung reflektiv spezifizierter Messmodelle von Interesse, werden aber unter bestimmten Bedingungen zur Bewertung formativer Messmodelle herangezogen.

Latente Klassenanalysen (latent class techniques): sind Ansätze zur Identifikation und Behandlung unbeobachteter Heterogenität. Die Forschung hat eine Reihe von Ansätzen für latente Klassenanalysen vorgeschlagen, die beispielsweise finite Mischverteilungen, genetische oder Bergsteigeralgorithmen im Kontext der PLS-SEM verwenden.

Latente Variablen (latent variables): siehe *Konstrukte.*

Latente Variablenwerte (latent variable scores): siehe *Konstruktwerte.*

Lineares Benchmark-Modell (LM Benchmark) (linear model benchmark): bezeichnet eine Vergleichsschätzung, die zur Beurteilung der *Prognosekraft* eines Modells im Rahmen der $PLS_{predict}$*-Prozedur* sowie des *Cross-Validated Predictive Ability-Tests (CVPAT)* verwendet wird.

Listenweiser Ausschluss (listwise deletion): siehe *fallweiser Ausschluss.*

LM Benchmark: siehe *lineares Benchmark-Modell.*

LOC: siehe *Komponenten niedrigerer Ordnung.*

Logik hinreichender Bedingungen (sufficiency logic): ist eine kausale Logik, nach welcher eine Bedingung bzw. ein Ereignis ein bestimmtes Ereignis hervorruft, im Sinne von „Wenn X steigt, dann steigt auch Y" (was aber nicht heißt, dass ein hohes Y nicht auch ohne X auftreten kann).

Logik notwendiger Bedingungen (necessity logic): ist eine kausale Logik, nach welcher eine Bedingung bzw. ein Ereignis erforderlich ist, damit ein bestimmtes Ereignis entstehen kann, im Sinne von „Y existiert nicht ohne X".

MAE: siehe *Mittlerer absoluter Fehler.*

Manifeste Variablen (manifest variables): siehe *Indikatoren.*

Maximale Anzahl an Iterationen (maximum number of iterations): ist eine Parametereinstellung beim PLS-SEM-Algorithmus. Falls der PLS-SEM-Algorithmus nicht konvergiert, so stoppt er nach der zuvor spezifizierten maximalen Anzahl an Iterationen.

Mediation (mediation): ist eine Situation, in der eine oder mehrere Variablen oder Konstrukte (die Mediatorvariablen oder Mediatorkonstrukte) die Beziehung (d. h. den zugrundeliegenden Mechanismus oder Prozess) zwischen einem exogenen Konstrukt und einem endogenen Konstrukt erklärt bzw. erklären. Modelle mit Mediatorvariablen werden auch Mediatormodelle genannt.

Mediator (mediator): siehe *Mediation.*

Mediatorkonstrukt (mediator construct): siehe *Mediation.*

Mediatormodell (mediation model): siehe *Mediation.*

Mediatorvariable (mediator variable): siehe *Mediation.*

Mediierender Effekt (mediating effect): tritt auf, wenn eine dritte Variable oder ein Konstrukt zwischen zwei anderen zusammenhängenden Konstrukten interveniert.

Mediierte Moderation (mediated moderation): ist die Kombination einer Moderation mit einer Mediation, wobei der moderierende Effekt mediiert wird.

Messäquivalenz (measurement equivalence): siehe *Messinvarianz.*

Messfehler (measurement error): ist die Differenz zwischen dem wahren Wert und dem empirisch gemessenen Wert.

Messinvarianz für Composite-Modelle (MICOM) (measurement invariance of composite models): ist eine Prozedur zur Prüfung der Messinvarianz zwischen verschiedenen Gruppen, die drei Schritte zur Prüfung unterschiedlicher Aspekte der Messinvarianz umfasst: (1) die konfigurale Invarianz (d.h. eine gleiche Parametrisierung und Art der Schätzung), (2) die kompositionelle Invarianz (d.h. gleiche Generierung der Komponentenwerte) und (3) die Gleichheit der Mittelwerte und Varianzen der Composite-Variablen.

Messinvarianz (measurement invariance): ist gegeben, wenn die Messmodelle zwischen Gruppen ähnlich strukturiert und damit vergleichbar sind. Durch die Prüfung von Messinvarianz können wir sicherstellen, dass Gruppenunterschiede in Modellschätzungen nicht aufgrund von Unterschieden beispielsweise in der Wahrnehmung der inhaltlichen Bedeutung von latenten Variablen zwischen den Gruppen entstanden sind.

Messmodell (measurement model): Element eines Pfadmodells, welches die Indikatoren und ihre Beziehungen zu dem Konstrukt enthält. Es wird in der PLS-SEM auch *äußeres Modell* genannt.

Messmodellfehlspezifikation (measurement model misspecification): ist gegeben, wenn ein Forscher ein Messmodell reflektiv (formativ) spezifiziert, obwohl es aus konzeptioneller Sicht formativ (reflektiv) spezifiziert sein sollte. Die Fehlspezifikation von Messmodellen stellt eine Bedrohung für die Validität von PLS-SEM-Ergebnissen dar und kann zu falschen Interpretationen seitens des Forschers führen.

Messskala (measurement scale): ist eine vordefinierte Anzahl geschlossener Antworten, die zur Beantwortung einer Frage verwendet werden können.

Messtheorie (measurement theory): spezifiziert, wie ein Konstrukt mit Hilfe eines oder mehrerer Indikatoren gemessen werden sollte. Sie beschreibt, welche Indikatoren für ein Konstrukt zu verwenden sind und macht Aussagen über die Richtung der Beziehungen zwischen dem Konstrukt und den Indikatoren.

Messung (measurement): Prozess der Zuordnung von Zahlen zu einer Variablen basierend auf eindeutigen und konstanten Regeln.

Messunsicherheit (measurement uncertainty): ist ein Kennwert, der den Bereich der Werte charakterisiert, die der Messgröße durch die durchgeführte Messung vernünftigerweise zugeschrieben werden können.

***$Q^2_{predict}$*-Metrik** (*$Q^2_{predict}$-Metric*): bezeichnet eine Vergleichsschätzung, die zur Beurteilung der *Prognosekraft* eines Modells im Rahmen der *$PLS_{predict}$-Prozedur* verwendet wird.

Metrische Daten (metric data): sind Daten, die auf einer Ratio- oder Intervallskala gemessen werden; siehe *Ratioskala, Intervallskala.*

MICOM: siehe *Messinvarianz für Composite-Modelle.*

Minimale Stichprobengröße (minimum sample size): ist die Anzahl der nötigen Beobachtungen, um die Parameter eines PLS-Pfadmodells zuverlässig zu schätzen. Siehe *Inverses Quadratwurzelverfahren.*

Mittelwertersetzung (mean value replacement): ist eine Methode zur Behandlung fehlender Werte, bei der fehlende Datenpunkte durch den Mittelwert aller gültigen Beobachtungen der jeweiligen Variable ersetzt werden. Die Mittelwertersetzung sollte nur verwendet werden, wenn Indikatoren weniger als 5 % fehlende Werte aufweisen.

Mittlerer absoluter Fehler (MAE) (mean absolute error): ist ein Maß zur Bestimmung der Prognosekraft eines Modells. Der MAE misst die durchschnittliche Höhe des Fehlers bei der Prognose von Indikatorwerten, ohne ihre Richtung (Über- oder Unterschätzung) zu berücksichtigen.

Modelle höherer Ordnung: siehe *Hierarchisches Komponentenmodell (HCM).*

Modellimplizierte nicht redundante Tetraden (model-implied nonredundant vanishing tetrads): sind Tetraden, die für die Prüfung der Signifikanz im Rahmen der konfirmatorischen Tetrad Analyse in PLS (CTA-PLS) verwendet werden.

Modellkomplexität (model complexity): ist ein Ausdruck für den Umfang eines PLS-Pfadmodells hinsichtlich der Anzahl der latenten Variablen, Beziehungen im Strukturmodell und Indikatoren in den Messmodellen.

Modellvergleiche (model comparisons): bezeichnet den empirischen Vergleich von theoretisch motivierten Alternativmodellen.

Moderation: tritt auf, wenn die Stärke und Richtung des Effekts einer latenten Variable auf eine andere latente Variable vom Wert einer dritten Variable (Moderatorvariable oder Moderatorkonstrukt) abhängt; auch als Moderatoreffekt bezeichnet.

Moderatoreffekt (moderator effect): siehe *Moderation.*

Moderatorkonstrukt (moderator construct): siehe *Moderation.*

Moderatorvariable (moderator variable): siehe *Moderation.*

Moderierender Effekt (moderating effect): siehe *Moderation.*

Moderierte Mediation (moderated mediation): ist die Kombination einer Mediation mit einer Moderation, wobei der mediierende Effekt moderiert wird. So eine Situation wird auch als bedingter indirekter Effekt bezeichnet, da der Wert des indirekten Effekts von dem Wert der Moderatorvariablen bestimmt wird.

Modus A (mode A): verwendet Korrelationsgewichte, um die Werte der Composite-Variablenmittels der Indikatoren zu berechnen. Genauer gesagt, sind die äußeren Gewichte die Korrelation (oder einfache Regression) zwischen dem Konstrukt und jedem seiner Indikatoren. Siehe *Reflektive Messung.*

Modus B (mode B): verwendet Regressionsgewichte, um die Werte der Composite-Variablen mittels der Indikatoren zu berechnen. Ein (multiples) Regressionsmodell mit dem Konstrukt als abhängige Variable und den Indikatoren als unabhängige Variablen erlaubt die Bestimmung der Regressionsgewichte. Siehe *Formative Messung.*

Monotrait-Heteromethod-Korrelationen (monotrait heteromethod correlation): sind die Korrelationen zwischen Indikatoren, die das gleiche Konstrukt messen.

Multigruppenanalyse (multigroup analysis): ist eine Form der Moderatoranalyse, bei der die Moderatorvariable kategorial (normalerweise zwei Kategorien) ist und potenziell alle Beziehungen im Strukturmodell beeinflusst. In der Multigruppenanalyse wird geprüft, ob sich Parameter (meistens Pfadkoeffizienten) verschiedener Gruppen signifikant voneinander unterscheiden. In der Forschung wurde eine Reihe von Ansätzen zur Multigruppenanalyse vorgeschlagen, die auf dem Bootstrapping-Verfahren oder einem Permutationstest aufsetzen.

Multikollinearität (multicollinearity): siehe *Kollinearität.*

Multiple Mediatoranalyse (multiple mediation analysis): ist eine Form der Mediation, bei der mehrere Mediatoren in das PLS-Pfadmodell integriert werden.

Multivariate Analysen (multivariate analyses): sind statistische Verfahren, die mehrere Variablen simultan analysieren.

Necessary Condition Analysis: siehe *Analyse notwendiger Bedingungen.*

NFI: siehe *Normed-Fit-Index.*

Nicht-Mediation nur mit direktem Effekt (direct-only nonmediation): beschreibt ein Ergebnis der Mediatoranalyse, in welcher der direkte Effekt signifikant, der indirekte Effekt aber nicht signifikant ist.

Nicht-Mediation ohne Effekte (no-effect nonmediation): beschreibt ein Ergebnis der Mediatoranalyse, in welcher weder der direkte noch der indirekte Effekt signifikant sind.

Nominalskala (nominal scale): ist eine Messskala, bei der die zugeordneten Werte zur Identifikation von Objekteigenschaften verwendet werden können. Im Gegensatz zur Ordinalskala impliziert die Zuordnung allerdings keine Rangfolge.

Normed-Fit-Index (NFI): Ist ein Kriterium zur Evaluation des Modellfits das vor allem aus dem Kontext der CB-SEM bekannt ist. Der NFI vergleicht die Indikatorkovarianzmatrizen des geschätzten Modells mit der eines Nullmodells, wobei unkorrelierte Indikatoren unterstellt werden.

Notwendige Bedingung (necessary condition): siehe *Logik notwendiger Bedingungen.*

Ordinalskala (ordinal scale): ist eine Messskala, bei der die zugeordneten Werte die relative Position eines Objekts innerhalb einer Rangfolge anzeigen.

Orthogonalisierungsansatz (orthogonalizing approach): ist ein Ansatz zur Bildung des Interaktionsterms für die Modellierung eines Moderatoreffekts. Der Ansatz erstellt einen Interaktionsterm mit orthogonalisierten Indikatoren, welche nicht mit den Indikatoren des exogenen Konstrukts und des Moderators korrelieren.

Out-of-Sample-Prognosefähigkeit (out-of-sample predictive power): beschreibt die Fähigkeit eines Modells Beobachtungen vorherzusagen, die nicht zur Modellschätzung herangezogen wurden. Sie wird auch als *Prognosekraft* eines Modells bezeichnet.

Overfitting: liegt dann vor, wenn ein Modell stark an der vorliegenden Datenstruktur ausgerichtet ist und dadurch zu komplex ist. Die durch solche Modelle gewonnenen Ergebnisse sind nur beschränkt auf eine andere Stichprobe übertragbar bzw. generalisierbar.

Paarweiser Ausschluss (pairwise deletion): ist eine Methode zur Behandlung fehlender Werte, bei der alle Fälle mit gültigen Werten für die Kalkulation der Modellparameter verwendet werden. Die verschiedenen Berechnungen in der Analyse können daher auf verschiedenen Stichprobengrößen beruhen, was die Ergebnisse verzerren kann. Der paarweise Ausschluss sollte grundsätzlich vermieden werden.

Parametrischer Ansatz (parametric approach): ist ein Ansatz der Multigruppenanalyse, welcher eine modifizierte Version eines Standard *t*-Tests für zwei unabhängige Stichproben darstellt.

Partial Least Squares Strukturgleichungsmodellierung (PLS-SEM) (partial least squares structural equation modeling): ist eine varianz-basierte Methode zur Schätzung von Strukturgleichungsmodellen. Das Ziel ist dabei die Maximierung der erklärten Varianz der endogenen latenten Variablen und der Indikatoren im Modell.

Partielle Mediation (partial mediation): beschreibt ein Ergebnis der Mediatoranalyse, bei der die Mediatorvariable die Beziehung zwischen einem exogenen Konstrukt und einem endogenen Konstrukt nur teilweise erklärt. In Abhängigkeit der Beziehung zwischen dem direkten und dem indirekten Effekt kann die partielle Mediation als komplementäre oder kompetitive Mediation vorliegen.

Partielle Messinvarianz (partial measurement invariance): ist ein Ergebnis der Analyse der Messinvarianz. Diese ist gegeben, wenn im Rahmen der MICOM-Prozedur (1) die konfigurale und (2) die kompositionelle Invarianz sichergestellt sind.

Performance: ist ein Begriff, der im Kontext der IPMA verwendet wird. Die Performance bezieht sich dabei auf die Mittelwerte der unstandardisierten und reskalierten Werte eines Konstrukts oder Indikators.

Permutationstest (permutation test): ist ein Verfahren der Multigruppenanalyse. Der Permutationstest tauscht zufällig Beobachtungen zwischen Gruppen aus und schätzt das Modell erneut für jede Permutation. Die Ermittlung der Unterschiede zwischen den gruppenspezifischen Pfadkoeffizienten pro Permutation ermöglicht eine Prüfung, ob diese signifikant voneinander abweichen.

Perzentil-Verfahren (percentile method): ist ein Ansatz zur Ermittlung von Bootstrapping-Konfidenzintervallen. Auf Basis der nach Größe sortierten Parameterschätzungen, die anhand von Bootstrapping-Teilstichproben ermittelt wurden, wird das Intervall berechnet, welches einen gewissen Prozentsatz der niedrigsten und höchsten Werte ausschließt (z. B. 2,5 % der niedrigsten und 2,5 % der höchsten Werte im Fall des 95 % Bootstrapping-Konfidenzintervalls).

Pfad-Gewichtungsschema: siehe *Gewichtungsschema.*

Pfadkoeffizienten (path coefficients): sind die Pfadbeziehungen im Strukturmodell (d. h. zwischen den Konstrukten im Modell). Sie entsprechen den standardisierten Regressionskoeffizienten in der Regressionsanalyse.

Pfadmodelle (path models): sind grafische Darstellungen, in denen die im Rahmen der Strukturgleichungsmodellierung untersuchten Hypothesen und Beziehungen zwischen Variablen dargestellt werden.

PLSc-SEM: siehe *konsistentes PLS-SEM-Verfahren.*

PLSe2-Verfahren: ist eine Variante des regulären PLS-SEM-Algorithmus, welche ähnlich dem PLSc-SEM-Verfahren konsistente Modellschätzungen liefert, wenn die Daten dem Faktormodell entstammen.

PLS-GAS: siehe *Genetic-Algorithm-Segmentation-Ansatz.*

PLS-IRRS: siehe *Iterative-Reweighted-Regressions-Segmentation-Ansatz.*

PLS-Multigruppenanalyseansatz (PLS-MGA) (PLS multigroup analysis): ist ein Verfahren der Multigruppenanalyse welches die Ergebnisse der Bootstrapping-Teilstichproben gegenüberstellt, um zu prüfen, ob ein bestimmter Parameter einer Gruppe signifikant größer (oder kleiner) ist als der einer anderen Gruppe.

PLS-Pfadmodelle: siehe *Pfadmodelle.*

PLS-Pfadmodellierung (PLS path modeling): siehe *Partial Least Squares Strukturgleichungsmodellierung.*

PLS-POS: siehe *Prediction-Oriented-Segmentation-Ansatz.*

$PLS_{predict}$-Verfahren (PLS predict): ist ein Verfahren zur Beurteilung der Prognosekraft eines PLS-Pfadmodells. Das Verfahren basiert auf dem Prinzip der Kreuzvalidierung bei dem der Datensatz in etwa gleichgroße Teilmengen untergliedert wird und diese dann sukzessive zur Modellschätzung und -validierung verwendet werden.

PLS-Regression (PLS regression): ist ein Analyseverfahren, welches die lineare Beziehung zwischen mehreren unabhängigen Variablen und einer oder mehrerer abhängigen Variablen analysiert. Bei der Berechnung werden mittels Hauptkomponentenanalysen Composite-Variablen für die unabhängigen und abhängigen Variablen gebildet.

PLS-SEM: siehe *Partial Least Squares Strukturgleichungsmodellierung.*

PLS-SEM-Algorithmus (PLS-SEM algorithm): schätzt die Parameter eines PLS-Pfadmodells. Basierend auf dem PLS-Pfadmodell und den verfügbaren Indikatordaten bestimmt der Algorithmus die Werte für alle latenten Variablen im Modell, welche wiederum zur Schätzung der Beziehungen im Pfadmodell dienen.

PLS-SEM-Bias (PLS-SEM bias): beschreibt die Eigenschaft der PLS-SEM, die Beziehungen im Strukturmodell leicht zu unterschätzen, während die Beziehungen in den Messmodellen überschätzt werden, wenn die Daten einem Faktormodell entstammen.

PLS-TPM: siehe *PLS-Typological-Path-Modeling-Ansatz.*

PLS-Typological-Path-Modeling-Ansatz (PLS-TPM): ist ein Ansatz zur latenten Klassenanalyse, welcher eine Zuordnung von Beobachtungen zu Gruppen auf Basis von Distanzen vornimmt.

Prediction-Oriented-Segmentation-Ansatz (PLS-POS): ist ein distanzbasierter Ansatz zur latenten Klassenanalyse für eine vorgegebene Anzahl an Gruppen. Ausgehend von einer vorgegebenen oder zufällig gewählten Startpartition ordnet das Verfahren in jeder Iteration nur eine Beobachtung einer neuen Gruppe zu. Dabei wird sichergestellt, dass jede neue Gruppierung zu einer Verbesserung des gewählten Zielkriteriums führt. PLS-POS ist ein sehr leistungsstarkes, aber auch relativ rechenintensives Segmentierungsverfahren.

Primärdaten (primary data): sind Daten, die in der Regel mit Hilfe von Fragebögen für ein bestimmtes Forschungsprojekt erhoben wurden.

Produktindikatoransatz (product indicator approach): ist ein Ansatz zur Bildung des Interaktionsterms für die Modellierung eines Moderatoreffekts. Er beinhaltet die Multiplikation der Indikatoren des Moderators mit den Indikatoren des exogenen Konstrukts, um ein Messmodell des Interaktionsterms zu bestimmen. Der Ansatz ist nur anwendbar, wenn sowohl der Moderator als auch das exogene Konstrukt als reflektive Messungen spezifiziert sind.

Produktindikatoren (product indicators): sind die Indikatoren eines Interaktionsterms, die durch die Multiplikation aller Indikatoren des exogenen Konstrukts mit allen Indikatoren des Moderators gebildet wurden. Siehe *Produktindikatoransatz.*

Prognose (prediction): ist in der PLS-SEM die Vorhersage von Indikatorwerten der endogenen Variablen (oder Konstrukte) anhand vorhandener Daten für die exogenen Konstrukte bzw. Indikatoren. Die Prognose ist ein primäres Ziel der PLS-SEM.

Prognosefehler (prediction error): ist die Differenz zwischen den geschätzten und den tatsächlichen Werten für die endogenen Variablen bzw. ihrer Indikatoren im Datensatz.

Prognosekraft (predictive power): bezeichnet die Eignung eines Modells, die Ausprägungen der endogenen Variablen bzw. ihrer Indikatoren vorherzusagen; siehe auch *Out-of-Sample-Prognosefähigkeit* versus *In-Sample-Prognosefähigkeit.*

p-Wert (*p* value): entspricht im Kontext der Evaluation des Strukturmodells der Irrtumswahrscheinlichkeit, einen Pfadkoeffizienten fälschlicherweise als signifikant (anders als 0) zu betrachten. In empirischen Analysen vergleichen Forscher den *p*-Wert eines Koeffizienten mit einem vorher gewählten Signifikanzniveau, um zu entscheiden, ob ein Pfadkoeffizient statistisch signifikant ist.

R^2-Wert (R^2 values): siehe *Bestimmtheitsmaß*.

Ratioskala (ratio scales): beinhaltet das höchste Skalenniveau, da konstante Messeinheiten sowie ein absoluter Nullpunkt enthalten sind.

REBUS-PLS: siehe *Response-Based-Procedure-for-Detecting-Unit-Segments-in-PLS-Path-Modeling-Ansatz.*

Redundanzanalyse (redundancy analysis): ist ein Verfahren zur Prüfung der *Konvergenzvalidität* formativ spezifizierter Messmodelle. Es prüft, ob das formativ gemessene Konstrukt hoch mit einer reflektiven Messung oder Single-Item-Messung desselben Konzepts korreliert ist.

Reflektiv spezifiziertes Messmodell (reflectively specified measurement model): siehe *reflektives Messmodell.*

Reflektive Messung (reflective measurement): siehe *reflektives Messmodell.*

Reflektives Messmodell (reflective measurement model): eine Messmodellspezifikation, bei der die Indikatoren das zu Grunde liegende Konstrukt repräsentieren. Die Kausalität ist vom Konstrukt auf die Indikatoren gerichtet.

Reflektiv-formatives HCM (reflective-formative HCM): weist reflektiv spezifizierte Messmodelle für alle Konstrukte erster Ordnung eines HCM auf und ist durch formative Beziehungen zwischen den LOC und der HOC gekennzeichnet (d. h. die LOC formen die HOC).

Reflektiv-reflektives HCM (reflective-reflective HCM): weist reflektiv spezifizierte Messmodelle für alle Konstrukte erster Ordnung eines HCM auf und ist durch reflektive Beziehungen zwischen der HOC und den LOC gekennzeichnet (d. h. die LOC repräsentieren Effekte der HOC).

Relativer Beitrag (relative contribution): beschreibt die relative Wichtigkeit eines Indikators für die Bildung eines Konstrukts im Vergleich zur Wichtigkeit der anderen Indikatoren im selben Messmodell; der relative Beitrag eines formativen Indikators zu dem zu messenden Konstrukt wird durch sein Gewicht ausgedrückt.

Relevanz signifikanter Beziehungen (relevance of significant relationships): vergleicht die relative Relevanz, welche die vorgelagerten Konstrukte für die Prognose eines oder mehrerer endogenen Konstrukte im Strukturmodell haben. Die Signifikanz der Beziehung ist dabei die Voraussetzung für die Relevanz einer Beziehung; umgekehrt sind aber nicht alle Konstrukte mit signifikanten Pfadbeziehungen auch für die Erklärung eines Zielkonstrukts relevant.

Reliabilität (reliability): beschreibt die Zuverlässigkeit einer Messung. Eine Messung wird als reliabel bezeichnet, wenn sie unter konsistenten Bedingungen konsistente Ergebnisse liefert. Das gängigste Kriterium zur Evaluation der Reliabilität ist die *Interne-Konsistenz-Reliabilität.*

Repeated-Indicator-Ansatz in der HCM (repeated indicators approach for HCM): ist ein Ansatz zur Generierung eines Messmodells für HCM in der PLS-SEM, bei der die Indikatoren der LOC für die Messung der HOC als Indikatoren wieder verwendet werden.

Reskalierung (rescaling): ändert die Werte einer Variablen auf einer Skala, so dass diese in ein vordefiniertes Intervall (z. B. 0 bis 100) passen.

Response-Based-Procedure-for-Detecting-Unit-Segments-in-PLS-Path-Modeling-Ansatz (REBUS-PLS): ist ein Ansatz zur latenten Klassenanalyse, welcher eine Zuordnung von Beobachtungen zu Gruppen auf Basis von Distanzen vornimmt. Er stellt eine Erweiterung des PLS-TPM-Ansatzes dar.

RMSE: siehe *Root-Mean-Square-Error.*

$\mathbf{RMS_{theta}}$: siehe *Root-Mean-Square-Residual-Covariance.*

Rohdaten (raw data): sind die nicht standardisierten Beobachtungen in der *Datenmatrix*, welche in standardisierter Form für die Schätzung des PLS-Pfadmodells verwendet werden.

Root-Mean-Square-Error (RMSE): ist ein Maß zur Bestimmung der Prognosekraft eines Modells. Der RMSE berechnet sich aus der Wurzel der durchschnittlichen Abweichung zwischen empirischen und prognostizierten Werten.

Root-Mean-Square-Residual-Covariance (RMS_{theta}): ist ein Kriterium zur Beurteilung des Modellfits in der PLS-SEM. Es entspricht der Wurzel der mittleren Differenzen zwischen den beobachteten Kovarianzen und den über das Modell implizierten Kovarianzen und folgt damit der gleichen Logik, die auch dem SRMR-Index in der CB-SEM zugrunde liegt. Noch hat sich kein Grenzwert im Kontext der PLS-SEM durchgesetzt, allerdings suggerieren erste Simulationsergebnisse einen (konservativen) Grenzwert für den RMS_{theta}-Index von 0,12. Damit deuten RMS_{theta}-Werte unter 0,12 auf einen guten Fit des Modells hin, wohingegen höhere Werte einen mangelnden Fit des Modells anzeigen.

Schiefe (skewness): ist das Ausmaß, in dem die Verteilung einer Variablen symmetrisch bzw. asymmetrisch um ihren Mittelwert ist.

Sekundärdaten (secondary data): sind Daten, die im Rahmen eines anderen Forschungsvorhabens oder in der Vergangenheit gesammelt worden sind.

SEM: siehe *Strukturgleichungsmodellierung.*

Signifikanzprüfung (significance test): beschreibt die Prüfung, ob ein bestimmtes Ergebnis zufällig entstanden ist. Im Kontext der Evaluation des Strukturmodells beinhaltet dies die Prüfung, ob eine Beziehung oder ein Pfad in der Population tatsächlich von 0 abweicht. Unter der Annahme eines vorab definierten Signifikanzniveaus lehnen wir die Nullhypothese, dass es keinen Effekt gibt (d. h. ein Pfad von 0 in der Population) ab, wenn der empirische *t*-Wert (den wir anhand der Daten ermitteln) größer als der kritische Wert, den wir aus Verteilungstabellen für verschiedene Signifikanzniveaus ablesen können, ist. Typische (aus der Normalverteilung abgeleitete) kritische Werte für einen zweiseitigen Test sind 2,57, 1,96 und 1,65 für Signifikanzniveaus von 1 %, 5 % und 10 %.

Single-Item-Konstrukt (single-item construct): ist ein Konstrukt, das nur über einen einzigen Indikator (bzw. ein einzelnes Item) gemessen wird. Da das Konstrukt in diesem Fall seiner Messung entspricht, ist die Indikatorladung hier immer gleich 1. Damit sind die Prüfkriterien für die Evaluation von Messmodellen nicht auf Single-Item-Konstrukte anwendbar.

Single-Items (single items): siehe *Single-Item Konstrukt.*

Singuläre Datenmatrix (singular data matrix): tritt auf, wenn eine Variable in einem Messmodell eine Linearkombination einer anderen Variablen im selben Messmodell ist oder wenn eine Variable identische Werte für alle Fälle hat. In diesem Fall hat die Variable keine Varianz und der PLS-SEM-Algorithmus kann das PLS-Pfadmodell nicht schätzen.

Skala (scale): ein Set reflektiver Indikatoren, die zur Messung eines Konstrukts verwendet werden.

Skalenniveau (measurement scale): beschreibt eine vorbestimmte Anzahl geschlossener Antworten, die zur Beantwortung einer Frage verwendet werden können.

Slope-Plot : ist ein Liniendiagramm, welches einen Interaktionseffekt verdeutlicht, indem die Beziehung zwischen zwei Konstrukten in Abhängigkeit unterschiedlicher Ausprägungen eines Moderatorkonstrukts dargestellt wird.

Sobel-Test: ist ein Test zur Prüfung der Signifikanz eines indirekten Effekts in einem Mediatormodell. Aufgrund seiner parametrischen Natur und der Abhängigkeit von nicht-standardisierten Pfadkoeffizienten ist der Test im Rahmen der PLS-SEM nicht anwendbar.

Sparsame Modelle (parsimonious models): sind Modelle, die bestimmten Qualitätskriterien genügen (z. B. bestimmte R^2-Werte erreichen), aber gleichzeitig so simpel wie möglich sind.

Spezifischer indirekter Effekt (specific indirect effect): ist ein indirekter Effekt über einen einzigen Mediator in einem multiplen Mediatormodell.

SRMR-Index: siehe *Standardized-Root-Mean-Square-Residual.*

Standardfehler (standard error): ist die Standardabweichung der Verteilung eines Parameters in einer Population. In der PLS-SEM werden Standardfehler durch das Bootstrapping-Verfahren ermittelt. Die Bootstrapping-Verteilung wird dabei als angemessene Approximation der geschätzten Verteilung eines Koeffizienten in der Population angesehen. Die so ermittelte Standardabweichung dient als Proxy für den Standardfehler des Parameters in der Population.

Standardisierte Daten (standardized data): haben einen Mittelwert von 0 und eine Standardabweichung von 1 (z-Standardisierung). Standardisierte Werte zeigen an, um wie viele Standardabweichungen eine Beobachtung über oder unter dem Mittelwert liegt. Die PLS-SEM verwendet normalerweise standardisierte *Rohdaten*. Die meisten Softwareprogramme standardisieren die Rohdaten automatisch, wenn sie den PLS-SEM-Algorithmus durchführen.

Standardisierte Werte (standardized values): siehe *standardisierte Daten.*

Standardized-Root-Mean-Square-Residual-Index (SRMR): ist ein Kriterium für die Evaluation des Modellfits. Der SRMR-Index entspricht der standardisierten Wurzel der mittleren Differenzen zwischen den beobachteten Korrelationen und den über das Modell implizierten Korrelationen. Ein Wert von 0 zeigt einen perfekten Fit an. Neuere Forschungsarbeiten legen für die PLS-SEM nahe, dass ein Modell mit einem SRMR-Wert von weniger als 0,09 bzw. 0,08 (bei Stichproben mit über 100 Fällen) einen ausreichenden Fit aufweist.

Startgewichte (initial values): sind Werte für die Beziehung zwischen den latenten Variablen und den Indikatoren in der ersten Iteration des PLS-SEM-Algorithmus. Da der Nutzer normalerweise nicht weiß, welcher Indikator in den einzelnen Messmodellen wichtiger und welcher weniger wichtig ist, sollten gleiche Gewichte für alle Indikatoren im PLS-Pfadmodell gewählt werden. Entsprechend haben alle Beziehungen in den Messmodellen standardmäßig ein Startgewicht von +1.

Stichprobe (sample): ist eine Auswahl von Objekten oder Individuen aus einer Population, welche die zugrundeliegende Population repräsentieren sollen.

Stopp-Kriterium (stop criterion): siehe *Konvergenz*.

Straight-Lining (straight lining): beschreibt eine Situation, in der ein Befragter die gleiche Antwort für einen hohen Anteil Fragen gibt.

Strukturgleichungsmodellierung (SEM) (structural equation modeling): ist ein Verfahren zur Analyse von Beziehungen zwischen Indikatoren und latenten Variablen sowie zwischen latenten Variablen.

Strukturmodell (structural model): enthält die Konstrukte und deren Beziehungen. Bei der Anwendung der PLS-SEM verdeutlicht das Strukturmodell die Theorie/das Konzept mit ihren/seinen Elementen (d. h. Konstrukten) und deren Ursache-Wirkungs-Beziehungen (d. h. Pfaden). Das Strukturmodell wird in der PLS-SEM auch *inneres Modell* genannt.

Strukturtheorie (structural theory): stellt die theoretische Grundlage für die Spezifikation der Beziehungen zwischen den latenten Variablen dar.

Studentisiertes Bootstrapping-Verfahren (studentized bootstrap method): erlaubt die Ermittlung von Bootstrapping-Konfidenzintervallen. Der Ansatz ist analog zu parametrischen Konfidenzintervallen auf Basis der t-Verteilung, wobei der Standardfehler auf den Bootstrapping-Ergebnissen beruht.

Summenwerte (sumscores): stellt einen Ansatz zur Ermittlung von Konstruktwerten dar. Anstatt die Beziehungen innerhalb des Messmodells zu bestimmen, erhält bei Summenwerten jeder Indikator das gleiche Gewicht bei der Berechnung der latenten Variablen.

Suppressor-Variable (suppressor variable): beschreibt die Mediatorvariable in einer kompetitiven Mediation, welche einen wesentlichen Teil des direkten Effekts oder den gesamten direkten Effekt absorbiert, wodurch die Höhe des totalen Effekts substanziell verringert wird.

Teststärke (statistical power): ist die Wahrscheinlichkeit eine Beziehung als signifikant auszuweisen, wenn diese tatsächlich signifikant in der Population ist.

Tetrade (τ) (tetrad): ist die Differenz zwischen jeweils zwei Produkten von Kovarianzpaaren. In reflektiv spezifizierten Messmodellen wird erwartet, dass jede Tetrade einen Wert von 0 hat und damit verschwindet. Verschwindet eine Tetrade in dem Messmodell einer latenten Variable nicht, so lässt dies Zweifel an der reflektiven Spezifikation des Messmodells aufkommen und spricht damit für eine formative Messmodellspezifikation.

Theoretischer *t*-Wert (theoretical *t* value): siehe *kritischer t-Wert.*

Theorie (theory): ist ein anhand wissenschaftlicher Methoden aufgestelltes Set systematisch verbundener Hypothesen, die zur Erklärung und Prognose von bestimmten Zielgrößen dienen und empirisch prüfbar sind.

TOL: siehe *Varianzinflationsfaktor.*

Tolerance (TOL): siehe *Varianzinflationsfaktor.*

Totaler Effekt (total effect): ist die Summe aus dem direkten Effekt und dem indirekten Effekt zwischen zwei Konstrukten.

Totaler indirekter Effekt (total indirect effect): ist die Summe aller spezifischen indirekten Effekte in einem multiplen Mediatormodell.

Trainingsstichprobe (training sample): ist eine Teilmenge eines Datensatzes, die zur Schätzung von Modellparametern verwendet wird.

Typ I-Fehler (type I error): liegt vor, wenn ein statistischer Test einen in der Population nicht existierenden Effekt als signifikant identifiziert.

Typ II-Fehler (type II error): liegt vor, wenn ein statistischer Test einen in der Population existierenden Effekt als nicht signifikant identifiziert.

Unbeobachtete Heterogenität (unobserved heterogeneity): siehe *Heterogenität.*

Unbestimmtheit der Konstruktwerte (factor (score) indeterminacy): Im Gegensatz zu den expliziten Schätzungen der Konstruktwerte in der PLS-SEM, erlaubt die CB-SEM zwar die Schätzung der Konstruktwerte, diese sind aber nicht determiniert. Die Unbestimmtheit der Konstruktwerte bedeutet in diesem Zusammenhang, dass ein ähnlicher Modellfit über eine unbestimmte Anzahl verschiedener möglicher Sets an Konstruktwerten erzielt werden kann.

Validierungsstichprobe (validation sample): ist eine Teilmenge eines Datensatzes, die zur Evaluierung der Modellgüte (i. d. R. der Prognosekraft) eines Modells verwendet wird.

Validität (validity): ist das Ausmaß, in dem die Indikatoren eines Konstrukts das messen, was sie (gemeinsam) messen sollen.

Varianzbasierte SEM (variance-based SEM): siehe *Partial Least Squares Strukturgleichungsmodellierung.*

Varianzinflationsfaktor (VIF) (variance inflation factor): ist ein Gütekriterium zur Evaluation von Kollinearität zwischen Variablen, z. B. zwischen den Indikatoren eines formativ spezifizierten Messmodells. Der VIF ist der Kehrwert der Toleranz (TOL) ($VIF_i = 1/TOL_i$).

Verfahren der ersten Generation (first-generation techniques): sind statistische Verfahren, die traditionell von Forschern verwendet werden, wie die Regressionsanalyse und die Varianzanalyse.

Verfahren der zweiten Generation (second-generation techniques): überwinden die Limitationen der Verfahren der ersten Generation, beispielsweise in Bezug auf die Berücksichtigung von Messfehlern. Die varianz- und kovarianzbasierte SEM sind die bedeutendsten Analyseverfahren der zweiten Generation.

Verlust (loss): ist eine Metrik die im Rahmen des *Cross-Validated Predictive Ability-Tests (CVPAT)* verwendet wird, um den *Prognosefehler* einer Schätzung auszudrücken.

Volle Messinvarianz (full measurement invariance): ist ein Ergebnis der Analyse der Messinvarianz. Die ist gegeben, wenn im Rahmen der MICOM-Prozedur (1) konfigurale Invarianz, (2) kompositionelle Invarianz und (3) die Gleichheit der Mittelwerte und Varianzen der Composite-Variablen über die Gruppen gegeben sind.

Vollständige Mediation (full mediation): beschreibt ein Ergebnis der Mediatoranalyse, das einen signifikanten indirekten Effekt aufweist, wohingegen der direkte Effekt nicht signifikant ist. Der Mediator erklärt somit die Beziehung zwischen einem exogenen und einem endogenen Konstrukt vollständig. Vollständige Mediation wird auch als ausschließlich indirekte Mediation bezeichnet.

Wahre Korrelation (disattenuated correlation): die wahre oder messfehlerfreie Korrelation ist die Korrelation zwischen zwei Konstrukten, falls sie perfekt gemessen worden wären (d. h. falls sie vollständig reliabel wären).

Wölbung: siehe *Kurtosis*.

Zentroid-Gewichtungsschema: siehe *Gewichtungsschema*.

Zweifache Interaktion (two-way interaction): ist der Standardansatz der Moderatoranalyse, wonach die Moderatorvariable mit einer anderen exogenen Variablen interagiert.

Zwei-Stufen-Ansatz (two-stage approach): ist ein Ansatz zur Bildung des Interaktionsterms für die Modellierung eines Moderatoreffekts. Der Ansatz kann verwendet werden, wenn das exogene Konstrukt und/oder der Moderator formativ gemessen werden.

Zweistufige HCM-Analyse (two-stage HCM analysis): ist ein Ansatz, um ein HCM in der PLS-SEM zu modellieren und zu schätzen. In der ersten Stufe wird die Wiederverwendung der Indikatoren genutzt, um die Konstruktwerte für die LOC zu erhalten. Auf der zweiten Stufe fungieren die Werte der LOC als Indikatorvariablen in dem Messmodell der HOC.

Anhang

Kompetenz (*COMP*), reflektiv spezifiziert **(jeweils gemessen auf einer 7-Punkte-Skala von 1 =** *stimme überhaupt nicht zu* **bis 7 =** *stimme voll und ganz zu***)**	
comp_1	[Das Unternehmen] ist ein Top-Wettbewerber in seinem Markt.
comp_2	Soweit ich weiß, ist [das Unternehmen] weltweit bekannt.
comp_3	Ich glaube, dass [das Unternehmen] Spitzenleistungen bietet.
Sympathie (*LIKE*), reflektiv spezifiziert **(jeweils gemessen auf einer 7-Punkte-Skala von 1 =** *stimme überhaupt nicht zu* **bis 7 =** *stimme voll und ganz zu***)**	
like_1	[Das Unternehmen] ist ein Unternehmen, mit dem ich mich besser identifizieren kann als mit anderen Unternehmen.
like_2	[Das Unternehmen] ist ein Unternehmen, das ich mehr vermissen würde als andere Unternehmen, falls es nicht mehr existieren würde.
like_3	Ich betrachte [das Unternehmen] als ein sympathisches Unternehmen.
Kundenzufriedenheit (*CUSA*), Single-Item **(gemessen auf einer 7-Punkte-Skala von 1 =** *sehr unzufrieden* **bis 7 =** *sehr zufrieden***)**	
cusa	„Wenn Sie Ihre Erfahrung mit [dem Unternehmen] betrachten, wie zufrieden sind Sie mit [dem Unternehmen]?“
Kundenloyalität (*CUSL*), reflektiv spezifiziert **(jeweils gemessen auf einer 7-Punkte-Skala von 1 =** *stimme überhaupt nicht zu* **bis 7 =** *stimme voll und ganz zu***)**	
cusl_1	Ich würde [das Unternehmen] Freunden und Verwandten weiterempfehlen.
cusl_2	Müsste ich mich noch einmal entscheiden, würde ich [das Unternehmen] als meinen Mobilfunkanbieter wählen.
cusl_3	Ich werde auch in Zukunft Kunde von [dem Unternehmen] bleiben.
Qualität (*QUAL*), formativ spezifiziert **(jeweils gemessen auf einer 7-Punkte-Skala von 1 =** *stimme überhaupt nicht zu* **bis 7 =** *stimme voll und ganz zu***)**	
qual_1	Die Produkte/Dienstleistungen, die [das Unternehmen] anbietet, sind von hoher Qualität.
qual_2	Ich denke [das Unternehmen] ist eher ein Innovator als ein Imitator in der [Industrie].
qual_3	Die Produkte/Dienstleistungen von [dem Unternehmen] haben ein gutes Preis-Leistungs-Verhältnis.
qual_4	Die Dienstleistungen, die [das Unternehmen] anbietet, sind gut.
qual_5	[Das Unternehmen] achtet auf die Belange des Kunden.
qual_6	[Das Unternehmen] ist ein verlässlicher Partner für seine Kunden.
qual_7	[Das Unternehmen] ist ein vertrauenswürdiges Unternehmen.
qual_8	Ich respektiere [das Unternehmen] sehr.

Performance (*PERF*), formativ spezifiziert (jeweils gemessen auf einer 7-Punkte-Skala von 1 = *stimme überhaupt nicht zu* bis 7 = *stimme voll und ganz zu*)	
perf_1	[Das Unternehmen] ist ein sehr gut geführtes Unternehmen.
perf_2	[Das Unternehmen] ist ein wirtschaftlich stabiles Unternehmen.
perf_3	Ich schätze das Geschäftsrisiko von [dem Unternehmen] im Vergleich zu den Wettbewerbern als moderat ein.
perf_4	Ich denke [das Unternehmen] hat Wachstumspotenzial.
perf_5	[Das Unternehmen] hat eine klare unternehmensbezogene Zukunftsvision.
Corporate Social Responsibility (*CSOR*), formativ spezifiziert (jeweils gemessen auf einer 7-Punkte-Skala von 1 = *stimme überhaupt nicht zu* bis 7 = *stimme voll und ganz zu*)	
csor_1	[Das Unternehmen] verhält sich sozialverantwortlich.
csor_2	[Das Unternehmen] betreibt eine offene Informationspolitik.
csor_3	[Das Unternehmen] hat eine faire Einstellung zu Wettbewerbern.
csor_4	[Das Unternehmen] befasst sich mit der Erhaltung der Umwelt.
csor_5	Ich habe das Gefühl, dass [das Unternehmen] sich nicht nur für Gewinne interessiert.
Attraktivität (*ATTR*), formativ spezifiziert (jeweils gemessen auf einer 7-Punkte-Skala von 1 = *stimme überhaupt nicht zu* bis 7 = *stimme voll und ganz zu*)	
attr_1	Ich denke, dass [das Unternehmen] erfolgreich ist, wenn es um die Anwerbung von hochqualifizierten Mitarbeitern geht.
attr_2	Ich könnte mir selbst vorstellen bei [dem Unternehmen] zu arbeiten.
attr_3	Ich mag das physische Erscheinungsbild [des Unternehmens] (Unternehmen, Gebäude, Geschäfte etc.).

Anhang 1 Überblick über Konstrukte und Indikatoren

Anmerkung: Im Rahmen der Befragung wurde der tatsächliche Name des Unternehmens in die eckigen Klammern eingefügt.

- Der von uns verwendete Datensatz **corporate reputation data** kann als .csv im Downloadbereich zu dem Buch unter www.vahlen.de heruntergeladen werden.
- Alternativ kann auch das gesamte Projekt als .zip inklusive der zu erstellenden Modelle heruntergeladen werden.
- Gehen Sie hierzu auf die Website des Verlages: www.vahlen.de und rufen sie sich die Seite des Buches auf: Hair / Hult / Ringle / Sarstedt / Richter / Hauff: Partial Least Squares Strukturgleichungsmodellierung (PLS-SEM).
- In SmartPLS 4 steht der Beispieldatensatz zudem im entsprechenden Projekt zur Verfügung, das unter den PLS-SEM-Beispielprojekten direkt ins Arbeitsverzeichnis importiert werden kann.

Anhang 2 Verwendete Daten und Bezugsinformationen

- Die in diesem Buch verwendete Software ist SmartPLS 4. Der Erwerb einer Lizenz ist über www.smartpls.com möglich.
- Es gibt zwei Möglichkeiten, um sich vor dem Erwerb einer Lizenz mit der Software vertraut zu machen: Die SmartPLS Studentenversion ist kostenlos unter www.smartpls.com erhältlich. Sie unterliegt einigen Einschränkungen, ermöglicht aber praktisch einen Zugang zu allen Funktionalitäten der Vollversion. Die wichtigste Einschränkung ist, dass sich nur Datensätze mit maximal 100 Beobachtungen verwenden lassen. Da der in diesem Buch verwendete Datensatz jedoch mehr Beobachtungen hat, verwenden wir die professionelle Version von SmartPLS 4, die als 30-Tage-Testversion unter www.smartpls.com erhältlich ist.

Anhang 3 Verwendete Software und Bezugsinformationen

- Zu diesem Buch gibt es begleitende Videos. Diese Videos beinhalten jeweils die Darstellung des Anwendungsbeispiels, welches in den einzelnen Kapiteln beschrieben ist.
- Die Videos sind über die Website des Verlages verlinkt und abrufbar. Gehen Sie hierzu auf die Website des Verlages: www.vahlen.de und rufen sie sich die Seite des Buches auf: Hair / Hult / Ringle / Sarstedt / Richter / Hauff: Partial Least Squares Strukturgleichungsmodellierung (PLS-SEM).
- Die Videos sind zudem über den Youtube-Kanal von Nicole Franziska Richter frei zugänglich und abrufbar (beachten Sie bei dem Abruf die Playlisten zu der aktuellen und vorherigen Buchfassung).
- Die SmartPLS-Internetseite (www.smartpls.com) enthält zudem viele zusätzliche Ressourcen, wie kurze Erklärungen zu PLS-SEM und Software-bezogenen Themen, eine Liste empfohlener Lektüre, Antworten auf häufig gestellte Fragen, Tutorial-Videos für die ersten Schritte mit der Software und das SmartPLS Forum, in dem Sie PLS-SEM-bezogene Themen diskutieren und Ideen mit anderen Benutzern austauschen können.

Anhang 4 Übersicht über begleitende Videos, weitere Informationen und Bezugsinformationen

Stichwortverzeichnis